Gerhard Kempter und Mitarbeiter

Organisch-chemisches Praktikum

uni—text

ISBN 978-3-528-23540-6 ISBN 978-3-322-89412-0 (eBook)
DOI 10.1007/978-3-322-89412-0

Vorwort zur 3. Auflage

Das vorliegende Praktikumsbuch, das als Band 1 der Reihe „Chemie für Lehrer" im Rahmen der „Studienbücherei" des VEB Deutscher Verlag der Wissenschaften erscheint, ist für die Ausbildung der Diplomlehrerstudenten im 2. Studienjahr bestimmt und entspricht in seiner Anlage dem seit 1975 gültigen Lehrprogramm.

Auch in der 3. Auflage wurde die Einteilung des Buches beibehalten. Nach den einleitenden Kapiteln zur Gerätekunde und dem Gesundheits-, Arbeits- und Brandschutz werden wichtige organisch-chemische Arbeitsmethoden behandelt. Dann werden, geordnet nach der Art des Reaktionsablaufs, Vorschriften zur Präparation zahlreicher organischer Substanzen gegeben. Der folgende kurze Abschnitt ist als erste Einführung in das Studium der chemischen Fachliteratur gedacht. Die Anleitung zur Identifizierung und Trennung von Gemischen organischer Substanzen, die dem Studenten erfahrungsgemäß bei geringem Zeitaufwand einen guten Einblick in organisch-chemische Zusammenhänge ermöglicht, schließt sich an. In einem weiteren Kapitel sind die einfachsten theoretischen Grundlagen und zahlreiche Übungsbeispiele zur UVS- und IR-Spektroskopie enthalten. Die abschließende Zusammenstellung aller benötigten Chemikalien soll den Lehrkräften die Planung und den Aufbau des Praktikums erleichtern.

Für die 3. Auflage wurden alle Kapitel überarbeitet und zum Teil neu abgefaßt. Entsprechend den Bedürfnissen zahlreicher Ausbildungsstätten wurde die Anzahl der Versuche, insbesondere im Abschnitt Organische Synthese, wesentlich erweitert. Die Kapitel über allgemeine Arbeitsmethoden und Identifizierungen wurden neu zusammengestellt und durch eine Reihe neuer Arbeitsvorschriften ergänzt. Ebenso wurden die Tabellen erweitert bzw. vervollständigt. Jedem Kapitel sind Literaturhinweise angefügt worden, um u. a. zur engeren Verflechtung der gedruckten Lehrmaterialien beizutragen. Beibehalten wurde der bewährte Gesichtspunkt, daß nur solche Chemikalien als Ausgangsmaterial verwendet werden, die im Handel sind bzw. vom Studenten im Rahmen eines anderen Versuchs selbst hergestellt werden, bzw. daß nur solche Arbeitsgeräte erforderlich sind, die in jedem chemischen Praktikum vorhanden sein sollten. Nach wie vor ermöglicht die Unterteilung in maximal vierstündige Übungen zahlreiche Kombinationsvarianten mit Rücksicht auf das Ausbildungs- bzw. Forschungsprofil der Bildungseinrichtung.

Das vorliegende Praktikumsbuch ist so konzipiert, daß es auch zur Durchführung organisch-chemischer Praktika anderer Studieneinrichtungen (z. B. Chemielehrer im fakultativen Unterricht, Berufsschullehrer, Chemie-Ingenieure, chemisch-technische Assistenten, Landwirte, Biologen, Mediziner) verwendet werden kann.

Wir sind erfreut über die Resonanz, die der vorliegende Titel im In- und Ausland gefunden hat, und bitten auch weiterhin um Hinweise zur Verbesserung.

Potsdam, im Sommer 1976 Das Autorenkollektiv

Inhaltsverzeichnis

1. Gerätekunde ($Ü_1$) . . . 15

1.1. Umgang mit der Waage . . . 15
1.2. Auf- und Abbau einer Apparatur . . . 16
1.3. Heizen . . . 17
1.4. Kühlen . . . 18
1.5. Rühren . . . 19
1.6. Trocknen . . . 19
1.7. Standardapparaturen . . . 20
1.8. Reinigung der Glasgeräte . . . 23
1.9. Weiterführende Literatur . . . 23

2. Gesundheits-, Arbeits- und Brandschutz ($Ü_2$) . . . 24

2.1. Gesundheits- und Arbeitsschutz . . . 24
2.2. Brandschutz . . . 26
2.2.1. Vorbeugende Maßnahmen . . . 26
2.2.2. Verhalten bei Bränden . . . 26
2.3. Gefährliche Chemikalien . . . 27
2.4. Literaturhinweise . . . 31

3. Allgemeine Arbeitsmethoden ($Ü_3$–$Ü_{13}$) . . . 32

3.1. Destillation . . . 32
3.1.1. Einfache Destillation unter Normaldruck ($Ü_3$) . . . 32
3.1.1.1. Theoretische Grundlagen . . . 32
3.1.1.2. Arbeitstechnik . . . 35
3.1.1.3. Aufgabenstellung . . . 35
3.1.1.4. Kontrollfragen . . . 36
3.1.2. Rektifikation unter Normaldruck ($Ü_4$) . . . 36
3.1.2.1. Theoretische Grundlagen . . . 36
3.1.2.2. Arbeitstechnik . . . 39
3.1.2.3. Aufgabenstellung . . . 41
3.1.2.4. Kontrollfragen . . . 41
3.1.3. Vakuumdestillation ($Ü_5$) . . . 41
3.1.3.1. Theoretische Grundlagen . . . 41

3.1.3.2. Arbeitstechnik . . . 44
3.1.3.3. Aufgabenstellung . . . 45
3.1.3.4. Kontrollfragen . . . 45
3.1.4. Rektifikation im Vakuum ($Ü_6$) . . . 45
3.1.4.1. Theoretische Grundlagen . . . 45
3.1.4.2. Arbeitstechnik . . . 46
3.1.4.3. Aufgabenstellung . . . 48
3.1.4.4. Kontrollfragen . . . 48
3.1.5. Wasserdampfdestillation ($Ü_7$) . . . 49
3.1.5.1. Theoretische Grundlagen . . . 49
3.1.5.2. Arbeitstechnik . . . 50
3.1.5.3. Aufgabenstellung . . . 51
3.1.5.3.1. Reinigung von Anilin . . . 51
3.1.5.3.2. Reinigung von p-Benzochinon (Chinon) . . . 51
3.1.5.3.3. Reinigung von o-Nitrophenol . . . 51
3.1.5.4. Kontrollfragen . . . 52
3.2. Extraktion ($Ü_8$) . . . 52
3.2.1. Theoretische Grundlagen . . . 52
3.2.2. Arbeitstechnik . . . 54
3.2.2.1. Ausschütteln von Lösungen . . . 54
3.2.2.2. Extraktion von Feststoffen . . . 55
3.2.3. Aufgabenstellung . . . 55
3.2.3.1. Gewinnung von Koffein aus Teestaub . . . 56
3.2.3.2. Extraktion von Adipinsäure aus einer wäßrigen Lösung mit Butanol . 56
3.2.3.3. Bestimmung des Verteilungskoeffizienten von Jod zwischen Wasser und Tetrachlorkohlenstoff . . . 56
3.2.4. Kontrollfragen . . . 57
3.3. Chromatographie ($Ü_9$) . . . 57
3.3.1. Theoretische Grundlagen . . . 57
3.3.2. Arbeitstechnik . . . 59
3.3.2.1. Papierchromatographie . . . 59
3.3.2.2. Dünnschichtchromatographie . . . 60
3.3.2.3. Säulenchromatographie . . . 62
3.3.3. Aufgabenstellung . . . 63
3.3.3.1. Papierchromatographische Trennung von Aminosäuren . . . 63
3.3.3.2. Trennung von Farbstoffen durch Dünnschichtchromatographie . . 64
3.3.3.3. Trennung der cis-trans-Isomeren von Azobenzol mittels Dünnschichtchromatographie . . . 64
3.3.3.4. Trennung von Zuckern mittels Dünnschichtchromatographie . . . 65
3.3.3.5. Trennung von Farbstoffgemischen mittels Säulenchromatographie . 65
3.3.3.6. Trennung eines Gemisches farbloser Komponenten mittels Säulenchromatographie . . . 65
3.3.3.7. Säulenchromatographische Adsorption der Blattfarbstoffe . . . 66
3.3.4. Kontrollfragen . . . 66
3.4. Sublimation ($Ü_{10}$) . . . 67
3.4.1. Theoretische Grundlagen . . . 67
3.4.2. Arbeitstechnik . . . 68
3.4.3. Aufgabenstellung . . . 69
3.4.3.1. Reinigung von Phthalsäureanhydrid . . . 69
3.4.3.2. Reinigung von Koffein . . . 69
3.4.3.3. Vakuumsublimation von Benzoesäure, Oxalsäure bzw. Alizarin . . 69
3.4.4. Kontrollfragen . . . 70
3.5. Kristallisation ($Ü_{11}$) . . . 70
3.5.1. Theoretische Grundlagen . . . 70

3.5.2. Arbeitstechnik 74
3.5.2.1. Auswahl des Lösungsmittels 74
3.5.2.2. Durchführung der Umkristallisation 74
3.5.3. Aufgabenstellung 75
3.5.3.1. Reinigung von Acetanilid 75
3.5.3.2. Reinigung von Anthracen 75
3.5.3.3. Ermittlung der optimalen Lösungsmittelmenge 76
3.5.3.4. Umkristallisation unbekannter Substanzen 76
3.5.4. Kontrollfragen 76

3.6. Schmelzpunktbestimmung ($Ü_{12}$) 77
3.6.1. Theoretische Grundlagen 77
3.6.2. Arbeitstechnik 80
3.6.2.1. Schmelzpunkt 80
3.6.2.2. Mischschmelzpunkt 83
3.6.3. Aufgabenstellung 84
3.6.3.1. Bestimmung des Schmelzpunktes bekannter Substanzen 84
3.6.3.2. Identitätsnachweis 84
3.6.3.3. Bestimmung des Schmelzpunktes unbekannter Substanzen 84
3.6.4. Kontrollfragen 84

3.7. Bestimmung des Brechungsindex – Refraktometrie ($Ü_{13}$) 85
3.7.1. Theoretische Grundlagen 85
3.7.2. Arbeitstechnik 86
3.7.3. Aufgabenstellung 87
3.7.3.1. Brechungsindex bekannter Substanzen 87
3.7.3.2. Brechungsindex unbekannter Substanzen 87
3.7.3.3. Analyse eines Dioxan-Wasser-Gemisches 88
3.7.4. Kontrollfragen 88

4. Organische Synthese ($Ü_{14}$–$Ü_{69}$) 89

4.1. Radikalische Substitution an Alkanen ($Ü_{14}$–$Ü_{16}$) 89
4.1.1. Theoretische Grundlagen 89
4.1.2. Arbeitsvorschriften 91
4.1.2.1. Benzylbromid ($Ü_{14}$) 91
4.1.2.2. 3-Bromcyclohexan ($Ü_{15}$) 91
4.1.2.3. Synthese von Tetramethylbernsteinsäuredinitril und Bestimmung der Zersetzungsgeschwindigkeit von Azo-bis-isobutyronitril ($Ü_{16}$) . . 92
4.1.3. Kontrollfragen 94

4.2. Nukleophile Substitution am gesättigten Kohlenstoffatom ($Ü_{17}$–$Ü_{23}$) . 94
4.2.1. Theoretische Grundlagen 94
4.2.2. Arbeitsvorschriften 96
4.2.2.1. Äthylbromid ($Ü_{17}$) 96
4.2.2.2. n-Propylbromid ($Ü_{18}$) 96
4.2.2.3. Äthyljodid ($Ü_{19}$) 97
4.2.2.4. n-Hexyljodid ($Ü_{20}$) 97
4.2.2.5. Nitrohexan und Salpetrigsäurehexylester ($Ü_{21}$) 98
4.2.2.6. tert.-Butylchlorid ($Ü_{22}$) 98
4.2.2.7. Kinetik der Verseifung von tert.-Butylchlorid (Kinetik einer S_N1-Reaktion) ($Ü_{23}$) 99
4.2.3. Kontrollfragen 100

4.3. Eliminierung ($Ü_{24}$–$Ü_{25}$) 100
4.3.1. Theoretische Grundlagen 100
4.3.2. Arbeitsvorschriften 102
4.3.2.1. Cyclohexen ($Ü_{24}$) 102

4.3.2.2. Cyclohexadien-(1.3) ($Ü_{25}$) . . . 102
4.3.3. Kontrollfragen . . . 103

4.4. Elektrophile Addition an Alkene ($Ü_{26}$–$Ü_{32}$) . . . 103
4.4.1. Theoretische Grundlagen . . . 103
4.4.2. Arbeitsvorschriften . . . 105
4.4.2.1. 1.2-Dibromäthan ($Ü_{26}$) . . . 105
4.4.2.2. 1.2.3-Tribrompropan ($Ü_{27}$) . . . 106
4.4.2.3. 1.2-trans-Dibromcyclohexan ($Ü_{28}$) . . . 107
4.4.2.4. 1.2-Dibrom-1-phenyläthan ($Ü_{29}$) . . . 107
4.4.2.5. meso-Dibrombernsteinsäure ($Ü_{30}$) . . . 108
4.4.2.6. Diels-Alder-Addukt: Bicyclo[2.2.2]octen-(2)-dicarbonsäure-(5.6)-anhydrid ($Ü_{31}$) . . . 108
4.4.2.7. Diels-Alder-Addukt: Bicyclo[2.2.2]-2.3:5.6-dibenzooctadien-(2.5)-dicarbonsäure-(7.8)-anhydrid ($Ü_{32}$) . . . 109
4.4.3. Kontrollfragen . . . 109

4.5. Radikalische Addition an Alkene ($Ü_{33}$) . . . 109
4.5.1. Theoretische Grundlagen . . . 109
4.5.2. Arbeitsvorschrift für 1.3-Dibrompropan ($Ü_{33}$) . . . 110
4.5.3. Kontrollfragen . . . 111

4.6. Elektrophile Substitution an Aromaten ($Ü_{34}$–$Ü_{41}$) . . . 111
4.6.1. Theoretische Grundlagen . . . 111
4.6.2. Arbeitsvorschriften . . . 113
4.6.2.1. m-Dinitrobenzol ($Ü_{34}$) . . . 113
4.6.2.2. 2.4-Dinitrochlorbenzol ($Ü_{35}$) . . . 113
4.6.2.3. o-Nitrophenol ($Ü_{36}$) . . . 114
4.6.2.4. p-Acetaminobenzolsulfochlorid ($Ü_{37}$) . . . 114
4.6.2.5. Sulfanilsäure ($Ü_{38}$) . . . 115
4.6.2.6. Brombenzol ($Ü_{39}$) . . . 115
4.6.2.7. Methylorange (Helianthin) ($Ü_{40}$) . . . 116
4.6.2.8. 1-(Phenylazo)-naphthol-(2) ($Ü_{41}$) . . . 116
4.6.3. Kontrollfragen . . . 117

4.7. Nukleophile Substitution am aktivierten Aromaten ($Ü_{42}$–$Ü_{43}$) . . . 117
4.7.1. Theoretische Grundlagen . . . 117
4.7.2. Arbeitsvorschriften . . . 118
4.7.2.1. 2.4.-Dinitrophenylhydrazin ($Ü_{42}$) . . . 118
4.7.2.2. 2.4-Dinitrophenol ($Ü_{43}$) . . . 118
4.7.3. Kontrollfragen . . . 119

4.8. Nukleophile Reaktionen an Aldehyden und Ketonen ($Ü_{44}$–$Ü_{48}$) . . . 119
4.8.1. Theoretische Grundlagen . . . 119
4.8.2. Arbeitsvorschriften . . . 122
4.8.2.1. Acetessigsäureäthylester-äthylenketal ($Ü_{44}$) . . . 122
4.8.2.2. Cyclohexanonoxim ($Ü_{45}$) . . . 122
4.8.2.3. Dibenzalaceton ($Ü_{46}$) . . . 122
4.8.2.4. Cyclohexanonäthylenketal ($Ü_{47}$) . . . 123
4.8.2.5. Osazone der D-Glucose und D-Mannose ($Ü_{48}$) . . . 123
4.8.3. Kontrollfragen . . . 123

4.9. Nukleophile Reaktionen an Carbonsäuren und ihren Derivaten ($Ü_{49}$–$Ü_{52}$) . . . 124
4.9.1. Theoretische Grundlagen . . . 124
4.9.2. Arbeitsvorschriften . . . 124
4.9.2.1. Benzoesäureäthylester ($Ü_{49}$) . . . 124
4.9.2.2. Cyanacetamid ($Ü_{50}$) . . . 126
4.9.2.3. Phenylessigsäure ($Ü_{51}$) . . . 126

4.9.2.4. Essigsäure-n-propylester ($Ü_{52}$) 126
4.9.3. Kontrollfragen 127

4.10. Umlagerungen ($Ü_{53}$–$Ü_{54}$) 127
4.10.1. Theoretische Grundlagen 127
4.10.2. Arbeitsvorschriften 128
4.10.2.1. ε-Caprolactam ($Ü_{53}$) 128
4.10.2.2. Tetrahydrocarbazol ($Ü_{54}$) 129
4.10.3. Kontrollfragen 129

4.11. Polymerisation ($Ü_{55}$–$Ü_{61}$) 129
4.11.1. Theoretische Grundlagen 129
4.11.2. Arbeitsvorschriften 131
4.11.2.1. Polyacrylnitril ($Ü_{55}$) 131
4.11.2.2. Polystyrol ($Ü_{56}$) 131
4.11.2.3. Polyvinylacetat ($Ü_{57}$) 132
4.11.2.4. Polymethacrylsäuremethylester (Piacryl) ($Ü_{58}$) 132
4.11.2.5. Vernetzung eines ungesättigten Polyesters ($Ü_{59}$) 132
4.11.2.6. Verzweigter Polymethacrylsäuremethylester ($Ü_{60}$) 133
4.11.2.7. Styrol durch Depolymerisation von Polystyrol ($Ü_{61}$) 133
4.11.3. Kontrollfragen 134

4.12. Hydrierung ($Ü_{62}$–$Ü_{64}$) 134
4.12.1. Theoretische Grundlagen 134
4.12.2. Arbeitsvorschriften 135
4.12.2.1. Anilin ($Ü_{62}$) 135
4.12.2.2. Dihydrozimtsäure ($Ü_{63}$) 136
4.12.2.3. 4.4'-Dichlorazoxybenzol ($Ü_{64}$) 137
4.12.3. Kontrollfragen 137

4.13. Oxydation und Dehydrierung ($Ü_{65}$–$Ü_{69}$) 137
4.13.1. Theoretische Grundlagen 137
4.13.1.1. Oxydation von Kohlenwasserstoffen 138
4.13.1.2. Oxydation von Alkoholen und Aldehyden 139
4.13.1.3. Oxydation von Aromaten zu Chinonen 139
4.13.1.4. Dehydrierung 140
4.13.2. Arbeitsvorschriften 140
4.13.2.1. Aromatische Carbonsäuren ($Ü_{65}$) 140
4.13.2.2. Cyclohexanon-phenylhydrazon ($Ü_{66}$) 141
4.13.2.3. Benzoesäure ($Ü_{67}$) 141
4.13.2.4. Anthrachinon ($Ü_{68}$) 142
4.13.2.5. Carbazol ($Ü_{69}$) 142
4.13.3. Kontrollfragen 142

4.14. Literaturhinweise 143

5. Anleitung zum Literaturstudium ($Ü_{70}$) 144

5.1. Lehrbücher 144

5.2. Handbücher und Referateorgane 145

5.3. Originalliteratur 148

6. Identifizierungen ($Ü_{71}$–$Ü_{86}$) 149

6.1. Identifizierung von Einzelsubstanzen 150
6.1.1. Vorproben 151
6.1.1.1. Schmelzpunkt 151
6.1.1.2. Siedepunkt 152

6.1.1.3. Farbe, Geruch und Dichte 154
6.1.1.4. Verhalten in der Flamme 155
6.1.1.5. Löslichkeit 156
6.1.1.6. Nachweis von Halogen, Stickstoff, Schwefel 158
6.1.1.6.1. Beilstein-Probe 158
6.1.1.6.2. Lassaigne-Probe 159
6.1.1.7. Probe auf ungesättigte Verbindungen 159
6.1.1.7.1. Reaktion mit Kaliumpermanganat (Baeyer-Probe) 159
6.1.1.7.2. Reaktion mit Brom 159
6.1.2. Charakterisierungsreaktionen zur Festlegung der Stoffklasse . . . 160
6.1.2.1. Carbonsäureanhydride und -halogenide 160
6.1.2.2. Carbonsäuren 161
6.1.2.3. Alkalisalze von Carbonsäuren 161
6.1.2.4. Amine 161
6.1.2.5. Phenole, Enole 162
6.1.2.6. Alkohole 162
6.1.2.7. Aldehyde 163
6.1.2.8. Carbonsäureester 163
6.1.2.9. Ketone 163
6.1.2.10. Carbonsäurenitrile und -amide 164
6.1.2.11. Nitroverbindungen 164
6.1.2.12. Halogenkohlenwasserstoffe 164
6.1.2.13. Kohlenwasserstoffe 164
6.1.3. Hinweisreaktionen 165
6.1.3.1. Hinweis auf hydrolysierbares Halogen
Reaktion mit äthanolischer Silbernitratlösung – Reaktion mit Natriumjodid in Aceton 165
6.1.3.2. Hinweis auf Amine
Reaktion mit Chloroform und Natronlauge (Isonitrilreaktion) – Reaktion mit salpetriger Säure 166
6.1.3.3. Hinweis auf Phenole, Alkohole
Reaktion mit Cerammonnitrat – Reaktion mit salpetriger Säure (Liebermann-Nitroso-Reaktion) – Reaktion mit Kupfersulfat – Reaktion mit Natriumhypojodid (Jodoform-Reaktion) – Reaktion mit Zinkchlorid (Lukas-Reaktion) – Reaktion mit Quecksilbersulfat (Denigès-Reaktion) 167
6.1.3.4. Hinweis auf Aldehyde und reduzierende Substanzen
Reaktion mit Benedict-Reagens – Reaktion mit Fehling-Reagens – Reaktion mit Tollens-Reagens 168
6.1.3.5. Hinweis auf Carbonsäureester
Reaktion mit Hydroxylamin/Eisen(III)-chlorid (Hydroxamsäuretest) 169
6.1.3.6. Hinweis auf aromatische Kohlenwasserstoffe
Reaktion mit Aluminiumchlorid und Chloroform 169
6.1.4. Darstellung von Derivaten 170
6.1.4.1. Hydroxyverbindungen 171
6.1.4.1.1. Alkohole 171
6.1.4.1.2. Phenole 173
6.1.4.2. Aldehyde und Ketone 174
6.1.4.3. Carbonsäuren und Derivate 175
6.1.4.3.1. Carbonsäuren 175
6.1.4.3.2. Carbonsäureanhydride und -chloride 176
6.1.4.3.3. Alkalisalze von Carbonsäuren 176
6.1.4.3.4. Carbonsäureester 177
6.1.4.3.5. Carbonsäureamide und -nitrile 178

6.1.4.4. Amine und Nitroverbindungen 178
6.1.4.4.1. Primäre und sekundäre Amine 178
6.1.4.4.2. Tertiäre Amine 180
6.1.4.4.3. Nitroverbindungen 181
6.1.4.5. Kohlenwasserstoffe und Halogenkohlenwasserstoffe 182
6.1.4.5.1. Aliphatische Halogenkohlenwasserstoffe 182
6.1.4.5.2. Aromatische Halogenkohlenwasserstoffe 183
6.1.4.5.3. Aromatische Kohlenwasserstoffe 183
6.1.5. Tabellen physikalischer Daten und Derivate von Verbindungsklassen 184

6.2. Identifizierung von Substanzen in Gemischen 201
6.2.1. Destillation 201
6.2.2. Extraktion 202
6.2.3. Wasserdampfdestillation 204

6.3. Protokollführung (Musterprotokoll) 204

6.4. Chemikalien und Reagenzien 206

6.5. Herstellung von Reagenzien und Lösungen 208

6.6. Platzinventar für Identifizierungen 210

6.7. Kontrollfragen 211

6.8. Literatur 213

7. UVS- und IR-Spektroskopie ($Ü_{87}$–$Ü_{112}$) 214

7.1. Theoretische Grundlagen absorptionsspektroskopischer Methoden . 214

7.2. UVS-Spektroskopie 216
7.2.1. Theoretische Grundlagen 216
7.2.2. Auswertung von UVS-Spektren 218
7.2.3. Übungen zur UVS-Spektroskopie ($Ü_{87}$–$Ü_{94}$) 219
7.2.4. Lösungen 232

7.3. IR-Spektroskopie 240
7.3.1. Theoretische Grundlagen 240
7.3.2. Einfache Anwendungen der IR-Spektroskopie 241
7.3.3. Übungen zur IR-Spektroskopie ($Ü_{95}$–$Ü_{112}$) 243
7.3.4. Lösungen 254

7.4. Kontrollfragen 254
7.5. Literatur 255

8. Chemikalienverzeichnis 256

Quellennachweis der Abbildungen 262

Namen- und Sachverzeichnis 263

1. Gerätekunde

1.1. Umgang mit der Waage

Waagen werden im organisch-chemischen Laboratorium vor allem benötigt, um die verwendeten Ausgangsstoffe und die entstehenden Produkte genau abzumessen. Die Wahl der Waage richtet sich nach der Genauigkeit, mit der eine Wägung durchzuführen ist, sowie nach der Masse, die zu bestimmen ist. Im allgemeinen genügt die mittlere Genauigkeit der Präzisionswaagen (oder technischen Waagen), deren Höchstlast oft bis zu 1 kg beträgt und die einen relativen Wägefehler von etwa $\pm 2 \cdot 10^{-4}$ bis $\pm 2 \cdot 10^{-5}$ aufweisen.

Bei Benutzung von *Hebelwaagen* (Abbildung 1.1) ist zu beachten, daß zur Schonung der Schneiden das Wägegut und die Massestücke stets nur im arretierten

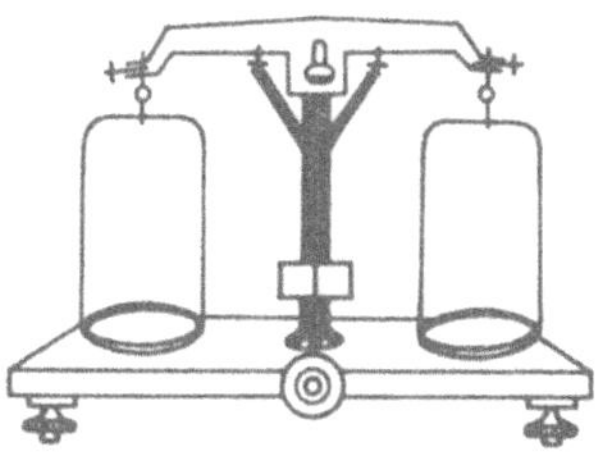

Abb. 1.1 Hebelwaage

Zustand der Waage aufzulegen und abzunehmen sind. Lediglich moderne *oberschalige Präzisionswaagen* (Abbildung 1.2), die mit einer Schalteinrichtung zur Auflage der Vergleichsmassen (z. B. 100-g-Massen) und einer optischen Anzeige für Gramm und Bruchgramm sowie einem Taraausgleich versehen sind, werden nur beim Transport arretiert.

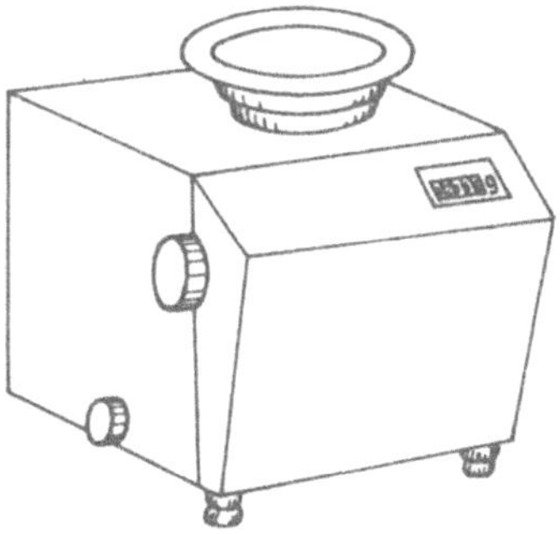

Abb. 1.2 Oberschalige Präzisionswaage

Man beachte bei solchen kostspieligen Waagen genau die ausliegende oder vom Assistenten ausgegebene Bedienungsanleitung! Peinlichst ist stets zu beachten, daß die Wägeschalen und der übrige Waagenkörper sowie benutzte Vergleichsmassenstücke nicht durch Substanzen, insbesondere durch korrodierende, verschmutzt werden. Eventuell doch verschüttete oder verspritzte Stoffe sind sofort restlos, u. U. nach Einholung spezieller Ratschläge des Assistenten, zu entfernen!

1.2. Auf- und Abbau einer Apparatur

Die meisten chemischen Reaktionen im Praktikum werden in Glasgefäßen bzw. Glasapparaturen durchgeführt, die vom Praktikanten zu Beginn der Übung aus handelsüblichen Glasgeräten aufgebaut werden.

Es werden Schliffgeräte verwendet, die vorzugsweise mit Kegelschliffen der Größe NS 14,5 (=laut TGL Normalschliff mit maximalem Durchmesser 14,5 mm) bzw. NS 29 versehen sind. Abbildung 1.3 zeigt eine Apparatur für eine einfache

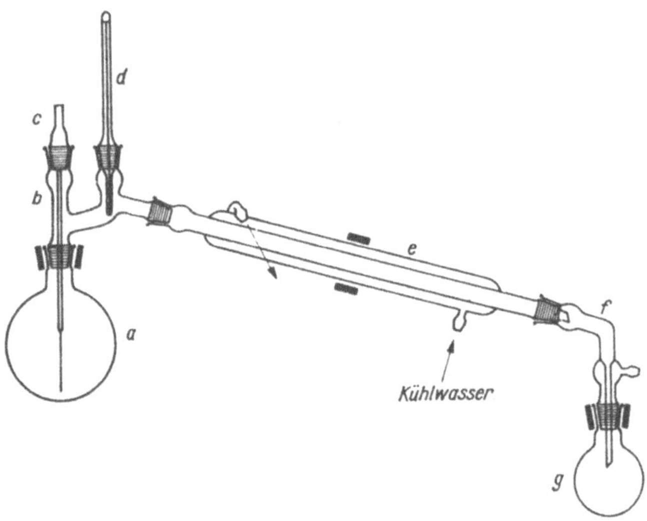

Abb. 1.3 Apparatur für Vakuumdestillation

Vakuumdestillation, die aus dem Destillationskolben (*a*), dem Claisen-Aufsatz (*b*) mit Siedekapillare (*c*) und Thermometer (*d*), dem Liebig-Kühler (*e*), dem Vorstoß (*f*) und der Vorlage (*g*) besteht. Die Schliffkerne bzw. -hülsen (Abbildung 1.4) der einzelnen Glasgeräte (*a*) bis (*g*) sind vor dem Aufbau der Apparatur zu fetten, und zwar bei Vakuumapparaturen mit Ramsay-Fett („mittel" oder „zäh"), für Arbeiten

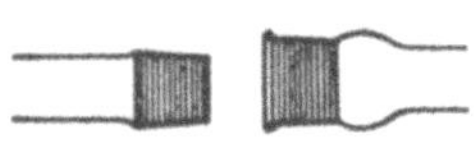

Abb. 1.4 Schliffkern bzw. -hülse

unter Normaldruck mit Vaseline. Das Schmiermittel ist auf Kern bzw. Hülse so aufzutragen, daß beim Zusammenfügen der Bauteile – das sollte unter leichtem Druck und Drehen erfolgen – eine klar durchsichtige Schliffverbindung entsteht, aber keinesfalls Schmiermittel aus den Schliffen herausgedrückt wird. Sollten sich beim Abbau einer Apparatur Schliffverbindungen nicht lösen, so hilft meist gelindes Erwärmen (Brandschutzbestimmungen beachten!) oder leichtes Klopfen mit einem Stück Holz an der Wulst des Schliffs.

Die in Abbildung 1.3 dargestellte Apparatur wird mit Hilfe von drei Metallstativen sowie den nötigen Klemmen und Kreuzmuffen standfest aufgebaut.

Beim Aufbau einer Destillationsapparatur wie jeder anderen Apparatur geht man so vor, daß *zuerst* die *Heizquelle* (elektrisch- oder gasbeheiztes Wasserbad, Ölbad oder Harzbad bzw. gasbeheiztes Luftbad) auf einem Dreifuß oder Stativring installiert wird, da sie bestimmt, in welcher Höhe alle übrigen Bauteile an den Stativen zu befestigen sind. Man achtet stets auf einen sicheren Stand der Stative. Um spannungsfreie Halterungen und Schliffverbindungen aller Bauteile zu gewährleisten, sollte man das Stativmaterial (Klemmen, Muffen) zunächst lose an den Glasgeräten befestigen und erst nach dem Zusammenfügen der Schliffe jeweils am Stativ festschrauben. Danach werden dann die Klemmen und Muffen endgültig gleichmäßig angezogen. Es sollte auf einen insgesamt ästhetischen Anblick der Apparatur Wert gelegt werden (senkrechte Stellung des Thermometers, Parallelität der Stativfüße usw.).

Ehe man Schläuche anschließt, die zur Kühlwasserzufuhr bzw. -ableitung oder zum Zwecke des Evakuierens (Vakuumschlauch) benutzt werden, sind die entsprechenden Glasoliven (z. B. am Kühler (*e*) oder dem Vorstoß (*f*)) mit Glycerin zu bestreichen. Schläuche, die sich beim Abbau einer Apparatur nicht leicht abziehen lassen, sind abzuschneiden, um Glasschäden und eventuelle Verletzungen zu vermeiden.

1.3. Heizen

In den Übungen ist in der Regel die Art der Wärmezufuhr angegeben. Das Erwärmen einer organischen Substanz in einem Glaskolben oder einem anderen größeren Glasgefäß mit der direkten Gasflamme ist grundsätzlich untersagt. Lediglich der Inhalt von Reagenzgläsern kann unter ständigem Schütteln auf diese

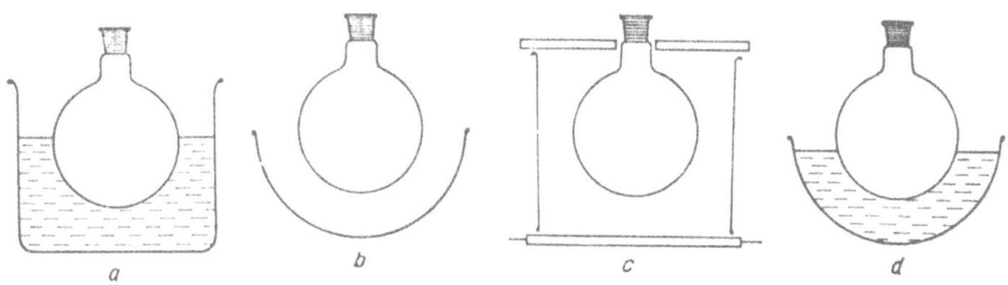

Abb. 1.5 Heizquellen

Art erhitzt werden. Eine schonende Erwärmung erfolgt im *Wasserbad* (mit Wasser gefülltes Becherglas, Abbildung 1.5a, oder elektrisch beheiztes Wasserbad mit Wasserstandsregler) oder im *Luftbad* (der Kolben wird von der direkten Flamme durch eine Metallschale, Abbildung 1.5b, oder ein Asbestdrahtnetz abgeschirmt, wobei der Kolben von einem großen Becherglas ohne Boden, bzw. einem Glasrohr umgeben ist, das möglichst mit Asbestpappe abgedeckt wird, Abbildung 1.5c).

Mit sauberem Öl gefüllte Metallschalen (Ölbäder, Abbildung 1.5d) gestatten ein Erhitzen auf 200 bis 250 °C. Als äußerst vorteilhafte Badfüllung erweist sich Polyäthylenoxidharz (VEB Chemische Werke Buna), das wasserlöslich ist und eine bequeme Reinigung der Reaktionsgefäße gestattet.

Öl- und ***Harzbäder*** **sind mit Thermometer auszurüsten, um gefährliche Überhitzungen zu vermeiden! Sie sind, insbesondere außerhalb des Abzugs, nur so weit zu erhitzen, daß sie nicht zu qualmen beginnen. Die Füllung stark verunreinigter Öl- und Harzbäder sollte sofort ausgewechselt werden;** z. B. neigen nasse Ölbäder beim Erhitzen zu plötzlichem Überschäumen.

1.4. Kühlen

Wasser und *Eis* sind gebräuchliche Kühlmittel. Von *Leitungswasser* durchströmte Kühler (Abbildung 1.6a Kugelkühler, 1.6b Liebig-Kühler, 1.6c Dimroth-Kühler) bewirken bei Rückflußoperationen bzw. Destillationen die Kondensation des

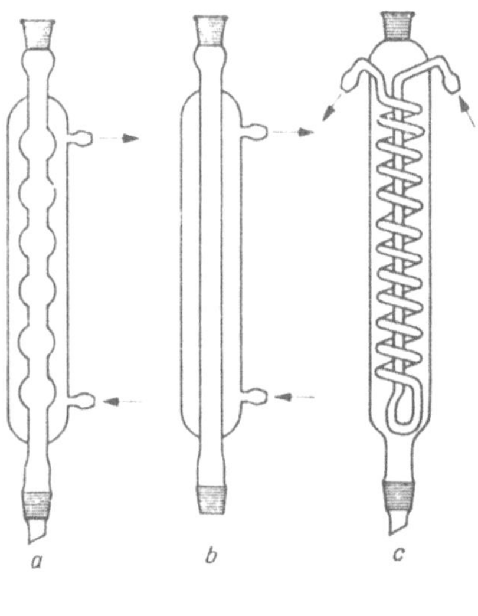

Abb. 1.6 Kühler

Lösungsmittels bzw. des Destillats. Reaktionsgefäße oder Vorlagen werden bei manchen Operationen mit *Eis* bzw. *Eiswasser* (Wasser und überschüssige Eisstücken) oder einer *Kältemischung* (zerkleinertes Eis/Industriesalz = 3 : 1; Temperaturen bis −20 °C) gekühlt.

1.5. Rühren

Das Rühren ist bei Reaktionen mit mehreren Phasen, beim Zutropfen einer Komponente oder bei vorhandenem Bodenkörper erforderlich, um eine gute Durchmischung zu erreichen bzw. Siedeverzüge zu verhindern.

Bei kurzzeitigem Erhitzen im offenen Gefäß genügt meist *manuelles Rühren* mit einem Glasstab. Ist ein Rühren über einen längeren Zeitraum oder in einem geschlossenen Gefäß vorgeschrieben, verwendet man einen mit Paraffin- oder Ricinusöl geschmierten *KPG-Rührer* (kerngezogenes Präzisions-Glasgerät, Abbildung 1.7a),

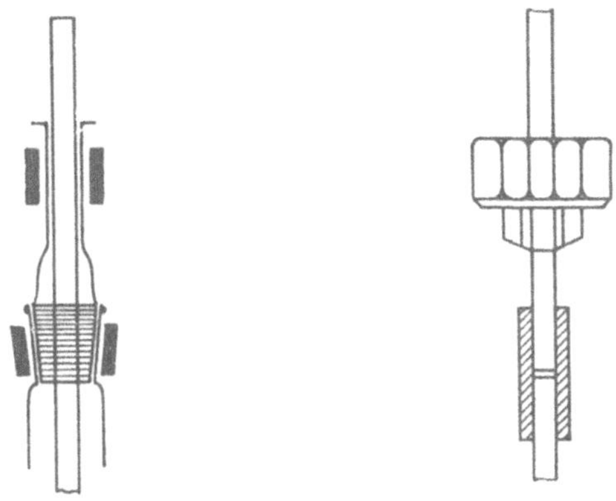

Abb. 1.7 Montage des KPG-Rührers

der von einem *Rührmotor* angetrieben wird. Um einen Bruch zu vermeiden, sind sowohl der Kolbenschliff als auch die Rührerhülse mit einer Stativklemme zu sichern (Abbildung 1.7a). Die Rührerwelle wird mit einem in das Spannfutter des Rührmotors eingesetzten kurzen Glasstab durch einen etwa 5 cm langen Gummischlauch verbunden, wodurch die Apparatur an Starrheit verliert (Abbildung 1.7b).

1.6. Trocknen

Das Trocknen *fester Substanzen* kann innerhalb eines vierstündigen Praktikums nicht mit den sonst üblichen Methoden (Trockenpistole, Trockenschrank) erfolgen. Eine für die Anforderungen des Grundpraktikums ausreichende Methode ist das Trocknen auf Tonplatten. Man drückt die von flüssigen Bestandteilen durch Filtrieren oder Absaugen so gut wie möglich befreite Substanz mit dem Spatel fest auf eine Tonplatte und wiederholt ggf. diese Operation in Abständen mehrmals. Man kann auch durch Abpressen zwischen frischen Rundfiltern trocknen.

Soll laut Vorschrift eine durch Extraktion einer wäßrigen Phase anfallende *organische Lösung* oder ein beliebiges *flüssiges Rohprodukt* mit einem vorgeschriebenen Trockenmittel (z. B. Na_2SO_4, $CaCl_2$, K_2CO_3) getrocknet werden, so gibt man zu der in einem Becherglas oder einem Scheidetrichter befindlichen Lösung unter Rühren bzw. Schütteln in Abständen kleinere Mengen des pulverisierten Trockenmittels; $CaCl_2$ kann in erbsen- bis bohnengroßen Stücken zugegeben werden. Scheidet sich dabei eine wäßrige Phase ab, so wird sie abgetrennt und verworfen. Zur organischen Phase wird solange Trockenmittel in kleinen Portionen gegeben, bis es im Überschuß als Pulver, d. h. nicht mehr unter Klumpenbildung vorhanden ist. Anschließend muß die trockene Flüssigkeit, zweckmäßigerweise über ein passendes Faltenfilter, vom Trockenmittel abfiltriert werden.

Gase werden getrocknet, indem man sie durch Waschflaschen leitet, die das vorgeschriebene Trockenmittel (z. B. konz. H_2SO_4) enthalten.

1.7. Standardapparaturen

Die für die Übungen $Ü_3$ bis $Ü_{13}$ benötigten Apparaturen werden im entsprechenden Abschnitt beschrieben. Für die Übungen $Ü_{14}$ bis $Ü_{69}$ wird oft eine der folgenden fünf Standardapparaturen benötigt, deren Aufbau und Funktion anschließend erläutert werden.

Die *Standardapparatur 1* (Abbildung 1.8) wird zur Umkristallisation sowie für solche Reaktionen benötigt, die durch längeres Sieden am Rückfluß bewirkt werden.

Die Apparatur besteht aus einem Rundkolben (*a*) mit Rückflußkühler (*b*) und,

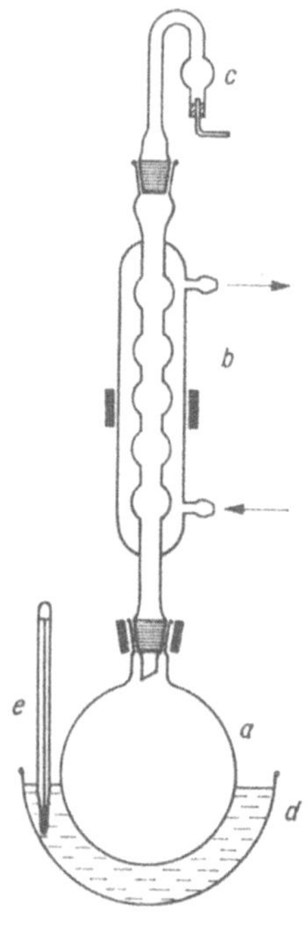

Abb. 1.8 Standardapparatur 1

falls unter Feuchtigkeitsausschluß zu arbeiten ist, einem Trockenrohr (*c*) und befindet sich in einem Ölbad (*d*), dessen Temperatur am Thermometer (*e*) kontrolliert wird. Es ist zu gewährleisten, daß das Trockenrohr (*c*) nicht durch das Trockenmittel, z. B. $CaCl_2$, verstopft ist. Der Kolben (*a*) wird am Schliff eingespannt, der Kühler (*b*) wird zur Stabilisierung nur locker geklammert.

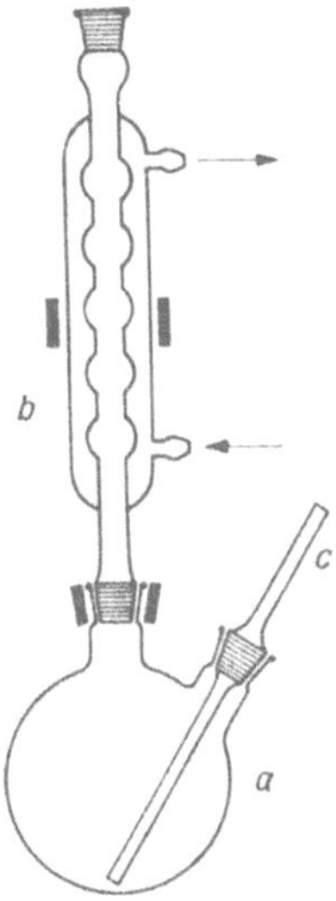

Abb. 1.9 Standardapparatur 2

Die *Standardapparatur 2* (Abbildung 1.9) wird zum Einleiten eines Gases in eine Lösung benötigt.

Die Apparatur besteht aus einem Zweihalsrundkolben (*a*), der mit dem Rück-

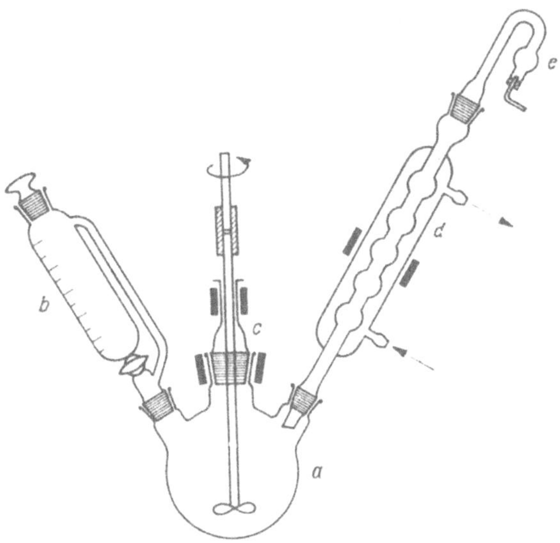

Abb. 1.10 Standardapparatur 3

flußkühler (*b*) und dem Gaseinleitungsrohr (*c*), einer nicht ausgezogenen Siedekapillare, ausgerüstet ist. Die Apparatur wird analog Abbildung 1.9 eingespannt und kann sowohl unter Kühlung (Eisbad) als auch mit einer Heizquelle betrieben werden.

Die *Standardapparatur 3* (Abbildung 1.10) wird zum Zutropfen einer Flüssigkeit zu einer gerührten Lösung unter Rückfluß benötigt.

Die Apparatur besteht aus dem Dreihalsrundkolben (*a*), der mit dem Tropftrichter mit Druckausgleich (*b*), dem KPG-Rührer (*c*), dem Rückflußkühler (*d*) und, bei Arbeiten unter Feuchtigkeitsausschluß, dem Trockenrohr (*e*) ausgestattet ist. Das Hahnküken des Tropftrichters (*b*) ist vor dem Versuch frisch zu fetten und auf Dichtheit zu prüfen. An dieser Apparatur sind spannungsfrei zu klammern:

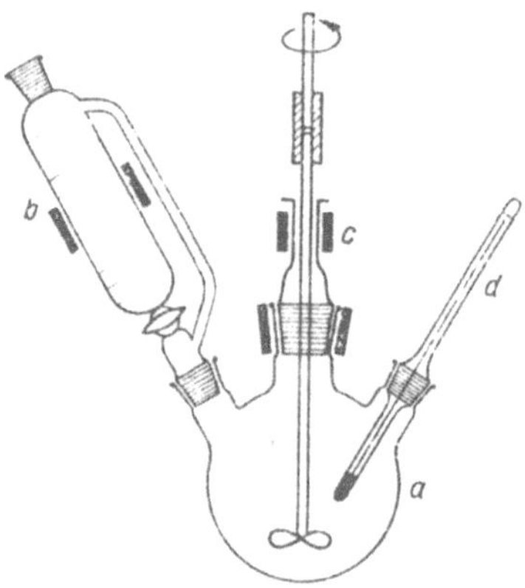

Abb. 1.11 Standardapparatur 4

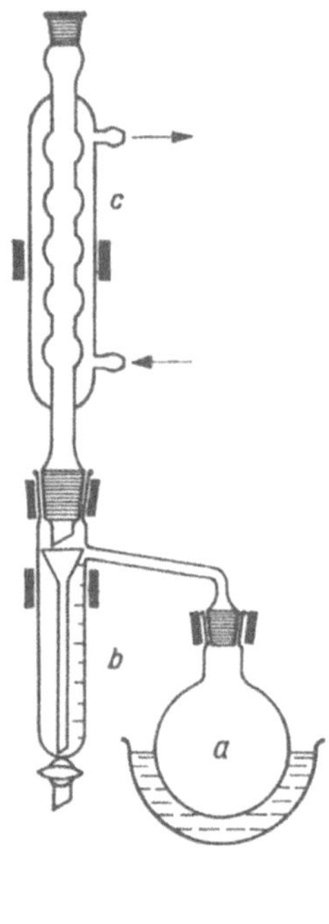

Abb. 1.12 Standardapparatur 5

der mittlere Schliff des Kolbens (*a*), die Hülse des Rührers (*c*) und des Kühlers (*d*), jeweils am oberen Ende.

In die *Standardapparatur 4* (Abbildung 1.11) kann ein Reaktionspartner zum anderen unter Rühren und Temperaturkontrolle getropft werden.

Sie besteht aus einem Dreihalsrundkolben (*a*), dem Tropftrichter mit Druckausgleich (*b*) (er darf nicht verschlossen werden! *warum*?), dem KPG-Rührer (*c*) und dem Innenthermometer (*d*). Die Hülsen des Kolbens (*a*) und des Rührers (*c*) werden eingespannt, der Tropftrichter (*b*) locker geklammert.

Die *Standardapparatur 5* (Abbildung 1.12) stellt einen Wasserabscheider für Schleppmittel dar, die leichter als Wasser sind.

Sie besteht aus dem Rundkolben (*a*), dem graduierten Wasserabscheider (*b*) und dem Rückflußkühler (*c*) und wird entsprechend Abbildung 1.12 spannungsfrei geklammert. Der Rundkolben (*a*) wird durch ein Wasserbad oder Ölbad erhitzt.

1.8. Reinigung der Glasgeräte

Selbstverständlich gehören der Abbau der Apparatur und die Reinigung der Geräte zur jeweiligen Übung. Die Glasgeräte werden mit Wasser, Bürste und Scheuersand, bei hartnäckigen Verschmutzungen mit heißer konzentrierter Salpetersäure oder organischen Lösungsmitteln (Arbeitsschutzbestimmungen beachten!) gereinigt, mit wenig technischem Methanol ausgespült und mit der Öffnung nach unten zum Trocknen gestellt. Es ist zu beachten, daß beim Aufbau beliebiger Apparaturen nur *trockene Glasgeräte* benutzt werden!

1.9. Weiterführende Literatur

Keil, B.: Laboratoriumstechnik der organischen Chemie. – Akademie-Verlag, Berlin 1961.

Ü₂ 2. Gesundheits-, Arbeits- und Brandschutz

2.1. Gesundheits- und Arbeitsschutz

In diesem Abschnitt sind die wichtigsten Gesichtspunkte für die Arbeit des Praktikanten im organisch-chemischen Laboratorium zusammengestellt. Die berufliche Tätigkeit, die im allgemeinen mit höherer persönlicher Verantwortung verbunden ist, erfordert unbedingt ein weiterführendes Studium der gesetzlichen Bestimmungen.

- Vor Beginn des Experimentes ist die Arbeitsvorschrift genau zu studieren und dabei das Reaktionsgeschehen zu durchdenken.
- Während der Arbeit sind Aufmerksamkeit und Vorsicht unerläßlich; am Arbeitsplatz muß Sauberkeit und Ordnung herrschen. Personen, die unter Alkoholeinfluß stehen, ist der Aufenthalt im Labor nicht gestattet.
- Es ist ständig darauf zu achten, daß die übrigen Mitarbeiter im Laboratorium nicht gefährdet werden.
- Essen, Trinken und Rauchen sind im Labor verboten.
- Gefäße, die für Nahrungsmittel bestimmt sind, dürfen nicht für Chemikalien benutzt werden.
- Gefäße, die für Chemikalien bestimmt sind, dürfen nicht für Nahrungsmittel benutzt werden.
- Sämtliche Gefäße müssen deutlich und dauerhaft beschriftet sein. Frühere, anders lautende Beschriftungen sind zu entfernen.
- Apparaturen sind standsicher aufzubauen.
- Beim Einführen von Thermometern, Glasröhren und Glasstäben in Stopfen und Schläuche sind die Hände so zu schützen, daß sie beim Bruch des Glases nicht verletzt werden (mit Handtuch umwickeln). Zweckmäßig wird das Glas vorher mit Wasser oder besser mit Glycerin befeuchtet.
- Beschädigte Glasgeräte dürfen nicht benutzt werden.
- Es ist stets eine Schutzbrille zu tragen, wenn eine Verletzung der Augen nicht ausgeschlossen ist! Das Augenlicht ist unersetzlich!
- Besonders beim Arbeiten mit Glasgefäßen unter vermindertem Druck (Dewar-Gefäße, Vakuumexsikkator, Vakuumdestillation) sowie beim Umgang mit Alkalimetallen ist größte Vorsicht geboten (weitere Schutzmaßnahmen: Schutzscheibe, Splitterfangnetz, Schutzhandschuhe).
- Dünnwandige Glasgefäße nicht kugeliger Form (z. B. Erlenmeyer-Kolben) dürfen nicht evakuiert werden. Evakuierte Glasgefäße müssen vorsichtig behandelt werden; einseitiges Erhitzen ist verboten.

- Nach dem Giftgesetz werden alle Chemikalien in Klassen unterschiedlicher Giftigkeit eingeteilt. Zu den Giften der Abteilung I gehören Quecksilber und dessen Verbindungen sowie Blausäure und deren Abkömmlinge.
- Beim Arbeiten mit Quecksilber ist ein Verschütten sorgfältig zu vermeiden. Die Arbeiten sind zweckmäßig über einer Wanne auszuführen. Verschüttetes Quecksilber ist sofort restlos zu beseitigen (Aufsammeln mit der Quecksilberzange, Überstreuen der Reste mit Jodkohle oder Schwefelblüte).
- Chemikalien sollen nicht mit der menschlichen Haut in Berührung kommen. (Einige Gifte durchdringen die gesunde, unverletzte Haut!) Mit ätzenden oder giftigen Stoffen durchtränkte Kleidung ist sofort zu wechseln.
- Beim Arbeiten mit ätzenden, giftigen oder übelriechenden Gasen und Dämpfen sind stets die Abzüge zu benutzen. Abzugsfenster weitgehend schließen; nicht hineinbeugen.
- Beim unerwarteten Auftreten von ätzenden bzw. giftigen Gasen oder Dämpfen in den Arbeitsräumen sind die Mitarbeiter zu warnen. Die Gefahr ist mit der notwendigen Vorsicht zu beseitigen (Atemschutzgeräte!). Ungeschützte Personen haben sich aus der Gefahrenzone zu entfernen.
- Reaktionen mit Alkalimetallen dürfen nie auf dem Wasser- oder Dampfbad ausgeführt werden (Sand- oder Ölbad benutzen!). Alkalimetalle dürfen nicht mit Halogenalkanen (z. B. Äthylbromid, Chloroform, Tetrachlorkohlenstoff) in Berührung kommen, da bei Stoß heftige Explosionen eintreten können.
- Flaschen mit ätzendem, giftigem oder brennbarem Inhalt dürfen nicht am Flaschenhals getragen werden, sondern sind am Boden zu unterstützen.
- Stahlflaschen für verdichtete und verflüssigte Gase sind liegend aufzubewahren oder gegen Umfallen zu sichern (z. B. durch Ketten). Gefüllte Flaschen sind vor starker Erwärmung und scharfem Frost zu schützen und vor Stößen und Erschütterung zu bewahren.
- Stahlflaschen dürfen nur mit aufgeschraubter Schutzkappe befördert werden. Das Entnehmen von Druckgas ohne vorschriftsmäßiges Druckminderventil ist verboten. Um ein Rücksteigen von Flüssigkeiten in die Druckgasflaschen zu vermeiden, muß ein Sicherheitsgefäß mit Entlüftungshahn zwischen Gasflasche und Apparatur geschaltet werden. Nach Beendigung der Gasentnahme ist der Sicherheitshahn sofort zu öffnen.
- Bei Sauerstoffflaschen sind Ventile, Manometer und Dichtungen frei von Öl, Fett u. dgl. zu halten. Sauerstoffmanometer (Aufschrift: „Sauerstoff, fettfrei halten!“) dürfen nicht für brennbare Gase benutzt werden.
- Abfälle dürfen nicht gedankenlos verworfen werden. Stoffe, die beim Zusammentreffen mit anderen Stoffen giftige oder brennbare Gase entwickeln können, dürfen nicht in Abwasserleitungen gegeben werden. Pyrophore Stoffe (z. B. Raney-Nickel, angeätztes Zinkpulver) sowie Alkalimetalle dürfen nicht in die Abfallbehälter gegeben werden; sie werden in gesonderten Gefäßen gesammelt.
- Abfälle werden durch geeignete chemische Reaktionen (z. B. Verbrennen, Reaktion von Alkalimetallen mit Methanol) mit der notwendigen Vorsicht unschädlich gemacht.

2.2. Brandschutz

2.2.1. Vorbeugende Maßnahmen

Beim Umgang mit leicht entzündlichen Stoffen dürfen sich keine offenen Flammen in der Nähe befinden. Das Erhitzen erfolgt unter Benutzung von Heizbädern (Wasser-, Öl-, Paraffin-, Luft-, Sandbad).

- Paraffin- und Ölbäder dürfen nur bis 250 °C erhitzt werden.
- Das Erhitzen von brennbaren Stoffen (z. B. Destillation) erfolgt unter ständiger Aufsicht.
- Brennbare Substanzen dürfen nur in begrenzter Menge am Arbeitsplatz aufbewahrt werden.
- Sämtliche Arbeiten mit besonders feuergefährlichen Stoffen (Äther, Petroläther-CS_2) dürfen nur im Ätherraum durchgeführt werden. (Dies gilt nicht für Mengen bis zu 50 ml.)
- In Trockenschränken dürfen brennbare Flüssigkeiten nicht verdampft und Rückstände, die diese enthalten, nicht getrocknet werden.
- Beim Arbeiten mit brennbaren Gasen oder Dämpfen ist darauf zu achten, daß sich keine explosiven Gemische bilden (Abzug!).
- Zur Peroxidbildung neigende Flüssigkeiten (z. B. Äther, Tetrahydrofuran, Dioxan) dürfen nur bis auf einen kleinen Rückstand abdestilliert werden. Vorräte sind vor Licht- und Lufteinwirkung zu schützen! Vor Gebrauch ist die Peroxidprobe durchzuführen (Gelbfärbung beim Schütteln mit wäßriger schwefelsaurer Titan(IV)-sulfat- oder essigsaurer Kaliumjodidlösung zeigt Peroxid an.) Gegebenenfalls sind Peroxide mit Eisen(II)-salzen reduktiv zu zerstören. Man bewahrt die genannten Lösungsmittel über Kaliumhydroxidplätzchen in dunklen Flaschen auf.
- Mit Wasser nicht mischbare brennbare Flüssigkeiten dürfen nicht in die Ausgüsse gegossen werden. Sie sind aufzuarbeiten oder durch geeignete chemische Reaktionen (z. B. Verbrennen) zu vernichten.

2.2.2. Verhalten bei Bränden

- Lautstarker Ruf: „Hilfe! Feuer!“
- Entzündbare Gegenstände entfernen!
- Gas abstellen!
- Bedienung des Feuerlöschers (bevorzugt CO_2-Löscher, sonst Tetralöscher): Hahn aufdrehen, Schneerohr auf das Feuer richten!

  Beachte: Bei Benutzung des Tetralöschers Vergiftungsgefahr durch Dämpfe bzw. gebildetes Phosgen; nach Brandbekämpfung Raum gut lüften!
- Brände von Alkalimetallen können weder mit Tetra- noch mit CO_2-Löscher gelöscht werden. Man verwendet trockenen Sand.

– Kleiderbrände werden unter der Löschbrause abgelöscht oder mittels Feuerlöschdecke erstickt, notfalls durch Wälzen auf dem Boden.
– Bei *größeren Bränden* erfolgt entsprechend dem Alarm- und Evakuierungsplan des jeweiligen Instituts die Bedienung des Feuermelders, Absperren von Strom und Gas am Hauptschalter bzw. Haupthahn, telefonische Meldung an die zuständigen Leiter (Direktor, Sicherheitsinspektor, Arzt).
– Alle Personen, die nicht an der Brandbekämpfung beteiligt sind, verlassen unverzüglich die Räume, wobei zu gewährleisten ist, daß niemand zurückbleibt.

2.3. Gefährliche Chemikalien

Im folgenden sind gefährliche Substanzen zusammengestellt und kurz chrakterisiert. Die Übersicht erhebt keinen Anspruch auf Vollständigkeit, erfaßt aber auch einige Substanzklassen, die im vorliegenden Buch sonst keine Erwähnung finden. Die Hinweise für die Erste Hilfe schließen nicht aus, daß bei auftretenden Gesundheitsschädigungen in jedem Falle ein Arzt zur Hilfe gerufen wird.

Es werden folgende Abkürzungen verwendet:
W. = Wirkung auf den Organismus
EH. = Erste Hilfe
Ex. = Explosive Mischung, prozentualer Anteil der Substanz in Luft
B. = Besondere Eigenschaften

Acetaldehyd. *W.*: Schleimhautreizung, Erstickungsanfälle; *EH.*: frische Luft; *Ex.*: 5 bis 60%.

Acetylen. *W.*: narkotisierend; enthält meist Phosphorwasserstoffe (s. d.); *EH.*: frische Luft; *Ex.*: 3 bis 80%; ab 2 atü explosiv, besonders in Anwesenheit von Cu oder Ag.

Acetylnitrat. *B.*: hoch explosiv, darf nicht isoliert werden.

Acrolein. *W.*: Schleimhautreizung, Magen- und Darmstörungen.

Acrylnitril. *W.*: vergleichbar Blausäure (s. d.).

Acrylsäure, -ester. *B.*: spontane, z. T. explosionsartige Polymerisation.

Äther, aliphatisch. *W.*: Narkotika; *EH.*: frische Luft; *Ex.*: 2 bis 50%; *B.*: wegen Peroxidbildung in dunklen, vollen und geschlossenen Flaschen aufbewahren.

Äthylenoxid. *W.*: Kopfschmerz, Übelkeit; vergleichbar Blausäure (s. d.); *Ex.*: 3 bis 100%; Explosion mit Alkali.

Alkalimetalle. *B.*: mit Wasser, Halogenen, Halogenderivaten (z. B. $CHCl_3$, CCl_4), CS_2 Explosionen bzw. Detonationen.

Ameisensäure. *W.*: wirkt stark ätzend.

Amine, aliphatisch. *W.*: ätzend wie Alkalien, Atemgift; *EH.*: Waschen mit verd. Säure.

Amine, aromatisch. *W.*: stark giftig; werden von der Haut absorbiert; bei häufiger Einwirkung Dauer- und Spätschäden, Krebsgefahr (besonders bei Benzidin, α-, β-Naphthylamin).

Ammoniak. *W.*: starke Ätzwirkung; $2\,\mathrm{mg}\cdot\mathrm{l}^{-1}$ Luft wirken tödlich; *EH.*: mit Wasser spülen, Sauerstoff; *Ex.*: 15 bis 25%.

Benzol und Homologe. *W.*: Blutgift; *Ex.*: 1 bis 8% (für Benzol).

Benzoylperoxid. *B.*: feucht aufbewahren, in kleinen Mengen unter Vermeidung von Stoß oder Reibung handhaben; analoges gilt für alle organischen Peroxide.

Blausäure (Cyanwasserstoff). *W.*: starkes Atem- und Blutgift, tödliche Dosis 0,05 g bzw. 0,1 mg/l Luft; *EH.*: Sauerstoff, künstliche Atmung, sofortige ärztliche Behandlung; *Ex.*: 5 bis 40%.

Bleiverbindungen (z. B. Bleitetraäthyl). *W.*: Nervengifte mit chronischer Wirkung, Atem- und Hautgift; *B.*: Salze (Azide u. a.) sind explosiv.

Brom. *W.*: 0,04 mg/l Luft tödliche Dosis, Verätzung der Haut und der Atmungsorgane; *EH.*: Haut mit viel Äthanol abwaschen, Sauerstoff.

Carbide. *W.*: durch Phosphorwasserstoffe, die neben Acetylen aus Carbiden und Wasser entstehen; *B.*: Acetylide (= Salze, z. B. mit Ag, Cu, Hg, aber auch Alkali- und Erdalkalimetallen) sind hochexplosiv.

Chlor. *W.*: 0,06% tödliche Dosis; Verätzung der Atmungsorgane bereits ab 0,01 ‰; *EH.*: Riechen an stark verdünntem Ammoniak, Sauerstoff.

Chloral. *B.*: Lungengift ähnlich Phosgen (s. d.).

Chlorkohlensäureester (= Chlorameisensäureester). s. Phosgen.

Chromsäure. *B.*: explosionsartige Reaktion mit manchen organischen Substanzen (z. B. bei der Reinigung benutzter Laborgeräte!).

Cyanwasserstoff. s. Blausäure.

Cyanide. *W.*: ähnlich Blausäure; *EH.*: Erbrechen bei Aufnahme durch den Magen, Einnahme von verd. $KMnO_4$-Lösung und Aktivkohle, Sauerstoff, künstliche Atmung, sofortige ärztliche Behandlung.

Diazomethan. *W.*: starkes Atemgift; *EH.*: frische Luft, Sauerstoff; *B.*: flüssig, gasförmig und in Lösung explosiv!

Diazoverbindungen (z. B. Diazoessigester). *W.*: vergleichbar Diazomethan.

Dimethylsulfat. *W.*: starkes Atem- und Hautgift (hydrolysiert in der Lunge zu CH_3OH und H_2SO_4!); *EH.*: Haut mit verd. Ammoniakwasser waschen.

Halogenkohlenwasserstoffe, aliphatisch gesättigt (z. B. CCl_4, $CHCl_3$, CH_3Br, Tetrachloräthan). *W.*: Narkotika, Leber- und Nierengifte mit Spätwirkung; *EH.*: frische Luft, Sauerstoff bzw. künstliche Atmung; *Ex.*: etwa 5 bis 20%; *B.*: Explosion mit Na, Natriumamid, Metallpulvern.

Halogenkohlenwasserstoffe, aliphatisch ungesättigt (z. B. Trichloräthylen, Allylhalogenide). *W.*: Atem- und Hautgift; *EH.*: Waschen mit Wasser und Seife; *B.*: Explosion mit Na, Natriumamid, Metallpulvern.

Halogenkohlenwasserstoffe, aromatisch. *W.*: Narkotika, Hautreizung; *EH.*: Waschen mit Wasser und Seife; *Ex.*: etwa 1 bis 10%.

Halogenwasserstoffe. *W.*: stark schleimhautreizend, 5‰ tödliche Dosis für HCl; *EH.*: bei Aufnahme durch den Mund viel Wasser oder Milch trinken, MgO einnehmen.

Hydrazin und Derivate. *W.*: giftig (Krampfgifte, Phenylhydrazin starkes Hautgift), ätzend wie Amine; *EH.*: Haut mit verd. CH_3COOH waschen; Traubenzucker einnehmen; *B.*: Hydrazin und seine Salze sind explosiv.

Hydrazobenzol. leichte Umlagerung zu Benzidin (s. Amine).

Hydride (z. B. Alkalihydride, $LiAlH_4$). *B.*: heftige Reaktionen mit Wasser, ähnlich Alkalimetallen (s. dort).

Isocyanate. *W.*: Schleimhaut-, Augenreizung; *EH.*: verd. Ammoniak.

Isonitrile. *W.*: starke Atemgifte.

Jod. *W.*: Schleimhaut-, Augenreizung; *B.*: Explosion mit Alkalimetallen.

Kohlenmonoxid (u. a. im Leuchtgas!). *W.*: geruchloses Blutgift, erstes Symptom: Kopfschmerzen, 0,2‰ sind schädlich, 0,3‰ auf die Dauer tödlich; *EH.*: frische Luft, Sauerstoff, künstliche Atmung; *Ex.*: 10 bis 75%.

Kohlenwasserstoffe, aromatisch. monocyclisch s. Benzol; polycyclische Kohlenwasserstoffe: *W.*: cancerogene, d. h. krebsauslösende Wirkung bei 3.4-Benzpyren, aber auch bei anderen polycyclischen aromatischen und heterocyclischen Kohlenwasserstoffen; s. auch Amine, aromatisch.

Methanol. *W.*: Dämpfe sind schädlich, die Einnahme bewirkt Blindheit und Tod; *Ex.*: 5 bis 20%.

Natriumamid. *B.*: selbstentzündlich, mit Wasser Explosionen, analog Alkalimetalle (s. d.).

Naphthylamin. s. Amine, aromatisch.

Nicotin. *W.*: starkes Gift, 40 bis 60 mg bewirken Tod durch Herz- und Atemlähmung; *EH.*: Magenspülung, heißer Kaffee; *B.*: Nicotin wird auch von der Haut absorbiert.

Nitrite, anorganisch. *W.*: starke Kreislauf- und Blutgifte; *EH.*: Erbrechen, Sauerstoff, Aktivkohle, hohe Dosen Vitamin C; *B.*: $NaNO_2$ schmeckt wie Kochsalz!

Nitrite, organisch. (z. B. Isoamylnitrit, Äthylnitrit). *W.*: wirken blutdrucksenkend, erzeugen Rauschzustände, führen zum Tod.

Nitroglycerin. *W.*: starkes Blutgift; *EH.*: Sauerstoff, künstliche Atmung; *B.*: explodiert bei Stoß oder Erhitzen.

Nitroverbindungen, aromatisch. *W.*: starke Blutgifte, die über die Atmung und durch die Haut absorbiert werden; *EH.*: Sauerstoff, viel Milch! *B.*: Metallsalze von Nitrophenolen sowie Pikrate sind explosiv.

Oxalsäure. *W.*: Krämpfe, Tod durch Herzschwäche; *EH.*: verd. $CaCl_2$-Lösung und viel Milch einnehmen; *B.*: bildet mit Oxydationsmitteln explosive Gemische.

Oxime. *W.*: siehe Nitrite, organisch.

Perchlorsäure. B.: reine $HClO_4$ explodiert bei 110 °C; alle organischen Perchlorate sind unterschiedlich explosiv.

Permanganate. *B.*: bilden mit zahlreichen organischen Substanzen explosive Gemische.

Phenole. *W.*: ätzend, werden durch die Haut absorbiert; *EH.*: mit verd. Laugen und viel Wasser waschen, Einnahme von Aktivkohle und Milch.

Phosgen. *W.*: starkes Lungengift; tödl. Dosis 0,1 Vol.-% in der Luft; *EH.*: frische Luft, Sauerstoff, keine künstliche Atmung.

Phosphor, gelber. *W.*: starkes Gift, tödliche Dosis 0,1 g; *EH.*: 0,1%ige $CuSO_4$-Lösung einnehmen, dann erbrechen, Fett streng vermeiden; Phosphor auf der Haut (z. B. bei Verbrennungen) unter Wasser abschaben und mit 2%iger $CuSO_4$-Lösung waschen; *B.*: gelber Phosphor ist selbstentzündlich und bildet mit Oxydationsmitteln, besonders Chloraten, gefährlich detonierende Gemische.

Phosphorsäureester, organisch. *W.*: starke Nervengifte, Bewußtlosigkeit, Erbrechen, Atemlähmung, Tod; starker kumulativer Effekt; *EH.*: Atropin, sofortige ärztliche Behandlung; *B.*: Vorkommen in Pflanzenschutz- und Schädlingsbekämpfungsmitteln, Weichmachern usw.

Phosphorwasserstoffe. W.: starkes Atemgift; *B.*: selbstentzündlich.

Pyridin und Homologe. *W.*: Schädigung des Verdauungs- und Zentralnervensystems.

Quecksilber. *W.*: Schädigung des Zentralnervensystems, kumulativer Effekt, Dämpfe sehr gefährlich.

Quecksilberverbindungen. *W.*: schwere Verdauungsschädigungen; tödliche Dosis von $HgCl_2$ (Sublimat) 0,5 g; *EH.*: Erbrechen, dann Eiweiß in jeder Form; *B.*: zahlreiche Hg-Salze sind explosiv; Beseitigung von metallischem Quecksilber s. Abschnitt 2.1.

Salpetersäure. *W.*: Hautverätzung; *EH.*: mit viel Wasser waschen; *B.*: explosionsartige Reaktion mit vielen organischen Substanzen.

Salpetrige Säure. s. Nitrite.

Sauerstoff. *B.*: kann mit fast allen organischen Substanzen unter Explosion reagieren; über Arbeiten mit komprimiertem Sauerstoff siehe Abschnitt 2.1.

Säurechloride, -bromide. *W.*: starke Reizung der Atmungsorgane und der Haut; *EH.*: mit viel Wasser und Seife waschen; *B.*: besonders reaktionsfähige Säurechloride setzen sich mit Wasser oder Alkalien explosionsartig um.

Schwefel. *B.*: bildet mit allen Oxydationsmitteln gefährliche explosive Gemische.

Schwefelkohlenstoff. *W.*: Nerven-, Herz- und Verdauungsstörungen, kumulativer Effekt; *Ex.*: 1 bis 50%; *B.*: Lösungen von S in CS_2 und P in CS_2 entzünden sich besonders leicht.

Schwefelwasserstoff. *W.*: in hohen Konzentrationen ähnlich Blausäure (s. d.), vorher Übelkeit, Krämpfe; *EH.*: frische Luft, Sauerstoff, künstliche Atmung; *Ex.*: 4 bis 50%.

Stickoxide. *W.*: ähnlich Phosgen (s. d.); *EH.*: Sauerstoff.

Toluolsulfochloride. analog Säurechloride (s. d.).

Wasserstoff. *Ex.*: 4 bis 75%; *B.*: kann sich beim Ausströmen aus Druckflaschen selbst entzünden (s. a. Abschn. 2.1.).

Wasserstoffperoxid. *W.*: stark ätzend; *B.*: Explosion bei Destillation im Vakuum und bei der Mischung mit oxydierbaren Verbindungen.

2.4. Literaturhinweise

AHRENS, G.: Die Giftprüfung. 9. Aufl. – Johann Ambrosius Barth, Leipzig 1971.

BLUMRICH, K.; SCHWARZ, H.; WINGER, A., in: HOUBEN-WEYL: Methoden der organischen Chemie. Bd. I/2. – Georg Thieme Verlag, Stuttgart 1959. S. 891–934.

BRUNNE, K.: Gesetzessammlung für den Chemiker. – Deutscher Zentralverlag, Berlin 1961.

BÜTTNER, F.: Giftkunde/Giftgesetz. 11. Aufl. – Fachbuchverlag, Leipzig 1968.

Merkblätter und Richtlinien für den Schutz am Arbeitsplatz werden von der Berufsgenossenschaft der chemischen Industrie herausgegeben. Sie sind erhältlich beim Verlag Chemie, Weinheim.

Ü₃— Ü₁₃

3. Allgemeine Arbeitsmethoden

Organische Substanzen müssen aus Reaktionsgemischen abgetrennt, gereinigt und charakterisiert werden. Diese Operationen werden in der Hauptsache durch folgende Arbeitsgänge bewerkstelligt:

Trennverfahren
- Destillation und Rektifikation unter Normaldruck und im Vakuum
- Wasserdampfdestillation
- Extraktion
- Chromatographie
- Kristallisation
- Sublimation

Bestimmung charakteristischer Stoffkonstanten
- Schmelzpunkt
- Siedepunkt
- Brechungsindex

3.1. Destillation

$Ü_3$ 3.1.1. Einfache Destillation unter Normaldruck

3.1.1.1. Theoretische Grundlagen

Die Destillation ist die wichtigste Trenn- und Reinigungsmethode für flüssige Substanzen. Im einfachsten Fall verdampft man die Flüssigkeit durch Zufuhr von Wärme und kondensiert den Dampf in einem Kühler.

Über allen Flüssigkeiten bildet sich durch Verdunstung ein bestimmtes Flüssigkeits-Dampf-Gleichgewicht und damit ein entsprechender Dampfdruck aus. Die Größe des Dampfdruckes ist abhängig von der Art der Flüssigkeit und von der Temperatur. Mit steigender Temperatur steigt der Dampfdruck einer Flüssigkeit stark an (s. Abbildung 3.1).

Die Temperatur, bei der der Dampfdruck gleich dem äußeren Druck ist, heißt

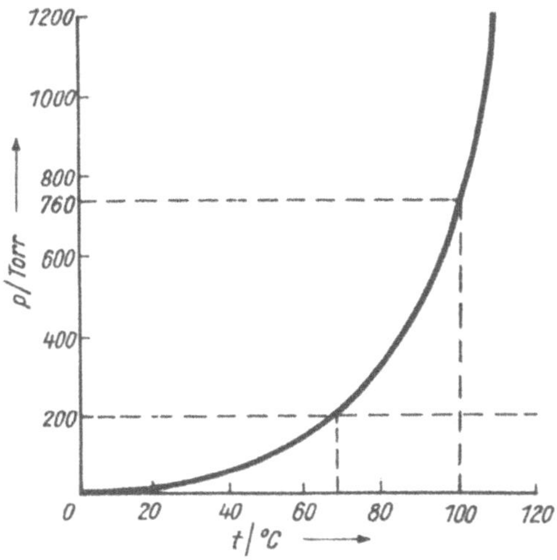

Abb. 3.1 Dampfdruckkurve des Wassers

Siedepunkt. Der Schnittpunkt der Dampfdruckkurve des Wassers mit der 760-Torr-Geraden (s. Abbildung 3.1) stellt demzufolge den Siedepunkt des reinen Wassers beim Normaldruck von 760 Torr dar. Jede Flüssigkeit, die sich nicht zersetzt, bevor ihr Dampfdruck 760 Torr erreicht, hat ihren eigenen charakteristischen Siedepunkt unter Normaldruck ($Kp._{760}$). Wie aus Abbildung 3.1 außerdem ersichtlich ist, würde Wasser z. B. bei einem äußeren Druck von nur 200 Torr bereits bei etwa 66 °C sieden. Wegen dieser starken Druckabhängigkeit des Siedepunktes muß für dessen eindeutige Charakterisierung neben der Siedetemperatur der dazugehörige Druck angegeben werden. Für das genannte Beispiel lautet die Siedepunktsangabe: $Kp._{200}$ 66 °C. Ist kein Druck als Index angegeben, dann ist der Normaldruck von 760 Torr gemeint.

Auf Grund der großen Druckabhängigkeit und der unterschiedlichen Beeinflussung durch Verunreinigungen ist der Siedepunkt für die Charakterisierung von Flüssigkeiten und als Reinheitskriterium weniger geeignet als der Schmelzpunkt bei Feststoffen.

Für die Reinigung einer flüssigen Substanz, die mit geringen Mengen solcher Verbindungen verunreinigt ist, die selbst einen zu vernachlässigenden Dampfdruck beim Siedepunkt der Substanz besitzen (z. B. harzige, polymere Stoffe in technischen oder im Labor dargestellten Rohprodukten), ist die *einfache Destillation* die gegebene Methode.

Für Destillationen von Flüssigkeiten mit einem $Kp._{760}$ zwischen etwa 40 und 150 °C dient eine Apparatur entsprechend Abbildung 3.2. Hierbei wird mit Hilfe einer Wärmequelle (z. B. beheiztes Öl- oder Harzbad) (*g*) im Kolben (*a*) Flüssigkeit verdampft. Der Dampf steigt in den Destillationsaufsatz (*b*) und umspült dort die Thermometerkugel (*c*), so daß die Dampftemperatur am Thermometer verfolgt werden kann. Danach gelangt der Dampf sofort in den Kühler (*d*), wo er kondensiert wird. Das Kondensat fließt über den Vorstoß (*e*) in die Vorlage (*f*). Sowohl Dampf als auch Kondensat haben also insgesamt die *gleiche* Strömungsrichtung.

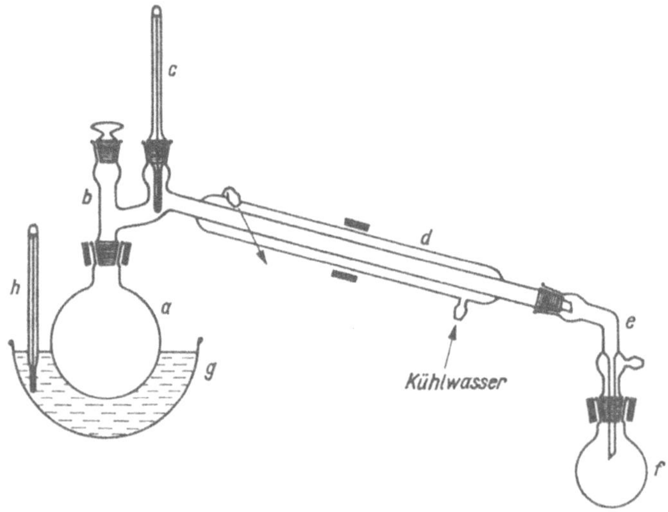

Abb. 3.2 Apparatur für die einfache Destillation bei Normaldruck

In Abbildung 3.2 ist der Aufsatz (*b*) in der auch für Vakuumdestillationen (s. Abschnitt 3.1.3.) geeigneten Ausführung nach CLAISEN gleich an den Kühler (*d*) angeschmolzen. Beide Teile werden auch getrennt hergestellt und durch Normalschliffe verbunden.

Es ist darauf zu achten, daß die Quecksilberkugel des Thermometers so weit in den Destillationsaufsatz (*b*) hineinragt, daß sie vollständig durch die in den Kühler fließenden Dämpfe benetzt wird. Ansonsten ist das Thermometer auszuwechseln!

Die meisten Flüssigkeiten neigen zu Überhitzungen, d. h., sie werden erst mehr oder weniger über den eigentlichen Siedepunkt erhitzt, ehe sie dann stoßweise heftig zu sieden beginnen. Diese metastabilen Zustände, die zu *Siedeverzügen* führen, werden beseitigt, indem man in den Kolben grundsätzlich einige „*Siedesteine*" (unglasierte, poröse Tonscherben) gibt.

Beim Erhitzen treten aus den Siedesteinen kleine Luftbläschen, die die Dampfbildung initiieren. Falls die Destillation unterbrochen wurde und das zu destillierende Gut abkühlen konnte, füllen sich die Poren der Siedesteine mit Flüssigkeit. Dadurch werden sie unwirksam und sind durch neue zu ersetzen.

Wurde einmal die Zugabe von Siedesteinen vergessen, muß die erhitzte Flüssigkeit erst wieder mindestens 10 °C unter den Siedepunkt der niedrigst siedenden Komponente abkühlen, ehe man die Siedesteine in den Kolben gibt. Sonst wird der eventuelle Siedeverzug plötzlich aufgehoben, und die Flüssigkeit spritzt, sich u. U. an der Heizquelle sofort entzündend, aus der Apparatur.

Für Substanzen, die bei Normaldruck über 150 °C sieden, ist die einfache Destillation oft nicht geeignet, da diese Substanzen durch die starke thermische Belastung oft zersetzt werden. Sie sind deshalb im Vakuum zu destillieren (vgl. Abschn. 3.1.3., $Ü_5$). Werden hochsiedende Substanzen, wenn sie thermisch stabil sind, unter Normaldruck destilliert, so ist auf die Wasserkühlung zu verzichten, da es durch die große Temperaturdifferenz zwischen Kühlwasser und Dampf zum Zerspringen des Kühlers kommen kann. Es ist ratsam, einen Luftkühler zu verwenden, oder eventuell einen Liebig-Kühler ohne Kühlwasser.

3.1.1.2. Arbeitstechnik

Das zu destillierende Gut, dessen Masse oder Volumen vorher bestimmt worden ist, wird mit Hilfe eines Trichters in den Kolben (*a*) gefüllt. Dieser ist so groß zu wählen, daß er maximal bis zu zwei Dritteln gefüllt ist. Die Siedesteine werden zugegeben und die saubere und *trockene* Destillationsapparatur entsprechend Abbildung 3.2 aufgebaut (Hinweise für das Aufbauen von Apparaturen, das Fetten und Zusammensetzen von Schliffen aus Abschn. 1.2. beachten!) und das Kühlwasser im Gegenstromprinzip angeschlossen.

Als Heizbad (*g*) dient eine Schale mit Öl oder wasserlöslichem Polyäthylenoxidharz (Harzbäder müssen vorher aufgeschmolzen werden, ohne sie bereits zu stark zu erhitzen), die durch einen Bunsenbrenner beheizt wird. Man reguliert das Heizbad, dessen Temperatur mittels eines weiteren, am Stativ befestigten Thermometers (*h*) kontrolliert wird, so ein, daß der Kolbeninhalt gleichmäßig und langsam siedet und nicht mehr als ein bis zwei Tropfen sauberen und klaren Destillats in der Sekunde übergehen. Nur so wird am Thermometer eine dem Flüssigkeits-Dampf-Gleichgewicht entsprechende Temperatur ablesbar, die man notiert. Bei zu schnellem Destillieren erfolgt leicht Überhitzung des Dampfes!

Es darf nie bis zur Trockne destilliert werden! Man bricht die Destillation ab, wenn der Siedepunkt durch Dampfüberhitzung um 2 bis 3 °C über den bis dahin konstanten Wert ansteigt. Schließlich werden noch die Volumina bzw. Massen des Destillats und des Destillationsrückstandes bestimmt.

Enthält die Flüssigkeit geringe Mengen leichter siedender Verunreinigungen, so gehen diese als *Vorlauf* vor der Hauptmenge (*Hauptlauf*) über. Der Vorlauf ist durch Wechseln der Vorlage bei Ansteigen der Temperatur auf die Siedetemperatur des Hauptlaufes abzutrennen. Steigt die Siedetemperatur beim Übergehen des Hauptlaufes schon wesentlich vor dem Ende der Destillation trotz gleichmäßig langsamer Tropfgeschwindigkeit an, ist die Vorlage nochmals zu wechseln und der sogenannte *Nachlauf* aufzufangen.

3.1.1.3. Aufgabenstellung

a) Es ist eine organische Flüssigkeit (z. B. Acrylnitril – Vorsicht! s. Abschnitt 2.3. – Essigsäureäthylester, i-Propanol, Tetrachloräthan) durch einfache Destillation unter Normaldruck zu reinigen. Dabei ist der Siedepunkt zu bestimmen und der Siedeverlust in ml bzw. g und in Vol.-% bzw. Massen-% anzugeben. Im Versuchsprotokoll ist außerdem die Temperatur des Heizbades und ihre evtl. Veränderung während der Destillation anzugeben.

b) Ein Zweistoffgemisch, bestehend aus 35 ml Benzol und 35 ml Xylol, wird aus einem 100-ml-Siedekolben destilliert, wobei als Vorlage eine 100-ml-Mensur dient. Alle 2 Minuten wird die Siedetemperatur abgelesen und die Menge des

Destillats bestimmt. In einer graphischen Darstellung ist die Siedetemperatur über den erhaltenen Millilitern Destillat aufzutragen. Der Kurvenverlauf ist zu diskutieren.

3.1.1.4. Kontrollfragen

1. **Welche Bedingung muß erfüllt sein, damit eine Flüssigkeit siedet?**
2. **Charakterisieren Sie den Unterschied zwischen Sieden und Verdunsten!**
3. **Warum verdampft nicht sofort die gesamte Flüssigkeit bei Erreichen des Siedepunktes?**
4. **Warum ist es nicht sinnvoll, 100 ml Flüssigkeit aus einem 1-l-Kolben zu destillieren?**
5. **Welche Aufgabe haben die Siedesteine?**
6. **Was versteht man unter Überhitzung einer Flüssigkeit?**
7. **Wie wirkt sich eine in Abbildung 3.2 zu hoch sitzende Thermometerkugel auf die Bestimmung der Siedetemperatur aus?**
8. **Warum ist es nicht ratsam, den Siedekolben mehr als zwei Drittel mit Flüssigkeit zu füllen?**
9. **Warum sollen alle Schliffe gut gefettet werden? Welche Möglichkeiten gibt es, zwei fest ineinander sitzende Schliffe zu trennen?**

Ü$_4$ 3.1.2. Rektifikation unter Normaldruck

3.1.2.1. Theoretische Grundlagen

Im Gegensatz zur einfachen Destillation, bei der Dampf und Kondensat auf dem gesamten Weg durch die Apparatur einmalig in gleicher Richtung fließen, läuft bei der *Gegenstromdestillation* oder *Rektifikation* fortwährend ein Teil des Kondensats wieder dem Dampf entgegen. Dieses Prinzip läßt sich in Destillationskolonnen realisieren.

Die Rektifikation dient der Trennung von Flüssigkeitsgemischen, bei denen die Siedepunkte der Komponenten weniger als etwa 80 °C auseinanderliegen, deren Dampfdrücke also vergleichbar werden. Eine einzelne einfache Destillation führt dann nicht mehr zum Ziel. In Analogie zum Siedeverhalten einer reinen Flüssigkeit beginnt ein binäres Gemisch zweier vollständig mischbarer Flüssigkeiten bei jener Temperatur zu sieden, bei der der Gesamtdampfdruck beider Komponenten den Wert des äußeren Druckes erreicht. So beginnt z. B. ein äquimolares Gemisch von Äthanol und n-Butanol bei etwa 93 °C unter Atmosphärendruck zu sieden (reines Äthanol siedet bei 78 °C, reines n-Butanol bei 117,5 °C. Das übergegangene erste Destillat enthält allerdings einen höheren Anteil an Äthanol als die Mischung. Das Zustandekommen dieser Anreicherung an niedriger siedender Komponente, die die Grundlage für die destillative Trennung durch Rektifikation ist, soll näher betrachtet werden.

Beide Mischungskomponenten, Äthanol und n-Butanol, tragen bei der entsprechenden Temperatur zum Gesamtdampfdruck über der Flüssigkeit mit ihrem sogenannten *Partialdruck* bei. Nach dem *Raoultschen Gesetz* ist der Partialdruck $p_{\text{Ä}}$ gleich dem Dampfdruck $P_{\text{Ä}}$ der reinen Substanz Ä, multipliziert mit ihrem Molenbruch $x_{\text{Ä}}$ in der Mischung.

Der *Molenbruch* x ist ein Konzentrationsmaß und bei binären Mischungen gegeben durch den Quotienten aus der Zahl der Mole der betrachteten Mischungskomponente und der Summe der Anzahl von Molen beider enthaltenen Stoffe, z. B.:

$$x_{\text{Äthanol}} = \frac{n_{\text{Äthanol}}}{n_{\text{Äthanol}} + n_{\text{n-Butanol}}}$$

Da bei 93 °C der Dampfdruck von Äthanol etwa 1260 Torr beträgt, ergibt sich sein Partialdruck $p_{\text{Ä}}$ über der o. g. Mischung zu:

$$\begin{aligned} p_{\text{Ä}} &= P_{\text{Ä}} \cdot x_{\text{Ä}} \\ &= 1260 \cdot 1/2 \\ &= 630 \text{ Torr} \end{aligned} \tag{3.1}$$

Für n-Butanol ergibt sich:

$$\begin{aligned} p_{\text{B}} &= P_{\text{B}} \cdot x_{\text{B}} \\ &= 260 \cdot 1/2 \\ &= 130 \text{ Torr} \end{aligned} \tag{3.2}$$

Der Gesamtdruck ergibt sich zu 760 Torr, die Mischung beginnt zu sieden. Da der Partialdruck des Äthanols aber $\frac{630}{760} \cdot 100\,\% = 83\,\%$ des Gesamtdruckes ausmacht, enthält der erste abdestillierte Dampf 83 Mol-% Äthanol und nur 17 Mol-% n-Butanol.

Dieses Prinzip, nach dem der Dampf immer reicher an der niedrig siedenden Komponente (höherer Dampfdruck) ist, bildet die Grundlage der möglichen Auftrennung der Mischung. Da der Dampf einen höheren Äthanolanteil enthält, wird der Rückstand reicher an n-Butanol, d. h. dessen Molenbruch vergrößert sich. Dadurch wird aber entsprechend Gleichung (3.2) der Partialdruck der höher siedenden Komponente n-Butanol erhöht.

Während also insgesamt der Rückstand kontinuierlich reicher an Butanol wird,

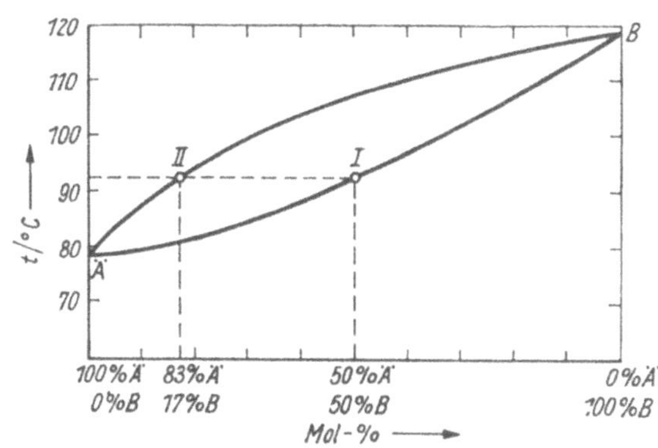

Abb. 3.3 Siedediagramm einer Äthanol/n-Butanol-Mischung

steigt gleichzeitig der Siedepunkt an, und der Butanolanteil im Dampf nimmt langsam zu. Fängt man die übergehende Flüssigkeit bei dieser *einfachen Destillation* in Fraktionen auf, sind die ersten reicher, die letzten ärmer an Äthanol als die Mischung. Anschaulich läßt sich der Siedeverlauf am Diagramm in Abbildung 3.3 erkennen.

Die untere Kurve gibt die Abhängigkeit der Siedepunkte beliebiger Äthanol-n-Butanol-Gemische von ihrer Zusammensetzung (in Mol-%) an. Die darüberliegende Kurve beschreibt die dazugehörigen Dampfzusammensetzungen nach dem Raoultschen Gesetz.

Das diskutierte 1 : 1-Gemisch siedet bei 93 °C (Punkt *I*) und entwickelt dabei einen Dampf der Zusammensetzung entsprechend Punkt *II* (83 Mol-% Äthanol). Durch Kondensation dieses Dampfes in der Destillationsapparatur wird der Rückstand reicher an Butanol, und die Destillation schreitet bei steigendem Siedepunkt entlang der unteren Kurve in Richtung *B* fort.

Unterwirft man die einzelnen, innerhalb bestimmter Temperaturbereiche aufgefangenen Fraktionen weiteren einfachen Destillationen entsprechend Abbildung 3.3, gelingt schließlich die Auftrennung in die beiden reinen Komponenten.

Solche Mischungen, die dem Raoultschen Gesetz zumindest näherungsweise genügen, werden als „*ideal*" bezeichnet. Bei den in der Praxis vorkommenden „*realen*" Gemischen treten z. T. bedeutende Abweichungen vom durch das Raoultsche Gesetz vorausgesagten Destillationsverhalten auf. So können in den jeweiligen Siedediagrammen Maxima oder Minima entstehen. Man hat es dort mit *azeotrop siedenden Mischungen* zu tun, die durch Destillation nicht auftrennbar sind, weil der entstehende Dampf die gleiche Zusammensetzung aufweist wie die Flüssigkeit (z. B. 96%iges wäßriges Äthanol).

Anstelle des beschriebenen aufwendigen Verfahrens wiederholter einfacher Destillationen mit jeweils diskontinuierlicher Einstellung des Flüssigkeits-Dampf-Gleichgewichtes gemäß den Gleichungen (3.1) und (3.2) läßt sich das gleiche Er-

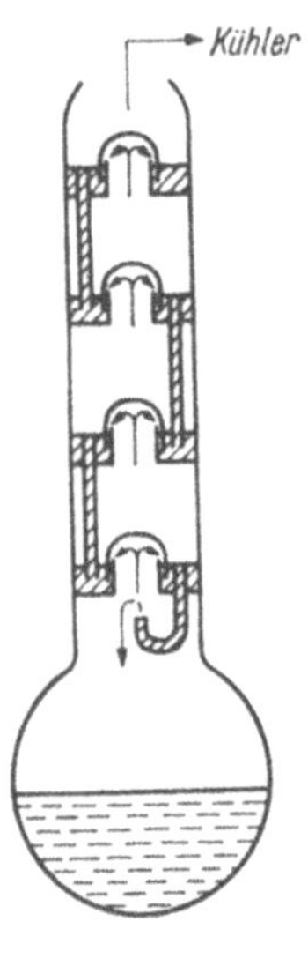

Abb. 3.4a Glockenbodenkolonne (schematisch)

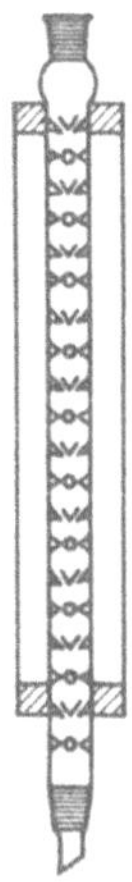

Abb. 3.4b Vigreux-Kolonne mit Luftmantel

gebnis durch eine *kontinuierliche Gegenstromdestillation* mittels einer *Kolonne* erreichen.

Die Funktion einer Kolonne läßt sich am besten am Beispiel der Glockenbodenkolonne erläutern (Abbildung 3.4a):

Bei unserem Beispiel der 1 : 1-Mischung von Äthanol und n-Butanol (Punkt *I* in Abbildung 3.3) erreicht zunächst ein Dampf der Zusammensetzung *II* die erste Kammer und kondensiert hier teilweise. Das Kondensat ist etwas reicher an n-Butanol als der ursprüngliche Dampf. Es sammelt sich auf dem ersten Boden. Weiterer aufsteigender Dampf wird durch die Glocke zu inniger Berührung mit der kondensierten Flüssigkeit gezwungen. Inzwischen hat der restliche, äthanolreichere Dampf die zweite Kammer erreicht, wo sich der ganze Prozeß wiederholt usw.

An jedem Boden erfolgt bei genügend langsamem Siedeprozeß die Gleichgewichtseinstellung zwischen Dampf und Destillat in bezug auf Zusammensetzung und Temperatur, und es scheint, als ob das Kondensat z. T. durch den aufsteigenden heißen Dampf redestilliert würde.

Dadurch wird der Dampf in jeder Kammer reicher an Äthanol (gleichzeitig sinkt auch die Temperatur), und es hängt nur von der Wirksamkeit der Kolonne, ausgedrückt in *theoretischen Böden* ab, ob schließlich reines Äthanol die Kolonne verläßt. Die Zahl der theoretischen Böden der Kolonne ist der Zahl einfacher Destillationen äquivalent, die notwendig wären, um den gleichen Trenneffekt zu erhalten wie bei der Rektifikation mittels Kolonne.

Ein Beispiel für eine einfache Kolonnenausführung in der Laboratoriumspraxis ist die Vigreux-Kolonne, die meist zur weitgehenden Vermeidung von Wärmeverlusten mit einem Luft- oder Vakuummantel versehen ist (Abb. 3.4b).

3.1.2.2. Arbeitstechnik

In die für die einfache Destillation unter Normaldruck verwendete Apparatur (Abb. 3.2, Abschn. 3.1.1.1.) wird zwischen Destillationskolben und Claisen-Aufsatz zusätzlich eine Vigreux-Kolonne mit Luftmantel (etwa 30 cm) eingesetzt (Ab-

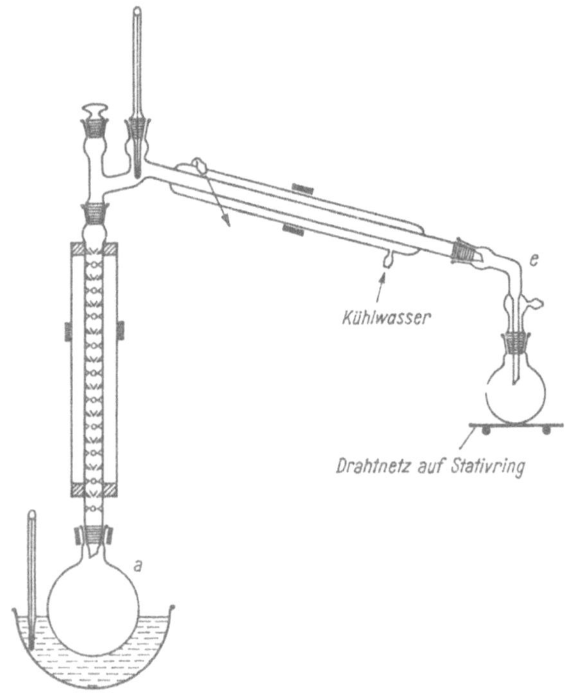

Abb. 3.5 Apparatur für die Rektifikation bei Normaldruck

bildung 3.5). Der bis zu maximal zwei Dritteln mit dem zu trennenden Zwei-Komponenten-Gemisch gefüllte Destillationskolben wird auf dem Heizbad so erhitzt, daß der Siedeprozeß langsam und gleichmäßig beginnt und schließlich ein bis zwei Tropfen pro Sekunde übergehen. Wenn man zu schnell destilliert, strömt Dampf ohne Gleichgewichtseinstellung mit herabfließender Flüssigkeit in den Kühler und eine Fraktionierung wird unmöglich.

Man beachte sämtliche im Abschnitt 3.1.1.2. (Destillation unter Normaldruck) gegebenen Hinweise zur Vorbereitung und Durchführung einer Destillation!

Zunächst steigt die Siedetemperatur, unter Umständen langsam, bis zu einem konstanten Wert an. Das dabei übergehende Produkt stellt den *Vorlauf* dar und kann durch Auswechseln der Vorlage abgetrennt werden. Bei konstantem Siedepunkt folgt die *erste Hauptfraktion.* Wenn danach die Temperatur des überdestillierenden Dampfes erneut ansteigt, oftmals wird erst ein Abfallen beobachtet, ist die erste Hauptfraktion überdestilliert und wird ebenfalls durch Auswechseln der Vorlage abgetrennt. Während des Temperaturanstieges geht eine *Zwischenfraktion* über, und bei Erreichen des zweiten konstanten Siedepunktes wird auch diese durch Wechseln der Vorlage abgetrennt. Danach kann die *zweite Hauptfraktion* aufgefangen werden. Wird nun ein erneuter Temperaturanstieg oder Abfall der Siedetemperatur beobachtet, kann der Prozeß abgebrochen werden. (Achtung! Siedekolben nicht bis zur Trockne erhitzen!) Bei Mehrkomponentensystemen wiederholen sich diese Vorgänge je nach Zahl der trennbaren Einzelkomponenten.

3.1.2.3. Aufgabenstellung

(Vor Durchführung von Ü$_4$ sollte Ü$_3$ (Abschn. 3.1.1.) absolviert sein!)
Ein Gemisch von Äthanol und n-Butanol ist weitgehend in die Komponenten aufzutrennen.

Man fängt folgende Fraktionen auf und bestimmt ihre Volumina:

a) bis 82 °C („reines" Äthanol),
b) 83 bis 110 °C (Zwischenfraktion),
c) Rückstand.

Der Rückstand (c) wird anschließend einer *einfachen Destillation unter Normaldruck* (vgl. Abschn. 3.1.1.2.) unterworfen, wobei man das bei 110 bis 118 °C übergehende Destillat als „reines" n-Butanol sammelt und sein Volumen bestimmt. Die Temperatur des Heizbades und vorgenommene Änderungen sind zu protokollieren.

3.1.2.4. Kontrollfragen

1. Erklären Sie, warum der Dampf über einem Flüssigkeitsgemisch immer reicher an der niedrig siedenden Komponente ist!
2. Erläutern Sie die Wirkungsweise einer Glockenbodenkolonne! Was versteht man unter einem theoretischen Boden einer Kolonne?
3. Wieviele Einzeldestillationen wären notwendig, um aus einem Gemisch (Äthanol/n-Butanol, siehe Abb. 3.3), welches die Zusammensetzung 10% Äthanol/90% n-Butanol hat, reines Äthanol zu gewinnen?
4. Was versteht man unter einem azeotropen Stoffgemisch?
5. Warum wird bei zu starkem Erhitzen des zu trennenden Gemisches die Wirkung der Kolonne verringert oder gar aufgehoben?
6. Warum soll eine Kolonne gegen die Umgebung weitgehend wärmeisoliert und u. U. sogar beheizt sein?

3.1.3. Vakuumdestillation Ü$_5$

3.1.3.1. Theoretische Grundlagen

Viele Substanzen zersetzen sich unterhalb ihres Siedepunktes bei Normaldruck. Andere haben zu hohe, unbequeme Siedepunkte. Bei solchen Flüssigkeiten ist die *einfache Destillation* oft gut *unter reduziertem Druck* durchzuführen, da der mit der Temperatur ansteigende Dampfdruck einer Flüssigkeit dem äußeren Druck um so eher gleicht, je niedriger letzterer ist. Oft genügt bereits das Vakuum einer guten Wasserstrahlpumpe (12 bis 15 Torr).

Die Abhängigkeit des Dampfdruckes von der Temperatur wird durch die *Clausius-Clapeyronsche Gleichung* beschrieben:

$$\frac{d \ln p}{dT} = \frac{L_v}{RT^2} \tag{3.3}$$

p = Dampfdruck,
L_v = molare Verdampfungswärme,
T = abs. Temperatur,
R = Gaskonstante

Nach Integration erhält man:

$$\ln p = -\frac{L_v}{RT} + C \tag{3.4}$$

(L_v wird als temperaturunabhängig angenommen.)

Trägt man $\ln p$ über $\frac{1}{T}$ in einem Diagramm auf, so ergibt sich annähernd eine Gerade, deren Anstieg durch L_v festgelegt ist (Abbildung 3.6). Bei Kenntnis dieser

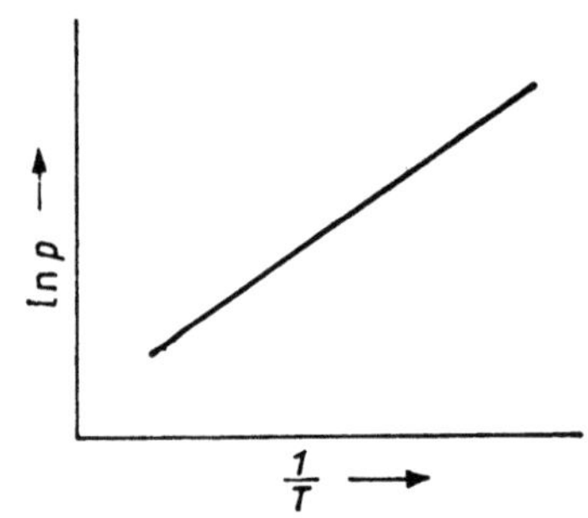

Abb. 3.6 Dampfdruck-Temperatur-Diagramm

Geraden läßt sich demnach der Siedepunkt einer Flüssigkeit bei einem beliebigen äußeren Druck ermitteln.

Zur groben Abschätzung kann folgende Faustregel dienen: *Eine Druckverminderung um die Hälfte erniedrigt den Siedepunkt um etwa 15 °C.* Eine Substanz mit dem $Kp._{760}$ 200 °C siedet dann bei 380 Torr bei etwa 185 °C ($Kp._{380}$ 185 °C), bei 190 Torr bei etwa 170 °C ($Kp._{190}$ 170 °C) usw.

Abbildung 3.7 zeigt die Gesamtansicht einer solchen einfachen Vakuumdestillation. Bei Destillationen im Vakuum werden die Siedeverzüge durch eine Siedekapillare (*a*) unterbunden. Sie besteht aus einem dünnen Glasrohr, das an einen NS 14,5-Schliffkern angeschmolzen ist, mit dem atmosphärischen Druck in Verbindung steht und unten zu einer feinen Kapillare ausgezogen ist, die knapp über dem Kolbenboden endet. Bei Anlegen des Vakuums perlt aus der Kapillaröffnung eine Kette feiner Gasbläschen, die einen gleichmäßigen Siedeverlauf ermöglichen.

Die Destillationsapparatur entspricht weitgehend der bei Normaldruck verwendeten, nur daß der Claisen-Aufsatz (*b*) jetzt die Siedekapillare zusätzlich aufnimmt.

Die Apparatur und das Manometer (*c*) werden stets über ein Sicherheitsvolumen,

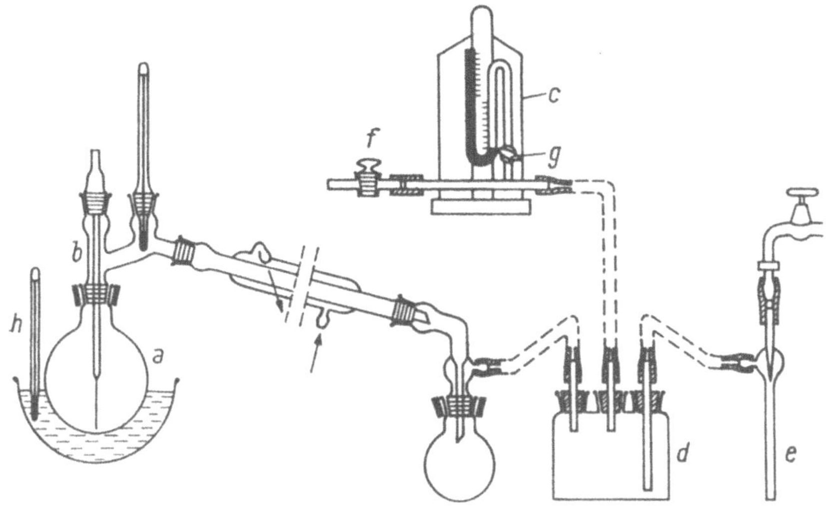

Abb. 3.7 Einfache Vakuumdestillation

welches mindestens halb so groß wie das Volumen der zu evakuierenden Apparatur sein soll (z. B. Woulfesche Flasche (*d*)), an die Wasserstrahlpumpe (*e*) angeschlossen, um ein Zurücksteigen des Wassers bei plötzlich abnehmendem Wasserdruck ins Destillat bzw. ins Manometer zu verhindern. Manometer und Apparatur sind stets im Nebenschluß miteinander zu verbinden, um die Verunreinigung des Manometers zu vermeiden. Oftmals ist es von Vorteil, das Manometer über einen Dreiwegehahn direkt auf die Woulfesche Flasche aufzusetzen. Bei diesem Aufbau entfallen die Hähne (*g*) und (*f*).

Sollen große Lösungsmittelmengen im Vakuum von einem Reaktionsprodukt entfernt werden, ist der Rotationsverdampfer geeignet (Abbildung 3.8). Dieser wird mit dem Vakuumstutzen an eine Woulfesche Flasche angeschlossen. Durch die Rotation des Siedekolbens wird die gesamte Innenfläche des Kolbens benetzt und

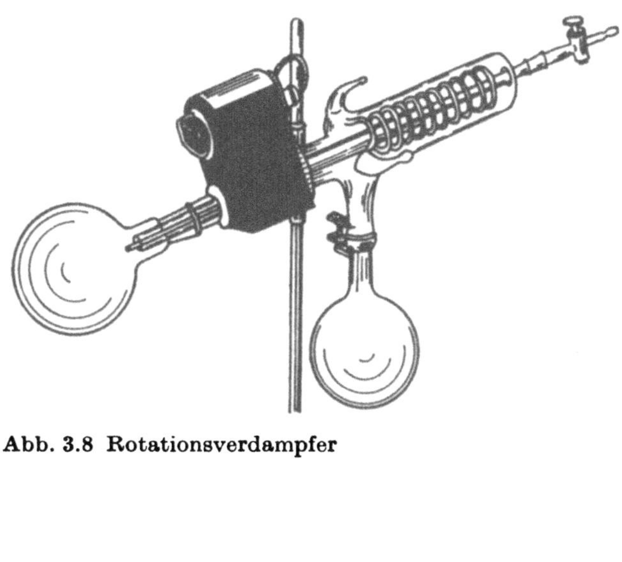

Abb. 3.8 Rotationsverdampfer

damit die Verdampfungsfläche vergrößert, so daß pro Zeiteinheit mehr Flüssigkeit als bei stillstehenden Kolben verdampft. Durch das mittlere Rohr kann, ohne daß die Destillation unterbrochen werden muß, ständig die Lösung mit dem zu entfernenden Lösungsmittel nachgesaugt werden.

3.1.3.2. Arbeitstechnik

Während der Vakuumdestillation ist eine Schutzbrille zu tragen! Es dürfen nur Rundkolben evakuiert werden!

Das Füllen des Destillationskolbens (*a*) mit der im Wasserstrahlvakuum zu destillierenden Flüssigkeit (z. B. Cyclohexanon, Dimethylformamid, Tetralin, o-Toluidin) erfolgt höchstens bis zur Hälfte des Gefäßvolumens. Die gesamte Apparatur wird entsprechend Abbildung 3.7 zusammengefügt.

Die benötigte Siedekapillare erhält man, indem das Glasrohr zunächst in einer kräftigen, entleuchteten Bunsenbrennerflamme vorgezogen wird, um anschließend über kleiner Flamme durch nochmaliges Ausziehen die benötigte Feinheit zu erreichen. Die Kapillaröffnung ist fein genug, wenn beim Hineinblasen aus der in Aceton oder Methanol getauchten Spitze nur einzelne kleine Luftbläschen austreten.

Die Verbindung von Destillationsapparatur, Manometer, Woulfescher Flasche und Wasserstrahlpumpe erfolgt mit dickwandigem Vakuumschlauch.

Zuerst wird stets die *Apparatur evakuiert* (nach Schließung des Hahns (*f*)). Durch jeweils *kurzes* Öffnen des Manometerhahns (*g*) wird die Einstellung des Vakuums verfolgt. Aus der Siedekapillare müssen Luftbläschen austreten. Falls auf Grund undichter Schliffe kein oder nur ein ungenügendes Vakuum entsteht, sind diese sorgfältig zu reinigen und erneut zu fetten!

Erst nach Einstellung des Vakuums wird der Kolben mittels Heizbad *erwärmt*. Während der Destillation werden ständig Temperatur und Vakuum verfolgt.

Bei *Beendigung der Destillation* wird *zuerst* die *Heizquelle entfernt* und, nachdem der Kolben etwas abgekühlt ist, durch *langsames* Öffnen des Hahns (*f*) das Vakuum aufgehoben. Zuletzt wird die Wasserstrahlpumpe abgestellt und durch *vorsichtiges Öffnen des Manometerhahns* (*g*) das Vakuum auch im Manometer aufgehoben (bei schneller Öffnung kann das zurückschlagende Quecksilber das Glasrohr zertrümmern!).

Die Volumina bzw. Massen von Destillationsrückstand und Destillat werden wiederum bestimmt.

Falls Vor- und Nachläufe auftreten, muß die Destillation entweder zum Zwecke des Vorlagenwechsels unterbrochen werden (zuerst immer Entfernung der Heizquelle, dann erst Aufhebung des Vakuums!), oder man verwendet spezielle Vorstöße, die die Vorlage unter Beibehaltung des Vakuums auszutauschen gestatten (vgl. Abschn. 3.1.4.). Da es oftmals nur erforderlich ist, den Vorlauf vom Hauptprodukt abzutrennen, weil ein eventueller Nachlauf im Siedekolben verbleiben kann, empfiehlt es sich, um ein Unterbrechen der Destillation zu vermeiden, zwischen Kühler und Vakuumvorstoß einen einfachen Aufsatz mit Kolben zu schalten (Abbildung 3.9). Während des Abdestillierens des Vorlaufes steht der Kolben nach

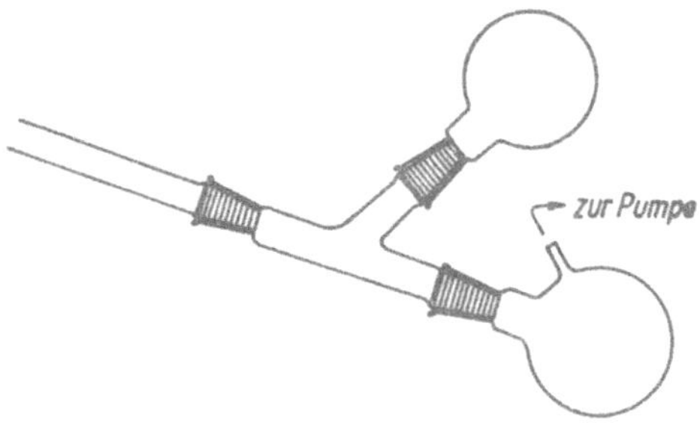

Abb. 3.9 Einfache Anordnung zum Vorlagenwechsel unter Vakuum

oben, so daß der Vorlauf in der ursprünglichen Vorlage aufgefangen werden kann. Sobald die Hauptfraktion übergeht, wird der Aufsatz mit dem zweiten Kolben nach unten gedreht und die Hauptfraktion in diesem Kolben aufgefangen.

3.1.3.3. Aufgabenstellung

(Die Durchführung von $Ü_5$ setzt Absolvierung von $Ü_3$ (Abschn. 3.1.1.) oder $Ü_4$ (Abschn. 3.1.2.) voraus!)

Eine organische flüssige Substanz ist einer einfachen Destillation im Wasserstrahlpumpenvakuum zu unterwerfen. Der Siedepunkt und das erreichte Vakuum sind zu bestimmen und ihre evtl. Veränderungen im Verlaufe der Destillation im Protokoll festzuhalten.

Der Siedeverlust ist in ml bzw. g und in Vol.-% bzw. Massen-% zu ermitteln. Die Größe ist zu diskutieren. Die Temperatur des Heizbades und beobachtete Änderungen sind zu protokollieren.

3.1.3.4. Kontrollfragen

1. Warum läßt sich mit einer Wasserstrahlpumpe kein Vakuum unter 12 Torr erreichen?
2. Erklären Sie, weshalb bei der Vakuumdestillation Siedesteine nach kurzer Zeit wirkungslos sind?
3. Warum dürfen als Siedekolben und als Vorlage bei der Vakuumdestillation nur Rundkolben verwendet werden?
4. Warum bezeichnet man den zur Hälfte gefüllten Siedekolben als „optimal" gefüllt?
5. Wodurch lassen sich größere Substanzverluste vermeiden, wenn das Destillat einen sehr hohen Dampfdruck besitzt?

3.1.4. Rektifikation im Vakuum $Ü_6$

3.1.4.1. Theoretische Grundlagen

Es gelten die in den Abschnitten 3.1.2.1. und 3.1.3.1. gemachten Ausführungen.

3.1.4.2. Arbeitstechnik

Während der Vakuumdestillation ist eine Schutzbrille zu tragen!

Für die Rektifikation im Vakuum wird die für einfache Destillationen im Vakuum angegebene Anordnung (Abb. 3.7, Abschn. 3.1.3.1.) mit den folgenden Änderungen verwendet:

Zwischen Destillationskolben (*a*) und Claisen-Aufsatz (*b*) wird eine Vigreux-Kolonne mit Luftmantel (etwa 30 cm) eingesetzt. Um eine Siedekapillare einführen zu können, wird als Destillationsgefäß ein Zweihalsrundkolben benötigt (Abbildung 3.10). Der am Claisen-Aufsatz frei werdende Schliff wird mit einem Schliffstopfen

Abb. 3.10 Zweihalsrundkolben mit Siedekapillare

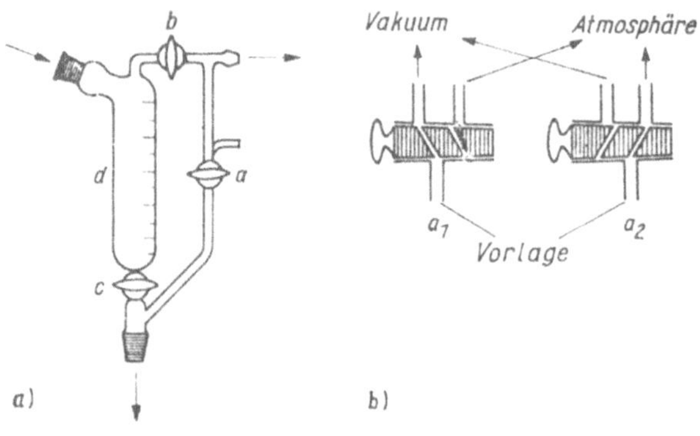

Abb. 3.11 Anschütz-Thiele-Vorstoß
a) Gesamtansicht
b) Detail *a*

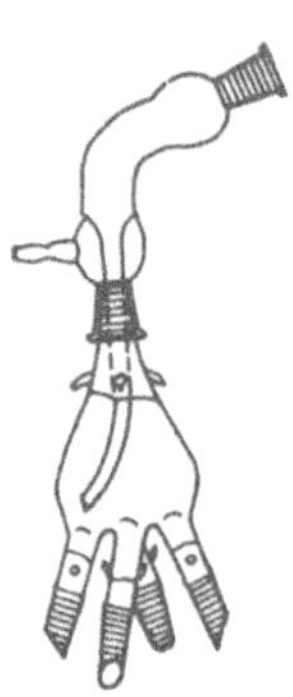

Abb. 3.12 Spinne

verschlossen. Anstelle des einfachen Vorstoßes verwendet man die Ausführung nach ANSCHÜTZ und THIELE (Abbildung 3.11) oder eine sogenannte „Spinne" (Abbildung 3.12).

Zunächst wird der Zweihalskolben etwa bis zur Hälfte mit dem zu rektifizierenden Gut gefüllt und die gesamte Destillationsapparatur zusammengestellt. Man beachte sämtliche im Abschnitt 3.1.3.2. gegebenen Hinweise zur Vorbereitung und Durchführung einer Destillation unter vermindertem Druck!

Für alle weiteren Operationen ist es von entscheidender Bedeutung, daß die Hähne (*a*), (*b*) und (*c*) des Anschütz-Thiele-Vorstoßes sorgfältig gefettet sind.

Zuerst wird die *Apparatur* durch Schließen des Hahnes (*a*) (Stellung a_1) bei geöffnetem Hahn (*b*) *evakuiert*. Am Manometer wird die Einstellung des Vakuums kontrolliert. Aus der Siedekapillare treten Luftbläschen aus. *Nachdem* sich ein *konstantes Vakuum* eingestellt hat, wird der Destillationskolben mittels Heizbad *erwärmt*. Bei einer Destillationsgeschwindigkeit von ein bis zwei Tropfen je Sekunde werden nun, wie in Abschnitt 3.1.2.2. (Rektifikation unter Normaldruck) beschrieben, die einzelnen Fraktionen nacheinander abgenommen.

Der Anschütz-Thiele-Vorstoß gestattet das Auswechseln der Volage nach vollständigem Übergang jeder Fraktion ohne Unterbrechung des Vakuums und damit des Destillationsvorganges:

- Durch Öffnung des Hahnes (*c*) wird das zur Volumenabschätzung im graduierten Teil (*d*) des Vorstoßes gesammelte Destillat in die Vorlage abgelassen.
- Nachdem das Ansteigen der Siedetemperatur (bei gleichbleibendem Vakuum!) angezeigt hat, daß ein Zwischenlauf oder eine neue Hauptfraktion überdestilliert, wird der Hahn (*c*) geschlossen und der Hahn (*a*) durch Drehen um 180° in Stellung a_2 gebracht.
- Dadurch wird die Vorlage belüftet und kann gegen einen leeren Kolben ausgewechselt werden, während sich das inzwischen übergehende Destillat in (*d*) sammelt.
- Nachdem die neue Vorlage angebracht ist, wird der Hahn (*b*) geschlossen und der Hahn (*a*) wieder in Stellung a_1 gebracht.
- Jetzt wird der frische Kolben evakuiert. Nach etwa 15 bis 30 Sekunden kann der Hahn (*b*) wieder geöffnet werden.
- Beim Übergehen der nächsten Fraktion verfährt man in der gleichen Reihenfolge.

Nach *Beendigung* der Destillation wird wieder *zuerst* die *Heizquelle entfernt* und dann das Vakuum durch Drehen des Hahnes (*a*) in Stellung a_2 aufgehoben.

Zum getrennten Auffangen der einzelnen Fraktionen ist auch eine sog. „Spinne" geeignet (Abbildung 3.12), die einfacher in der Handhabung ist und an Stelle eines Anschütz-Thiele-Vorstoßes verwendet wird. Hierbei tritt nicht die Gefahr undichter Hähne auf, jedoch ist die Anzahl der abnehmbaren Fraktionen begrenzt. Da während der Destillation alle erhaltenen Fraktionen im Vakuum verbleiben, richtet sich der erreichte Druck in der Vakuumapparatur nach der Fraktion mit dem höchsten Dampfdruck. Das hat zur Folge, daß bei Fraktionen mit sehr hohem Dampfdruck nur ein geringes Vakuum erreicht wird.

3.1.4.3. Aufgabenstellung

Ü$_6$ setzt die Absolvierung von Ü$_3$ (Abschn. 3.1.1.) oder Ü$_4$ (Abschn. 3.1.2.) voraus!

a) Ein Gemisch von o-Xylol und Dekalin (technisch) soll durch Rektifikation im Wasserstrahlpumpenvakuum möglichst weitgehend in die Bestandteile getrennt werden. Man fängt die Fraktion „reines“ o-Xylol, eine Zwischenfraktion und eine zweite Hauptfraktion „reines“ Dekalin auf.

Da die jeweiligen Siedepunkte vom erreichten Vakuum abhängen, richtet man sich zur Abgrenzung der einzelnen Fraktionen prinzipiell nach dem Ansteigen bzw. Konstantbleiben der Siedetemperatur (vgl. Abschn. 3.5.2.1.).

Als zusätzliche Orientierungen dienen folgende Siedepunktsangaben:

o-Xylol: $Kp._{10}$ 33 bis 34 °C; $Kp._{15}$ 42 bis 43 °C
Dekalin (technisch): $Kp._{12}$ 67 bis 71 °C

Für die einzelnen Fraktionen werden jeweils das tatsächlich erhaltene Vakuum und die beobachtete Siedetemperatur tabelliert. In die Tabelle trägt man auch die Volumina der Fraktionen und des Destillationsrückstandes ein. Außerdem sind die Temperatur des Heizbades und notwendig gewordene Änderungen zu protokollieren.

b) Ein Gemisch von 35 ml Toluol und 35 ml Tetralin soll durch Rektifikation im Wasserstrahlvakuum in die Bestandteile getrennt werden.

Es ist eine Siedekurve aufzunehmen. Dafür ist es notwendig, die Siedetemperatur alle zwei Minuten zu registrieren und diese über den Volumina der einzelnen Fraktionen aufzutragen.

Die Fraktionen sind folgendermaßen zu trennen:

- Vorlauf (Temperaturanstieg bis zu einem ersten konstanten Wert T_1),
- 1. Hauptfraktion (Temperatur T_1 bleibt konstant),
- Zwischenfraktion (Temperaturanstieg bis zu einem zweiten konstanten Wert T_2),
- 2. Hauptfraktion (Temperatur T_2 bleibt konstant).

Die Rektifikation wird beendet, wenn die Temperatur T_2 absinkt oder der Inhalt im Siedekolben fast verdampft ist.

Die Anteile der Hauptfraktionen sind zu bestimmen (Angabe in Vol.-%)!

Man vergleiche die Siedekurve mit der in Aufgabe b in Abschnitt 3.1.1.3. erhaltenen!

3.1.4.4. Kontrollfragen

1. Erklären Sie, weshalb bei Verwendung einer „Spinne“ trotz dichter Apparatur und einwandfreier Funktion der Wasserstrahlpumpe gelegentlich kein gutes Vakuum erreicht werden kann!

2. Erläutern Sie in Abbildung 3.11 die Stellung der Hähne a, b, c
a) während der Destillation,
b) im Moment des Entfernens der Vorlage,
c) nachdem die neue Vorlage angeschlossen wurde!

3.1.5. Wasserdampfdestillation

Ü7

3.1.5.1. Theoretische Grundlagen

Das Prinzip der *Wasserdampfdestillation* beruht darauf, daß viele hochsiedende, mit Wasser nur wenig oder nicht mischbare, d. h. in Wasser nicht lösliche Stoffe von eingeblasenem Wasserdampf verflüchtigt und mit ihm zusammen im angeschlossenen Kühler kondensiert werden können.

Die Dampfdrücke zweier solcher Substanzen beeinflussen sich nicht, im Gegensatz zu ineinander löslichen Stoffen (vgl. Abschn. 3.1.2.).

Der Totaldampfdruck p ist demnach gleich der Summe der Einzeldrücke p_A und p_B der reinen Komponenten. Er ist unabhängig vom Mischungsverhältnis der Partner:

$$p = p_A + p_B \tag{3.5}$$

Der Siedepunkt des heterogenen Gemisches, der dann erreicht ist, wenn die Summe der Einzeldampfdrücke gleich dem Atmosphärendruck geworden ist, liegt demnach stets tiefer als der Siedepunkt der niedrigst siedenden Komponente und bleibt konstant, solange die beiden Phasen koexistieren. Die Zusammensetzung des Dampfes und damit des Destillats ergibt sich aus dem Gesetz von Avogadro. Die Komponenten A und B werden bei der Siedetemperatur im molekularen Verhältnis ihrer Dampfdrücke p_A und p_B übergehen.

Das absolute Verhältnis wird durch Einsetzen der Molzahlen n_A bzw. n_B gewonnen:

$$\frac{n_A}{n_B} = \frac{p_A}{p_B} \tag{3.6}$$

Das Masseverhältnis m_A/m_B ergibt sich dann aus der Beziehung:

$$\frac{m_A}{m_B} = \frac{M_A \cdot n_A}{M_B \cdot n_B} = \frac{M_A \cdot p_A}{M_B \cdot p_B} \tag{3.7}$$

M_A, M_B = molare Massen der Komponenten

Die Anwendung dieser Gleichung erlaubt z. B. die Berechnung der Zusammensetzung des Destillats Anilin/Wasser.

Der Siedepunkt dieses Gemisches beträgt bei Atmosphärendruck 98,5 °C. Der Dampfdruck von Anilin beträgt bei dieser Temperatur 43 Torr, der von Wasser 717 Torr. Es ergibt sich für das Massenverhältnis:

$$\frac{m_{\text{Anilin}}}{m_{\text{Wasser}}} = \frac{93 \cdot 43}{18 \cdot 717} = 0{,}31 \tag{3.8}$$

Das Destillat steht also im Massenverhältnis Anilin : Wasser wie 0,31 : 1.

Die Wasserdampfflüchtigkeit eines Stoffes hängt oft mit seiner Struktur zusammen. So ist z. B. o-Nitrophenol, das eine intramolekulare Wasserstoffbrücke zwischen den beiden o-ständigen Substituenten ausbilden kann, im Gegensatz zu seinem m- und p-Isomeren mit Wasserdampf flüchtig:

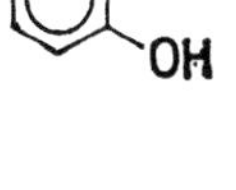

3.1.5.2. Arbeitstechnik

Die Wasserdampfdestillation ist ein wichtiges, im Laboratorium und in der chemischen Großindustrie häufig angewandtes Reinigungsverfahren. Es ermöglicht die Trennung von Schmieren und Isomeren, wenn andere Methoden, wie Extraktion bzw. normale Destillation, versagen.

Um festzustellen, ob eine Substanz mit Wasserdampf flüchtig ist, erhitzt man eine kleine Menge zusammen mit 2 ml Wasser in einem Reagenzglas. Über die entweichenden Dämpfe wird der Boden eines mit Eis beschickten zweiten Reagenzglases gehalten, bis sich ein Flüssigkeitstropfen daran kondensiert hat. Ist dieser

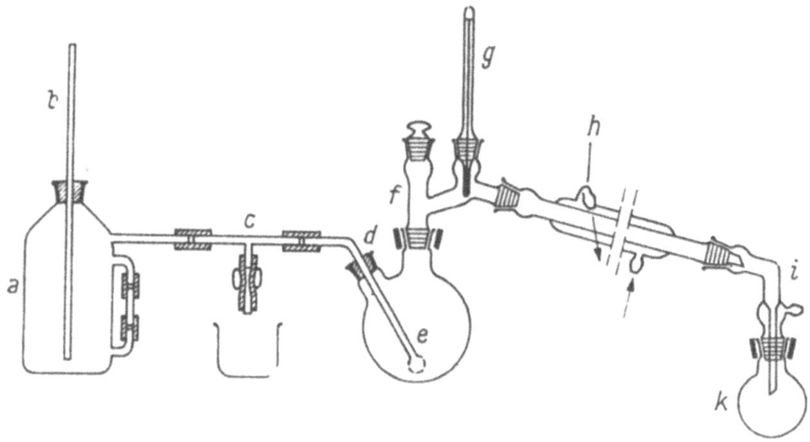

Abb. 3.13 Apparatur zur Wasserdampfdestillation

getrübt, so liegt Wasserdampfflüchtigkeit vor. Den Aufbau einer Apparatur zur Wasserdampfdestillation zeigt Abbildung 3.13.

In der Dampfkanne (*a*) (auch ein Standkolben ist verwendbar) wird Wasserdampf erzeugt. Das Steigrohr (*b*) dient zum Druckausgleich, das Zwischenstück (*c*) zum Ablassen von Wasserkondensat. Der Dampf tritt durch das Einleitungsrohr (*d*) in den Destillationskolben (*e*), der das zu trennende Gemisch enthält und meist ebenfalls beheizt wird. Das Wasserdampfdestillat wird durch den Destillationsaufsatz (*f*) mit dem Thermometer (*g*) in den Kühler (*h*) getrieben, kondensiert dort und tropft durch den Vorstoß (*i*) in die Vorlage (*k*).

Kleine Substanzmengen können auch unter Zugabe einer gewissen Menge Wasser ohne Verwendung einer Dampfkanne direkt überdestilliert werden.

3.1.5.3. Aufgabenstellung

3.1.5.3.1. Reinigung von Anilin

Zu 35 ml Anilin gibt man in einen Rundkolben (*e*) die gleiche Menge Wasser und erhitzt zum Sieden. Danach wird Wasserdampf eingeblasen, wobei der Brenner unter dem Kolben gelöscht wird. Die Destillation ist beendet, wenn das übergehende Destillat nicht mehr getrübt ist.

Zur Abtrennung des Anilins gibt man etwa je 25 g fein pulverisiertes Kochsalz auf je 100 ml Flüssigkeit und löst dieses durch Umschütteln auf (warum?).

Das Anilin wird nun aus der wäßrigen Lösung mit Chloroform extrahiert (s. Ü_8, Abschn. 3.2.), indem diese dreimal mit je 30 ml Chloroform im Scheidetrichter ausgeschüttelt wird. (Achtung: Nicht die falsche Phase verwerfen!) Die vereinigten chloroformhaltigen Extrakte werden mit einigen Stückchen Calciumchlorid getrocknet. Nach Abtrennen des Trockenmittels wird das Chloroform abdestilliert. Vom zurückbleibenden Anilin ist der Brechungsindex (s. Ü_{13}, Abschn. 3.7.), der Siedepunkt und die Ausbeute zu bestimmen. In vereinfachter Weise erfolgt die Siedepunktsbestimmung so, daß etwa 1,5–2 ml Anilin und ein kleines Siedesteinchen in ein Reagenzglas gegeben werden, welches im Winkel von 45° an einem Stativ befestigt ist. In das Reagenzglas wird 2 bis 3 cm tief die Quecksilberkugel eines Thermometers gehalten, ohne daß diese den Rand berührt. Mit einem Bunsenbrenner wird nun das Anilin erhitzt. Wenn der Anilindampf etwa 20 bis 25 Sekunden die Quecksilberkugel des Thermometers umspült, kann die Siedetemperatur abgelesen werden. (*Kp.* 184 °C, n_D^{20} 1,5863).

3.1.5.3.2. Reinigung von p-Benzochinon (Chinon)

Im Rundkolben wird auf 3 g Rohchinon direkt Wasserdampf geleitet. In der Vorlage scheidet sich das gereinigte Chinon in goldgelben Kristallen ab. Sollte die Abscheidung im Kühler erfolgen, ist, um eine Verstopfung des Kühlers zu vermeiden, die Kühlwasserzuführung zu unterbrechen! Es wird abgesaugt und mit Wasser gewaschen. Nach dem Trocknen auf der Tonplatte wird der Schmelzpunkt bestimmt.

3.1.5.3.3. Reinigung von o-Nitrophenol

5 g o-Nitrophenol (technisch) und 50 ml Wasser werden im Rundkolben (*e*) auf ca. 70 °C erwärmt. Anschließend leitet man Wasserdampf ein und treibt das o-Nitrophenol über. Die Kühlwasserzufuhr ist so zu regeln, daß sich das übergehende Produkt nicht in fester Form im Kühler abscheidet. Nach dem Abkühlen des Destillats auf Zimmertemperatur wird das o-Nitrophenol abgesaugt, mit Wasser gewaschen und auf einer Tonplatte getrocknet. Der Schmelzpunkt und die Ausbeute sind zu bestimmen.

3.1.5.4. Kontrollfragen

1. Welche Kriterien müssen erfüllt sein, damit ein Stoff der Wasserdampfdestillation unterworfen werden kann?
2. Eine saure Lösung, in welcher sich Anilin, o-Nitrophenol und p-Nitrophenol bebefindet, soll durch Wasserdampfdestillation in ihre Komponenten getrennt werden. In welcher Reihenfolge erfolgt die Trennung? An welcher Stelle und warum muß die Lösung alkalisiert werden?
3. Im Abschnitt 3.1.5.1. wird das Massenverhältnis des Destillats Anilin/Wasser mit 0,31 : 1 angegeben. Wieviel Massen-% Anilin sind das?
4. A und B sind zwei ineinander nicht lösliche Flüssigkeiten. Sie sieden, wenn sie unter Atmosphärendruck destilliert werden, bei 65 °C. Der Dampfdruck von A beträgt bei dieser Temperatur 355 Torr. Im Destillat befindet sich A mit 43 Massen-%. Wie groß ist die molare Masse von B, wenn die von A = 92 g · mol^{-1} ist!

Ü8 3.2. Extraktion

3.2.1. Theoretische Grundlagen

Die Überführung einer Substanz aus einer Phase, in der sie gelöst oder suspendiert ist, in eine andere flüssige Phase wird *Extraktion* genannt. Bei diskontinuierlicher Arbeitsweise spricht man auch vom *Ausschütteln*, bei kontinuierlicher von *Perforation.*

Als Extraktionsmittel können z. B. Äther, Chloroform, Essigester, Benzol und Amylalkohol, im Prinzip aber auch alle anderen flüssigen organischen Verbindungen verwendet werden.

Die Substanz verteilt sich auf die beiden nicht ineinander löslichen Phasen im Verhältnis ihrer Löslichkeit in jeder von ihnen. Dieses Verhältnis ist konstant, und es gilt der *Verteilungssatz von* NERNST:

$$\frac{c_E}{c_R} = k \qquad (3.9)$$

c_E = Gleichgewichtskonzentration des verteilten Stoffes im Extraktionsmittel (z. B. organische Phase),

c_R = Gleichgewichtskonzentration des verteilten Stoffes im Reextraktionsmittel (z. B. die zu extrahierende wäßrige Lösung)

Die Gleichgewichtskonstante k, der Verteilungskoeffizient, ist temperaturabhängig. Werden c_E und c_R gegeneinander aufgetragen, so erhält man die Verteilungsisotherme. Diese ist eine Gerade, wenn der verteilte Stoff in beiden Phasen in der gleichen Molekelart vorliegt und wenn Assoziations- bzw. Dissoziationsgrad und deren Konzentrationsabhängigkeit in beiden Phasen gleich sind.

Für eine schubweise Verteilung, welche beim Ausschütteln mittels Scheidetrichter vorliegt, ist das Verhältnis der Massen des verteilten Stoffes in beiden Phasen und das Volumenverhältnis dieser von praktischer Bedeutung. Der Nernstsche Verteilungssatz wird deshalb wie folgt umgeformt:

$$k = \frac{c_E}{c_R} = \frac{m_E \cdot V_R}{m_R \cdot V_E} \tag{3.10}$$

m_E, m_R = Massen des in den beiden Phasen verteilten Stoffes nach der Gleichgewichtseinstellung; V_E, V_R = Volumina der beiden Phasen

Ist ein Stoff im Extraktionsmittel viel besser löslich als im Reextraktionsmittel, so ist eine Extraktion leicht möglich; k hat dann einen stark von 1 abweichenden Wert. Soll ein Stoff mit kleinem Verteilungskoeffizienten extrahiert werden, ist die schrittweise Verteilung langwierig. In diesen Fällen wird die gleichförmige einfache Verteilung (*Perforation*) angewandt. Sie ist dadurch charakterisiert, daß eine Phase (Extraktionsmittel) durch die andere (Reextraktionsmittel) hindurchströmt. Hierbei ist es wichtig, daß die Tröpfchen des Extraktionsmittels möglichst klein sind, weil dadurch die Oberfläche der extrahierenden Phase stark vergrößert wird und somit die Gleichgewichtseinstellung schneller erfolgt.

Das Ziel einer Extraktion ist es, die Substanz möglichst quantitativ aus der meist wäßrigen Phase herauszulösen. Wie ist nun im einzelnen zu verfahren? Formal könnte man entweder mit einer größeren Menge an Extraktionsmittel auf einmal ausschütteln oder die vorgesehene Gesamtmenge in mehrere Portionen aufteilen und damit mehrmals ausschütteln.

Bei einer einmaligen Operation kann jedoch maximal die durch den Verteilungskoeffizienten und das verwendete Volumen an Extraktionsmittel festgelegte Menge an auszuschüttelnder Substanz übergehen. Wesentlich günstiger sind die Verhältnisse, wenn öfter ausgeschüttelt wird. Ein Beispiel läßt dies klar erkennen:

Eine in Wasser (W) wenig lösliche Substanz soll in einem Extraktionsmittel (EM) 500mal besser löslich sein. Das Verhältnis der Konzentration der Substanz in den beiden Phasen, Extraktionsmittel: Wasser, wird also stets 500 : 1 betragen, d. h., der Verteilungskoeffizient k beträgt 500:

$$\frac{c_{EM}}{c_W} = \frac{500}{1} = k \tag{3.11}$$

Nimmt man an, daß die Konzentration der Substanz in einer bestimmten Menge Wasser gleich eins sei, so wird nach einem einmaligen Ausschütteln mit der gleichen Menge Extraktionsmittel die Konzentration der Substanz in Wasser nur noch 1/500 betragen.

Wiederholt man nach der Trennung der beiden Phasen diese Operation noch zweimal, wobei wiederum jeweils die gleiche Menge Extraktionsmittel verwendet wird, so beträgt die Endkonzentration der Substanz im Wasser $(1/500)^3$.

Schüttelt man andererseits die wäßrige Ausgangslösung nur einmal mit der dreifachen Menge an Extraktionsmittel, so beträgt die Endkonzentration der Substanz im Wasser noch:

$$\frac{1}{500} \cdot \frac{1}{3} = \frac{1}{1500}$$

Ein gelöster Stoff wird also vollständiger extrahiert, wenn man mehrere Male mit kleinen Portionen an Extraktionsmittel ausschüttelt.

3.2.2. Arbeitstechnik

3.2.2.1. Ausschütteln von Lösungen

Zum Ausschütteln benutzt man einen Scheidetrichter (Abbildung 3.14) oder bei kleinen Flüssigkeitsvolumina einen Tropftrichter mit kurzem, schräg angeschliffenem Ansatzrohr.

Abb. 3.14 Scheidetrichter

Die auszuschüttelnde, meist wäßrige Lösung wird im Scheidetrichter mit 1/5 bis 1/3 ihres Volumens mit Extraktionsmittel versetzt, so daß das Gefäß höchstens zu 2/3 gefüllt ist.

Bei Äther als Extraktionsmittel ist die gesamte Operation im Ätherraum durchzuführen!

Nach Verschließen des Schüttelgefäßes wird unter Festhalten des Stopfens und des Hahnkükens zunächst vorsichtig geschüttelt. Es entsteht meist ein Überdruck, der durch kurzzeitiges Öffnen des Hahnkükens bei nach oben gerichtetem Ansatzrohr abzulassen ist. Dies wird so lange wiederholt, bis kein Überdruck mehr vorhanden ist. Nun erst wird ein bis zwei Minuten lang kräftig geschüttelt. Durch Stehenlassen trennen sich die Phasen. Die untere ist durch den Auslauf abzulassen, während die darüber liegende Phase durch die obere Öffnung auszugießen ist.

Manche Systeme neigen zur Bildung von Emulsionen. In solchen Fällen schwenkt man den Scheidetrichter nur. Haben beide Phasen etwa die gleiche Dichte, so erfolgt oftmals eine schlechte Trennung beider. Durch Zugabe von Kochsalz kann die Dichte der wäßrigen Phase erhöht werden, so daß sich die Phasen besser trennen. Das sicherste Mittel ist immer, das Extraktionsgefäß längere Zeit ruhig stehen zu lassen.

Beim präparativen Arbeiten müssen Extraktionslösungen von Fremdstoffen befreit werden (z. B. von Säuren). Man „wäscht", d. h. schüttelt diese z. B. mit Natriumcarbonatlösung und mit Wasser.

Vorsicht! Beim Waschen saurer Lösungen mit Alkalicarbonaten bildet sich durch entstehendes Kohlendioxid ein starker Überdruck im Scheidetrichter, der deshalb mehrmals vorsichtig zu belüften ist!

3.2.2.2. Extraktion von Feststoffen

Hierfür verwendet man automatisch arbeitende Apparaturen, z. B. den *Soxhlet-Extraktor* (Abbildung 3.15). Das im Kolben befindliche Extraktionsmittel wird teilweise verdampft. Das Kondensat tropft auf das in einer Extraktionshülse befind-

Abb. 3.15 Soxhlet-Extraktor

liche Extraktionsgut und wird anschließend in den Kolben durch das seitlich angebrachte Heberrohr zurückgeführt. Dabei reichert sich die abzutrennende Komponente im Lösungsmittel an und kann durch Verdampfen desselben isoliert werden.

3.2.3. Aufgabenstellung

Nebeneinander sollte Aufgabe 1 und 2 oder 3 ausgeführt werden, wobei der Versuch 1 zu Beginn des Praktikums anzusetzen ist.

3.2.3.1. Gewinnung von Koffein aus Teestaub

50 g Teestaub werden in eine Soxhlet-Hülse eingewogen, mit etwas Glaswolle abgedeckt und in den Soxhlet-Extraktor gebracht. In den 500-ml-Siedekolben wird eine Mischung von 250 ml Chloroform/Äthanol (1 : 1) gegeben und nach Zusammenbau der Apparatur 1,5–2 Stunden zum Sieden erhitzt (Siedesteine nicht vergessen!). Nachdem die dunkel gefärbte Lösung abgekühlt wurde (Einstellen in kaltes Wasser), wird diese mit Hilfe des Rotationsverdampfers (s. $Ü_5$, Abschn. 3.1.3.1.) auf dem Wasserbad bis zur Trockne eingeengt und sublimiert (s. $Ü_{10}$, Abschn. 3.4.3.). Von den erhaltenen Kristallen ist der Schmelzpunkt zu bestimmen.

3.2.3.2. Extraktion von Adipinsäure aus einer wäßrigen Lösung mit Butanol

Die folgende Rechenaufgabe ist vor Beginn des Praktikums zu lösen: Durch einmaliges Ausschütteln von 500 ml Wasser, in welchem 0,05 mol Adipinsäure gelöst sind, sollen 50% der gelösten Substanz mit Butanol extrahiert werden. Wieviele ml Butanol müssen zur Extraktion verwendet werden ($k = 3,2$)?

Das Ergebnis ist durch folgendes Experiment zu überprüfen: Man gibt in einen 1-l- Scheidetrichter 500 ml der 0,03 M wäßrigen Adipinsäurelösung und fügt die oben berechnete Menge Butanol hinzu. Man schüttelt gut durch, wartet, bis sich die Phasen getrennt haben und trennt die Butanolphase ab. Die Butanollösung wird in einen 250 ml-Rundkolben (NS 29), der vorher genau gewogen wurde, überführt. Das Butanol wird auf dem Wasserbad mittels Rotationsverdampfers (s. $Ü_5$, Abschn. 3.1.3.1.) entfernt. (Es kann für weitere Versuche verwendet werden). Durch erneute Wägung des Kolbens erhält man die Masse der extrahierten Adipinsäure.

Das Ergebnis ist mit der Rechnung zu vergleichen und zu diskutieren.

3.2.3.3. Bestimmung des Verteilungskoeffizienten von Jod zwischen Wasser und Tetrachlorkohlenstoff

50 ml Tetrachlorkohlenstoff, die 250 mg sublimiertes Jod gelöst enthalten, werden in einen 500 ml-Scheidetrichter überführt. Dazu gibt man 250 ml Wasser und schüttelt bis zur Gleichgewichtseinstellung (etwa 50mal rasch den Scheidetrichter 180° um dessen Längsachse drehen!). Damit sich die Phasen trennen, wird der Scheidetrichter in einen Stativring gehängt, die Tetrachlorkohlenstofflösung wird in ein Becherglas abgelassen.

Zur Bestimmung des Jodgehaltes werden mittels Pipette 5 ml der Tetrachlorkohlenstofflösung in einen 250-ml Erlenmeyer-Kolben überführt, mit 50 ml Wasser, 5 Tropfen n-Butanol und 1 ml Stärkelösung aufgeschlämmt und unter kräftigem Umschwenken mit 0,01 n Natriumthiosulfatlösung titriert.

Aus der wäßrigen Phase werden 200 ml Lösung entnommen, ebenfalls mit 1 ml Stärkelösung versetzt und gleichfalls mit 0,01 n Natriumthiosulfatlösung titriert.

Aus dem Verbrauch an Titerlösung werden die Jodkonzentrationen ($mol \cdot l^{-1}$) in den beiden Phasen errechnet und dann k ermittelt:

$$k = \frac{[J_2]_{CCl_4}}{[J_2]_{H_2O}}$$

3.2.4. Kontrollfragen

1. Was versteht man unter einem Verteilungsgleichgewicht?
2. Nach welchem Prinzip verteilt sich eine gelöste Substanz zwischen zwei Lösungsmitteln?
3. Warum ist es zweckmäßiger, eine Extraktion von Stoffen aus Lösungen durch mehrmaliges Ausschütteln mit kleineren Portionen des Lösungsmittels vorzunehmen und nicht mit der gesamten Lösungsmittelmenge auf einmal?
4. 1 l Wasser enthält 200 mg Jod und wird mit 100 ml Schwefelkohlenstoff extrahiert. Wieviele Milligramm Jod bleiben in der wäßrigen Phase zurück ($k=588$)? Wieviel Milligramm Jod bleiben in der wäßrigen Phase zurück, wenn dreimal mit jeweils 20 ml Schwefelkohlenstoff extrahiert wird?
5. Warum wird oftmals die zu extrahierende wäßrige Phase vor der Extraktion mit Kochsalz gesättigt?
6. Wie läßt sich auf einfache Weise feststellen, welche von einer wäßrigen und einer organischen Phase die wäßrige Phase ist?

3.3. Chromatographie Ü₉

3.3.1. Theoretische Grundlagen

Als *Chromatographie* bezeichnet man eine Vielzahl physikalisch-chemischer Trennmethoden (z. B. Säulen-, Dünnschicht-, Papier-, Gaschromatographie), die auf die Arbeiten von Tswett (1903) und Kuhn (1931) zurückgehen und in den letzten drei Jahrzehnten eine große Bedeutung auf allen Gebieten der Chemie erlangt haben.

Die Trennung von Substanzgemischen erfolgt dabei z. B. auf Grund unterschiedlicher Verteilung zwischen zwei flüssigen Phasen (*Verteilungschromatographie*) und auf Grund verschieden starker Adsorption an einem Adsorptionsmittel (*Adsorptionschromatographie*), wobei eine Phase als stationäre, die andere als mobile Phase fungiert.

Bei der *Papierchromatographie* kommt in erster Linie das Verteilungsprinzip zur Wirkung, bei der die stationäre Phase in Form der hydratisierten Zellulose vorliegt. (Geeignet sind Filterpapiere für die Chromatographie des VEB Spezialpapierfabrik Niederschlag/Erzgeb.) Das Laufmittel muß deshalb immer einen geringen Anteil Wasser enthalten. Auch andere Lösungsmittel (Petroleum, Paraffinöl) lassen sich als stationäre Phase auf dem Papier fixieren.

Wird anstatt Filterpapier Papierpulver, welches in ein Rohr gefüllt wird, eingesetzt, so kommt das Verteilungsprinzip auch bei der *Säulenchromatographie* zur Geltung. Werden dagegen für die Säulenfüllung Aluminumoxid als stationäre Phase und wasserfreie Lösungsmittel für die mobile Phase eingesetzt, so kommt vorwiegend das Adsorptionsprinzip zur Geltung.

Ein unentbehrliches Hilfsmittel des Chemikers zur Trennung und Identifizierung kleinster, auch chemisch sehr ähnlicher Verbindungen ist die *Dünnschichtchromatographie*, für die sowohl das Verteilungs- als auch das Adsorptionsprinzip gültig ist.

Das Verteilungsprinzip gilt insofern, als sich die Komponenten eines Substanzgemisches z. B. zwischen dem von einem Träger (= Adsorbens, z. B. Aluminumoxid, Stärke, Cellulose, Kieselgur) aufgenommenen Wasser (Träger + Wasser = *stationäre Phase*) und dem durch diese stationäre Phase wandernden Lösungsmittel (*mobile Phase*) entsprechend dem Gesetz von NERNST (s. Gl. (3.9)) verteilen.

Die besser wasserlösliche Komponente wandert demnach langsamer als der in der mobilen Phase besser lösliche Partner. Das Adsorptionsprinzip kommt darin zum Ausdruck, daß sich z. B. zwischen dem Aluminiumoxid und den Komponenten des Substanzgemisches unterschiedliche Adsorptionsgleichgewichte einstellen, wodurch sich ebenfalls unterschiedliche Wanderungsgeschwindigkeiten ergeben.

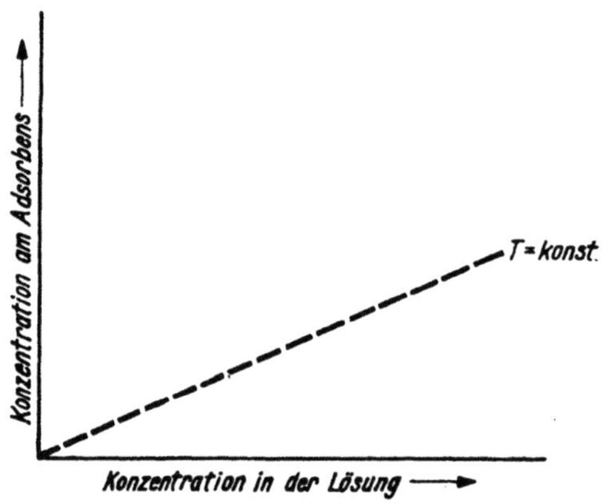

Abb. 3.16 Adsorptionstherme

Das Adsorptionsgleichgewicht ist temperaturabhängig, und für konstante Temperatur läßt sich für jede Substanz eine *Adsorptionsisotherme* (Abbildung 3.16) angeben, die bei einem idealen Dünnschichtchromatogramm eine Gerade bildet.

Aus Abbildung 3.16 lassen sich zwei Extremfälle ableiten:

a) Die Adsorptionsisotherme fällt mit der Abszisse zusammen, d. h., die Konzentration der Substanz am Adsorbens ist gleich Null. Die Substanz löst sich vollständig im Laufmittel (mobile Phase) und wird von diesem mitgeführt (Substanz „läuft in Front").

b) Die Adsorptionsisotherme fällt mit der Ordinate zusammen, d. h., die Substanz wird vollkommen adsorbiert und bleibt ohne Wechselwirkung mit dem Laufmittel „am Start sitzen".

In der Praxis liegt die Isotherme bei geschickter Wahl von Adsorbens und Laufmittel zwischen den Extremfällen a) und b), und die Steilheit des Isothermenanstiegs gestattet eine Aussage über die Weite des Substanztransports.

Ein quantitatives Maß für die Wanderungsgeschwindigkeit einer Verbindung ist bei einem gegebenen Adsorbens und einem bestimmten Laufmittel der R_f-Wert (von engl. retention factor = Rückhaltequotient). Dieser Wert ist definiert als Quotient aus der Entfernung des Substanzfleckes (Mittelpunkt) vom Startpunkt und der Entfernung der Lösungsmittelfront vom Startpunkt:

$$R_f = \frac{\text{Strecke Startpunkt} - \text{Substanz}}{\text{Strecke Startpunkt} - \text{Lösungsmittelfront}} \tag{3.12}$$

Die R_f-Werte sind also stets kleiner als eins und von der Länge des Chromatogramms unabhängig. In der Regel wählt man jedoch eine Laufstrecke von 10 cm, weil die Entfernung Startpunkt/Substanz – mit dem Lineal ausgemessen – direkt den R_f-Wert ergibt.

Die R_f-Werte werden von verschiedenen Faktoren, wie Temperatur, Adsorbens, Laufmittel, Konzentration der Substanzlösung, Verunreinigungen u. a., mehr oder weniger stark beeinflußt. So wandern die Verbindungen bei niedriger Temperatur langsamer als bei höherer Temperatur. Verunreinigungen des Lösungsmittelgemisches, Inhomogenitäten des Adsorbens und Fremdionen in der Substanzlösung können Schwankungen der R_f-Werte bis zu 10% hervorrufen.

3.3.2. Arbeitstechnik

3.3.2.1. Papierchromatographie

Auf dem zur Verfügung stehenden Chromatographiepapier wird zuerst die Laufrichtung bestimmt, falls diese nicht durch einen Pfeil in Form eines Wasserzeichens gekennzeichnet ist. Hierzu trägt man am Rand des Papiers einen Tropfen Wasser auf. Nach kurzer Zeit ist die ursprüngliche Kreisform in eine Ellipsenform übergegangen. Die Längsachse dieser Ellipse gibt die Laufrichtung an.

Entsprechend der zur Verfügung stehenden Entwicklungskammer, wofür 50 cm hohe Glaszylinder mit einem Durchmesser von ca. 15 cm am geeignetsten sind, werden Papierstreifen von solcher Breite zugeschnitten, daß diese, wenn sie in der Kammer hängen, die Glaswand nicht berühren und etwa 1,5 cm tief in das auf dem Boden der Entwicklungskammer befindliche Laufmittel eintauchen können (aufsteigende Methode). Mit Bleistift (nicht Kopierstift oder Kugelschreiber!) wird die Startlinie so markiert, daß diese sich nach Einhängen des Papierstreifens in die Entwicklungskammer 1 bis 1,5 cm über dem Laufmittel befindet.

Mit Hilfe eines Glasstabes oder einer fein ausgezogenen Tropfpipette werden auf der Startlinie 1- bis 3%ige Lösungen der zu untersuchenden Substanzen aufgetragen. Der maximale Durchmesser der Substanzflecken soll 1 cm nicht überschreiten.

Nach dem Auftragen wird das Papier getrocknet und danach in die Entwicklungskammer eingehängt, in welcher vorher durch mehrmaliges Umschütteln des Laufmittels eine Sättigung der Atmosphäre mit dem Dampf des Laufmittels erreicht wurde.

Nach ca. 1,5 bis 2 Stunden ist das Laufmittel im Filterpapier 10 bis 12 cm hochgestiegen. Das Chromatogramm wird der Kammer entnommen und getrocknet, nachdem vorher die Lösungsmittelfront markiert wurde.

Durch Besprühen mit geeigneten Reagenzien werden die auf dem Chromatogramm befindlichen Substanzen, wenn diese nicht selbst farbig sind oder im UV-Licht fluoreszieren, sichtbar gemacht.

3.3.2.2. Dünnschichtchromatographie

Gegenüber anderen chromatographischen Verfahren besitzt die Dünnschichtchromatographie eine Reihe von Vorteilen, wie hohe Trennschärfe, große Empfindlichkeit, schnelle Laufzeit (10 bis 40 Minuten) und die Anwendbarkeit auch aggressiver Sprühreagenzien (Schwefelsäure u. a.).

Auf saubere, fettfreie Glasplatten (10 × 20 cm oder 20 × 20 cm), die sich auf einer ebenen, gut haftenden Unterlage befinden, wird mit einem handelsüblichen Streichgerät oder einfacher mit einem Glasstab, der an beiden Enden Gummimanschetten trägt (Abbildung 3.17), evtl. auch nur durch Aufgießen, eine gleich-

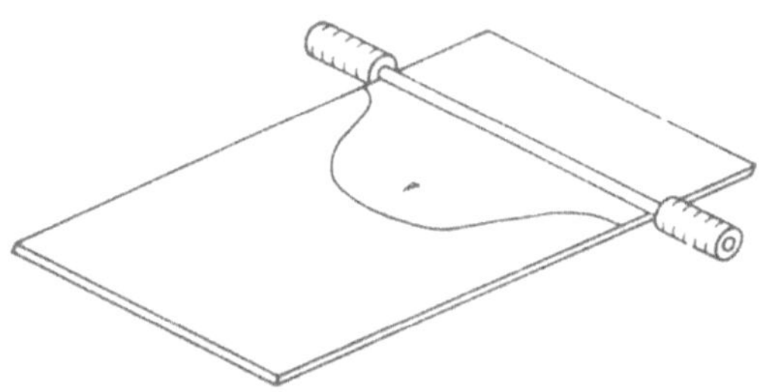

Abb. 3.17 Präparation der Glasplatte zur Dünnschichtchromatographie

mäßige dünne Schicht (0,50 bis 0,75 mm, regelbar durch Stärke der Gummimanschetten) des Adsorbens aufgetragen, das z. B. aus 8 g Aluminiumoxid D (VEB Chemiewerk Greiz-Dölau) und 15 ml Wasser im 100-ml-Erlenmeyer-Kolben unter Schütteln (bis zur Homogenität und Klumpenfreiheit) hergestellt wird. Der Glasstab darf beim Aufbringen des Adsorbens (Abbildung 3.17) nicht gerollt werden.

Die beschichteten Glasplatten werden 5 bis 10 Minuten an der Luft getrocknet,

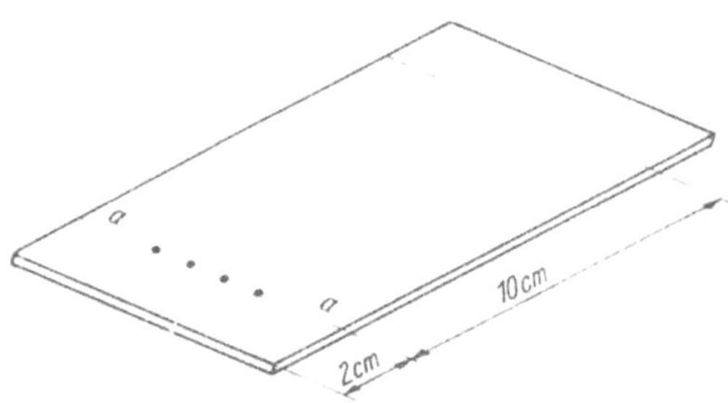

Abb. 3.18 Beschichtete Platte für Dünnschichtchromatographie
a Enden der Startlinie

dann 30 bis 40 Minuten bei 105 °C „aktiviert" und anschließend auf Raumtemperatur abgekühlt.

In Abbildung 3.18 wird gezeigt, wie mit Hilfe eines spitzen Gegenstandes (keinen Kopierstift verwenden) die Startlinie angedeutet (Linie nicht durchziehen! Warum?) und die Ziellinie sowie etwa vier Startpunkte markiert werden. Mit Hilfe einer Mikro- oder Blutpipette wird dann je ein Tropfen einer ein- bis dreiprozentigen Lösung der zu untersuchenden Substanzgemische an den Startpunkten aufgetragen. Der maximale Durchmesser der Flecken sollte 0,5 bis 0,7 cm sein.

Nach Verdunsten des Lösungsmittels stellt man die Glasplatte in eine Entwicklungskammer (Abbildung 3.19), deren Boden etwa 1 cm hoch mit dem Lauf-

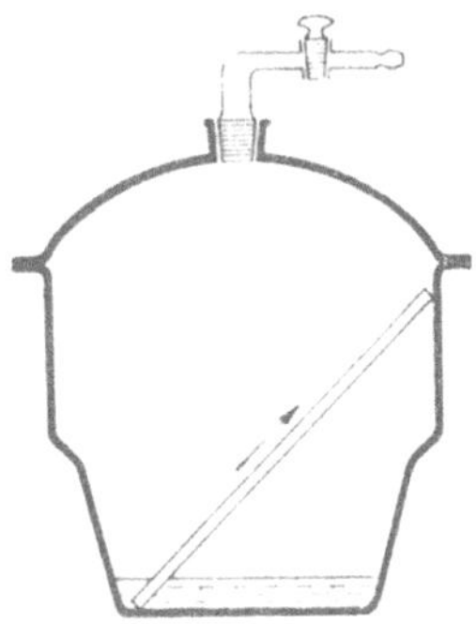

Abb. 3.19. Exsikkator als Entwicklungskammer

mittel bedeckt ist, das auf Grund der Kapillarkräfte in der Schicht aufsteigt und die einzelnen Komponenten der zu trennenden Gemische unterschiedlich schnell transportiert. Als Entwicklungskammer eignet sich ein Exsikkator (evtl. auch ein verschlossenes Becherglas) entsprechender Größe, in dem vor dem Einbringen der Glasplatte durch mehrmaliges Umschütteln des Laufmittels (Gewährleistung des Druckausgleichs wie bei der Extraktion, vgl. Absehn. 3.2.2.) ein gewisser Dampfdruck erzeugt wird, der für die einwandfreie Entwicklung des Chromatogramms erforderlich ist.

Erreicht nach 10 bis 30 Minuten die Lösungsmittelfront die Ziellinie, nimmt man die Glasplatte heraus und trocknet sie an der Luft oder im Trockenschrank.

Die Auswertung des Chromatogramms ist bei farbigen Substanzen sofort möglich. Farblose Substanzflecke werden beim Besprühen (handelsübliche Sprühapparate, Parfüm- oder Inhalationszerstäuber) mit geeigneten Reagenzien farbig und damit lokalisierbar, und farblose Flecke fluoreszierender Substanzen können unter der UV-Lampe erkannt werden.

Da gewisse Schwankungen der R_f-Werte unter diesen einfachen Bedingungen unvermeidlich sind, empfiehlt es sich, parallel zum Substanzgemisch die vermutlichen Einzelkomponenten zu chromatographieren, wodurch Fehlschlüsse bei der Lösung der folgenden Aufgaben vermieden werden können.

3.3.2.3. Säulenchromatographie

In Glas- oder Metallrohren, deren Durchmesser zur Länge im Verhältnis von 1 : 10 bis 1 : 100 stehen soll, wird die säulenchromatographische Trennung von Gemischen durch *reversible Adsorption* an die stationäre Phase und *Elution* mit einem Lösungsmittel (mobile Phase) durchgeführt.

Das Adsorptionsmittel (z. B. Aluminiumoxid, Kieselgel, Zucker, Stärke, Cellulose) soll eine große Oberfläche (möglichst mehr als 100 m² pro Gramm) besitzen und chemisch indifferent gegenüber der mobilen Phase und den zu trennenden Verbindungen sein. Da die einzelnen Komponenten des zu trennenden Gemisches unterschiedlich stark von der stationären Phase adsorbiert werden, wandern sie mit dem *Elutionsmittel* (z. B. Benzin, Cyclohexan, Benzol, halogenierte Aliphate wie CCl_4, $CHCl_3$, CH_2Cl_2) in unterschiedlicher Geschwindigkeit durch die Säule und bilden schließlich bei ausreichender Länge der Säule und richtiger Wahl des Laufmittels einzelne Zonen, die in der Säule durch reine mobile Phase voneinander getrennt sind und einzeln abgenommen werden können.

Eine andere Methode besteht in der Beschickung der Säule mit unterschiedlichen Adsorbentien, welche die zu trennenden Substanzen selektiv adsorbieren. Durch getrenntes Eluieren der verschiedenen Adsorbentien, nachdem diese aus der Säule entfernt wurden, lassen sich dann die entsprechenden Substanzen isolieren.

Säulenfüllung, Methode A: Als Adsorptionssäulen werden 20 bis 25 cm lange Glasrohre mit einem inneren Durchmesser von 12 mm benutzt. Den unteren Verschluß bildet ein einfach durchbohrter Stopfen, durch den ein kurzes Glasrohr in die Säule hineinragt. Ein lockerer Wattepfropfen im unteren Ende der Säule verhindert ein Hindurchsickern des Adsorptionsmittels durch diesen Auslauf.

Das feingepulverte Adsorptionsmittel (30 g Aluminiumoxid für die Chromatographie, VEB Chemiewerk Greiz-Dölau) wird als Aufschlämmung (60 ml Benzin in einem 250-ml-Becherglas) mit Hilfe eines nicht zu engen Trichters so in die Säule gefüllt, daß das Adsorptionsmittel nach der schnell erfolgenden Sedimentation etwa 180 bis 200 mm hoch steht.

Die Säule muß in jedem Falle gleichmäßig und luftfrei gepackt sein, und dies wird am ehesten durch Einbringen des *aufgeschlämmten* Adsorptionsmittels gewährleistet. Füllt man die Säule jedoch mit dem trockenen Adsorptionsmittel, so ist auch durch Aufstoßen der Säule auf eine feste Unterlage oder Klopfen am Säulenmantel mit einem Glasstab meist keine dichte Packung zu erreichen, und die einzelnen Substanzen wandern dann nicht in definierten Zonen durch die Säule.

Solange noch Benzin über der horizontalen Oberfläche des Adsorptionsmittels steht, wird es mit einem lockeren Wattepfropfen bedeckt, um beim Ein- und Nachfüllen des Elutionsmittels ein Aufwirbeln zu verhindern.

Sobald das Benzin nur noch etwa 5 bis 10 mm hoch über dem Aluminiumoxid steht (die Säule darf keinesfalls „trockenlaufen"), gießt man die Lösung des zu trennenden Substanzgemischs vorsichtig in die Säule.

Für den beabsichtigten Trenneffekt ist von ausschlaggebender Bedeutung, daß die Masse der Rohrfüllung stets das 100- bis 1000fache der Masse der aufzutrennenden Substanz beträgt.

Ist die Substanzlösung fast eingesickert, füllt man die Säule mit dem Elutionsmittel auf und wiederholt diesen Vorgang, bis sich die Komponenten in diskrete Zonen getrennt haben, die beim Austritt aus der Säule einzeln abgenommen werden.

Unproblematisch ist die Trennung farbiger Substanzen, da Beginn und Ende einer Zone visuell feststellbar sind. Sollen hingegen Gemische farbloser, flüssiger Verbindungen säulenchromatographisch getrennt werden, so ist das prinzipiell z. B. mit Hilfe der *Refraktometrie*, d. h. der Bestimmung des Brechungsindex n_D im Abbé-Refraktometer, möglich (s. Ü$_{13}$, Abschn. 3.7.).

Die aus der Säule tropfende Lösung wird in diesem Fall in zahlreichen kleineren Portionen abgenommen, das Lösungsmittel wird abgedampft, und von den zurückbleibenden flüssigen Proben werden bei gleicher Temperatur die Brechungsindizes bestimmt, die oft eine Zuordnung der einzelnen Proben und damit eine Trennung des Gemisches ermöglichen.

Säulenfüllung Methode B: Das untere Ende der Säule wird mit einem kleinen Wattebausch verschlossen. In kleinen Portionen gibt man Aluminiumoxid (wie unter Methode A beschrieben) bis zu 2 cm Höhe in das Rohr. Durch Stoßen und leichtes Nachdrücken mit einem Glasstab, der das Rohr ausfüllt, erhält man eine genügend feste Schicht. Darüber wird ebenso eine 4 cm hohe Schicht Kalziumcarbonat, welches bei 150 °C getrocknet worden ist, und anschließend eine 6 cm hohe Schicht fein pulverisierter Puderzucker, der vorher bei 100 °C im Vakuum getrocknet wurde, aufgefüllt. Das Rohr wird auf eine Saugflasche aufgesetzt und bei schwachem, möglichst gleichmäßig gehaltenem Vakuum läßt man aus einem Tropftrichter Benzin (*Kp.* 70 °C) durch die Säule laufen. Wenn das Benzin am unteren Ende austritt, wird dessen Zugabe unterbrochen und 1 bis 2 ml einer Spinatextraktlösung aufgegeben. Befindet sich diese in der Säule, läßt man weiteres Benzin durch die Säule laufen.

Es bilden sich alsbald verschiedene Zonen aus, von denen die obere gelbgrüne Schicht Chlorophyll B und die blaugrüne Chlorophyll A enthält. Darunter befindet sich eine gelbe Zone von Xanthophyll. Das gelbe Carotin wird erst vom Aluminiumoxid festgehalten.

3.3.3. Aufgabenstellung

Während eines Praktikums können mehrere Versuche parallel zueinander durchgeführt werden, z. B. Versuche 1, 2b, 3, 7. Da die Papierchromatographie die längste Laufzeit benötigt, muß diese zu Beginn des Praktikums angesetzt werden.

3.3.3.1. Papierchromatographische Trennung von Aminosäuren

Ein Gemisch aus drei Aminosäuren soll getrennt werden. Die R_f-Werte sind zu bestimmen.

Als Aminosäuregemische werden vorgeschlagen:

– Arginin, Norleucin, Tyrosin

- Cystin, Glycin, Norleucin
- Cystin, Asparaginsäure, Valin
- Arginin, Alanin, Norleucin
- Arginin, Tyrosin, Norvalin
- Arginin, Asparaginsäure, Valin.

Die Aminosäuren werden in Form von 3%igen wäßrigen Lösungen, denen einige Tropfen Salzsäure zugesetzt sind, aufgetragen. Als Laufmittel dient Butanol/Eisessig/Wasser (4 : 1 : 1). Nach Entnahme des Chromatogramms aus der Entwicklungskammer wird es 5 Minuten bei 105 bis 110 °C getrocknet, danach mit N-CN-Indikator (25 Teile einer Lösung, bestehend aus 50 ml 0,2%iger abs. äthanolischer Ninhydrinlösung, 10 ml Eisessig und 2 ml 2,4,6-Collidin werden kurz vor Gebrauch mit einem Teil einer 1%igen Lösung von Kupfer(II)-nitrattrihydrat vermischt.) besprüht und erneut 1 bis 2 Minuten auf 105 °C erwärmt. Es entsteht eine für die Aminosäuren charakteristische Farbe, die auch als Hinweis zu ihrer Identifizierung dienen kann.

3.3.3.2. Trennung von Farbstoffen durch Dünnschichtchromatographie

a) Es ist ein Farbstoffgemisch F_1 zu trennen, das aus maximal drei der folgenden Komponenten besteht: Eosin, Fluorescein, Methylorange, Malachitgrün, Methylviolett B, β-Naphthylorange.

   Einprozentige äthanolische Lösungen des Gemisches F_1 sowie der sechs möglichen Komponenten werden auf sieben Bahnen von zwei entsprechend Abschnitt 3.3.2. präparierten Glasplatten im Laufmittelgemisch n-Butanol/Aceton/Wasser (2 : 7 : 2) aufsteigend chromatographiert und ausgewertet.

   Es ist anzugeben, aus welchen Komponenten das Gemisch F_1 besteht.

b) Ein anderes Farbstoffgemisch F_2 kann aus maximal zwei der drei möglichen Komponenten bestehen: Thioindigo, Azobenzol, Indophenol.

   Es wird wie bei Gemisch F_1 verfahren. Als Laufmittel dient Benzol/Chloroform/Alkohol (10 : 2 : 1).

3.3.3.3. Trennung der cis-trans-Isomeren von Azobenzol mittels Dünnschichtchromatographie

Es ist der Einfluß von UV-Licht auf Azobenzol bei der Umlagerung von der trans- in die cis-Form zu untersuchen.

Auf drei verschiedenen Platten wird eine 3%ige Lösung von Azobenzol in Benzol aufgetragen. Während eine der Platten nicht bestrahlt wird, läßt man auf die zweite ca. 3 Minuten und auf die dritte 10 Minuten lang UV-Licht einwirken.

Anschließend werden die Platten mit Benzol als Laufmittel entwickelt. Es sind die cis- und trans-Verbindungen zu charakterisieren!

3.3.3.4. Trennung von Zuckern mittels Dünnschichtchromatographie

Monosaccharide unterscheiden sich nur sehr wenig hinsichtlich ihrer R_f-Werte. Die Trennung folgender Paare ist aber möglich:

- D-Galaktose/D-Xylose
- D-Galaktose/L-Rhamnose
- D-Mannose /D-Xylose
- D-Mannose /L-Rhamnose.

Eines dieser Paare ist zu trennen, und die Komponenten sind zu identifizieren. Dazu werden Proben von fünf zweiprozentigen Lösungen (unbekanntes Paar, D-Galaktose, D-Mannose, D-Xylose, L-Rhamnose, jeweils gelöst in 50%igem Äthanol) auf eine präparierte Glasplatte aufgebracht und im Laufmittelgemisch n-Butanol/Aceton/Wasser (4 : 5 : 1) aufsteigend chromatographiert.

Die Trocknung erfolgt bei 50 °C, und etwa 15 Minuten nach dem Besprühen der kalten Platte mit einer zehnprozentigen ammoniakalischen Silbernitratlösung erscheinen die Flecken braun auf hellem Grund.

Es ist anzugeben, aus welchen Komponenten das untersuchte Paar besteht.

3.3.3.5. Trennung von Farbstoffgemischen mittels Säulenchromatographie

Auf eine entsprechend Abschnitt 3.3.2.3., Methode A, vorbereitete Säule bringt man 0,5 ml der Lösung einer der folgenden vier Farbstoffkombinationen in Benzin:

- β-Naphtholorange/Malachitgrün
- β-Naphtholorange/Methylviolett B
- Fluorescein/Methylviolett B
- Eosin/Malachitgrün.

Anschließend wird mit dem Gemisch n-Butanol/Aceton/Wasser (2 : 7 : 2) solange eluiert, bis die Zone des schneller wandernden Farbstoffs das Ende des Absorptionsrohrs gerade erreicht. Es ist eine Skizze mit der Lage der Farbzonen anzufertigen.

3.3.3.6. Trennung eines Gemisches farbloser Komponenten mittels Säulenchromatographie

Die Brechungsindizes von reinem Essigsäureamylester und reinem Anilin sind zu bestimmen und mit den in Tabellenwerken angegebenen Werten zu vergleichen (s. $Ü_{13}$, Abschn. 3.7.). Anschließend sind 1,5 bis 2 ml des 1 : 1-Gemisches dieser beiden Substanzen säulenchromatographisch zu trennen (Säulenfüllung s. Abschn. 3.3.2.3., Methode A). Es wird mit n-Hexan/Chloroform (4 : 1) eluiert.

Zu Beginn wird ein Vorlauf von etwa 30 ml Elutionsmittel abgenommen. Dann folgt der schnell wandernde Ester (Geruch, Schlierenbildung), und es werden dreimal 4 ml Lösung aufgefangen. Nun wird mit Methanol eluiert, das in Front mit dem Anilin (etwas dunklere Färbung des Aluminiumoxids) durch die Säule wandert. Auch davon werden drei- bis viermal 4 ml Lösung abgenommen.

Von allen Fraktionen wird mit Hilfe eines Föns unter dem Abzug das Lösungsmittel abgedampft, und die Brechungsindizes der zurückbleibenden Flüssigkeiten werden bestimmt.

Bei sauberem Arbeiten weist wenigstens je eine Fraktion den Wert des reinen Essigsäureamylesters bzw. des reinen Anilins auf.

3.3.3.7. Säulenchromatographische Adsorption der Blattfarbstoffe

Im Spinatextrakt sollen durch säulenchromatographische Adsorption Chlorophyll A und B, Xanthophyll und Carotin nachgewiesen werden. Es wird die Säulenfüllung nach Abschnitt 3.3.2.3., Methode B eingesetzt.

Der auf folgendem Wege bereitete Spinatextrakt ist längere Zeit haltbar: 3 bis 4 frische Spinatblätter (Feinfrostspinat ist auch geeignet) werden in einem Erlenmeyer-Kolben in einem Gemisch von 45 ml Benzin (*Kp.* 70 °C), 5 ml Benzol und 15 ml Methanol 1,5 Stunden stehen gelassen. Der fast weiße Rückstand wird abgesaugt. Durch wiederholtes vorsichtiges Waschen mit Wasser im Scheidetrichter (nicht schütteln!) wird das Methanol vollständig entfernt. Die Lösung wird über Natriumsulfat getrocknet.

3.3.4. Kontrollfragen

1. Was ist der Unterschied zwischen Adsorption und Absorption?
2. Erläutern Sie das Trennprinzip der Adsorptions- und Verteilungschromatographie!
3. Was versteht man unter dem R_f-Wert?
4. Unter den Bedingungen wie in Abschnitt 3.7.3. läßt sich für Maltose durch Dünnschichtchromatographie der R_f-Wert 0,05 ermitteln. Welche Lage hat etwa die Adsorptionsisotherme für Maltose?
5. Mit welchen Sprühreagenzien würden Sie die farblosen Flecke im Dünnschichtchromatogramm von Vertretern der folgenden Verbindungsklassen farbig und damit auswertbar machen: Aminosäuren — mehrwertige Phenole — Aldehyde — Olefine?
6. Welche Nachteile bringt das „Trockenlaufen“ der Säule?
7. Wie würden Sie verfahren, wenn Sie mit Hilfe der Dünnschichtchromatographie präparative Stoffmengen trennen wollen?
8. Von zwei äußerlich wie Filterpapier aussehenden Stücken Papier soll auf einfache Weise bestimmt werden, welches von beiden Stücken Chromatographiepapier ist!

3.4. Sublimation Ü10

3.4.1. Theoretische Grundlagen

Der Dampfdruck einer Flüssigkeit erhöht sich mit steigender Temperatur. Das gleiche gilt auch für feste Stoffe. Viele von ihnen verdampfen beim Erwärmen ohne vorherige Verflüssigung. Diese Erscheinung wird *Sublimation* genannt. Umgekehrt kondensieren sich ihre Dämpfe unter Umgehung der flüssigen Phase direkt zu Kristallen.

Die Abhängigkeit des Dampfdrucks p, hier auch als Sublimationsdruck bezeichnet, eines Feststoffes von der Temperatur wird graphisch durch die *Sublimationsdruckkurve* (a) dargestellt. Sie liegt unterhalb des sogenannten *Tripelpunktes T*, bei dem Flüssigkeit und fester Stoff den gleichen Dampfdruck besitzen (Abbildung 3.20).

Stoffe mit relativ hohem Dampfdruck erreichen beim Erhitzen den Atmosphärendruck bei einer Temperatur, die unterhalb ihres Schmelzpunktes liegt. Er

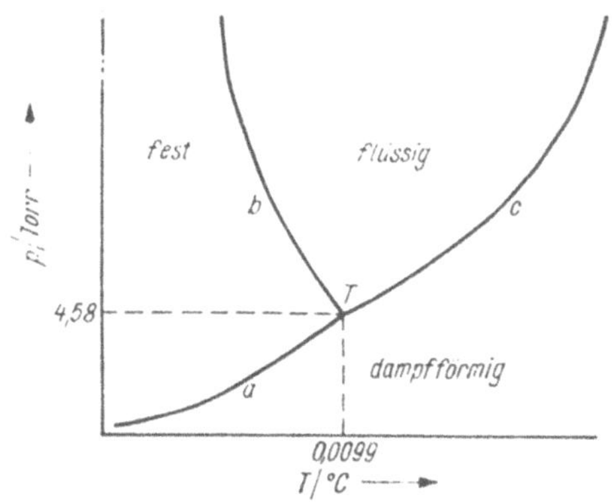

Abb. 3.20 Phasendiagramm des Wassers
a Sublimationskurve; b Schmelzdruckkurve;
c Dampfdruckkurve; T Tripelpunkt

wird daher beim Erwärmen nicht erreicht, und diese Stoffe gehen direkt in den gasförmigen Zustand über, sie sublimieren also.

Die Temperatur, bei der der Dampfdruck des Feststoffes gleich dem äußeren Druck ist, heißt *Sublimationstemperatur*. Durch Druckerniedrigung kann auch bei festen Stoffen, die bei normalem Druck nur sehr langsam sublimieren oder schmelzen, erreicht werden, daß der Sublimationspunkt unter den Schmelzpunkt verschoben wird (*Vakuumsublimation*).

3.4.2. Arbeitstechnik

Eine Sublimation kann unter Normaldruck oder im Vakuum durchgeführt werden. Sie dient der Reinigung der betreffenden Substanzen. Wiederholte Sublimation führt gewöhnlich zu einem höheren Reinheitsgrad als Umkristallisation (s. Abschnitt 3.5.). Außerdem gestattet die Sublimation auch die Reinigung kleinster Substanzmengen.

Im einfachsten Fall benutzt man im Labor zwei gleichgroße Uhrgläser (Abbildung 3.21a) oder eine Porzellanschale und einen Trichter (Abbildung 3.21b),

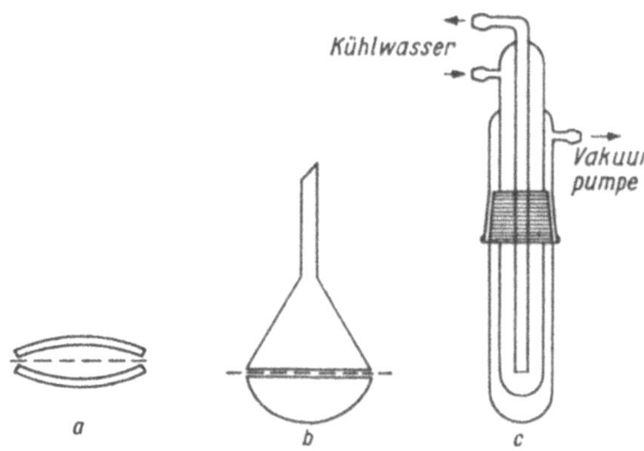

Abb. 3.21 Apparaturen zur Sublimation

dessen Durchmesser etwas kleiner sein soll als der Durchmesser der Schale. Das Trichterrohr wird mit etwas Watte verschlossen. Die zu sublimierende Substanz wird auf das untere Uhrglas bzw. in die Schale gebracht und mit einem durchlöcherten Rundfilter bedeckt, damit das Sublimationsprodukt nicht wieder in das untere Gefäß zurückfallen kann. Man erhitzt langsam auf dem Sandbad. Abbildung 3.21c zeigt eine Vakuumsublimationsapparatur nach Slotta.

Es ist nicht zweckmäßig, die Sublimationsgeschwindigkeit durch Erhöhung der Temperatur zu steigern, da dann auch die Kristalle im Innern der zu sublimierenden Substanz verdampfen und das Sublimationsprodukt unter Umständen durch zerplatzende Kristalle verunreinigt wird.

Die Kühlfläche soll sich stets dicht über dem Sublimationsraum befinden, wodurch die Sublimationsgeschwindigkeit erhöht wird. Außerdem ist die Substanz fein zu pulvern, da die Sublimation von der Oberfläche her einsetzt. Alle Apparaturen sind erst nach dem völligen Erkalten auseinanderzunehmen, wobei Erschütterungen zu vermeiden sind. Eventuell muß der Schliff der Apparatur nach Slotta erwärmt werden.

3.4.3. Aufgabenstellung

3.4.3.1. Reinigung von Phthalsäureanhydrid

Phthalsäureanhydrid ist der Sublimation unter Normaldruck zu unterwerfen. Danach ist der Schmelzpunkt zu bestimmen. Zur Durchführung wird etwa 1 g Substanz in die Porzellanschale gegeben, die mit einem durchlöcherten Rundfilter bedeckt wird. Man setzt den oben mit einem Wattebausch verschlossenen Trichter auf das Filter und erwärmt langsam auf dem Sandbad. Nach beendeter Sublimation läßt man erkalten und bestimmt den Schmelzpunkt.

3.4.3.2. Reinigung von Koffein

Koffein ist unter Normaldruck zu sublimieren. Das in Abschnitt 3.2.3.1. nach der Extraktion von Teestaub als Rohprodukt isolierte Koffein ist zu sublimieren. Dazu werden einige Spatelspitzen des nach Entfernung des Lösungsmittels erhaltenen Rohproduktes in eine Porzellanschale gebracht und auf ein Asbestnetz gestellt, welches mit kleiner Bunsenbrennerflamme erwärmt wird. Nachdem Reste des Lösungsmittels verdampft sind, treten weiße Nebel auf. Jetzt wird die Porzellanschale mit einem gleichgroßen Uhrglas abgedeckt. Nach kurzer Zeit scheidet sich am aufgelegten Uhrglas das reine Koffein in Form von großen Kristallen ab. Der Schmelzpunkt des gewonnenen Koffeins ist zu bestimmen.

3.4.3.3. Vakuumsublimation von Benzoesäure, Oxalsäure bzw. Alizarin

Die folgenden drei Stoffe sind durch Vakuumsublimation zu reinigen, von den Substanzen (a) und (b) ist anschließend der Schmelzpunkt zu ermitteln:

a) Benzoesäure
b) Oxalsäure (wasserhaltig)
c) Alizarin.

1 g der Substanz (a) bzw. der Substanz (b) bzw. eine Spatelspitze von (c) wird in die Hülse der Slotta-Apparatur eingefüllt. Die Apparatur wird zusammengesetzt, wobei der Schliff gut gefettet sein muß.

Die Wasserkühlung wird angestellt. Nach Anlegen des Vakuums mittels einer Ölpumpe wird im Paraffinbad langsam erwärmt. Die Badtemperatur ist zu kontrollieren und der Sublimationsbeginn im Protokoll zu vermerken.

Nach Beendigung der Sublimation läßt man erkalten und öffnet anschließend vorsichtig die Apparatur. Festgebackene Schliffe sind vom Glasbläser lösen zu lassen. Von den Substanzen (a) und (b) sind danach die Schmelzpunkte nach Thiele zu bestimmen.

Zur Beachtung! Der Schliff der Slotta-Apparatur ist nur mit Hochvakuumfett zu behandeln! Andere Fette sowie Glycerin führen zum Festbacken.

3.4.4. Kontrollfragen

1. Was versteht man unter Sublimation, und welche praktische Anwendung findet sie?
2. Welcher Zusammenhang besteht zwischen dem Dampfdruck eines Feststoffes bzw. einer Flüssigkeit und der Temperatur? Die Verhältnisse sind in einem Diagramm am Beispiel des Wassers zu skizzieren (Phasendiagramm des Wassers).
3. Warum sollte eine möglichst langsame Sublimationsgeschwindigkeit gewählt werden?
4. Schätzen Sie Vor- und Nachteile der Sublimationsmethode gegenüber anderen Stofftrenn- bzw. Reinigungsverfahren ein!

Ü11

3.5. Kristallisation

3.5.1. Theoretische Grundlagen

Die Kristallisation bzw. Umkristallisation ist ein wichtiges Verfahren zur Reinigung organischer Verbindungen. Durch Bestimmung des Schmelzpunktes kann der Reinheitsgrad einer Substanz jederzeit leicht abgeschätzt werden.

Neben der Umkristallisation aus der Schmelze (*Zonenschmelzverfahren*) und über die Dampfphase (s. Abschn. 3.4., *Sublimation*) besitzt das *Umkristallisieren aus der Lösung* die größte Bedeutung. Hierbei wird die verunreinigte kristalline Substanz mit einem geeigneten Lösungsmittel in der Hitze gelöst, heiß filtriert und in der Kälte auskristallisiert.

Die grundlegende Voraussetzung für eine erfolgreiche Umkristallisation ist die Wahl des geeigneten Lösungsmittels. Es darf mit der gegebenen Substanz keine chemischen Reaktionen eingehen. Der umzukristallisierende Stoff muß in dem entsprechenden Lösungsmittel bei tiefer Temperatur schlecht, bei hoher Temperatur sehr gut löslich sein. Die Löslichkeitskurve soll also möglichst steil verlaufen. Die

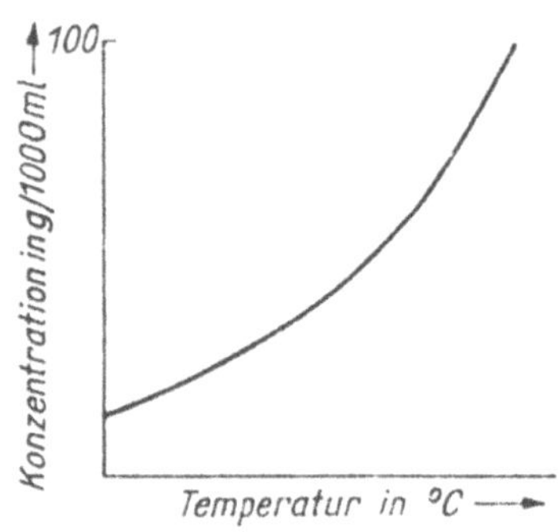

Abb. 3.22 Löslichkeitskurve (Lösungsmittel Wasser)

Löslichkeit ist somit eine Funktion der Temperatur. Sie stellt die Sättigungskonzentration des gelösten Stoffes bei einer bestimmten Temperatur dar. Als Maßeinheiten werden mol · l^{-1}, g · l^{-1} und g · 100 ml^{-1} verwendet. Da im allgemeinen das Lösevermögen des Lösungsmittels kurz unterhalb des Siedepunktes steiler ansteigt (Abbildung 3.22), stellt man die Lösung durch Sieden unter Rückfluß her.

Die Anforderungen an das geeignete Lösungsmittel sind so komplex, daß es nur empirisch, d. h., unter Beachtung einiger allgemeiner Regeln und auf Grund eigener experimenteller Erfahrungen gefunden werden kann.

So soll im Idealfall die Löslichkeit der umzukristallisierenden Substanz im Lösungsmittel beim Siedepunkt sehr gut, bei Zimmertemperatur bzw. bei 0 °C hingegen möglichst gering sein, und die Verunreinigung soll entweder in der Hitze nicht löslich sein (sie wird dann beim Filtrieren der heißen Lösung abgetrennt) oder auch nach dem Abkühlen und Auskristallisieren der reinen Substanz in Lösung bleiben.

Der Siedepunkt des Lösungsmittels soll etwa 10 bis 15 Grad unter dem vermutlichen Schmelzpunkt der umzukristallisierenden Substanz liegen. Dadurch wird verhindert, daß sie sich als Öl abscheidet.

Da Verunreinigungen die Löslichkeit einer Substanz meist erhöhen, ist es nicht verwunderlich, daß sich die Löslichkeiten der umkristallisierten Substanz und des Rohproduktes oft sehr unterscheiden.

Eine nützliche empirische Regel, die schon lange bekannt und für jede Umkristallisation von Bedeutung ist, lautet: „*Similia similibus solvuntur*", d. h., „*Ähnliches löst sich in Ähnlichem*". Das bedeutet noch nicht, daß „Ähnliches aus Ähnlichem" auch gut umkristallisiert werden kann; jedoch kann das Lösevermögen eines auf Grund dieser Regel gefundenen Lösungsmittels durch dosierte Mischung mit einem zweiten, „unähnlichen" Lösungsmittel im angestrebten Maße verändert werden.

Bei der Betrachtung der Ähnlichkeit von Lösungsmitteln und umzukristallisierender Substanz sind z. B. *Dipolmomente*, *Dielektrizitätskonstanten* und die Möglichkeit der Ausbildung von *Wasserstoffbrückenbindungen* zu berücksichtigen.

Das Wasser besitzt ein ausgeprägtes Dipolmoment, eine hohe Dielektrizitätskonstante ($\varepsilon = 81{,}1$) und auf Grund seiner freien Elektronenpaare am Sauerstoff die Fähigkeit, Wasserstoffbrückenbindungen auszubilden. Eine gute Löslichkeit in Wasser zeigen deshalb außer den Salzen auch polare organische Verbindungen, wie z. B. niedrige aliphatische Alkohole und Carbonsäuren. Dagegen nimmt die Wasserlöslichkeit dieser Substanzen in dem Maße ab, wie die *hydrophile Gruppe* (-OH, -COOH) klein wird im Verhältnis zum *hydrophoben Alkylrest*, d. h. etwa ab C_4 bis C_5.

Wenig polare oder unpolare organische Substanzen, wie z. B. kondensierte aromatische Kohlenwasserstoffe oder Heteroaromaten, lösen sich hingegen in unpolaren Lösungsmitteln wie Benzol ($\varepsilon = 2{,}3$) und Hexan ($\varepsilon = 1{,}9$) oder in Diäthyläther, der zwar ein Dipolmoment besitzt, aber auf Grund seiner niedrigen Dielektrizitätskonstante ($\varepsilon = 4{,}3$) und der Fähigkeit zur Ausbildung von Wasserstoffbrückenbindungen geeignet ist.

Der Einfluß der Dielektrizitätskonstanten des Lösungsmittels auf die Löslichkeit eines Stoffes resultiert aus dem Coulombschen Gesetz:

$$k = \frac{q^+ \cdot q^-}{\varepsilon \cdot d^2} \tag{3.13}$$

d = Abstand der Ladungen

In einem Lösungsmittel mit großer Dielektrizitätskonstante ε wird die Anziehungskraft k zwischen den Ladungen q einer polaren Substanz reduziert und somit jener zwischen den Lösungsmittelmolekülen vergleichbar. Die Löslichkeit eines polaren Stoffes in einem Lösungsmittel mit großer Dielektrizitätskonstante ist also groß.

Auch die Höhe des Schmelzpunktes kann ein Kriterium für die Löslichkeit einer organischen Substanz sein. So sind die hochschmelzenden, aliphatischen Dicarbonsäuren mit gerader Anzahl von Kohlenstoffatomen schlechter wasserlöslich als die

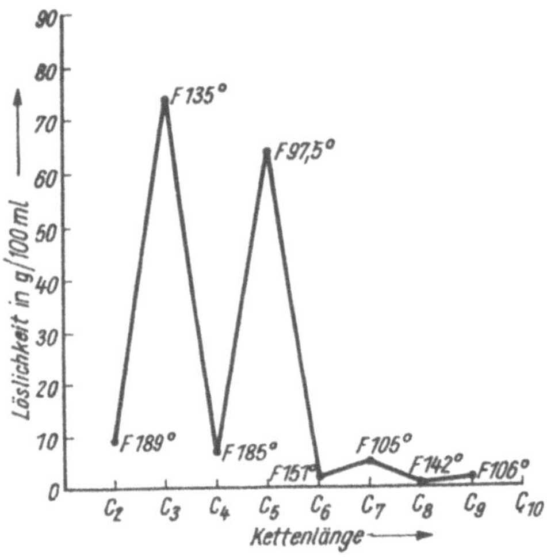

Abb. 3.23 Schmelzpunkte und Löslichkeiten (in Wasser bei 20 °C) der Dicarbonsäuren C_2 bis C_9

in der homologen Reihe jeweils folgenden, niedriger schmelzenden Dicarbonsäuren mit ungerader Anzahl von Kohlenstoffatomen (Abbildung 3.23).

Auch eine Vergrößerung des Moleküls führt im allgemeinen zu einer Verringerung der Löslichkeit; so geht der wasserlösliche, monomere Formaldehyd durch Polymerisation in den wasserunlöslichen Paraformaldehyd über.

An Isomeren kann man den Einfluß struktureller Faktoren auf die Löslichkeit erkennen; so ist die geradkettige Säure CH_3-$(CH_2)_3$-COOH wasserunlöslich, das verzweigte Isomere $(CH_3)_3C$-COOH aber wasserlöslich.

In Tabelle 3.1 sind einige gebräuchliche Lösungsmittel zur Umkristallisation aufgeführt.

Von Einfluß auf die Reinheit des Endproduktes einer ein- oder mehrmaligen Umkristallisation ist auch die Kristallgröße. Durch zu schnelle Abkühlung des Filtrats

Tabelle 3.1
Lösungsmittel zur Umkristallisation

Name	Formel	*Kp.* in °C	*F.* in °C
Aceton	$(CH_3)_2CO$	56	− 95
Äthanol	C_2H_5OH	78	−114,5
Äthylacetat	$CH_3COOC_2H_5$	77	− 84
Benzol	C_6H_6	80	5
Chloroform	$CHCl_3$	61	− 63,5
Diäthyläther	$(C_2H_5)_2O$	34	−116
Dimethylformamid	$HCON(CH_3)_2$	153	− 61
Nitrobenzol	$C_6H_5NO_2$	210	5,7 [1]
Toluol	$C_6H_5CH_3$	110	− 95
Wasser	H_2O	100	0

[1] Erstarrungspunkt

entstehen meist sehr kleine Kristalle, die auf Grund der großen Gesamtoberfläche eine größere Menge der in Lösung vorhandenen Verunreinigungen adsorbieren können als die bei extrem langsamer Abkühlung anfallenden großen Kristalle, die andererseits oft Lösungsmitteleinschlüsse aufweisen.

Das optimale Kristallisat mittlerer Größe kann dadurch gewonnen werden, daß die aus dem Filtrat ausgefallenen Kristalle durch Erwärmen noch einmal gelöst werden und die klare Lösung mit regelbarer Geschwindigkeit, d. h. beispielsweise in einem sich langsam abkühlenden Wasserbad oder einfacher in einem abgeschlossenen Gefäß, zur Kristallisation gebracht wird. Eine andere Variante besteht darin, daß zum heißen Filtrat einige Kristalle der reinen Substanz zugegeben werden, welche als Kristallisationskeime wirken und verhindern, daß trotz langsamer Abkühlung zunächst keine Kristallisation eintritt, eine übersättigte Lösung entsteht, und dann plötzlich die Kristallisation des gesamten gelösten Produktes erfolgt.

Außer der hier beschriebenen *Umkristallisation* (Abtrennung der Verunreinigungen von einer im Rohprodukt als Hauptmenge vorhandenen organischen Substanz) gibt es noch die Methode der *fraktionierten Kristallisation*, in deren Verlauf durch fraktionierte Abtrennung der bei unterschiedlichen Temperaturen anfallenden Kristallisate, deren erneute mehrmalige Umkristallisation und eine sinnvolle Kombination der einzelnen Kristallisate schließlich zwei oder mehrere in einem Rohprodukt enthaltene organische Substanzen getrennt werden können. Die fraktionierte Kristallisation ist von großer Bedeutung, setzt aber beim Experimentator die perfekte Beherrschung der Methode des Umkristallisierens voraus.

Um z. B. eine schwerer lösliche von einer leichter löslichen Komponente zu trennen, wird das bei der ersten Umkristallisation erhaltene Primärkristallisat wiederholt aus dem gleichen Lösungsmittel umkristallisiert. Dabei wird die Kristallfraktion KA_3 über die Fraktion KA_1 und KA_2 mit den dazugehörigen Mutterlaugen MA_1, MA_2 und MA_3 erhalten. KA_3 soll ausschließlich aus der schwerer löslichen Komponente A bestehen.

Die Mutterlauge des Primärkristallisats wird schrittweise eingeengt, wobei die Kristallfraktionen KB_1, KB_2 und KB_3 entstehen. KB_3 soll nur das leichter lösliche B enthalten, während in KB_1 und KB_2 der Gehalt an B größer als an A ist.

KB_1 wird aus MA_1, die entstehenden Kristalle KB_1 aus MA_2 umkristallisiert. Die bei der ersten Operation erhaltene Mutterlauge (MB_1) dient zur Umkristallisation von KB_2. Man erhält so weitere Kristallfraktionen, in denen die schwerer lösliche Komponente A oder die leichter lösliche Komponente B angereichert sind. Durch mehrfache Umkristallisation und weitergehende Kombination der verschiedenen Kristallisate und Mutterlaugen können noch weitere Fraktionen mit unterschiedlichem Gehalt an beiden Komponenten gewonnen werden.

3.5.2. Arbeitstechnik

3.5.2.1. Auswahl des Lösungsmittels

Man gibt etwa eine Spatelspitze der Substanz in ein Reagenzglas und versetzt mit einigen Tropfen eines Lösungsmittels. Tritt bereits in der Kälte vollständige Lösung ein, so ist dieses Lösungsmittel zur Umkristallisation ungeeignet. Ist die Substanz in der Kälte wenig löslich oder unlöslich, so erhitzt man vorsichtig zum Sieden. Um eine vollständige Auflösung zu erreichen, werden eventuell noch einige Tropfen Lösungsmittel zugesetzt. Vorteilhafter ist es jedoch, einen größeren Rückstand zu belassen, und von diesem die erhaltene Lösung heiß in ein anderes Reagenzglas zu filtrieren.

Das Lösungsmittel ist geeignet, wenn der Schmelzpunkt der beim Abkühlen auskristallisierten Substanz mit dem bekannten Schmelzpunkt der reinen Substanz übereinstimmt (oft nach mehrmaliger Umkristallisation!), bzw. wenn er bei einer unbekannten Verbindung nach wiederholter Umkristallisation konstant bleibt.

Ungeeignet ist das Lösungsmittel, wenn der Stoff aus der heiß gesättigten Lösung nicht wieder auskristallisiert oder wenn er in der Hitze unlöslich bzw. wenig löslich ist und wenn der Schmelzpunkt nach der Umkristallisation sich gegenüber dem des Rohproduktes nicht verändert hat.

3.5.2.2. Durchführung der Umkristallisation

Die Umkristallisation gliedert sich in folgende Arbeitsgänge:

- Auflösen der umzukristallisierenden verunreinigten Substanz
- Filtrieren der heißen Lösung
- Auskristallisieren der reinen Substanz
- Absaugen und Waschen der reinen Substanz
- Trocknen der gereinigten Substanz.

Die umzukristallisierende Substanz wird in einem Rundkolben mit dem zur vollständigen Auflösung in der Siedehitze nicht ausreichenden Lösungsmittel versetzt und mit aufgesetztem Rückflußkühler bis zum Sieden erhitzt (Standardapparatur 1, Abschn. 1.7.). Zugabe eines Siedesteinchens nicht vergessen!

Durch den Kühler wird portionsweise noch soviel Lösungsmittel zugegeben, bis die umzukristallisierende Substanz (nicht eventuell schwerlösliche Verunreinigungen!) beim Siedepunkt der Lösung vollständig gelöst ist. (Die Flamme ist bei jeder Lösungsmittelzugabe zu entfernen!) Auch hier ist es in Zweifelsfällen ratsam, eine größere Menge an Rückstand zu behalten, als zuviel Lösungsmittel zu verwenden.

Die Lösung wird heiß filtriert (alle Flammen in der Umgebung löschen!). Vom Absaugen sollte an dieser Stelle Abstand genommen werden, da dabei eine große Menge Lösungsmittel verdampft und das umzukristallisierende Produkt schon im Büchner-Trichter auskristallisiert und diesen u. U. zusetzt.

Bei sofort aus der heißen Lösung wieder auskristallisierenden Substanzen wird zum Abfiltrieren ein Heißwassertrichter verwendet, wodurch eine Abkühlung der Lösung während des Filtrierens vermieden wird.

Das Filtrat wird – wie unter Abschnitt 3.5.1. beschrieben – durch Abkühlung zur Kristallisation gebracht. Bei übersättigten Lösungen wird durch Kratzen mit dem Glasstab an der inneren Gefäßwand oder durch Zugabe eines Impfkristalls die Kristallisation herbeigeführt.

Nachdem die Lösung vollständig erkaltet ist, werden die ausgefallenen Kristalle mit Hilfe eines Büchner-Trichters mit Saugflasche oder Hirsch-Trichters mit Saugfinger (bei kleinen Mengen) durch Absaugen von der Mutterlauge getrennt. Beim Einlegen des Filterpapiers in den Büchner- oder Hirsch-Trichter ist unbedingt darauf zu achten, daß das Filterpapier nur so groß ist, daß es ohne Faltenbildung glatt auf dem Boden des Büchner-Trichters aufliegt. Es wird vor dem Aufgeben des Kristallisats mit dem Lösungsmittel, aus welchem umkristallisiert wurde, angefeuchtet.

Liegt das Kristallisat sehr feinkristallin vor, wodurch es hartnäckig Mutterlauge adsorbiert, so kann es durch Zusammendrücken mit dem Rücken eines Glasstopfens von weiterem Lösungsmittel befreit werden. Nachdem der größte Teil der Mutterlauge auf diese Weise entfernt wurde, unterbricht man das Vakuum durch Abziehen des Vakuumschlauches von der Saugflasche, durchfeuchtet das Kristallisat mit wenig frischem Lösungsmittel und saugt erneut ab.

Nach dem Trocknen an der Luft auf Filterpapier oder einer Tonplatte oder im Vakuumexsikkator können die Ausbeute und der Schmelzpunkt bestimmt werden.

3.5.3. Aufgabenstellung

3.5.3.1. Reinigung von Acetanilid

2 g verunreinigtes Acetanilid (*F.* 115 °C aus Wasser) sind aus Wasser umzukristallisieren. Das Kristallisat wird nach dem Absaugen auf einem Tonteller durch Aufpressen getrocknet.

Vermerken Sie im Protokoll den Schmelzpunkt der umkristallisierten Substanz, die zur Umkristallisation benötigte Lösungsmittelmenge und die prozentuale Ausbeute!

3.5.3.2. Reinigung von Anthracen

6 g technisches Anthracen sind durch Umkristallisieren aus ca. 70 ml Essigsäureäthylester unter Zusatz von A-Kohle zu reinigen. Schmelzpunkt und Ausbeute des reinen Produktes sind zu bestimmen.

Anmerkung: Das technische Anthracen wird – wie unter Abschnitt 3.5.2.2. beschrieben – gelöst. Danach läßt man etwas abkühlen, löscht die Flamme und setzt ca. 1 g gepulverte A-Kohle zu. (Vorsicht: Ist die Lösung zu heiß, tritt plötzliches Aufschäumen ein!) Danach wird noch 2–3 Minuten unter Rückfluß erhitzt. Es werden alle Flammen gelöscht, und die Lösung wird sofort durch den vorher aufgeheizten Heißwassertrichter filtriert. Ein weiches Filter ist zu verwenden, und es ist darauf zu achten, daß dieses an der Trichterwand fest anliegt!

3.5.3.3. Ermittlung der optimalen Lösungsmittelmenge

Für eine Substanz ist die zum Umkristallisieren optimale Lösungsmittelmenge zu bestimmen (z. B. 2.4-Dichlorphenoxyessigsäure aus verdünntem Eisessig; 2-Methyl-4-chlorphenoxyessigsäure aus Wasser; 2.4-Dichlorphenoxybuttersäure aus verdünntem Eisessig).

Es kann so verfahren werden, daß die entsprechende Substanz in einen Kolben mit Rückflußkühler gegeben wird. Eine kleine Lösungsmittelmenge wird zugegeben, zum Sieden erhitzt und dann durch den Rückflußkühler solange weiteres Lösungsmittel zugesetzt, bis sich alles gelöst hat.

3.5.3.4. Umkristallisation unbekannter Substanzen

Für zwei unbekannte der folgenden technischen bzw. verunreinigten Produkte ist das geeignetste Lösungsmittel zum Umkristallisieren zu ermitteln: Naphthalin (*F.* 80 °C), m-Dinitrobenzol (*F.* 90 °C), p-Nitrophenol (*F.* 114 °C), Bernsteinsäure (*F.* 183 °C), p-Toluidin (*F.* 44 °C), Benzamid (*F.* 130 °C), p-Aminobenzoesäureäthylester (*F.* 92 °C), Benzophenon (*F.* 49 °C), Dibenzalaceton (*F.* 111 °C), Acetamid (*F.* 82 °C). Die in Klammern angegebenen Schmelzpunkte beziehen sich auf reine Substanzen.

Als Lösungsmittel stehen zur Verfügung: Wasser, Äthanol, Benzol, Dimethylformamid, Essigsäureäthylester, Aceton, Dioxan, Eisessig, Acetonitril.

Vermerken Sie im Protokoll das Verhalten der betreffenden Substanz in den verwendeten Lösungsmitteln! Notieren Sie die zur Umkristallisation geeigneten Lösungsmittel und die Schmelzpunkte der Stoffe nach der Umkristallisation einer Substanzprobe (Trocknung jeweils auf der Tonplatte!)! Die Substanzen sind anhand der Schmelzpunkte zu identifizieren.

3.5.4. Kontrollfragen

1. Wie ist die Löslichkeit einer Substanz definiert?
2. Warum ist ein Lösungsmittel zur Umkristallisation ungeeignet, wenn die Löslichkeit zwar gut, aber temperaturunabhängig ist?
3. Warum sind Alkohole zur Umkristallisation von Carbonsäuren wenig geeignet?

4. Welches Lösungsmittel (Alkohol, Benzol oder Wasser) ist für die Umkristallisation von Glucose geeignet?
5. Welchen Anforderungen muß ein „gutes“ Lösungsmittel, das zum Umkristallisieren verwendet werden soll, genügen?
6. Wieviel reine Substanz A erhalten Sie durch Umkristallisation von 11,1 g Rohprodukt, welches 10 g A, 0,1 g B und 1 g C enthält, aus Wasser?
   Wieviel Lösungsmittel muß mindestens eingesetzt werden?
   Löslichkeit: A=C=1 g · l^{-1} (20 °C)
   A=C=10 g · l^{-1} (100 °C)
   B=0 g · l^{-1} (20 °C, 100 °C)
   Die Löslichkeiten sollen sich im betrachteten Temperaturbereich nicht beeinflussen.
7. Was ist zu beachten, wenn zu einer heißen Lösung A-Kohle gegeben wird?
8. In welcher Weise beeinflussen zu große oder zu kleine Kristalle, die bei der Umkristallisation erhalten wurden, die Reinheit des Produktes?
9. Eine Substanz zeigt eine sehr steile Löslichkeitskurve. Würden Sie sich, wenn aus der heißen Lösung die Verunreinigung abfiltriert werden muß, für den Einsatz eines normalen Trichters, eines Büchner-Trichters oder eines Heißwassertrichters entscheiden?
10. Entscheiden Sie nach dem Überwiegen des polaren oder unpolaren Restes im Molekül von Oxalsäure, Acetamid und Benzoesäure deren Löslichkeiten in Wasser und Äther!

3.6. Schmelzpunktbestimmung Ü$_{12}$

3.6.1. Theoretische Grundlagen

Zur Charakterisierung einer festen organischen Substanz und als Kriterium für ihre Reinheit wird u. a. stets ihr *Schmelzpunkt* herangezogen. Eine organische Substanz gilt dann als rein, wenn sie einen scharfen Schmelzpunkt hat, d. h., wenn sie in einem Temperaturbereich von höchstens 1 °C schmilzt. Verunreinigte Substanzen schmelzen unscharf über einen relativ weiten Temperaturbereich. Als Schmelzpunkt einer organischen Substanz wird die Temperatur angesehen, bei der der Feststoff und der geschmolzene Stoff miteinander im Gleichgewicht stehen. Der Schmelzpunkt kann auch als die Temperatur angesehen werden, bei welcher der Dampfdruck des Feststoffes und der Flüssigkeit gleich sind.

Im *Dampfdruck-Temperatur-Diagramm* (Abbildung 3.24) sind diese Verhältnisse gut erkennbar. Die Kurve AB stellt den experimentell bestimmbaren Dampfdruck einer reinen organischen Festsubstanz X in Abhängigkeit von der Temperatur im Bereich $T_A - T_B$ dar. BC stellt den Dampfdruck derselben Substanz, jedoch in flüssigem (geschmolzenem) Zustand dar (im Temperaturbereich $T_B - T_C$). Bei der

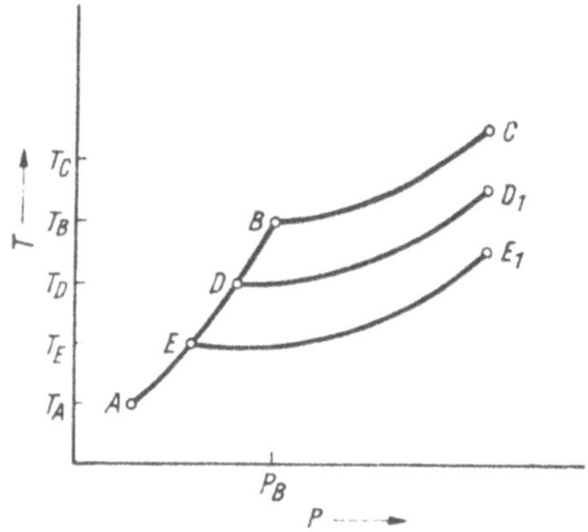

Abb. 3.24 Dampfdruck-Temperatur-Diagramm

Schmelztemperatur T_B hat die organische Substanz X als Feststoff genau den gleichen Dampfdruck wie die Schmelze, nämlich den Druck P_B.

Setzt man nun dem reinen, geschmolzenen Stoff X eine geringe Menge einer Verunreinigung Y zu, dann wird nach dem Raoultschen Gesetz der Dampfdruck der Flüssigkeit über den ganzen Temperaturbereich herabgesetzt.

Im Dampfdruck-Temperatur-Diagramm gilt für den geschmolzenen reinen Stoff die Kurve *BC*. Für die Lösung der Verunreinigung Y im Stoff X gilt jedoch die Kurve DD_1. Der Punkt *D* ist der Schnittpunkt der Kurven *AD* (Feststoff) und DD_1 (Lösung von Stoff Y in X), und die dazugehörige Temperatur T_D wird als Schmelzpunkt des (mit Y verunreinigten) Stoffes X angesehen, da bei dieser Temperatur der letzte Rest des Feststoffes beim Erhitzen geschmolzen ist.

Versetzt man X mit steigenden Mengen Y, wird der Schmelzpunkt weiter herabgesetzt. Man erreicht schließlich jedoch eine untere Grenze des Schmelzpunktes, weil X an Y gesättigt ist, also keine weitere Verunreinigung Y gelöst werden kann. Durch weitere Zugabe von Y zu X kann der Schmelzpunkt deshalb nicht weiter herabgesetzt werden. Die tiefste mögliche Schmelztemperatur T_E, bei der eine Mischung aus X und Y flüssig vorliegen kann, wird als *eutektische Temperatur* bezeichnet.

Bei der Bestimmung eines Schmelzpunktes einer an Y verunreinigten Substanz X müßte der Betrachter stets ein Schmelzintervall feststellen, das durch T_E (Schmelztemperatur der eutektischen Mischung) und z. B. T_D (T_D ist stets niedriger als der Schmelzpunkt T_B der reinen Substanz X) begrenzt ist.

Bei der praktischen Bestimmung des Schmelzpunktes einer verunreinigten Substanz wird im allgemeinen ein kleineres als das theoretische Schmelzintervall beobachtet, dessen obere Grenze jedoch meist beträchtlich unter dem Schmelzpunkt der reinen Substanz liegt.

Diese Zusammenhänge werden auch bei der Betrachtung eines *Phasendiagramms* oder *Schmelzdiagramms* erkennbar. In diesem Diagramm (Abbildung 3.25) wird der Zusammenhang zwischen festem und flüssigem Aggregatzustand eines Ge-

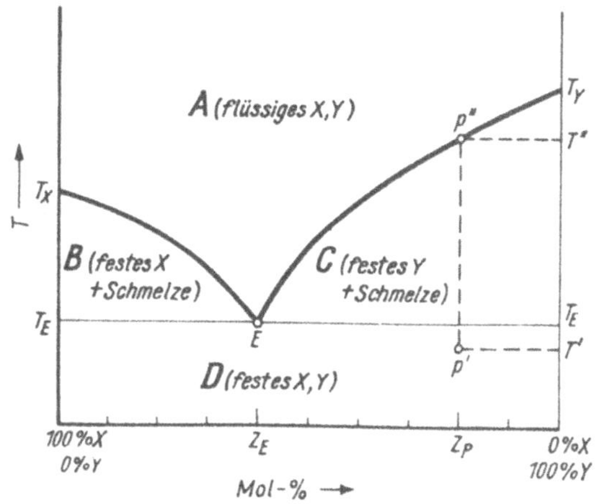

Abb. 3.25 Schmelzdiagramm

misches zweier Komponenten in Abhängigkeit von der Temperatur und der Zusammensetzung hergestellt.

Auf der Ordinate ist die Temperatur aufgetragen, auf der Abszisse die Zusammensetzung verschiedener Gemische der beiden Substanzen X und Y, links 100% X und 0% Y, auf der rechten Seite 100% Y und 0% X. Alle anderen möglichen Zusammensetzungen liegen dann dazwischen.

Im Diagramm sind vier verschiedene Flächen erkennbar: Im *Bereich A* liegt eine homogene Schmelze vor, d. h., das Gemisch beider Substanzen ist vollständig geschmolzen. Im *Bereich B* existiert ein Gleichgewicht zwischen Schmelze und reinem Feststoff X. Der Bereich *B* umfaßt alle möglichen Zusammensetzungen von X und Y zwischen 100% X und Z_E, und die Zusammensetzung des Gleichgewichtsgemisches ist temperaturabhängig entsprechend der Kurve $T_X - E$. Der Feststoff besteht immer aus reinem X, und nur dessen Menge ändert sich in Abhängigkeit von der Temperatur. Im *Bereich C* liegt ein entsprechendes Gleichgewichtsgemisch mit Zusammensetzungen zwischen Z_E und 100% Y vor. Reiner Feststoff Y, dessen Menge temperaturabhängig ist, steht im Gleichgewicht mit der Schmelze, deren Zusammensetzung temperaturabhängig ist entsprechend der Kurve $T_Y - E$. Im *Bereich D* existieren beide festen Stoffe X und Y nebeneinander. T_X und T_Y sind die Schmelztemperaturen (*Schmelzpunkte*) der reinen Komponenten X bzw. Y. T_E ist die eutektische Temperatur, d. h. die niedrigste Temperatur, bei der ein Gemisch aus X und Y zu schmelzen beginnt. Die bei der eutektischen Temperatur T_E entstandene Schmelze wird als eutektische Schmelze bezeichnet. Sie hat immer die Zusammensetzung Z_E. Im Gleichgewicht mit der Schmelze Z_E steht stets eine reine feste Komponente, bei relativ Y-reichen Gemischen Y, bei relativ X-reichen Gemischen X.

Erhitzt man ein Gemisch der Zusammensetzung Z_E von einer Temperatur unterhalb T_E auf die eutektische Temperatur T_E, dann beginnt das Gemisch zu schmelzen. Wird die Temperatur weiter gesteigert, dann schmilzt sofort alles auf. Es liegt dann nur noch die Schmelze der Zusammensetzung Z_E vor. Ein eutektisches

Gemisch verhält sich also beim Erhitzen und Schmelzen wie eine reine Substanz. Ein Gemisch der Substanzen X und Y in anderer Zusammensetzung als Z_E verhält sich anders.

Erhitzt man ein Gemisch der Zusammensetzung Z_P von der Temperatur T' (Punkt P'), dann beginnt es bei der Temperatur T_E teilweise zu schmelzen; die Schmelze hat die Zusammensetzung Z_E, der Feststoff besteht aus reinem Y. Beim weiteren Erhitzen verändert die Schmelze ihre Zusammensetzung entsprechend der Kurve EP'', und die Menge des Feststoffes (reines Y) verringert sich. Bei und oberhalb der Temperatur T'' (Punkt P'') hat die Schmelze dann immer die Zusammensetzung Z_P.

Der umgekehrte Vorgang läuft ab, wenn man eine Schmelze der Zusammensetzung Z_P von einer Temperatur oberhalb T'' abkühlt. Bei T'' beginnt reines Y auszukristallisieren. Seine Menge nimmt mit sinkender Temperatur zu, während sich die Schmelze in ihrer Zusammensetzung entsprechend der Kurve $P'' - E$ ändert. Ist die eutektische Temperatur T_E erreicht, hat der Rest der Schmelze die Zusammensetzung Z_E. Unterhalb der Temperatur T_E existiert dann nur noch das feste Gemisch der Zusammensetzung Z_P.

3.6.2. Arbeitstechnik

3.6.2.1. Schmelzpunkt

Zur Bestimmung des Schmelzpunktes eignet sich nur eine saubere und trockene Substanz. Sie ist, falls grobe Kristalle vorliegen, mit einem Pistill im Mörser oder bei kleinen Mengen mit einem Glasstab auf einer Tüpfelplatte zu pulverisieren. Der Schmelzpunkt kann sowohl mit dem Thieleschen Schmelzpunktsapparat als auch

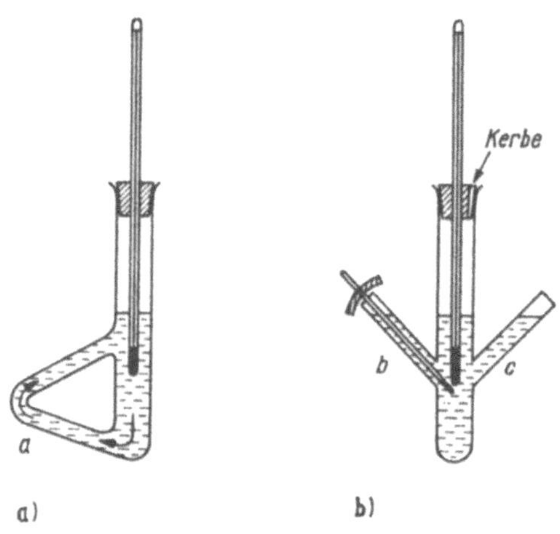

Abb. 3.26 Schmelzpunktsapparat nach THIELE
a) Seitenansicht
b) Vorderansicht

im Metallblock (Kupfer, Aluminium) als auch auf dem Mikroheiztisch nach Boëtius bestimmt werden.

Der *Apparat nach* Thiele (Abbildung 3.26) enthält eine möglichst hoch siedende Flüssigkeit (Siliconöl, Schwefelsäure; hat sich die Schwefelsäure dunkel gefärbt, kann sie mit einem Körnchen Kaliumnitrat wieder entfärbt werden), die mit kleiner Flamme an der Stelle (*a*) erhitzt wird (**Schutzbrille tragen!**). Durch Konvektionsströmung der erwärmten Flüssigkeit wird ein gleichmäßiger Temperaturanstieg gewährleistet. In die seitlich angesetzten Rohre (*b*) und (*c*) des Apparates wird je eine dünnwandige Glaskapillare (etwa 10 cm lang, 1 bis 2 mm Durchmesser) eingeführt, die im unteren, zugeschmolzenen Ende die Substanz enthält. Um die Kapillare zu füllen, wird das offene Ende vorsichtig mehrmals in die Substanz gedrückt. Dann wird die Kapillare mit der zugeschmolzenen Seite nach unten einige Male auf dem Labortisch aufgestoßen. Ist dabei noch nicht alle Substanz durch die Kapillare gerutscht, läßt man sie mehrmals durch ein Glasrohr (0,5 bis 0,8 cm Durchmesser, 20 bis 40 cm lang) auf die Kachel des Labortisches fallen. Die Substanz soll die Kapillare etwa 2 bis 3 mm füllen.

Nun bringt man die Kapillare durch das seitliche Rohr in den Schmelzpunktapparat so ein, daß das untere zugeschmolzene Ende mit der Substanz die Thermometerkugel berührt. Um zu verhindern, daß die Kapillare in die Heizflüssigkeit hineinrutscht, biegt man die Kapillare am offenen Ende vorsichtig in der Flamme zu einem Winkel oder steckt diese durch ein Stückchen eines geschlitzten Schlauches als Halter.

Da jedes Thermometer eine gewisse „Anzeigeverzögerung" aufweist, wird das Heizbad nur so schnell erhitzt, daß in der Nähe des Schmelzpunktes der Temperaturanstieg etwa 2 °C pro Minute beträgt. Vorher, d. h., bis etwa 20 °C unterhalb des Schmelzpunktes, kann selbstverständlich schneller erhitzt werden. Bei Substanzen, die sich beim Schmelzen zersetzen, ist es erforderlich, das Heizbad sehr schnell bis kurz unter den erwarteten Schmelzpunkt anzuheizen. Der Brenner bleibt während der Bestimmung an der Biegung (*a*) des Thiele-Apparates stehen; die Aufheizgeschwindigkeit wird nur durch Verändern der Größe der Brennerflamme reguliert.

Ist der Schmelzpunkt einer unbekannten Substanz zu ermitteln, ist es zweckmäßig, zwei Kapillaren zu füllen und den Schmelzpunkt zunächst mit einer Probe grob zu bestimmen, dann das Bad etwas abkühlen zu lassen, um anschließend eine exakte Schmelzpunktbestimmung mit der zweiten Probe durchzuführen.

Der Schmelzpunktapparat nach Thiele gestattet Schmelzpunktbestimmungen bis etwa 250 °C mit einer Genauigkeit von höchstens ±0,5 °C.

Die Angabe des Schmelzpunktes soll stets so erfolgen, daß ein Schmelzintervall vom Beginn bis zum Ende des Schmelzens angegeben wird. Es ist unsinnig, den Mittelwert des Schmelzintervalls anzugeben!

Die Schmelzpunktbestimmung mit dem *Metallblock* (Abbildung 3.27) als Wärmeüberträger gestattet, Schmelzpunkte von mehr als 250 °C bequem zu bestimmen. Die Substanz wird wie beim Thiele-Apparat in eine Glaskapillare eingefüllt. Sinngemäß sind alle Hinweise zu beachten, die beim Thiele-Apparat gegeben worden sind. Die Genauigkeit der Bestimmung (±1 °C) hängt wesentlich von nicht zu

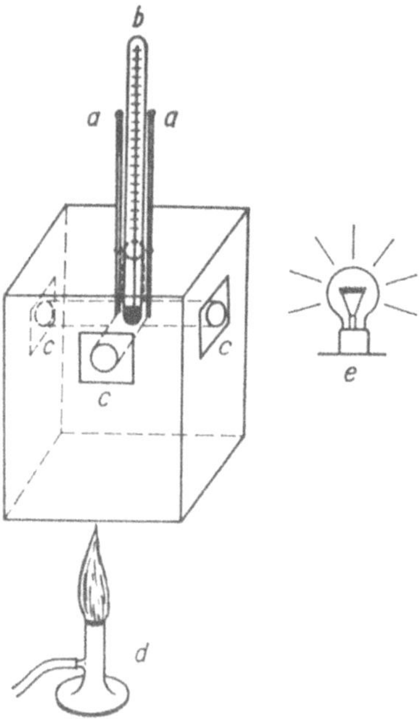

Abb. 3.27 Metallblock zur Schmelzpunktbestimmung
a Kapillare mit Substanzprobe; *b* Thermometer; *c* Fensteröffnungen, mit Glimmerscheibe oder Deckgläschen verschlossen; *d* Heizquelle; *e* Lichtquelle

hoher Aufheizgeschwindigkeit, von ordnungsgemäß mit Glimmer- oder Glasscheiben (Deckgläschen) verschlossenen Fenstern des Metallblockes, sowie von einem festsitzenden Thermometer ab. Die Substanz kann im Gegenlicht oder im seitlich einfallenden Licht betrachtet werden.

Die Bestimmung des Schmelzpunktes kann auch auf dem *Mikroheiztisch nach* Boëtius (oder nach Kofler) erfolgen. Der Mikroheiztisch besteht aus einem elektrisch heizbaren runden Metallblock, der auf den Objekttisch eines Mikroskops aufgestellt wird. Der vorgeschriebene Temperaturanstieg von 4 °C pro Minute in der Nähe des Schmelzpunktes wird mit Hilfe eines Regelwiderstandes mit Spindelführung und stationärer Handradbedienung eingestellt.

Die Skala des Regelwiderstandes enthält zwei Einstellbereiche: *Einstellbereich 1:* Aufheizgeschwindigkeit 4 °C pro Minute; *Einstellbereich 2:* Temperaturgleichgewicht. Stellt man im Einstellbereich 1 auf 100 °C, dann wird der Heiztisch so erwärmt, daß bei 100 °C die Aufheizgeschwindigkeit 4 °C pro Minute beträgt. In der gleichen Einstellung zeigt die Skala des Bereichs 2 den Wert 150 °C, d. h., bei etwa 150 °C ist das Gleichgewicht zugeführter elektrischer Energie und abgestrahlter Wärme erreicht.

Die Schmelzpunkte werden am genauesten ermittelt, wenn man die Bestimmung im „Gleichgewicht" vornimmt. Bei „4 °C pro Minute" sollen die erhaltenen Werte etwa 0,3 °C tiefer als in der Literatur angegeben liegen. Selbstverständlich kann man vor Erreichen der Schmelztemperatur schneller aufheizen.

Zur Bestimmung des Schmelzpunktes werden etwa 0,1 mg Substanz auf einen Objektträger aufgebracht, mit einem Deckgläschen bedeckt und festgedrückt. Dann bringt man die Probe auf den Heiztisch auf und deckt mit einer kleinen und einer großen hitzebeständigen Glasplatte ab. Nachdem die Probe in das Gesichtsfeld des Mikroskops gebracht wurde, wird der Heiztisch angeheizt. Über weitere technische Details des Boëtius-Gerätes informiert der Praktikumsassistent!

Kurz vor Erreichen des Schmelzpunktes stellt man ein plötzliches Erweichen der Kristalle fest. Kurz darauf erfolgt völliges Aufschmelzen zu einer klaren Flüssigkeit. Voraussetzung dafür ist, daß sich die Substanz nicht vor Erreichen des Schmelzpunktes oder beim Schmelzen zersetzt.

Bei einer reinen Substanz sollte das Schmelzintervall (Schmelzbeginn bis zur vollständigen Verflüssigung) nicht mehr als 0,5 bis 1 °C (bei verschiedenen Verbindungen, besonders salzartigen auch etwas mehr) betragen.

Sollte eine Substanz vor Erreichen ihres Schmelzpunktes sublimieren, was daran erkennbar ist, daß bei der Schmelzpunktbestimmung in der Kapillare diese an dem aus der Badflüssigkeit herausragenden Teil beschlägt oder daß sich am Deckgläschen bei der Schmelzpunktbestimmung auf dem Heiztischmikroskop plötzlich neue Kristalle ausbilden, so ist im ersten Fall die Kapillare nach Einfüllen der Substanz kurz über dieser zuzuschmelzen, im zweiten Falle eine flache Küvette (Fischer-Küvette), die ebenfalls zugeschmolzen wird, zu verwenden. Damit wird der Dampfdruck über der Substanz erhöht und der Sublimationspunkt heraufgesetzt (s. $Ü_{10}$, Abschn. 3.4.).

3.6.2.2. Mischschmelzpunkt

Setzt man zu einer reinen Substanz X eine zweite Substanz Y zu und bestimmt von dem Gemisch den Schmelzpunkt (Mischschmelzpunkt), so beginnt das Gemisch in der Regel unscharf und bei niedrigerer Temperatur zu schmelzen, als eine der beiden reinen Substanzen (s. Schmelzdiagramm, Abb. 3.25). Diese Tatsache benutzt man zur Identifizierung unbekannter Substanzen. Bei der Bestimmung des Mischschmelzpunktes müssen beide Substanzen in einem kleinen Mörser oder auf einer Tüpfelplatte innig vermischt werden.

Vermischt man eine unbekannte Substanz A mit einer bekannten Substanz B, und schmilzt das Gemisch beider Substanzen unscharf und bei niedrigerer Temperatur als eine der beiden Substanzen, dann ist eindeutig bewiesen, daß Substanz A nicht mit Substanz B identisch ist. Wird der Schmelzpunkt von Substanz A nicht herabgesetzt, dann ist es *wahrscheinlich*, daß die beiden Substanzen miteinander identisch sind. In diesem Falle ist es zur Sicherheit empfehlenswert, die Bestimmung des Mischschmelzpunktes noch einmal unter Variation der Mengenverhältnisse A : B durchzuführen (*warum?*).

Selbstverständlich ist die Mischschmelzpunktbestimmung zweier Substanzen miteinander nur dann sinnvoll, wenn deren Schmelzpunkte im Rahmen der Fehlergrenze (±5 °C) gleich sind.

Bei der Bestimmung des Mischschmelzpunktes kleinster Substanzmengen wird empfohlen, je einige kleine Kristalle der beiden Substanzen eng nebeneinander auf einen Objektträger zu bringen, mit einem Deckgläschen zu bedecken und durch vorsichtige drehende Bewegung des Deckgläschens auf dem Objektträger die Kristalle zu zerkleinern und dabei zu vermischen. Sind beide Substanzen miteinander identisch und von gleicher Reinheit, so schmilzt das Gemisch unter denselben Erscheinungen wie jede der beiden Einzelsubstanzen. Sind es jedoch unterschiedliche Substanzen, so beginnt in der Nähe der eutektischen Temperatur ein Erweichen und Aufschmelzen.

3.6.3. Aufgabenstellung

3.6.3.1. Bestimmung des Schmelzpunktes bekannter Substanzen

Von fünf beliebigen bekannten Substanzen sind die Schmelzintervalle mit der Apparatur nach THIELE oder mit dem Metallblock zu bestimmen.

Von den gleichen Substanzen werden die Schmelzintervalle auf dem Mikroheiztisch bestimmt. Die erhaltenen Werte sind zu tabellieren und den in der Literatur angegebenen Werten gegenüber zu stellen.

Die Ergebnisse sind zu diskutieren.

3.6.3.2. Identitätsnachweis

Von zwei unbekannten Substanzen (I und II) soll bestimmt werden, welche mit Anthracen identisch ist (reines Anthracen steht als Vergleichssubstanz zur Verfügung).

3.6.3.3. Bestimmung des Schmelzpunktes unbekannter Substanzen

Von einer unbekannten Substanz der Tabelle 3.2 ist der Schmelzpunkt auf dem Mikroheiztisch nach BOËTIUS zu bestimmen. Um Fehler auszuschließen, ist diese Bestimmung dreimal auszuführen.

Man vergleiche, welche Substanzen der Tabelle 3.2 mit der unbekannten Substanz auf Grund des Schmelzpunktes identisch sein könnten (± 5 °C Abweichung vom experimentell ermittelten Wert der unbekannten Substanz)! Anschließend sind auf dem Mikroheiztisch nach BOËTIUS von vier in Frage kommenden Substanzen (die man vom Assistenten erhält) und der unbekannten Substanz die Mischschmelzpunktbestimmungen durchzuführen. Von jeder Probe sind Beginn und Ende des Schmelzens zu notieren. Die unbekannte Substanz ist zu identifizieren.

3.6.4. Kontrollfragen

1. Wie wirken sich folgende Fehler aus:
   a) zu schnelles Aufheizen des Heizbades bzw. des Heiztisches?
   b) zu dickwandige Kapillaren?
   c) zu weite Kapillaren?
2. Nennen Sie Fehler in der Arbeitsweise, die am Apparat nach BOËTIUS zu hohe Schmelzpunkte ergeben!

Tabelle 3.2
Schmelzpunkte organischer Substanzen

Substanz	*F.* in °C
Antipyrin	111,5
Acetanilid	113
Mandelsäure	118
Bernsteinsäureanhydrid	120
Benzoesäure	121
Benzoesäure-m-toluidid	125
Benzamid	129
Phthalsäureanhydrid	132
Pentaacetylglucose	133
Harnstoff	133
Zimtsäure	133
Malonsäure	133
Benzoin	133
Salicylsäureanilid	135
Acetylsalicylsäureanilid	136
Salicylsäure-p-bromphenacylester	140
3-Nitrobenzoesäure	142
Anthranilsäure	146
Phenylharnstoff	148
Benzilsäure	150
Benzoinoxim	151
Adipinsäure	153

3. Wie bestimmt man zweckmäßig den Schmelzpunkt einer Substanz, die vor Beginn des Schmelzens merklich sublimiert?
4. Weshalb ist es zweckmäßig, eine Mischschmelzpunktbestimmung mehrmals unter Variation der Mischungsverhältnisse vorzunehmen?
5. Warum ist die Angabe des Mittelwertes eines Schmelzintervalls nicht sinnvoll?
6. Worin kann die Ursache liegen, daß eine analytisch reine Substanz keinen scharfen Schmelzpunkt zeigt?

3.7. Bestimmung des Brechungsindex – Refraktometrie

Ü13

3.7.1. Theoretische Grundlagen

Zur Charakterisierung einer flüssigen organischen Substanz und als Kriterium für ihre Reinheit kann u. a. auch ihr *Brechungsindex n* herangezogen werden. Im Gegensatz zum Schmelzpunkt gilt nicht, daß der Brechungsindex umso größer ist, je reiner die Substanz ist. Der Brechungsindex ist eine additive Größe. Er ist der Mittelwert aus den Einzelbrechungsindizes der Komponenten eines Gemisches.

Der Brechungsindex n ergibt sich aus dem Snelliusschen Gesetz,

$$\frac{\sin \alpha}{\sin \beta} = \frac{c_1}{c_2} = n\,, \qquad (3.14)$$

c_1, c_2 = Lichtgeschwindigkeiten im Medium 1 und 2

wenn monochromatisches Licht an der Grenzfläche zweier Medien gebrochen wird, wobei im allgemeinen Luft als Bezugsmedium dient (Abbildung 3.28). Da der Brechungsindex temperaturabhängig ist, muß bei dessen Angabe stets die Meßtemperatur vermerkt sein. In den Tabellen sind meist die bei 25 °C gemessenen Werte tabelliert.

Ferner ist eine Abhängigkeit von der Wellenlänge des verwendeten Lichtes zu verzeichnen. Im allgemeinen gibt man den Brechungsindex, welchen man bei Verwendung des gelben Natriumlichtes (D-Linie, 589 nm) erhält, an. Wellenlänge und Temperatur werden als Indizes vermerkt, z. B. n_D^{25}.

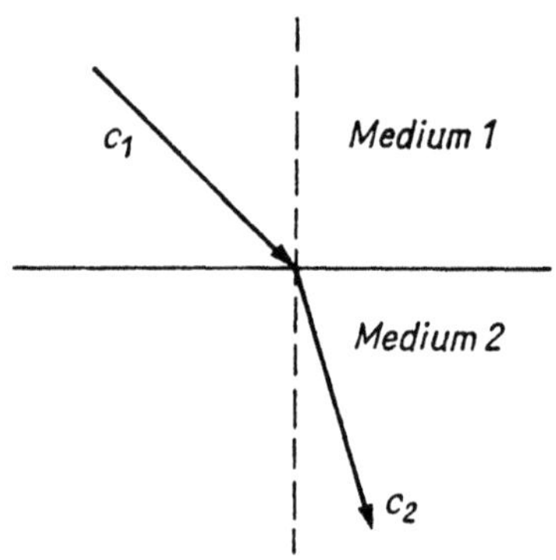

Abb. 3.28 Lichtbrechung

Die Abhängigkeit des Brechungsindex von der optischen Dichte der Medien 1 und 2 und damit von der Konzentration eines Stoffes, wenn eins der Medien als Flüssigkeit vorliegt, gestattet, Konzentrationsbestimmungen und Reinheitsprüfungen von Lösungen durchzuführen.

3.7.2. Arbeitstechnik

Zur Bestimmung des Brechungsindex n_D einer Flüssigkeit steht das Abbé-Refraktometer zur Verfügung, das beim Arbeiten mit gewöhnlichem weißem Licht (z. B. Tageslicht) durch Messung eines Winkels (des Grenzwinkels der Totalreflexion) die direkte Ablesung des Wertes für n_D bei einer bestimmten Temperatur (meist 20 °C oder 25 °C) gestattet. Die entsprechende Meßtemperatur wird mittels Thermostat eingestellt.

Die zu vermessende Flüssigkeit wird vorsichtig, z. B. durch Auftropfen, in den Zwischenraum des aufklappbaren Doppelprismas gebracht. Dann wird das Beobachtungsfernrohr gegenüber dem Prismensatz gedreht, bis die Grenzlinie zwischen dem hellen und dem dunklen Teil des Gesichtsfeldes die Mitte des Fadenkreuzes trifft. (Der gesamte Zwischenraum muß gleichmäßig mit der Meßflüssigkeit ausgefüllt sein!)

Ein farbiger Saum der Grenzlinie, der wegen der Verwendung nichtmonochromatischen Lichtes entsteht, kann durch Drehen eines Kompensators im Tubus des Beobachtungsfernrohres beseitigt werden.

Dann werden der Brechungsindex und die Temperatur abgelesen.

Die empfindlichen Prismen werden nach jeder Messung mit Watte oder einem weichen Tuch unter Benutzung geeigneter Lösungsmittel (z. B. Methanol, Cyclohexan, Äther) vorsichtig, aber ausgiebig gereinigt und anschließend im aufgeklappten Zustand an der Luft getrocknet.

3.7.3. Aufgabenstellung

3.7.3.1. Brechungsindex bekannter Substanzen

Von drei beliebigen bekannten Substanzen sind die Brechungsindizes zu bestimmen und mit den in Tabelle 3.3 angegebenen Werten zu vergleichen.

Tabelle 3.3

Brechungsindizes organischer Flüssigkeiten

Substanz	n_D^{20}
Äthanol	1,3616
Acetonitril	1,3441
Anilin	1,5855
Benzol	1,5011
Cyclohexan	1,4290
Diäthyläther	1,3527
Dioxan	1,4224
Essigsäureäthylester	1,3724
Glycerin	1,4740
Methanol	1,3286
Phenylhydrazin	1,6081
Pyridin	1,5100
Schwefelkohlenstoff	1,6276
Toluol	1,4969
Wasser	1,3325

3.7.3.2. Brechungsindex unbekannter Substanzen

Zwei unbekannte Substanzen sind anhand ihrer Brechungsindizes zu identifizieren. Es wird zuerst von jeder Substanz der Brechungsindex bestimmt, und die erhaltenen Werte werden mit denen aus Tabelle 3.3 verglichen. Beim Assistenten sind die vermuteten Substanzen anzufordern. Von diesen wird ebenfalls der Brechungsindex bestimmt.

Danach wird eine Probe der angeforderten Substanz in einem sauberen Gefäß mit einer Probe der zu bestimmenden Substanz vermischt und erneut der Bechungsindex bestimmt.

3.7.3.3. Analyse eines Dioxan-Wasser-Gemisches

Der Wassergehalt einer unbekannten Dioxanprobe soll bestimmt werden. Hierzu werden von Proben mit 0,15, 30, 45, 60, 75, 90 und 100% Dioxangehalt die Brechungsindizes bestimmt und in einer graphischen Darstellung diese über der Konzentration aufgetragen. Nachdem der Brechungsindex der unbekannten Probe ermittelt wurde, wird diesem die entsprechende Konzentration zugeordnet.

3.7.4. Kontrollfragen

1. Erklären Sie, warum der Brechungsindex von der Wellenlänge des verwendeten Lichtes, der Temperatur und der Konzentration der untersuchten Substanz abhängt!
2. Was versteht man unter dem Grenzwinkel der Totalreflexion?
3. Geben Sie alle Ihnen bekannten physikalischen Konstanten an, durch die eine organische Substanz charakterisiert werden kann. Schätzen Sie den Wert dieser Konstanten in bezug auf die Möglichkeit zur Identifizierung ein. Erläutern Sie, von welchen Faktoren diese „Konstanten" abhängig sind!
4. Warum darf der Prismensatz des Refraktometers nicht mit jedem beliebigen Lösungsmittel gereinigt werden?
5. Warum gilt für den Brechungsindex nicht: Je größer der Brechungsindex ist, um so reiner ist die Substanz?
6. Essigsäureäthylester ist mit Toluol verunreinigt. Liegt der Brechungsindex dieses Essigsäureäthylesters über oder unter dem Wert für reinen Essigsäureäthylester?

4. Organische Synthese Ü$_{14}$–Ü$_{69}$

4.1. Radikalische Substitution an Alkanen Ü$_{14}$–Ü$_{16}$

4.1.1. Theoretische Grundlagen

Als *Radikal* bezeichnet man ein Atom oder eine Atomgruppe mit einem oder mehreren ungepaarten Elektronen. Systeme mit ungepaarten Elektronen stellen magnetische Dipole dar. In einem äußeren Magnetfeld stellen sich die Radikale so ein, daß sie dieses Feld verstärken. Sie werden von ihm angezogen und deshalb als *paramagnetisch* bezeichnet.

Radikale entstehen z. B. durch Entkopplung von Elektronenpaaren. Die symmetrische Spaltung einer kovalenten Bindung wird als *Homolyse* bezeichnet. Sie stellt den wichtigsten Fall der Radikalbildung dar:

$$\mathrm{A{-}B \longrightarrow A\cdot + B\cdot}$$
$$\mathrm{|\overline{\underline{Br}}{-}\overline{\underline{Br}}| \longrightarrow |\overline{\underline{Br}}\cdot + \cdot\overline{\underline{Br}}|}$$

Die Bindungsspaltung erfolgt durch Zuführung der entsprechenden Dissoziationsenergie. Diese kann das Molekül in verschiedener Form erhalten: Wärmeenergie (Thermolyse), UV/S-Energie (Photolyse), energiereiche Strahlung (Radiolyse), chemische Energie, mechanische Energie.

Die Lebensdauer und Beständigkeit der Radikale ist verschieden. Sie ist davon abhängig, in welchem Maß das einsame Radikalelektron von dem übrigen Molekül beeinflußt wird. Je stärker es in mesomere Systeme einbezogen werden kann, um so stabiler ist das Radikal.

Bei einer radikalischen Substitutionsreaktion wird der Wasserstoff einer C-H-

Startreaktion

$$\underset{(243{,}6)}{\mathrm{Cl{-}Cl}} \longrightarrow \mathrm{2\,Cl\cdot} \qquad \Delta H = 243{,}6\ \mathrm{kJ\cdot mol^{-1}}$$

Reaktionskette

$$\mathrm{Cl\cdot} + \underset{(436{,}8)}{\mathrm{H_3C{-}H}} \longrightarrow \mathrm{H_3C\cdot} + \underset{(432{,}6)}{\mathrm{H{-}Cl}} \qquad \Delta H = 4{,}2\ \mathrm{kJ\cdot mol^{-1}}$$

$$\mathrm{H_3C\cdot} + \underset{(243{,}6)}{\mathrm{Cl{-}Cl}} \longrightarrow \underset{(352{,}8)}{\mathrm{H_3C{-}Cl}} + \mathrm{Cl\cdot} \qquad \Delta H = -109{,}2\ \mathrm{kJ\cdot mol^{-1}}$$

Kettenabbruch

$$\mathrm{Cl\cdot + Cl\cdot} \longrightarrow \underset{(243{,}6)}{\mathrm{Cl{-}Cl}} \qquad \Delta H = -243{,}6\ \mathrm{kJ\cdot mol^{-1}}$$

Bindung durch ein Radikal substituiert. Die Reaktion verläuft nach einem *Kettenmechanismus:* (s. S. 89)

Radikalreaktionen laufen im allgemeinen dann von allein ab, wenn die Gesamtenergiebilanz eine exotherme Reaktion ergibt. Die Wärmetönung ΔH wird als Differenz der Dissoziationsenergien der in der Reaktion gespaltenen und neu gebildeten Bindungen erhalten. Bei der Chlorierung von Methan ergibt sich mit $\Delta H = -105\ \mathrm{kJ \cdot mol^{-1}}$ eine exotherme Gesamtreaktion und damit die Schlußfolgerung, daß die Chlorierung von Methan abläuft, wenn z. B. durch Photolyse einmal Chlorradikale vorhanden sind.

Oft werden für die Startreaktion Verbindungen eingesetzt, die leicht in Radikale zerfallen. Solche Substanzen sind z. B. Benzoylperoxid und Azo-bis-isobutyronitril. Man nennt sie Initiatoren.

Benzoylperoxid bzw. Azo-bis-isobutyronitril zerfallen relativ leicht in Radikale auf Grund der niedrigen Dissoziationsenergie der Sauerstoff- und Stickstoffbindungen $D_{O-O} = 126\ \mathrm{kJ \cdot mol^{-1}}$, $D_{N-N} = 130{,}2\ \mathrm{kJ \cdot mol^{-1}}$ und der hohen Bildungsenthalpie von CO_2 bzw. N_2:

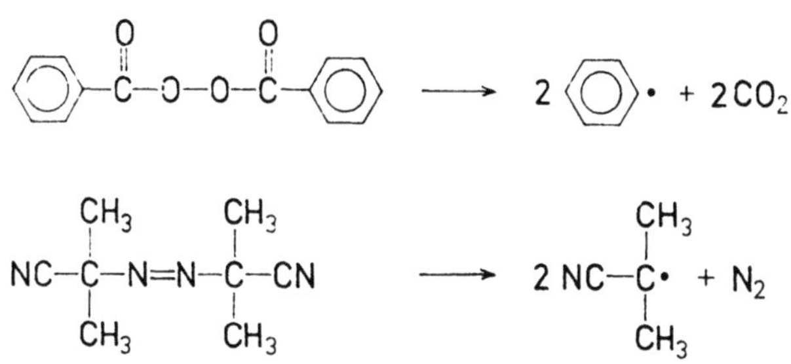

Die Reaktionskette kann außer durch Rekombination

$$R\cdot + \cdot R \longrightarrow R{-}R$$

auch durch Disproportionierung

$$2\,CH_3{-}\dot{C}H_2 \longrightarrow CH_2{=}CH_2 + CH_3{-}CH_3$$

abgebrochen werden.

Die radikalischen Bromierungen und Chlorierungen sind präparativ wichtige Substitutionsreaktionen. Fluorierungen werden wegen der großen Reaktionsfähigkeit des Fluors und der dabei unkontrollierbar ablaufenden Konkurrenzreaktionen selten durchgeführt. Jod ist nicht in der Lage, C–H-Bindungen radikalisch anzugreifen, da der Energiegewinn bei der Knüpfung einer H–J-Bindung kleiner ist, als die für die C–H-Spaltung aufzuwendende Energie.

In der Technik führt man wegen der leichten Darstellbarkeit des Chlors vorwiegend Chlorierungen durch. Im Labor setzt man wegen der einfacheren Handhabung und leichteren Dosierbarkeit hautsächlich Brom ein, um radikalische Halogenierungen durchzuführen.

4.1.2. Arbeitsvorschriften

4.1.2.1. Benzylbromid

Ü14

Benzylbromid ist haut- und tränenreizend! Der Versuch ist unter einem Abzug durchzuführen. Sollte Benzylbromid auf die Haut gelangen, dann ist zuerst mit Alkohol zu waschen, später mit Seifenwasser. Bei Verätzungen der Augen ist mit verdünnter Natriumhydrogencarbonatlösung zu spülen. Nach Beendigung des Versuchs sind alle Geräte unter dem Abzug gründlich mit Methanol auszuspülen.

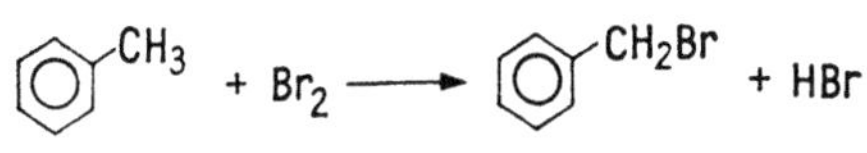

In einen 250 ml-Zweihalskolben mit Rückflußkühler und Tropftrichter, der bis auf den Boden des Kolbens reicht, gibt man 0,3 mol Toluol und 100 ml trockenen Tetrachlorkohlenstoff. (Steht nur ein technisches Produkt zur Verfügung, ist dieses zu destillieren. Im Vorlauf geht ein azeotropes Gemisch aus Wasser und CCl_4 über. Die Hauptfraktion ist für den Versuch rein genug.) Die Mischung wird zum Sieden erhitzt und mit einer UV- oder einer starken Photolampe bestrahlt (**Schutzbrille tragen!**). In die Mischung läßt man langsam 0,33 mol Brom ($D_{Brom} = 3{,}12$ g · cm^{-3}) so zutropfen, daß sie ständig entfärbt wird. Den durch den Kühler entweichenden Bromwasserstoff leitet man in eine Waschflasche über Wasser. Die Waschflasche ist nur soweit mit Wasser zu füllen, daß das Einleitungsrohr 1 cm über der Wasseroberfläche endet. Die entstehende Bromwasserstoffsäure ist zu sammeln. Sie kann durch Destillation zu 48%iger Bromwasserstoffsäure aufgearbeitet werden. Die Reaktion ist nach etwa einer Stunde beendet. Der Reaktionskolben dient als Siedekolben bei der sich anschließenden Vakuumdestillation. Bei mäßigem Vakuum wird zuerst der Tetrachlorkohlenstoff abdestilliert. (Diesen nicht verwerfen! Er kann für weitere Reaktionen verwendet werden.) Dann folgt eine Zwischenfraktion. Das Benzylbromid wird im Vakuum destilliert. Man bestimme Siedepunkt, Ausbeute und Brechungsindex!

Benzylbromid: $Kp._{15}$ 95 °C; n_D^{24} 1,785; Ausbeute 80% d. Th.

4.1.2.2. 3-Bromcyclohexen

Ü15

Mit N-Bromsuccinimid in Gegenwart des Radikalbildners Benzoylperoxid können Bromierungen in Allylstellung, d. h. neben der Doppelbindung durchgeführt werden.

Benzoylperoxid

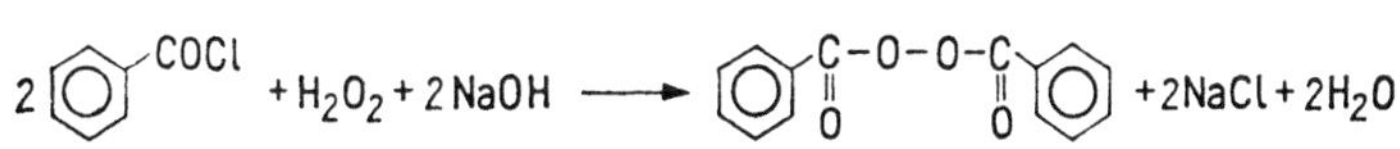

Die Mischung von 2,5 ml 30%igem Wasserstoffperoxid und 2,5 ml Wasser in einem Reagenzglas wird in Eiswasser gekühlt. Unter ständigem kräftigen Schütteln tropft man mit der Pipette abwechselnd 4 *n* NaOH (insgesamt etwa 4 ml) und

Benzoylchlorid (insgesamt 1 ml) zu. Es ist unbedingt zu beachten, daß die Lösung immer alkalisch bleibt. Die anfänglich auftretenden milchig-weißen Öltröpfchen verschwinden nach kurzer Zeit. Etwa 10 Minuten nach Ende der Reaktion wird der entstandene Niederschlag abfiltriert und auf der Tonplatte getrocknet.

Um sich von der Explosibilität des Benzoylperoxids zu überzeugen, kann man eine Spatelspitze der Substanz in einem trockenen Reagenzglas erhitzen.

3-Brom-cyclohexen

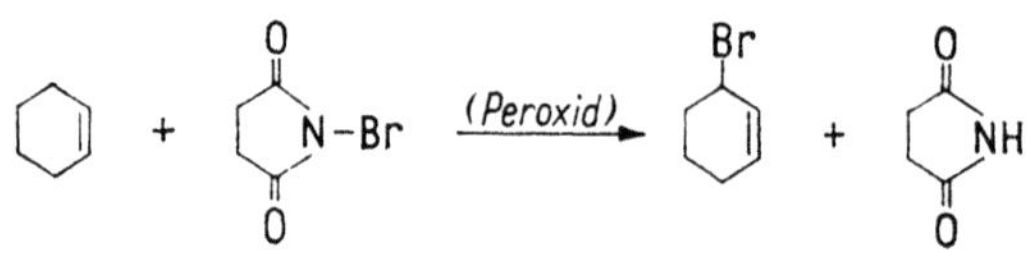

In einen trockenen 250-ml-Kolben mit Rückflußkühler gibt man 0,1 mol Cyclohexen, 100 ml wasserfreien Tetrachlorkohlenstoff, 0,1 mol N-Bromsuccinimid und eine Spatelspitze Benzoylperoxid. Die Mischung wird unter Rückfluß langsam erwärmt. Ist die Reaktion angesprungen, was an einem stärkeren Sieden zu erkennen ist, wird die Wärmezufuhr soweit eingeschränkt, daß die Mischung im Kolben gerade noch siedet. Es scheidet sich Succinimid aus, wodurch sich die Lösung trübt. Das Ende der Reaktion ist daran zu erkennen, daß das N-Bromsuccinimid, welches spezifisch schwerer als CCl_4 ist, vom Boden des Kolbens verschwunden ist und sich Succinimid, welches spezifisch leichter ist als CCl_4, an der Oberfläche der Lösung ansammelt. Die Reaktionsdauer beträgt etwa eine Stunde. Danach läßt man abkühlen und saugt das Succinimid ab. (Dieses wird nicht verworfen, sondern gesammelt und kann wieder zu N-Bromsuccinimid aufgearbeitet werden.) Von der gelblichen Lösung wird im schwachen Vakuum der Tetrachlorkohlenstoff abdestilliert. (Nicht verwerfen! Er kann für weitere Reaktionen verwendet werden.) Das 3-Bromcyclohexen wird im Vakuum destilliert. Man bestimme Siedepunkt, Ausbeute und Brechungsindex!

3-Bromcyclohexen: $Kp._{16}$ 75 °C; n_D^{20} 1,5285; Ausbeute 20% d. Th.

Nach Beendigung des Versuches sind alle Geräte mit Methanol auszuspülen.

Ü16 4.1.2.3. Synthese von Tetramethylbernsteinsäuredinitril und Bestimmung der Zersetzungsgeschwindigkeit von Azo-bis-isobutyronitril

In beiden Teilen der Übung wird die Zersetzung von Azo-bis-isobutyronitril (ABIN) untersucht.

Unter a) soll durch Identifizierung (Schmelzpunktbestimmung) eines Reaktionsproduktes der Reaktionsverlauf überprüft werden.

Unter b) soll gezeigt werden, daß der Zerfall von ABIN eine Reaktion 1. Ordnung ist, für die das Zeitgesetz gilt:

$$-\frac{d[ABIN]}{dt} = k[ABIN]$$

Nach Integration in den Grenzen t_0 und t sowie $[ABIN]_0$ und $[ABIN]$ folgt:

$$\lg \frac{[ABIN]_0}{[ABIN]} = \frac{k(t-t_0)}{2{,}303}$$

Die Anfangskonzentration $[ABIN]_0$ ist gleich der Konzentration des insgesamt entstehenden Stickstoffs $[N_2]_\infty$. Die zur Zeit t entwickelte Stickstoffmenge $[N_2]$ spiegelt die Konzentrationsabnahme von ABIN wider:

$$[ABIN] \mathrel{\widehat{=}} [N_2]_\infty - [N_2]$$

Wegen der Proportionalität von Konzentration und Volumen eines Gases und für $t_0 = 0$ erhält man:

$$\lg (V_\infty - V) = -\frac{k \cdot t}{2{,}303} + \lg V_\infty$$

V_∞ wird über das Molvolumen berechnet.

Trägt man $\lg (V_\infty - V)$ gegen t graphisch auf, so ergeben die Meßdaten bei Vorliegen einer Reaktion 1. Ordnung eine Gerade.

a) *Tetramethylbernsteinsäuredinitril*

0,5 g ABIN werden in einem 25-ml-Rundkolben mit 7 ml Wasser versetzt und 35 Minuten unter Rückfluß zum Sieden erhitzt. Das sich während der Umsetzung im Kühler abscheidende Reaktionsprodukt wird durch öfteres Abstellen des Kühlwassers in den Kolben zurückgebracht. Nach Filtration der heißen Reaktionslösung werden die nach dem Abkühlen abgeschiedenen Kristalle abgesaugt und aus 1,5 ml Äthanol/Wasser (1 : 2) umkristallisiert: *F.* 167 . . . 169 °C.

Bei der Bestimmung des Schmelzpunktes beachte man, daß eine bei 100 °C ablaufende Kristallumwandlung einen Schmelzpunkt vortäuscht.

b) *Bestimmung der Zersetzungsgeschwindigkeit von Azo-bis-isobutyronitril*

Die Bestimmungsapparatur besteht aus einem 25-ml-Zweihalskolben, der mit einer Gasableitung versehen ist. Das entweichende Gas wird in einem 100-ml-Meßzylinder pneumatisch aufgefangen. In den Kolben werden etwa 10 ml Nitrobenzol eingefüllt und in einem siedenden Wasserbad erhitzt. Wenn keine Luft mehr aus dem Kolben entweicht, werden aus einer Bürette etwa 8 ml (genau ablesen!) der ausstehenden 0,5 M ABIN-Nitrobenzol-Lösung entnommen und durch kurzes Öffnen des heißen Zersetzungskolbens in diesen überführt. Nach einiger Zeit setzt die Stickstoffentwicklung ein. Sobald eine ununterbrochene Reihenfolge von Gasblasen beobachtet wird, notiere man die Zeit und die Änderung des Volumens der Gasmenge in Abständen von 5 Minuten. Nach 20 bis 25 Minuten soll die letzte Messung erfolgen. Während der gesamten Messung bleibt das Wasserbad ständig in deutlichem Sieden. Bei der Messung des Stickstoffvolumens beachte man das im Meßzylinder vorhandene Luftvolumen!

Es ist lg $(V_\infty - V)$ gegen t graphisch aufzutragen! Man ermittle die Reaktionsgeschwindigkeitskonstante k graphisch und durch Rechnung.

4.1.3. Kontrollfragen

1. Die Dissoziationsenergien folgender Bindungen betragen:

CH_3—H	436,8 kJ · mol^{-1}
CH_3CH_2—H	411,6 kJ · mol^{-1}
$C_6H_5CH_2$—H	315,0 kJ · mol^{-1}
H—F	567,0 kJ · mol^{-1}
H—Cl	432,6 kJ · mol^{-1}
H—Br	365,4 kJ · mol^{-1}
H—J	298,2 kJ · mol^{-1}

   Erklären Sie, ob sich die drei erstgenannten Substanzen unter der Einwirkung von Fluor, Chlor, Brom bzw. Jod radikalisch fluorieren, chlorieren, bromieren bzw. jodieren lassen!
2. Formulieren Sie die mechanischen Schritte der Monobromierung von Toluol unter Einbeziehung des Initiators Dibenzoylperoxid!
3. Formulieren und bezeichnen Sie alle Chlorierungsprodukte von Methan!
4. Kennzeichnen Sie die allylständigen Wasserstoffatome in Toluol, Cyclohexen, Äthylbenzol!
5. Penten-(2) soll mit N-Bromsuccinimid bromiert werden. Geben Sie die Reaktionsgleichung dafür an!
6. Welche Verbindung könnte sich bei der Zersetzung von ABIN in Äthylbenzol bilden?

Ü$_{17}$— 4.2. Nukleophile Substitution am gesättigten Kohlenstoffatom

Ü$_{23}$ 4.2.1. Theoretische Grundlagen

Voraussetzung für eine S_N-Reaktion (*nukleophile Substitution*) ist einmal das Vorhandensein eines Reagens mit einem freien Elektronenpaar, das zur Ausbildung einer neuen Bindung zur Verfügung gestellt werden kann (nukleophiles Reagens). Zum anderen muß ein Partner vorhanden sein, bei dem ein positiv polarisiertes, sp^3-hybridisiertes Kohlenstoffatom über eine polare Atombindung mit einem negativ polarisierten Substituenten verbunden ist $\left(\rangle C^{\delta+} - X^{\delta-}\right)$.

Bei der Reaktion wird die Bindung zwischen Kohlenstoffatom und X gespalten (unter Mitnahme des Bindungselektronenpaares durch X) und eine neue Bindung zwischen C und Y hergestellt (Y |$^\ominus$ liefert das Bindungselektronenpaar):

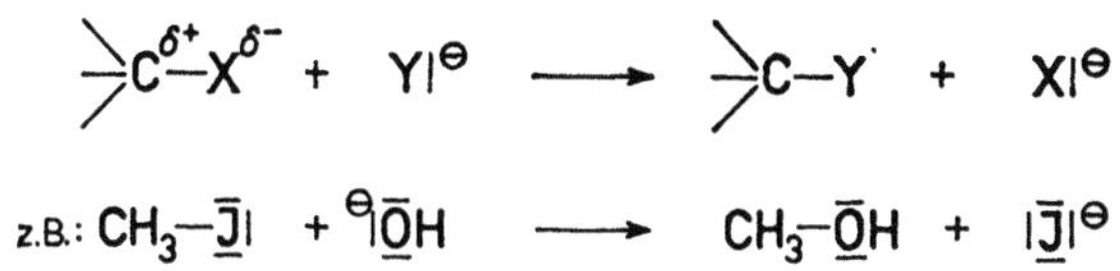

Substanzen mit genügend polaren Atombindungen sind u. a.: Alkylhalogenide (X = Cl, Br, J), Alkohole (X = OH), Äther (X = OR), Schwefelsäureester (X = = OSO_3H). Als nukleophile Reagenzien sind u. a. einsetzbar: Hydroxylionen (H – O|$^\ominus$), Wasser (H – O – H), Alkoxidionen (R – O |$^\ominus$), Ammoniak (H_3N |), primäre, sekundäre oder tertiäre Amine (z. B. R_3N |), Halogenidionen (z. B. | Cl |$^\ominus$), Thioalkohole (R – SH), Nitritionen ($NO_2^\ominus$), Cyanidionen ($^\ominus$| C ≡ N |).

Der Ablauf einer S_N-Reaktion wird durch die stöchiometrische Gleichung nur ungenügend beschrieben. Prinzipiell sind zwei unterschiedliche Möglichkeiten vorhanden. Einmal kann sich die polarisierte kovalente Bindung C – X unter Ausbildung eines sogenannten *Übergangszustandes gleichzeitig* in dem Maße lösen, wie die neue Bindung C – Y geknüpft wird (*synchrone Reaktion*):

Da am geschwindigkeitsbestimmenden Schritt der Reaktion beide Ausgangsstoffe beteiligt sind, wird die Reaktion als *bimolekular* bezeichnet (S_N2). Bei Einsatz eines optisch aktiven Ausgangsstoffes ist das Endprodukt ebenfalls optisch aktiv, jedoch tritt dabei Umkehr der Konfiguration im Kohlenstoffatom ein (*Inversion*).

Die andere Möglichkeit besteht darin, daß der Bruch der alten und die Ausbildung der neuen Bindung nicht gleichzeitig ablaufen (*asynchrone Reaktion*). Dabei löst sich zunächst in einem ersten, langsamen Schritt der Substituent X vom tetraedrischen Kohlenstoffatom unter Mitnahme des Bindungselektronenpaares ab, und es entsteht ein ebenes Carboniumkation, das im zweiten, schnell ablaufenden Schritt eine Bindung mit dem nukleophilen Partner Y |$^\ominus$ eingeht:

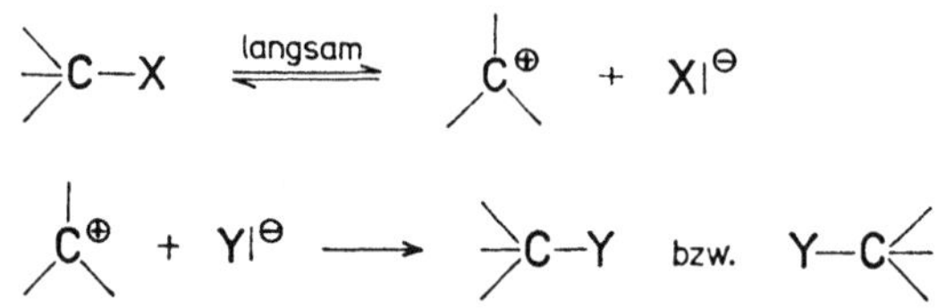

Da das Carboniumkation eben und symmetrisch ist, kann der nukleophile Angriff durch Y |$^\ominus$ von beiden Seiten mit gleicher Wahrscheinlichkeit erfolgen. Deshalb entsteht in diesem Falle bei Einsatz eines optisch aktiven Ausgangsstoffes ein optisch inaktives Endprodukt (*Racemat*). Da am geschwindigkeitsbestimmenden Schritt der Reaktion nur ein Ausgangsstoff beteiligt ist, wird die Reaktion als *monomolekular* (S_N1) bezeichnet.

Nur selten läuft eine S_N-Reaktion nach einem reinen monomolekularen bzw. bimolekularen Mechanismus ab. In Fällen, in denen das nukleophile Reagens zwei verschiedene Stellen unterschiedlicher Nukleophilie aufweist (ambidente Ionen), sind beide Reaktionen gleichzeitig möglich (s. $Ü_{21}$, Abschn. 4.2.2.5.):

$$R{-}X + NO_2^{\ominus} \begin{cases} \xrightarrow{S_N2} R{-}NO_2 + X^{\ominus} \\ \xrightarrow{S_N1} R{-}ONO + X^{\ominus} \end{cases}$$

Das Nitrition reagiert je nach Reaktionsmechanismus mit dem Stickstoff (S_N2) bzw. dem Sauerstoff (S_N1). Geeignete Reaktionsbedingungen begünstigen den einen oder den anderen Reaktionstyp. In Konkurrenz zur S_N1-Reaktion kann auch Eliminierung (s. Abschn. 4.3.) oder Umlagerung (s. Abschn. 4.10.) eintreten.

4.2.2. Arbeitsvorschriften

$Ü_{17}$ 4.2.2.1. Äthylbromid

$$KBr + H_2SO_4 \longrightarrow KHSO_4 + HBr$$

$$C_2H_5OH + HBr \longrightarrow C_2H_5{-}Br + H_2O$$

In einem 100-ml-Rundkolben werden 0,3 mol konz. Schwefelsäure unter Umschütteln mit 0,3 mol Äthanol versetzt. Die warme Mischung wird mit Wasser gekühlt und unter weiterer Kühlung mit 7,5 ml Wasser und danach mit 0,1 mol feinpulverisiertem Kaliumbromid versetzt. Die Mischung destilliert man anschließend langsam über eine kleine Kolonne (s. Abb. 3.5) in einen 100-ml-Rundkolben, der mit ca. 50 ml Wasser gefüllt ist und von außen mit Eis gekühlt wird. Das entstandene Äthylbromid geht zusammen mit Wasser und anderen Nebenprodukten über und sinkt in der Vorlage in öligen Tropfen zu Boden. Es ist darauf zu achten, daß das zeitweise stark schäumende Gemisch während der Destillation nicht in die Kolonne steigt. Die Destillation ist beendet, wenn kein Äthylbromid mehr übergeht (Vorlage beobachten!). Anschließend wird das in der Vorlage gesammelte Äthylbromid (untere Schicht) mittels einer Pipette in ein trockenes Reagenzglas überführt und darin unter Außenkühlung tropfenweise mit etwa der gleichen Menge konz. Schwefelsäure versetzt. Dabei bilden sich zwei Schichten; man durchmischt einige Male mit einem Glasstab. Das Äthylbromid (jetzt obere Schicht) wird nun in einen trockenen Rundkolben pipettiert und in einer ebenfalls trockenen Apparatur destilliert.

Kp. 38 °C; Ausbeute 70 % d. Th.

$Ü_{18}$ 4.2.2.2. n-Propylbromid

$$KBr + H_2SO_4 \longrightarrow KHSO_4 + HBr$$

$$CH_3{-}CH_2{-}CH_2{-}OH + HBr \longrightarrow CH_3{-}CH_2{-}CH_2{-}Br + H_2O$$

Man arbeitet in Analogie zur Vorschrift Äthylbromid ($Ü_{17}$, Abschn. 4.2.2.1.). Anstelle von 0,3 mol Äthanol werden 0,3 mol n-Propanol eingesetzt.
Kp. 70 ... 71 °C; Ausbeute 65 % d. Th.

4.2.2.3. Äthyljodid $Ü_{19}$

$$2P + 3J_2 \longrightarrow 2PJ_3$$

$$3C_2H_5OH + PJ_3 \longrightarrow 3C_2H_5J + P(OH)_3$$

In einem 50-ml-Rundkolben versetzt man 0,1 mol absolutes Äthanol mit 0,035 mol rotem Phosphor. Den Kolbeninhalt versetzt man portionsweise mit 0,05 mol Jod, wobei nach jeder Zugabe mit Wasser von außen gekühlt wird (Umschütteln). Danach erwärmt man das Reaktionsgemisch 30 Minuten mit aufgesetztem Rückflußkühler zum Sieden und kühlt dann das Reaktionsgemisch auf Zimmertemperatur ab (kaltes Wasser). Danach setzt man zwischen Kolben und Rückflußkühler einen kleinen Tropftrichter mit Druckausgleich und destilliert den Hauptteil des Äthyljodids in den Tropftrichter (ca. 3 ... 4 ml) und kühlt den Kolbeninhalt erneut auf Raumtemperatur ab, versetzt mit 10 ml Wasser und destilliert den Rest des Äthyljodids mit Wasser zusammen ebenfalls in den Tropftrichter. Das Äthyljodid wird in ein trockenes Reagenzglas pipettiert und mit 1 bis 2 Körnchen Calciumchlorid getrocknet. Das Produkt wird in einen trockenen Kolben überführt und destilliert.
Kp. 72 °C; Ausbeute 50 ... 60 % d. Th.

4.2.2.4. n-Hexyljodid $Ü_{20}$

$$2P + 3J_2 \longrightarrow 2PJ_3\,,$$

$$3CH_3{-}(CH_2)_5{-}OH + PJ_3 \longrightarrow 3CH_3{-}(CH_2)_5{-}J + P(OH)_3$$

In einem 50-ml-Rundkolben werden 0,05 mol Jod (J_2) in 0,1 mol n-Hexanol möglichst vollständig gelöst (Schütteln!). Dazu gibt man ca. ein Drittel von insgesamt 0,035 mol rotem Phosphor(P). Wird das Reaktionsgemisch zu warm, wird in kalten Wasser eingestellt. Im Verlauf von 10 bis 15 Minuten wird der Rest des roten Phosphors unter ständigem Schütteln portionsweise eingetragen (zwischendurch Rückflußkühler aufsetzen).

Nachdem die Hauptreaktion abgeklungen ist, wird noch 20 Minuten zum Sieden erhitzt (Drahtnetz). Danach versetzt man das Reaktionsgemisch mit Wasser, trennt die organische Phase ab und schüttelt die wäßrige Phase mit Chloroform aus. Die mit der organischen Phase vereinigten Chloroformauszüge trocknet man mit wasserfreiem Natriumsulfat, filtriert und destilliert das Lösungsmittel ab. Das n-Hexyljodid wird von nichtumgesetztem Alkohol und Nebenprodukten durch Vakuumdestillation über eine Vigreux-Kolonne getrennt.

Man bestimme die Ausbeute und notiere Siedepunkt und Druck, bei dem die

Destillation erfolgt. Die Reinheit der Substanz kann anhand des Brechungsindex' kontrolliert werden.

Kp.$_{13}$ 60 °C; n_D^{20} 1,4926; Ausbeute 70% d. Th.

Ü21 4.2.2.5. Nitrohexan und Salpetrigsäurehexylester

(Formelbild s. Abschn. 4.2.1.)

Man gießt 0,06 mol n-Hexyljodid (s. Ü20, Abschn. 4.2.2.4) zu einer Mischung von 0,1 mol Natriumnitrit und 0,1 mol Harnstoff in 60 ml trockenem Dimethylformamid und schüttelt den verschlossenen 250-ml-Rundkolben eine Stunde bei Raumtemperatur. Es kann auch in einem Erlenmeyer-Kolben gearbeitet werden, wobei mit einem Magnetrührer gerührt wird. Danach wird die Reaktionsmischung in 150 ml Eiswasser gegossen und dreimal mit je 15 bis 20 ml Chloroform extrahiert. Die untere, organische Phase trocknet man mit wasserfreiem Calciumchlorid und destilliert nach dem Abtrennen des Trockenmittels das Lösungsmittel auf dem Luftbad ab. Den verbleibenden Rückstand rektifiziert man auf dem Luftbad über eine Vigreux-Kolonne unter Verwendung eines Anschütz-Thiele-Vorstoßes im Wasserstrahlpumpenvakuum. Es fallen drei Fraktionen an, deren Identifizierung durch Messung der Brechungsindizes erfolgt.

Salpetrigsäureester: *Kp.*$_{15}$ 32 °C; n_D^{20} 1,3990; Ausbeute: 20% d. Th.
Nitrohexan: *Kp.*$_{15}$ 82 °C; n_D^{20} 1,4236; Ausbeute: 50% d. Th.
Nachlauf (n-Hexyljodid): *Kp.*$_{15}$ 92 . . . 94 °C; n_D^{20} 1,4926.

Ü22 4.2.2.6. tert.-Butylchlorid

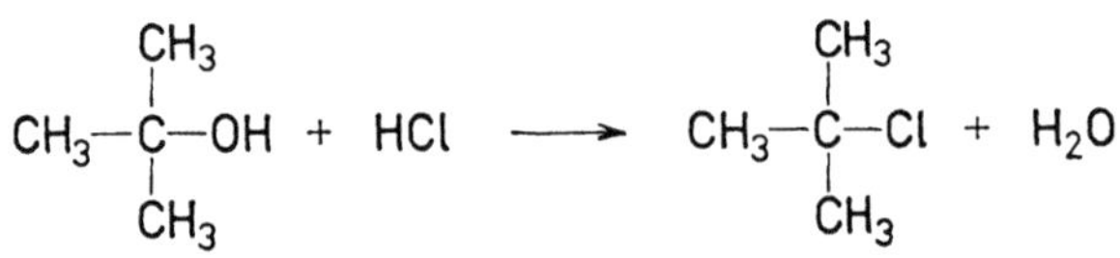

Vorsicht! Mit konz. Salzsäure unter dem Abzug arbeiten!

In einem 100-ml-Scheidetrichter versetzt man 0,2 mol tert.-Butanol mit 50 ml konz. Salzsäure und schüttelt die Mischung gründlich durch. Nach 10 bis 15 Minuten läßt man die untere Schicht ab und versetzt die obere Phase mit etwa 20 ml 5%iger Natriumhydrogencarbonatlösung und schüttelt. Die wäßrige Phase wird abgetrennt und die organische Phase mehrmals mit Wasser durchgeschüttelt, bis kein Alkali mehr nachweisbar ist (neutrale Reaktion mit *p*H-Papier). Anschließend schüttelt man die abgetrennte organische Phase einige Zeit mit 3 bis 4 erbsenkorngroßen Stückchen Calciumchlorid und destilliert nach Abtrennung des Trockenmittels.

Kp. 49 . . . 50 °C; Ausbeute 80% d. Th.

4.2.2.7. Kinetik der Verseifung von tert.-Butylchlorid (Kinetik einer S_N1-Reaktion) Ü23

Falls die Verseifungsreaktion

$$(CH_3)_3C{-}Cl + {}^{\ominus}OH \longrightarrow (CH_3)_3C{-}OH + Cl^{\ominus}$$

als monomolekulare Reaktion

$$(CH_3)_3C{-}Cl \xrightleftharpoons{\text{langsam}} (CH_3)_3C^{\oplus} + Cl^{\ominus}$$

$$(CH_3)_3C^{\oplus} + {}^{\ominus}OH \xrightarrow{\text{schnell}} (CH_3)_3C{-}OH$$

abläuft, müßte sie eine Reaktion 1. Ordnung sein, d. h., die Verseifungsgeschwindigkeit müßte unabhängig von der Konzentration der Natronlauge sein. Das ist im vorliegenden Versuch zu überprüfen. Entsprechend der Tabelle 4.1 wird tert.-Butyl-

Tabelle 4.1

Verseifung von tert.-Butylchlorid

tert.-Butylchlorid-lösung [1]	Natronlauge	Wasser	Umsatz in %
1. 3 ml 0,1 M	0,3 ml 0,1 N	6,7 ml	10
2. 3 ml 0,05 M	0,15 ml 0,1 N	6,85 ml	10
3. 3 ml 0,025 M	0,075 ml 0,1 N	6,93 ml	10
4. 3 ml 0,1 M	0,5 ml 0,1 N	6,5 ml	16,67
5. 3 ml 0,1 M	0,6 ml 0,1 N	6,4 ml	20

[1]) Es steht eine 0,1 M Lösung von tert.-Butylchlorid in Aceton zur Verfügung. Alle anderen Konzentrationen sind durch Verdünnen selbst herzustellen!

chloridlösung in einen trockenen 25-ml-Erlenmeyer-Kolben aus einer Bürette eingemessen. In einen zweiten gleich großen Erlenmeyer-Kolben wird eine entsprechende Menge Natronlauge (aus einer Mikrobürette) und Wasser gegeben, außerdem 3 Tropfen Bromthymolblaulösung als Indikator. Die tert.-Butylchloridlösung wird nun in die Natronlauge gegossen und gleichzeitig wird eine Stoppuhr in Gang gesetzt. Es wird kurz umgeschüttelt und sofort wieder in den anderen Kolben zurückgegossen. Man mißt die Zeit, die vergeht, bis die Lösung von blau nach gelb umschlägt.

Die Geschwindigkeitskonstante k der Reaktion läßt sich nach folgender Gleichung bestimmen:

$$k = \frac{2{,}303}{t} \lg \frac{100}{100 - \%\,\text{Umsatz}}$$

Im ersten Versuchsteil wird die Laugenkonzentration verändert. Damit der Umsatz immer 10% ist, muß auch die Konzentration des tert.-Butylchlorids verändert werden. Im zweiten Teil soll mit anderen Umsätzen gearbeitet werden. Es steht eine 0,1 M Lösung von tert.-Butylchlorid in Aceton zur Verfügung. Alle anderen Konzentrationen sind durch Verdünnen selbst herzustellen!

4.2.3. Kontrollfragen

1. Welches Endprodukt ist bei der Einwirkung von Kalilauge auf D-3-Brom-3-methylhexan zu erwarten, wenn die Reaktion monomolekular abläuft? (Begründung! Versuchen Sie den Mechanismus zu formulieren!)
2. D-Butanol-(2) soll in DL-2-Chlorbutan überführt werden. Formulieren Sie den Mechanismus!
3. Weshalb ist die Reaktion

$$R{-}Br + {}^{\ominus}OH \longrightarrow R{-}OH + Br^{\ominus}$$

   nicht realisierbar, wenn R ein aromatischer Rest ist?
4. Bei der Herstellung von Äthylbromid (s. $Ü_{17}$, Abschn. 4.2.2.1) ist das Rohprodukt mit Schwefelsäure zu schütteln. Welche Produkte nimmt die Schwefelsäure auf?
5. Welche der unter Abschnitt 4.2.1. angeführten nukleophilen Reagenzien sind ambidente Anionen? (Begründung)
6. Formulieren Sie die Reaktionsgleichung der Reaktion von Kaliumcyanid mit n-Hexyljodid!

$Ü_{24}$—$Ü_{25}$

4.3. Eliminierung

4.3.1. Theoretische Grundlagen

Unter einer *Eliminierung* (E) versteht man den Austritt zweier Atome oder Atomgruppen aus einem organischen Molekül, ohne daß sie durch andere ersetzt werden. Stammen beide Atome bzw. -gruppen vom gleichen Kohlenstoffatom, so spricht man von einer *α-Eliminierung*, werden sie von benachbarten Kohlenstoffatomen abgespalten, nennt man den Vorgang *β-Eliminierung*.

Während bei den relativ seltenen α-Eliminierungen Carbene bzw. deren Folgeprodukte gebildet werden, führen die häufig vorkommenden β-Eliminierungen zu ungesättigten Produkten.

Die β-Eliminierung ist der nucleophilen Substitution eng verwandt (s. Abschn. 4.2.). Bei beiden Reaktionen wirkt ein nukleophiles Reagens $Y|^{\ominus}$ auf eine Verbindung RX ein. Während jedoch bei der S_N-Reaktion der Substituent X durch den nukleophilen Partner $Y|^{\ominus}$ ersetzt wird, reagiert bei der Eliminierung $Y|^{\ominus}$ mit einem Proton des benachbarten Kohlenstoffatoms, wobei sich unter Abspaltung von $X|^{\ominus}$ eine Doppelbindung ausbildet:

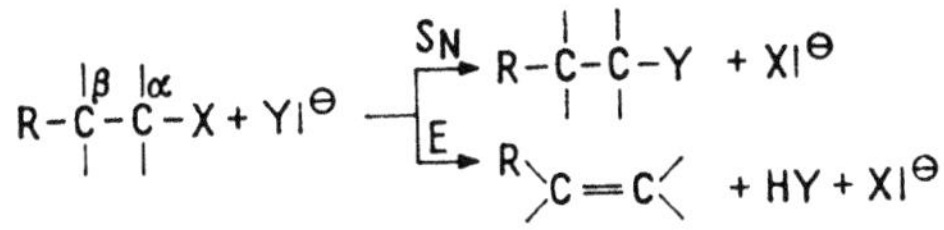

Beide Reaktionstypen konkurrieren häufig miteinander, und es hängt vom räumlichen Bau, den Eigenschaften der Reaktionspartner sowie den Reaktionsbedingungen (hohe Temperaturen begünstigen E-Reaktionen) ab, welcher überwiegt.

Analog zu den nukleophilen Substitutionen können auch Eliminierungen prinzipiell nach zwei Mechanismen ablaufen, dem monomolekularen (E 1) und dem bimolekularen Mechanismus (E 2). Der geschwindigkeitsbestimmende Schritt der *monomolekularen Eliminierung* ist wie bei der S_N1-Reaktion die Ablösung des Substituenten X unter Bildung eines Carboniumions:

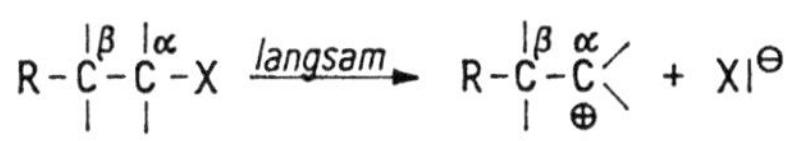

Das gebildete Carboniumion gibt vom β-Kohlenstoff ein Proton an die Base Y ab und stabilisiert sich zum ungesättigten Endprodukt:

S_N1- und E1-Reaktionen laufen stets parallel, werden durch polare Lösungsmittel begünstigt und sind im allgemeinen nicht stereospezifisch (s. auch Abschn. 4.2.1.). Befinden sich raumfüllende Substituenten am Carboniumkohlenstoff, so überwiegt die Eliminierung, da deren Endprodukt eine vorteilhaftere sterische Anordnung aufweist als das mögliche Substitutionsprodukt.

Monomolekulare Eliminierungen sind u. a. die Verseifung tertiärer Halogenide, Sulfoniumsalze und Sulfonsäureester sowie die saure Dehydratisierung von Alkoholen.

Die Mehrzahl der β-Eliminierungen verläuft nach dem Mechanismus der ***bimolekularen Eliminierung.*** Ihr Verlauf ist dadurch gekennzeichnet, daß sich im gleichen Maße, wie sich die Base Y $|^{\ominus}$ einem Wasserstoffatom des β-Kohlenstoffs nähert, der Substituent X am α-Kohlenstoff löst. Es bildet sich ein Übergangszustand:

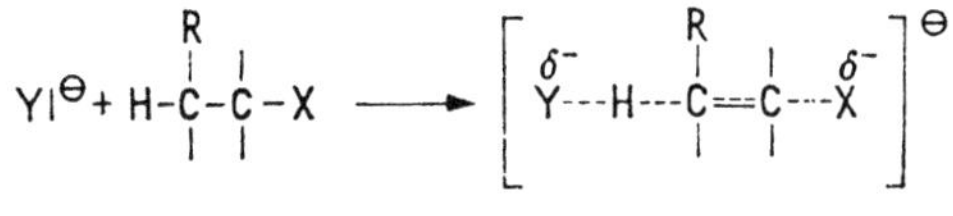

Während nun die Base das Proton ablöst, wird gleichzeitig am benachbarten Kohlenstoffatom der Substituent X als Anion oder Neutralteilchen abgestoßen und die teilweise schon ausgebildete Doppelbindung stabilisiert:

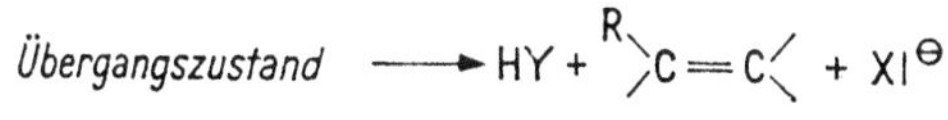

Die bimolekulare Eliminierung verläuft als stereospezifische trans-Eliminierung, d. h., es werden z. B. bei der Dehydratisierung des Cyclohexanols die Hydroxylgruppe und das dazu trans-ständige Wasserstoffatom abgespalten:

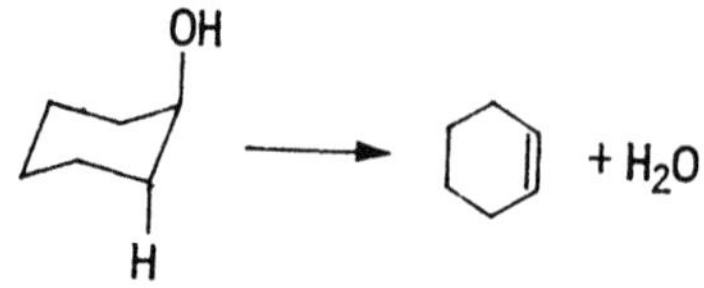

In den Arbeitsvorschriften nach den Abschnitten 4.3.2.1. und 4.3.2.2. werden vereinfachte Formelbilder verwendet.

Die E2-Reaktion wird durch starke Basen, besonders wenn diese in hohen Konzentrationen vorliegen, begünstigt. Sie wird der S_N2-Reaktion gegenüber immer dann überwiegen, wenn infolge sterischer Hinderung der nukleophile Angriff am α-Kohlenstoff erschwert ist.

Bimolekulare Eliminierungen sind u. a. die Dehydrohalogenierung und die Solvolyse von Oniumsalzen ($X = -\overset{\oplus}{N}R_3,\ -\overset{\oplus}{P}R_3,\ -\overset{\oplus}{S}R_2$).

Die Dehydratisierung der Alkohole ist von praktischem Interesse für die industrielle Synthese olefinischer Zwischenprodukte. Besondere Bedeutung besitzt dabei die Darstellung von Äthylen aus Äthanol unter Verwendung von Katalysatoren:

$$CH_3{-}CH_2{-}OH \xrightarrow[-H_2O]{} CH_2{=}CH_2$$

Im Labor erhält man Äthylen durch Erwärmen von Äthanol auf ca. 230 °C unter Benutzung von Polyphosphorsäure oder konzentrierter Schwefelsäure als Katalysator (s. auch Abschn. 4.4.2.1.):

4.3.2. Arbeitsvorschriften

Ü$_{24}$ 4.3.2.1. Cyclohexen

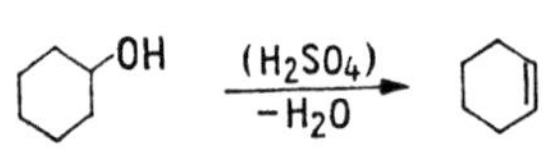

0,4 mol Cyclohexanol und 0,04 mol konz. Schwefelsäure werden in einem 100-ml-Rundkolben mit absteigendem Kühler im Ölbad erhitzt. Man hält die Badtemperatur zwischen 155 und 160 °C. Nach reichlich zwei Stunden bricht man die Reaktion ab. Das Destillat versetzt man mit Natriumchlorid, solange dieses noch in Lösung geht. Dann trennt man das Cyclohexen im Scheidetrichter ab und destilliert nach dem Trocknen mit Calciumchlorid.
Kp. 84 °C, Ausbeute etwa 70% d. Th.

Ü$_{25}$ 4.3.2.2. Cyclohexadien-(1.3)

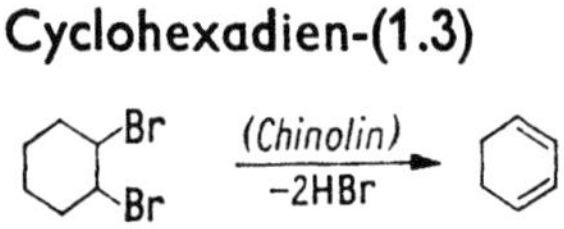

In einem 100-ml-Zweihalskolben wird ein Gemisch von 0,1 mol 1.2-Dibromcyclohexan (s. Ü$_{28}$, Abschn. 4.4.2.3.) und 0,35 mol frisch destilliertem Chinolin im Ölbad auf 160 bis 170 °C erhitzt. Die Temperatur kontrolliert man mit einem in die Lösung eintauchenden Thermometer. Der Kolben ist mit einem gut wirkenden Kühler verbunden, an den eine mit Eis gekühlte Vorlage angeschlossen ist. Unter Dunkelfärbung setzt die Reaktion ein, wobei das gebildete Cyclohexadien abdestilliert. Wenn die Reaktion abgeklungen ist, gibt man einen neuen Siedestein in das Gemisch und steigert die Temperatur langsam auf 190 °C. Dann wird so lange weiterdestilliert, bis unter 100 °C nichts mehr übergeht. Das Destillat schüttelt man mit verd. Schwefelsäure aus, trocknet mit Calciumchlorid und fraktioniert zweimal über einem erbsengroßen Stückchen frisch entrindetem Natrium (Vorsicht im Umgang mit Natrium! siehe Kapitel 2.).

Die Fraktion von 80 bis 82 °C besteht zu 80 bis 90% aus Cyclohexadien-(1.3), der Rest ist Cyclohexen. Ausbeute etwa 60% d. Th.

4.3.3. Kontrollfragen

1. Warum werden monomolekulare Eliminierungen durch polare Lösungsmittel begünstigt?
2. In der Reihe primäre, sekundäre und tertiäre Alkohole wird die Eliminierung von Wasser immer leichter. Begründen Sie diese Erscheinung!
3. Formulieren Sie die beiden Möglichkeiten der Eliminierung von Wasser aus 2-Methylbutanol-(2)! Welche Variante ist die wahrscheinlichere?
4. Vinylchlorid soll einer Eliminierungsreaktion unterworfen werden. Geben Sie dafür mögliche Reaktionsbedingungen an und erläutern Sie den Mechanismus der Reaktion!

4.4. Elektrophile Addition an Alkene

$Ü_{26}$—$Ü_{32}$

4.4.1. Theoretische Grundlagen

Eine olefinische Doppelbindung kann auf Grund der Beweglichkeit der π-Elektronen leicht polarisiert werden. Sie ist daher sowohl zu nukleophilen als auch zu elektrophilen Reaktionen befähigt.

Die von den Alkenen bevorzugte Reaktion ist die *elektrophile Addition* (Symbol A_E). Hierbei wirkt das Olefin gegenüber elektrophilen Agenzien (zumeist Kationen) als Elektronendonator.

Die Reaktivität des Olefins ist abhängig von der Art und Anzahl der an der Doppelbindung befindlichen Substituenten. Während +I- und +M-Substituenten die Elektronendichte der Doppelbindung vergrößern und damit die elektrophile Addition fördern, vermindern −I- und −M-Substituenten deren nukleophile Reaktivität. Als Agenzien kommen hauptsächlich Protonen- oder Lewis-Säuren in Frage, deren Reaktionsfreudigkeit mit ihrer Acidität bzw. Elektrophilie ansteigt.

Die elektrophile Addition wird durch den Angriff des Reaktionspartners $X^{\oplus}$ auf die Doppelbindung eingeleitet. Dabei bildet sich ein lockeres Addukt, ein sogenannter π-Komplex, der sich in ein Carboniumion umlagert:

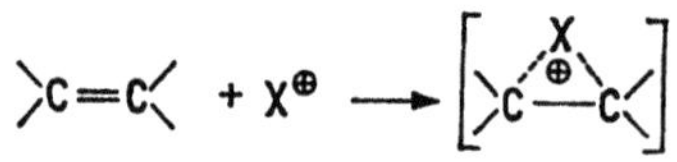

Diesem cyclischen Carboniumion nähert sich nun – von der Gegenseite des bereits eingetretenen Substituenten X – ein nukleophiler Partner Y |⊖, bricht eine der stark polarisierten Bindungen C – X auf und lagert sich an das freiwerdende Kohlenstoffatom an:

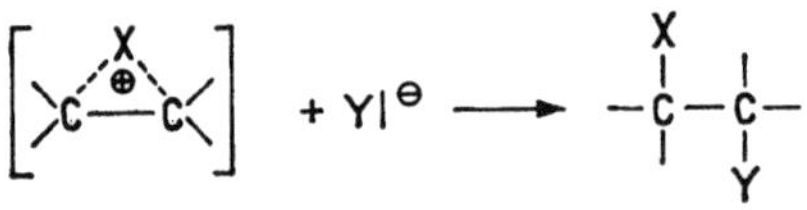

Das Carboniumion ist ein Zwischenprodukt. Befinden sich nämlich im Reaktionsgemisch verschiedenartige nucleophile Komponenten, so werden alle theoretisch möglichen Additionsprodukte gebildet. Daß diese Partner immer in trans-Stellung angreifen, läßt sich zwar bei kettenförmigen Alkenen nicht nachweisen; jedoch entsteht bei der Bromaddition an Cyclohexen, dessen Kohlenstoffatome um die σ-Bindungen nicht frei drehbar sind, ausschließlich das trans-1.2-Dibromcyclohexan. Analog führt die trans-Bromaddition an Fumarsäure zur optisch inaktiven meso-Form der Dibrombernsteinsäure.

Die wichtigsten elektrophilen Additionsreaktionen sind: Anlagerung von HX (X = Halogenid, $HSO_4^{\ominus}$, $H_2PO_4^{\ominus}$, $OH^{\ominus}$, $OR^{\ominus}$), X_2, HOX, NOX (X = Halogen), O, O_3.

Bei der Addition von Protonsäuren wird das Proton sofort an einem Kohlenstoffatom lokalisiert, wobei sich bei unsymmetrisch substituierten Olefinen das jeweils thermodynamisch stabilste Carboniumion bildet. So entsteht zum Beispiel bei der Addition von HX an Propen nicht das Propylium-, sondern das auf Grund des + I-Effektes der Alkylgruppen stabilere Isopropyliumion:

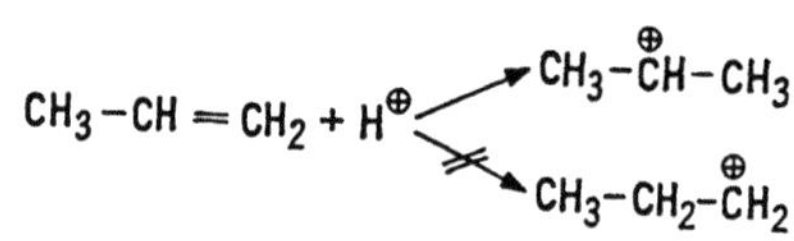

Diese Erscheinung findet in der Markovnikov-Regel ihren Ausdruck, die besagt, daß bei der elektrophilen Addition von Protonsäuren an unsymmetrisch substituierte Alkene das Proton immer an das wasserstoffreichste Kohlenstoffatom der Doppelbindung tritt.

Gegensätzlich verläuft die radikalische Addition (s. Abschn. 4.5.).

Eine Additionsreaktion, die auf Grund ihrer Beeinflußbarkeit durch Lewis-Säuren an dieser Stelle mit erwähnt werden soll, ist die *Diensynthese nach* Diels-Alder. Hierunter versteht man die Cycloaddition einer ungesättigten Verbindung mit durch Nachbargruppen aktivierter Mehrfachbindung, dem „Philodien", an einen Kohlenwasserstoff mit konjugierten Doppelbindungen, das „Dien":

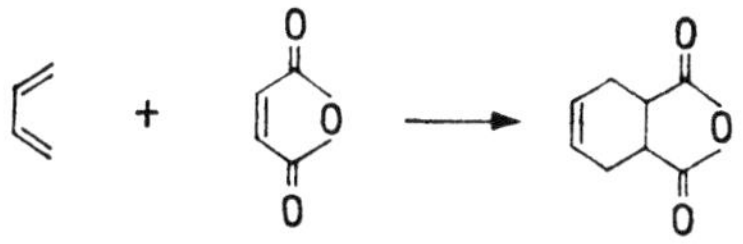

Sowohl das Dien als auch die dienophile Komponente (Philodien) können weitgehend variiert werden. Diene sind: z. B. Butadien, Cyclohexadien, Anthracen, Furan; Philodiene: z. B. Maleinsäureanhydrid, Acrolein, Crotonaldehyd.

4.4.2. Arbeitsvorschriften

4.4.2.1. 1.2-Dibromäthan Ü26

$$C_2H_5OH \xrightarrow{(PPA)} H_2C{=}CH_2 + H_2O$$

$$H_2C{=}CH_2 + Br_2 \longrightarrow Br{-}CH_2{-}CH_2{-}Br$$

Dieser Versuch ist unter dem Abzug auszuführen!

Äthylendarstellung durch Eliminierung (vgl. Abschn. 4.3.) 40 bis 50 g 85%ige Phosphorsäure werden in einer offenen Porzellanschale über einem Drahtnetz unter Rühren während etwa 20 Minuten langsam auf 220 °C erhitzt. Die etwas abgekühlte, aber noch heiße Säure wird in einen 250-ml-Dreihalskolben (*a*) gegeben, der nach Abbildung 4.1 mit einem Innenthermometer, Gasableitungsrohr

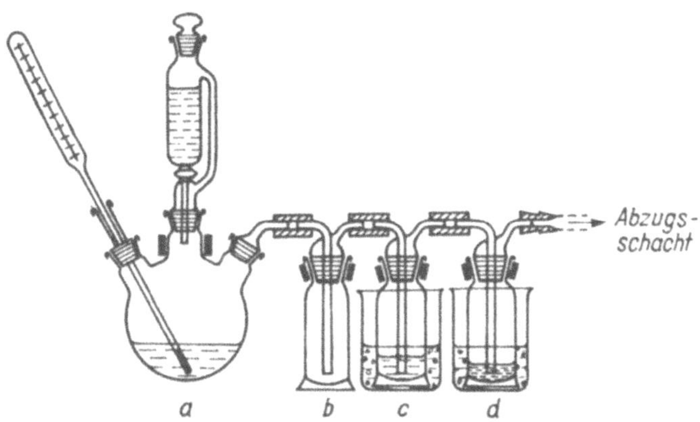

Abb. 4.1 Apparatur für Äthylendarstellung und nachfolgende Bromaddition

und Tropftrichter mit Druckausgleich (gefüllt mit 0,5 mol 96%igem Äthanol und mit NS-Stopfen verschlossen) versehen ist. Damit die bei der Äthylendarstellung bis hin zum Einleitungsrohr der Waschflasche (*d*) unter leichtem Druck stehende Apparatur dicht bleibt, werden die Schliffverbindungen am Kolben (*a*) und den Waschflaschen (*b*) und (*c*) zweckmäßigerweise mit Federn o. ä. gesichert. Unter Umständen genügt die Verwendung eines sehr zähen Ramsay-Fettes.

Bromaddition an Äthylen

An den Äthylenentwickler (*a*) schließt sich über eine leere Sicherheitswaschflasche (*b*) (hier sammelt sich etwas unverändert überdestillierendes Äthanol gemeinsam mit Wasser) eine etwa 4 cm hoch mit gesättigter wäßriger Calciumchloridlösung gefüllte Waschflasche (*c*) an, in der restliche Äthanoldämpfe absorbiert werden. Die Waschflasche (*d*) ist mit 0,1 mol Brom gefüllt, das zur Herabsetzung des Verdampfungsverlustes mit etwa 3 ml Wasser überschichtet ist. Die Flaschen (*c*) und (*d*) werden mit Eiswasser gekühlt.

Im Kolben (*a*) wird die Säure über einem Drahtnetz zügig auf 230 bis 235 °C erhitzt und dann Äthanol eingetropft (etwa alle 3 Sekunden ein Tropfen). Das entstehende Äthylen wird etwa 90 Minuten in Flasche (*d*) eingeleitet. Dabei verschwinden die rotbraunen Bromdämpfe. Anschließend wird die Verbindung zwischen Kolben (*a*) und den Waschflaschen gelöst sowie das Zutropfen von Äthanol und das Erhitzen eingestellt. Das in der Flasche (*d*) befindliche rohe, noch etwas elementares Brom enthaltende 1.2-Dibromäthan (schwerer als Wasser) wird in einen Scheidetrichter überführt und erst mit Wasser, danach mit verdünnter Natronlauge geschüttelt, bis es farblos wird. Schließlich wird erneut mit Wasser gewaschen. Nach dem Trocknen mit festem Calciumchlorid wird destilliert. Man bestimme den Brechungsindex des Präparates!

Kp. 132 °C; n_D^{20} 1,5379; Ausbeute 55% d. Th.

Ü27 4.4.2.2. 1.2.3-Tribrompropan

$$H_2C{=}CH{-}CH_2{-}Br + Br_2 \longrightarrow Br{-}CH_2{-}CHBr{-}CH_2{-}Br$$

Dieser Versuch ist unter dem Abzug auszuführen!

In einen mit KPG-Rührer, Innenthermometer und Tropftrichter mit Druckausgleich (ohne Stopfen!) versehenen 100-ml-Dreihalskolben (vgl. Abbildung 1.11) gibt man ein Gemisch von 0,125 mol Allylbromid und 10 ml Chloroform und läßt unter Außenkühlung mit einer Kältemischung und ständigem Rühren eine Lösung von 0,125 mol Brom in 40 ml Chloroform langsam eintropfen. Der Farbton soll nicht dunkler als rotorange werden, da sonst eine zu hohe Konzentration an unverbrauchtem Brom auftritt. Die Temperatur soll 10 °C nicht übersteigen. Anschließend rührt man noch 10 Minuten nach. Danach versieht man den Reaktionskolben mit Siedekapillare und Destillationsaufsatz mit Thermometer sowie sich anschließendem Kühler, Vorstoß und Vorlage und destilliert unter Verwendung eines Wasserbades im leichten Vakuum (>100 Torr) das Lösungsmittel ab.

Das Rohprodukt wird in einen 50-ml-Zweihalskolben überführt und im Vakuum unter Verwendung eines Ölbades destilliert. Das Destillat ist fast farblos. Man bestimme den Brechungsindex!

Kp.$_{18}$ 100 °C; n_D^{20} 1,5868; Ausbeute 90% d. Th.

4.4.2.3. 1.2-trans-Dibromcyclohexan

Ü28

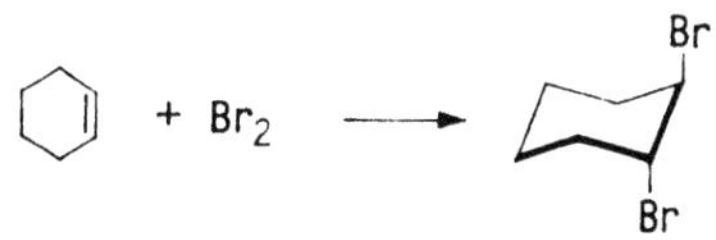

Die Bromaddition ist unter dem Abzug durchzuführen!

In einen mit KPG-Rührer, Innenthermometer und Tropftrichter mit Druckausgleich (ohne Stopfen) versehenen 250-ml-Dreihalskolben (vgl. Abbildung 1.11, Standardapparatur 4) gibt man ein Gemisch von 0,25 mol Cyclohexen (s. Ü$_{24}$, Abschn. 4.3.2.1.) und 30 ml Chloroform und läßt unter Außenkühlung mit Eiswasser und ständigem Rühren eine Lösung von 0,225 mol Brom in 100 ml Chloroform langsam eintropfen. Die Bromfarbe verschwindet augenblicklich. Man tropft so zu, daß keine größeren Konzentrationen an unverbrauchtem Brom auftreten (Farbe!) und die Temperatur +5 °C nicht übersteigt. Danach stellt man eine Apparatur für eine einfache Vakuumdestillation zusammen, indem der als Destillationsgefäß dienende Dreihalskolben mit einer nicht zu dünn ausgezogenen Siedekapillare und einem Destillationsaufsatz mit Schliffthermometer, Liebig-Kühler, Vakuum-Vorstoß und 250-ml-Rundkolben als Vorlage versehen wird (der dritte Schliff des Dreihalskolbens wird mittels NS-Stopfens verschlossen). Unter Verwendung eines Wasserbades wird das Lösungsmittel in leichtem Vakuum ($p > 100$ Torr) abdestilliert. Um das zurückbleibende Rohprodukt zu stabilisieren, schüttelt man es im Scheidetrichter etwa 5 Minuten mit $\frac{1}{3}$ seines Volumens 20%iger äthanolischer Kalilauge, verdünnt anschließend mit dem gleichen Volumen Wasser, trennt die untere Phase ab, wäscht sie mit Wasser alkalifrei und trocknet mit Natriumsulfat. Das getrocknete Rohprodukt wird schließlich einer einfachen Vakuumdestillation unterworfen. Die Hauptfraktion (*Kp.*$_{12}$ 96 ... 98 °C; *Kp.*$_{25}$ 108 ... 112 °C) stellt das 1.2-Dibromcyclohexan dar; Ausbeute etwa 70% d. Th.

4.4.2.4. 1.2-Dibrom-1-phenyläthan

Ü29

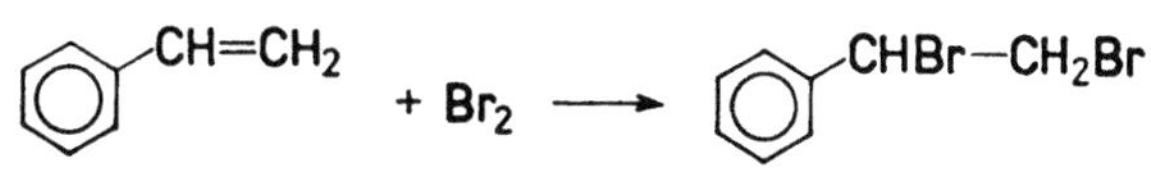

Die Bromaddition ist unter dem Abzug auszuführen! Vorsicht! Das Produkt ist stark hautreizend! Gummihandschuhe!

In einem 100-ml-Dreihalskolben mit KPG-Rührer, Innenthermometer und Tropftrichter mit Druckausgleich (vgl. Abbildung 1.11) werden 0,1 mol Styrol, gelöst in 15 bis 20 ml Tetrachlorkohlenstoff vorgelegt. Unter Rühren werden 0,1 mol Brom, gelöst in 20 ml Tetrachlorkohlenstoff, so zugetropft, daß die Temperatur 40 °C nicht übersteigt. Dazu ist gegebenenfalls im kalten Wasserbad zu kühlen. Die Reaktion ist beendet, wenn die Bromfarbe längere Zeit bestehen bleibt. Dann wird, unter Rühren in einer Eis-Kochsalz-Kältemischung, auf 0 °C abgekühlt und das Reaktionsprodukt abgesaugt. Zur Reinigung wird aus etwa 30 ml

85%igen Äthanols umkristallisiert und an der Luft getrocknet. Man achte darauf, daß sich die Substanz im heißen Lösungsmittel tatsächlich auflöst und nicht noch ölige Tröpfchen ungelöst bleiben. In diesem Fall nimmt man etwas mehr Lösungsmittel.

F. 74 °C; Ausbeute 60 . . . 70% d. Th.

Ü30 4.4.2.5. meso-Dibrombernsteinsäure

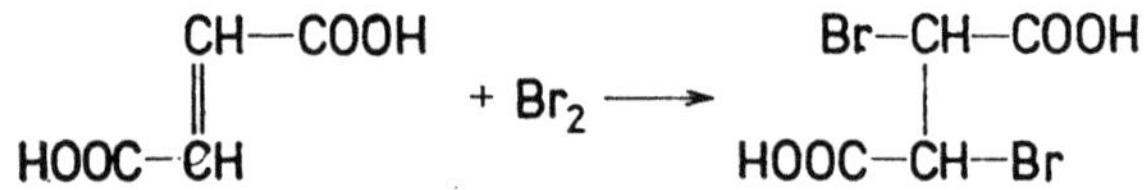

Der Versuch ist unter dem Abzug auszuführen!

In einen 100-ml-Zweihalskolben mit Dimroth-Kühler und Tropftrichter mit Druckausgleich und Glasstopfen wird eine Suspension von 0,05 mol feingepulverter Fumarsäure in 15 ml Wasser gegeben und über dem Drahtnetz zum kräftigen Sieden erhitzt. Aus dem Tropftrichter werden dann insgesamt 0,05 mol Brom sehr langsam so zugetropft, daß am oberen Ende des Kühlers möglichst keine Bromdämpfe entweichen. Zweckmäßigerweise läßt man jeweils 3 bis 4 Tropfen Brom in die siedende Suspension einfließen und wartet bis zur neuerlichen Zugabe, bis sich der Gasraum über der Reaktionsmischung allmählich aufhellt bzw. bis vom Kühler kein elementares Brom mehr zurücktropft. Die Fumarsäure geht dabei allmählich in Lösung, und gegen Ende der Reaktion beginnt sich das Additionsprodukt abzuscheiden. Nach beendeter Bromzugabe (etwa 1½ Stunden) läßt man noch 10 Minuten kochen und kühlt dann das Reaktionsgemisch auf etwa 0 °C ab. Das Kristallisat wird scharf abgesaugt, mit etwas Eiswasser bromfrei, d. h., farblos gewaschen und getrocknet.

F. 256 °C (unter HBr-Abspaltung im zugeschmolzenen Schmelzpunktröhrchen); Ausbeute 60% d. Th.

Ü31 4.4.2.6. Diels-Alder-Addukt Bicyclo[2.2.2]octen-(2)-dicarbonsäure-(5.6)-anhydrid

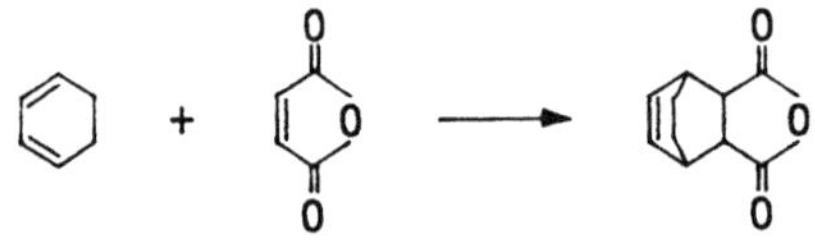

In einen 50-ml-Rundkolben mit Rückflußkühler gibt man 0,025 mol Cyclohexadien-(1.3) (s. Ü25, Abschn. 4.3.2.2.), 0,025 mol Maleinsäureanhydrid und 5 ml Benzol. Das Reaktionsgemisch wird 30 Minuten am Rückfluß über dem Drahtnetz zum Sieden erhitzt. Die Lösung wird dann mit etwa 30 ml Cyclohexan versetzt, das Gemisch bis zur Lösung des Addukts erhitzt und heiß abgesaugt. Das aus dem Filtrat beim Erkalten ausfallende Kristallisat wird abgesaugt und auf Filterpapier an der Luft getrocknet.

F. 147 °C; Ausbeute 90% d. Th.

4.4.2.7. Diels-Alder-Addukt Bicyclo[2.2.2]-2,3:5,6-dibenzooctadien-(2.5)-dicarbonsäure-(7.8)-anhydrid

Ü32

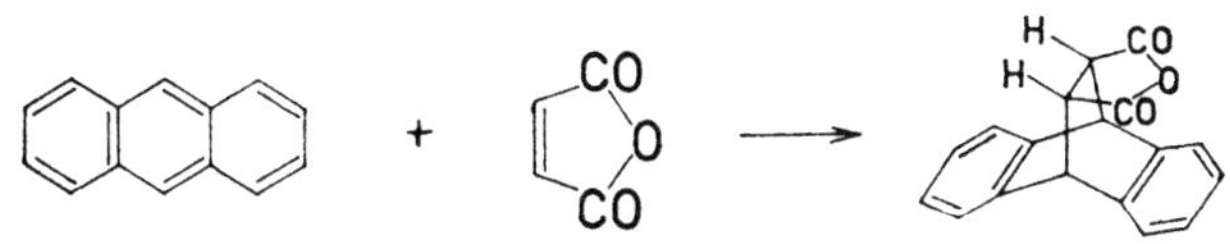

0,01 mol Anthracen, 0,01 mol Maleinsäureanhydrid und 10 ml Xylol werden in einen 50-ml-Rundkolben mit Rückflußkühler gegeben. Über dem Drahtnetz wird 15 Minuten kräftig am Rückfluß erhitzt. Man läßt etwas abkühlen, stellt dann in Eiswasser und saugt das Addukt ab. Schließlich kristallisiert man aus etwa 40 ml Xylol um und trocknet auf Filterpapier.

F. 262 °C; Ausbeute 80% d. Th.

4.4.3. Kontrollfragen

1. Vergleichen Sie die nukleophile Reaktivität des Äthylens mit den Reaktivitäten des Cyclohexens und der Fumarsäure!
2. Formulieren Sie die Reaktionen von 3-Methylpenten-(2) mit Br_2, HCl und HOCl!
3. Formulieren und erläutern Sie den Mechanismus der elektrophilen Bromaddition an die olefinische Doppelbindung!
4. Warum verwendet man als Lösungsmittel bei Bromadditionen nicht Äthanol, sondern besser Chloroform oder Tetrachlorkohlenstoff?
5. Welche analytische Anwendung findet die Bromaddition an C=C-Doppelbindungen?
6. Formulieren Sie die Diels-Alder-Reaktion von Butadien und Maleinsäureanhydrid!

4.5. Radikalische Addition an Alkene

Ü33

4.5.1. Theoretische Grundlagen

Alkene sind in der Lage, sowohl elektrophile (s. Abschn. 4.4.) bzw. nukleophile Reagenzien als auch Radikale zu addieren. So können an olefinische Doppelbindungen z. B. Halogene, Bromwasserstoff, Alkohole, Mercaptane und Aldehyde radikalisch angelagert werden. Aus Benzol und Chlor entsteht unter radikalischen Bedingungen Hexachlorcyclohexan, dessen γ-Isomeres, das *Gammexan*, als Insektizid große Bedeutung hat.

Bei der *radikalischen Addition* an Alkene wird die π-Bindung durch ein sich der

Doppelbindung näherndes Radikal entkoppelt, und das Radikal tritt mit einem der beiden Elektronen in Wechselwirkung.

Für die Addition von HBr an Propen sind zwei Varianten denkbar:

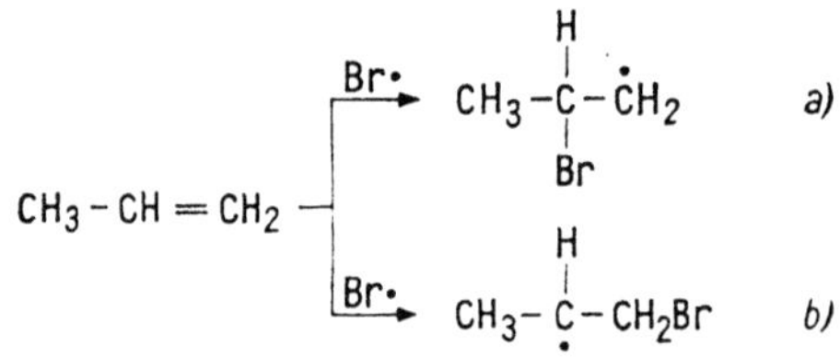

Es entsteht das energieärmere und stabilere 1-Brom-propylradikal (Variante b), dessen bevorzugte Bildung auch unter sterischen Aspekten verständlich ist. Das Endprodukt der ablaufenden Reaktionskette ist das 1-Brompropan, d. h., die Addition von HBr an Alkene verläuft unter radikalischen Bedingungen (*Peroxid-Effekt*) entgegen der Markovnikov-Regel.

Ü33 4.5.2. Arbeitsvorschrift für 1.3-Dibrompropan

$$Br-CH_2-CH=CH_2 + HBr \longrightarrow Br-(CH_2)_3-Br$$

Die Entwicklung und Addition von HBr ist unter dem Abzug auszuführen!

In einen 100-ml-Zweihalsrundkolben (*a*), der mit Tropftrichter (mit Druckausgleich) und Gasableitungsrohr versehen ist und in ein Wasserbad eintaucht (Abbildung 4.2), werden 20 ml trockenes, reines Tetralin (in der Vorratsflasche über

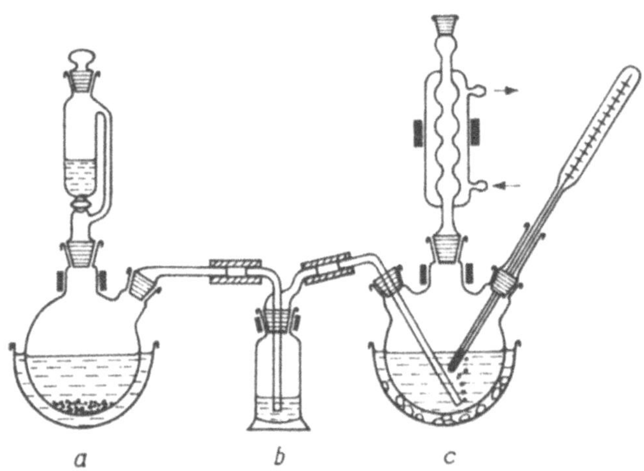

Abb. 4.2 Apparatur zur Darstellung und Addition von HBr

wasserfreiem Natriumsulfat aufbewahrt) und 3 bis 4 Spatelspitzen Eisenpulver bzw. -feilspäne gegeben. Das Gasableitungsrohr wird mit einer Waschflasche (*b*) verbunden, die etwa 4 cm hoch mit trockenem Tetralin gefüllt ist, das evtl. mitgerissene Bromdämpfe auswäscht. An die Waschflasche (*b*) schließt sich das mit Eiswasser gekühlte Additionsgefäß (*c*) – bestehend aus 100-ml-Dreihalskolben mit Innenthermometer, Rückflußkühler und Gaseinleitungsrohr – an, das mit 0,2 mol Allylbromid gefüllt ist. Damit die unter leichtem Druck stehende Apparatur dicht bleibt, werden die entsprechenden Schliffverbindungen zweckmäßigerweise mit Federn o. ä. gesichert. Unter Umständen genügt die Verwendung eines zähen Ramsay-Fettes.

Aus dem Tropftrichter des HBr-Entwicklers (*a*) läßt man sehr langsam 15 ml Brom in das Tetralin eintropfen. Anfangs muß erwärmt werden, um die HBr-Entwicklung in Gang zu bringen, die dann gewöhnlich ohne weitere Wärmezufuhr abläuft. Das Reaktionsgemisch in (*c*) wird von außen mit einer UV-Lampe bestrahlt.

Vorsicht! Augen mit geeigneter Brille vor UV-Strahlung schützen! Beachten Sie die schriftliche Bedienungsanleitung der UV-Lampe bzw. besondere Hinweise des Assistenten!

Nach etwa zweistündiger Reaktion wird das rohe Reaktionsprodukt aus dem Kolben (*c*) in eine Destillationsapparatur überführt, die aus einem 50-ml-Rundkolben, Destillationsaufsatz, Kühler, Vorstoß und Vorlage besteht, und einer einfachen Destillation unterworfen. Als Vorlauf geht nicht umgesetztes Allylbromid über, das wieder verwendet werden kann. Danach erhält man beim *Kp.* 165 ... 168 °C das 1.3-Dibrompropan. Man bestimme den Brechungsindex des Additionsproduktes! Ausbeute etwa 25 %; n_D^{20} 1,520.

4.5.3. Kontrollfragen

1. Formulieren Sie die Bruttogleichung der radikalischen HBr-Addition an Buten-(1)!
2. Formulieren und erläutern Sie den Mechanismus der A_R-Reaktion von HBr und Allylbromid!
3. Welches Reaktionsprodukt ist zu erwarten, wenn die Addition von HBr an Allylbromid unter elektrophilen Bedingungen erfolgt?
4. Geben Sie die Formel für Tetralin an, und formulieren Sie die Darstellung von HBr in $Ü_{33}$, Abschn. 4.5.2.!

4.6. Elektrophile Substitution an Aromaten $Ü_{34}$–$Ü_{41}$

4.6.1. Theoretische Grundlagen

Aromatische Verbindungen bieten auf Grund ihrer π-Elektronenwolke (z. B. sechs delokalisierte π-Elektronen im Benzol) elektrophilen Reagenzien ($X^{\oplus}$) zahlreiche Möglichkeiten zu *elektrophilen Substitutionsreaktionen*.

Der angreifende Partner $X^{\oplus}$ bildet mit dem Aromaten zunächst einen *π-Komplex* ($X^{\oplus}$ ist der π-Elektronenwolke zugeordnet) und daraus einen *σ-Komplex* (mesomeres Carboniumion, X ist an eines der sechs Kohlenstoffatome gebunden), die in Substanz zwar nicht faßbare, wohl aber z. B. spektroskopisch nachweisbare Zwischenstufen darstellen:

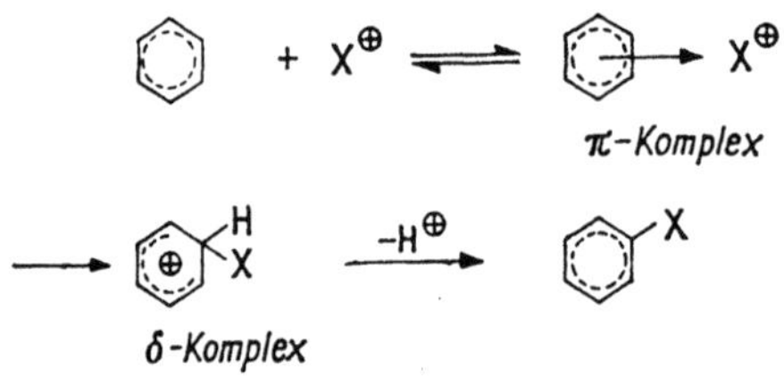

Im Gegensatz zur elektrophilen Addition an Alkene (s. Abschn. 4.4.), die bis dahin analog verläuft, entreißt nun ein basischer Partner (z. B. das Chloridanion bei der Chlorierung) dem σ-Komplex ein Proton, und das Substitutionsprodukt liegt wieder im energieärmeren aromatischen Zustand vor. Lewis-Säuren (z. B. $FeBr_3$, $ZnCl_2$, $AlCl_3$) katalysieren die Bildung des angreifenden Partners $X^{\oplus}$, für den einige wichtige Beispiele anschließend aufgeführt sind:

$Br^{\oplus}$, $Cl^{\oplus}$	Halogenierung
$NO^{\oplus}$	Nitrosierung
$NO_2^{\oplus}$	Nitrierung
$HSO_3^{\oplus}$	Sulfonierung
$SO_2Cl^{\oplus}$	Chlorsulfonierung
$R^{\oplus}$	Alkylierung
$R-\overset{\oplus}{C}O$	Acylierung
$R-N_2^{\oplus}$	Kupplung

Diese elektrophilen Reagenzien können sowohl mit unsubstituierten als auch mit substituierten Aromaten reagieren. Ist am Aromaten schon ein Substituent vorhanden, so spricht man von einer *Zweitsubstitution*. Dabei spielt der schon vorhandene Substituent die dafür entscheidende Rolle, ob das elektrophile Agens in o-, m- oder p-Stellung angreift.

Nach den klassischen empirischen Hollemann-Orientierungsregeln, die unter Berücksichtigung der elektronischen Einflüsse (M-, I-Effekte) der Erstsubstituenten auf den aromatischen Ring heute theoretisch eindeutig interpretierbar sind, erhöhen *Substituenten erster Ordnung* (Alkylgruppen, Halogene, $-OH$, $-NH_2$, $-NHR$, $-NR_2$, $-N=N-R$) mit Ausnahme der Halogene die Reaktivität der Aromaten und dirigieren in o- und p-Stellung. *Substituenten zweiter Ordnung* (z. B. $-COOH$, $-CHO$, $-NO_2$, $-\overset{\oplus}{N}R_3$, $-SO_3H$, $-CN$) dirigieren unter Verminderung der Reaktivität in m-Stellung.

4.6.2. Arbeitsvorschriften

4.6.2.1. m-Dinitrobenzol Ü34

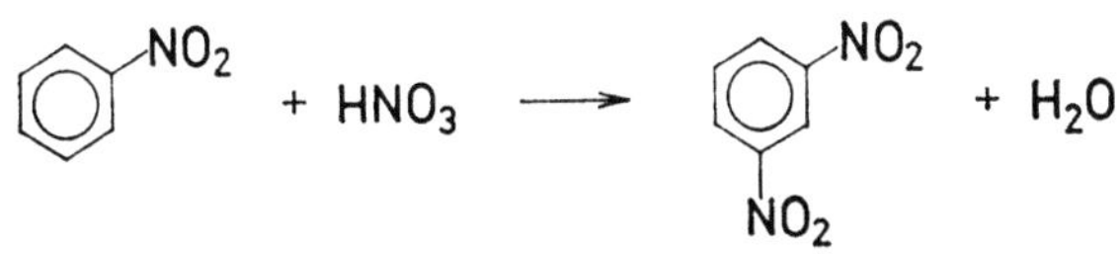

Die Nitrierung ist unter dem Abzug auszuführen!

In einem 50-ml-Erlenmeyer-Kolben werden vorsichtig 0,1 mol gekühlte konzentrierte Schwefelsäure und 0,1 mol gekühlte rauchende Salpetersäure vermischt (**Schutzbrille!**). Nachdem das Nitriergemisch in Eiswasser auf 0 °C abgekühlt worden ist, versetzt man es langsam und portionsweise mit 0,05 mol Nitrobenzol. Anschließend wird das Reaktionsgemisch auf dem siedenden Wasserbad 15 Minuten erhitzt, auf Zimmertemperatur abgekühlt und langsam mit 20 ml kaltem Wasser, oder besser 20 g Eis, versetzt. Die wäßrige Phase wird abdekantiert, das kristalline Nitrierungsprodukt erneut mit 20 ml Wasser gemischt und auf einem kleinen Büchner-Trichter abgesaugt. Der Filterrückstand wird noch zweimal mit warmem Wasser gewaschen. Abschließend wird zweimal aus 30 bis 40 ml Äthanol umkristallisiert und an der Luft getrocknet.

F. 89 . . . 90 °C; Ausbeute 80% d. Th.

4.6.2.2. 2.4-Dinitrochlorbenzol Ü35

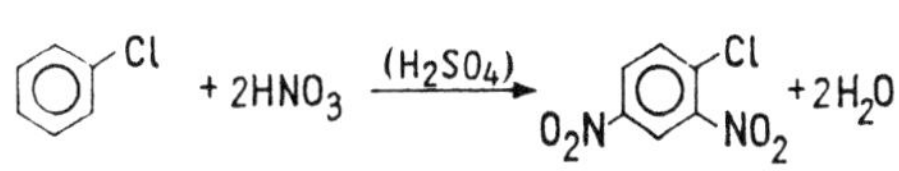

Die Nitrierung ist unter dem Abzug auszuführen! Präparat nicht auf die Haut bringen! Es kann stark hautreizend wirken!

0,035 mol Chlorbenzol werden in einem 50-ml-Erlenmeyer-Kolben portionsweise mit 0,25 mol rauchender Salpetersäure vermischt (**Schutzbrille!**), wobei von Zeit zu Zeit unter fließendem Wasser gekühlt wird. Danach gibt man allmählich 0,20 mol konz. Schwefelsäure hinzu. Das Gemisch erwärmt sich dabei von selbst. Es wird noch 1½ Stunden unter öfterem Umschütteln bzw. Umrühren auf dem Wasserbad erwärmt. Anschließend wird das Gemisch auf etwa 30 bis 40 g Eis gegossen und das abgesetzte kristalline Produkt bis zur neutralen Reaktion mit Wasser gewaschen. Man kristallisiert aus 15 bis 20 ml Äthanol um und trocknet an der Luft. Es ist darauf zu achten, daß die Substanz im heißen Lösungsmittel tatsächlich gelöst ist und keine öligen Tropfen von geschmolzenem Rohprodukt ungelöst bleiben. In diesem Fall ist etwas mehr Lösungsmittel einzusetzen.

F. 51 °C; Ausbeute 90% d. Th.

Ü36 4.6.2.3. o-Nitrophenol

Nitrierung und Wasserdampfdestillation sind unter dem Abzug auszuführen!

In einem 500-ml-Zweihalsrundkolben, dessen seitliche Schliffhülse mit einem Stopfen verschlossen ist, werden 0,175 mol Natriumnitrat in 40 ml warmen Wassers gelöst und noch vor dem Erkalten langsam und unter Schütteln mit 0,20 mol konz. Schwefelsäure versetzt (**Schutzbrille!**). Unter fließendem Wasser wird auf 20 °C abgekühlt. Unter kräftigem Umschwenken in kaltem Wasser (evtl. erneuern!) gibt man 0,1 mol Phenol, das vorher durch gelindes Erwärmen mit 1 ml Wasser verflüssigt wurde, langsam so zu, daß die Reaktionstemperatur, die mit einem Thermometer verfolgt wird, 20 bis 25 °C nicht übersteigt. Die Mischung wird 1 Stunde – unter gelegentlichem Umschütteln – stehen gelassen und danach im Zweihalsrundkolben direkt einer Wasserdampfdestillation unterworfen (s. Abschn. 3.1.5., Wasserdampfdestillation). Achtung! Bei zu starker Kühlung während der Wasserdampfdestillation erstarrt das Reaktionsprodukt im Kühler und verstopft ihn. Sobald sich im Kühler gelbe Kristalle bilden, ist die Kühlwasserzufuhr zu unterbrechen! Das o-Nitrophenol befindet sich, zunächst ölig, im Destillat. Es wird nach dem Erstarren abgesaugt und auf Ton oder Filterpapier getrocknet.

F. 45 °C; Ausbeute: 20 ... 25 % d. Th.

Ü37 4.6.2.4. p-Acetaminobenzolsulfochlorid

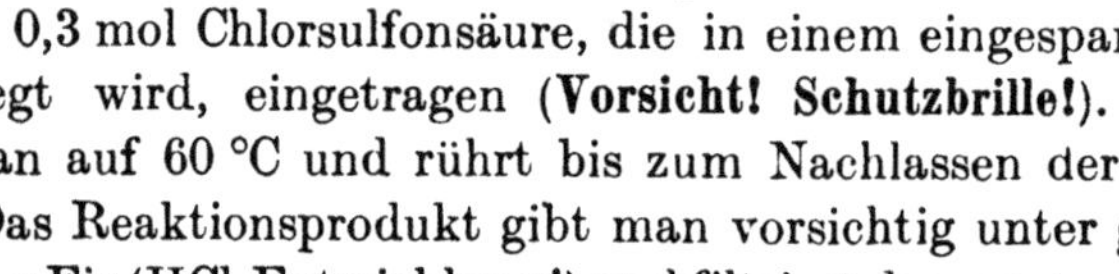

Die Chlorsulfonierung ist unter dem Abzug auszuführen!

0,1 mol Acetanilid werden bei 15 °C portionsweise unter Rühren mit einem Glasstab in 0,3 mol Chlorsulfonsäure, die in einem eingespannten 100-ml-Becherglas vorgelegt wird, eingetragen (**Vorsicht! Schutzbrille!**). Auf dem Drahtnetz erwärmt man auf 60 °C und rührt bis zum Nachlassen der Chlorwasserstoffentwicklung. Das Reaktionsprodukt gibt man vorsichtig unter gutem Umrühren auf ca. 40 bis 50 g Eis (HCl-Entwicklung!) und filtriert das entstandene Festprodukt ab. Der Filterrückstand wird mit kaltem Wasser gut gewaschen, scharf trockengesaugt und zur Umkristallisation in möglichst wenig 35 °C warmem Aceton gelöst. Man filtriert, kühlt in einer Eis-Kochsalz-Kältemischung auf −5° bis −10 °C ab, saugt die gebildeten Kristalle schnell ab und trocknet an der Luft.

F. 149 °C; Ausbeute 60 ... 70 % d. Th.

4.6.2.5. Sulfanilsäure

Ü38

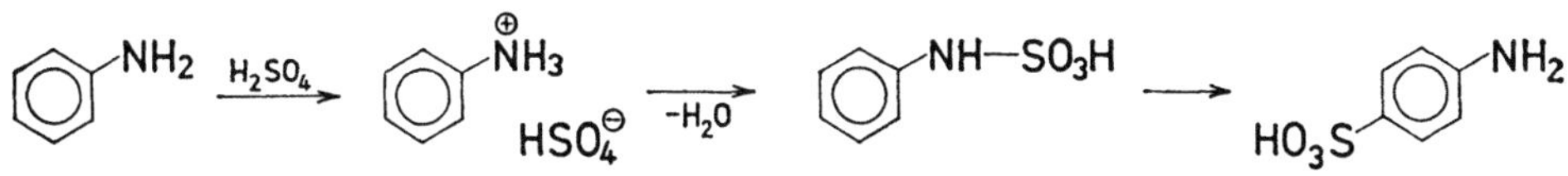

Die Sulfonierung ist unter dem Abzug auszuführen!

In einem hohen 50-ml-Becherglas werden 0,05 mol reines Anilin (ggf. frisch destillieren) unter Eiskühlung und Umrühren tropfenweise zu 0,15 mol konzentrierter Schwefelsäure gegeben (**Vorsicht! Schutzbrille! Stark exotherme Reaktion!**) Das Becherglas mit dem Reaktionsgemisch wird am Stativ befestigt und in einem Heizbad (am vorteilhaftesten ist ein Metallbad) 50 Minuten auf 180 bis 200 °C Innentemperatur erhitzt. Dann gießt man das etwas abgekühlte Produkt – unter Rühren mit dem Glasstab – in ein Becherglas mit 30 ml Eiswasser, wobei die Sulfanilsäure auskristallisiert. Nach dem vollständigen Abkühlen saugt man ab, wäscht das Produkt mit Wasser und kristallisiert aus heißem Wasser um. Die getrocknete Sulfanilsäure, die 1 bis 2 mol Kristallwasser enthält, schmilzt bei 250 bis 300 °C unter Zersetzung; Ausbeute: 5 bis 6 g.

Die zur Umkristallisation benötigte Wassermenge ist im Protokoll zu vermerken!

4.6.2.6. Brombenzol

Ü39

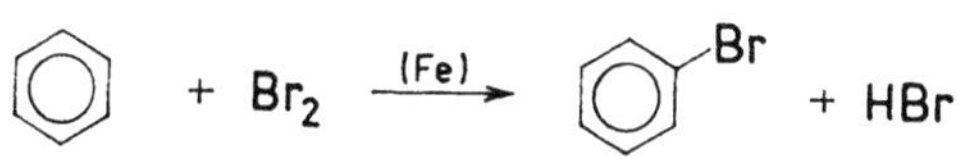

Die Bromierung ist unter dem Abzug auszuführen!

Ein trockener 250-ml-Zweihalskolben, der in ein Wasserbad eintaucht, wird mit 0,2 mol Benzol und 0,02 mol Eisenfeilspänen beschickt und mit Tropftrichter und einem Rückflußkühler versehen, der über ein Ableitungsrohr mit einer Waschflasche verbunden ist, in der der entstehende Bromwasserstoff in Wasser absorbiert wird (s. Abschn. 4.1.2.1.). Aus dem Tropftrichter werden 0,1 mol Brom zugetropft. Anfangs wartet man nach Zugabe einiger Bromtropfen zunächst das Einsetzen der Reaktion, sichtbar an der Bromwasserstoffentwicklung, ab. Eventuell muß man die Reaktion durch leichtes Erwärmen des Wasserbades in Gang bringen. Danach regelt man die Tropfgeschwindigkeit so ein, daß die Reaktion lebhaft, aber nicht zu stürmisch abläuft. Dann wird das Reaktionsgemisch noch 30 Minuten auf dem Wasserbad erwärmt und anschließend im Zweihalsrundkolben direkt einer Wasserdampfdestillation unterworfen (s. Abschn. 3.1.5., Wasserdampfdestillation), bis keine Öltröpfchen mehr übergehen. Das Brombenzol wird im Scheidetrichter vom Wasser getrennt und mit Calciumchlorid getrocknet. Schließlich wird das Rohprodukt einer einfachen Destillation unterworfen, wobei nach einem Vorlauf die Fraktion zwischen 152 und 158 °C als nahezu reines Brombenzol aufgefangen wird. Man bestimme den Brechungsindex!

n_D^{20} 1,5598; Ausbeute 55 % d. Th.

Ü40 4.6.2.7. Methylorange (Helianthin)

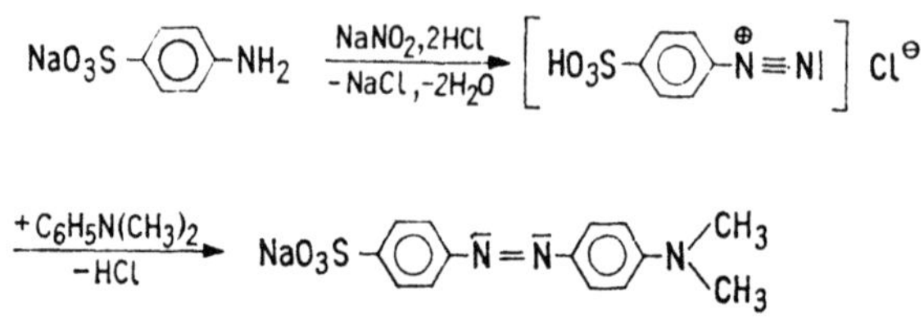

0,009 mol fein pulverisierte Sulfanilsäure werden in 0,009 mol 2N Natronlauge suspendiert und zu einer Lösung von 0,009 mol Natriumnitrit in 7,5 ml Wasser gegeben. Zu diesem Gemisch gibt man, unter Kühlung in Eiswasser bei 0 °C und unter Umschütteln, nach und nach 0,009 mol 2N Salzsäure. Man löst 0,0075 mol N.N-Dimethylanilin in 0,075 mol 2N Salzsäure und gibt diese Lösung unter ständigem Schütteln zur eisgekühlten Diazoniumsalzlösung. Beim Alkalisieren mit 2N Natronlauge fällt der Farbstoff sofort aus, den man nach dem Absaugen und Waschen mit kaltem Wasser auf Ton abpreßt. Schließlich kristallisiert man aus heißem Wasser um und trocknet nach dem Absaugen den in glänzenden Blättchen ausfallenden Indikator auf Ton oder Filterpapier; Ausbeute: 95% d. Th.

Die zur Umkristallisation eingesetzte Wassermenge ist im Protokoll anzugeben!

Ü41 4.6.2.8. 1-(Phenylazo)-naphthol-(2)

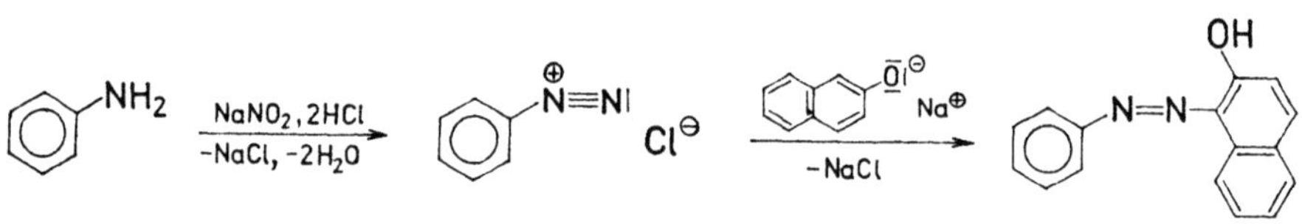

In einem Becherglas löst man 0,01 mol Anilin in 0,03 mol halbkonzentrierter, d. h., etwa 18%iger Salzsäure (die man sich aus konzentrierter, etwa 36%iger Säure bereitet). Durch Einstellen in Eiswasser wird auf mindestens 5 °C abgekühlt und danach unter Rühren langsam mit der äquivalenten Menge einer 2,5M Natriumnitritlösung versetzt. Dabei soll die Temperatur 5 °C nicht übersteigen.

In einem zweiten Becherglas löst man 0,01 mol β-Naphthol in 0,05 mol 2N Natronlauge und kühlt ebenfalls auf 5 °C ab. Zu dieser Lösung läßt man bei 5 bis 10 °C die Diazoniumsalzlösung langsam und unter ständigem Rühren mit einem Glasstab zufließen. Man kontrolliert mit Indikatorpapier, daß dabei das Reaktionsgemisch alkalisch bleibt (evtl. noch etwas 2N Natronlauge zusetzen).

Nach beendeter Zugabe des diazotierten Anilins wird noch etwa 5 Minuten nachgerührt und danach vorsichtig Eisessig (100%ige Essigsäure) bis zur neutralen Reaktion zugegeben. Der rote Farbstoff wird abgesaugt und mit kaltem Wasser gewaschen. Schließlich wird aus 85%igem Äthanol oder Eisessig umkristallisiert und der Farbstoff auf Ton oder Filterpapier getrocknet.

F. 130 °C; Ausbeute 80% d. Th.

Die zur Umkristallisation verwendete Lösungsmittelmenge ist im Protokoll zu vermerken!

4.6.3. Kontrollfragen

1. Erläutern Sie die katalytische Wirkung von Lewis-Säuren bei Friedel-Crafts-Reaktionen!
2. Warum muß man bei der Nitrierung von Nitro- oder Chlorbenzol rauchende 100%ige Salpetersäure anwenden, während beim Phenol mittelstarke wäßrige Salpetersäure (aus $NaNO_3$-Lösung und Schwefelsäure) genügt?
3. Begründen Sie anhand der Hollemannschen Orientierungsregeln, daß m-Dinitrobenzol bzw. o- und p-Nitrophenol die Hauptprodukte der Mononitrierung von Nitrobenzol bzw. Phenol und 2.4-Dinitrochlorbenzol das Hauptprodukt der Dinitrierung von Chlorbenzol sein müssen!
4. Weshalb ist die Ausbeute an o-Nitrophenol, dargestellt durch Nitrierung von Phenol, stets kleiner als 50% d. Th.?
5. Warum ist o-Nitrophenol im Gegensatz zum p-Nitrophenol wasserdampfflüchtig?
6. Erläutern Sie den allgemeinen Mechanismus der S_E-Reaktion am Aromaten!
7. Welche Aufgabe haben die bei der Bromierung von Aromaten zuzusetzenden Eisenfeilspäne?
8. Begründen Sie, weshalb bei der Diazotierung die Reaktionstemperatur bei etwa 0 °C gehalten werden muß!

4.7. Nukleophile Substitution am aktivierten Aromaten Ü42—Ü43

4.7.1. Theoretische Grundlagen

Wie in Abschnitt 4.6.1. erläutert wurde, können Aromaten auf Grund ihrer π-Elektronenwolke leicht elektrophil substituiert werden. Nukleophile Substitutionen am Aromaten (z. B. Darstellung von Phenol aus Chlorbenzol bzw. von Anilin aus Benzol und Ammoniak) sind viel schwieriger bzw. gar nicht durchführbar.

Führt man aber in den Aromaten elektronenanziehende Gruppierungen ein (z. B. o- oder p-ständige Nitrogruppen im Chlorbenzol bzw. die $-N=$Gruppierung des Pyridins an Stelle einer $-CH=$Gruppierung des Benzols), so werden bestimmte Kohlenstoffatome des Rings positiviert (Kohlenstoff der $C-Cl$ —Gruppierung im p-Nitrochlorbenzol bzw. das Kohlenstoffatom in 2-Stellung des Pyridins), und diese dadurch aktivierten Aromaten sind der *nukleophilen Substitution* zugänglich.

Der Mechanismus dieser Reaktion ist dem der S_N2-Substitution am gesättigten Kohlenstoffatom (s. Abschn. 4.2.1.) ähnlich: (s. S. 118)

Das zweite Beispiel zeigt, daß bei Einführung von drei Substituenten mit $-M$-Effekt die nukleophile Substitution bereits unter sehr milden Bedingungen durchführbar ist. Es ist verständlich, daß Substituenten, die die Elektronendichte im

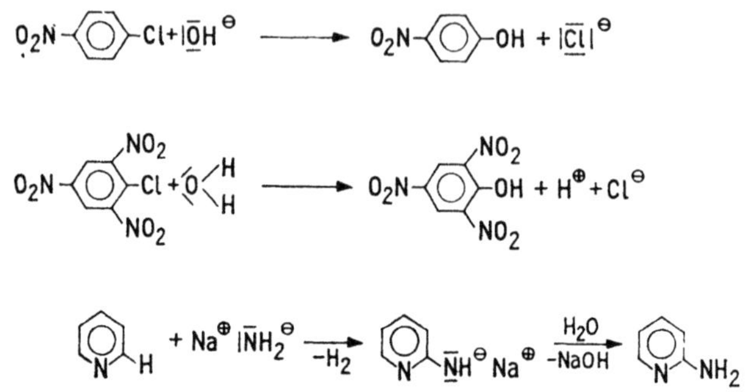

Kern erhöhen (z. B. Alkylgruppen, $-OH$, $-NH_2$), den nukleophilen Austausch erschweren bzw. unmöglich machen.

4.7.2. Arbeitsvorschriften

Ü42 4.7.2.1. 2.4-Dinitrophenylhydrazin

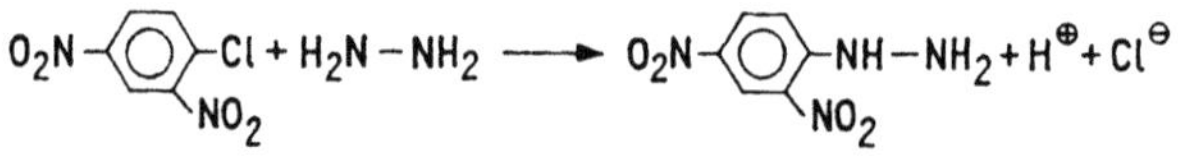

In einem 100-ml-Zweihalskolben mit Rückflußkühler und Tropftrichter löst man 0,012 mol 2.4-Dinitrochlorbenzol (s. Ü35, Abschn. 4.6.2.2.) in 20 ml warmem Methanol (Wasserbad!). Innerhalb von 5 Minuten läßt man 0,015 mol Hydrazinhydrat in Form einer 10%igen wäßrig-methanolischen Lösung unter ständigem Umschwenken zutropfen. Das Reaktionsgemisch wird 30 Minuten am Rückfluß gekocht. Man saugt heiß ab und wäscht mit 10 ml heißem Methanol und schließlich mit 5 ml Äther.

F. 200 °C; Ausbeute 80% d. Th.

Ü43 4.7.2.2. 2.4-Dinitrophenol

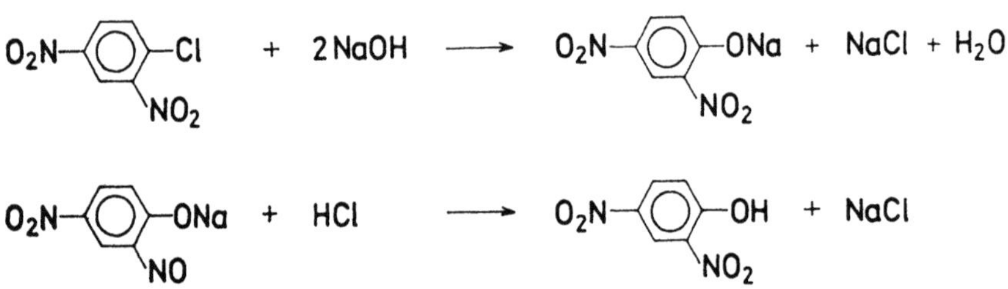

Es ist eine Schutzbrille zu tragen (alkalische Lösung!); wegen der Giftigkeit des Produkts keine Berührung mit der menschlichen Haut!

In einem 400 ml Becherglas werden 0,05 mol 1-Chlor-2.4-dinitrobenzol mit 200 ml 2N Natronlauge versetzt und unter Rühren auf 70 bis 80 °C erwärmt. Nach 30minütiger Reaktionsdauer kühlt man unter fortgesetztem Rühren auf Raumtemperatur ab. Zur Vervollständigung der Kristallisation läßt man noch eine halbe Stunde stehen und saugt das Phenolat ab. Anschließend löst man das feste Produkt

in 90 ml Wasser bei 50 bis 60 °C und fügt zur heiß filtrierten Lösung konz. Salzsäure bis zur sauren Reaktion hinzu. Von der auf Zimmertemperatur abgekühlten Lösung wird das 2.4-Dinitrophenol abgesaugt und zweimal mit je 25 ml Wasser gewaschen.
F. 114 °C; Ausbeute etwa 60% d. Th.

4.7.3. Kontrollfragen

1. Eine technische Darstellung von Pikrinsäure verläuft über folgende Stufen:

   Chlorbenzol → 2.4-Dinitrochlorbenzol → 2.4-Dinitrophenol → Pikrinsäure
   a) Formulieren Sie die Strukturen der genannten Verbindungen!
   b) Nach welchem Reaktionsmechanismus verlaufen die einzelnen Schritte?
   c) Warum wird der Reaktionsweg nicht gekürzt (Chlorbenzol → Trinitrochlorbenzol → Pikrinsäure)?
   d) Warum wird Pikrinsäure nicht durch direkte Nitrierung von Phenol gewonnen?
2. Vergleichen Sie die Strukturformel von 2.4-Dinitrophenol mit DNOC (Dinitro-o-kresol) und Dinoseb! Geben Sie die Wirkungen und Anwendungen der beiden technischen Produkte an!
3. Ordnen Sie folgende Verbindungen nach steigender Acidität, wobei die Zahlenwerte geeigneten Tabellen zu entnehmen sind: 2.4-Dinitrophenol, Essigsäure, o-Nitrophenol, Phenol, Pikrinsäure!
4. Warum sollen Nitroverbindungen (z. B. Nitrobenzol) nicht mit Ätzkali getrocknet werden?
5. Wozu wird 2.4-Dinitrophenylhydrazin verwendet?
6. Erläutern Sie, ob Thiophen, das ebenso wie Pyridin ein Heteroaromat ist, nukleophil substituiert werden kann!

4.8. Nukleophile Reaktionen an Aldehyden und Ketonen $Ü_{44}$—$Ü_{48}$

4.8.1. Theoretische Grundlagen

Die hohe Reaktivität von Aldehyden und Ketonen beruht auf der *Polarität* (−I-Effekt des Sauerstoffs) und leichten *Polarisierbarkeit* der Carbonylgruppe:

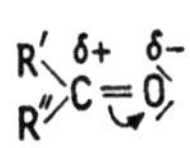

Aldehyde sind reaktiver als Ketone. Dem von der Carbonylgruppe ausgehenden Elektronenzug wird bei den Ketonen durch zwei Kohlenwasserstoffreste R' und R'' mit +I-Effekt gegenüber einem Kohlenwasserstoffrest bei den Aldehyden (R'' = H)

eher nachgegeben. Das bedeutet eine Teilkompensation der positiven Ladung am Carbonylkohlenstoff. Aus dem gleichen Grunde nimmt in der homologen Reihe der Aldehyde die Reaktivität mit steigender Kohlenstoffzahl ab.

Von großer Bedeutung sind die *nukleophilen Additionen* an den positivierten Kohlenstoff der Carbonylverbindungen. So reagieren Aldehyde und Ketone mit Lewis-Basen (z. B. Wasser, Alkohole, Amine) nach folgendem Schema:

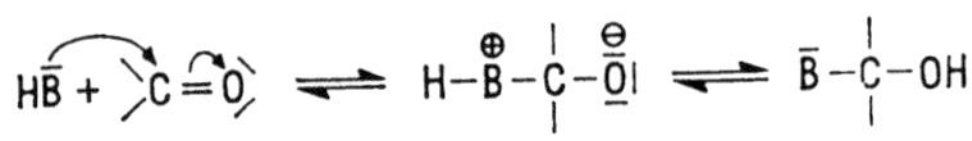

I II

Das Zwitterion I stabilisiert sich durch Protonenwanderung zu II. Der Additionsschritt kann durch Säuren katalysiert werden:

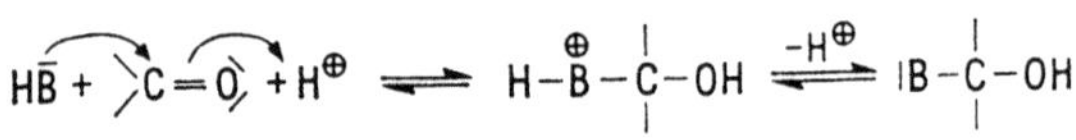

I II

Säurezugabe ist dann erforderlich, wenn das Reagens schwach nukleophil ist (z. B. 2.4-Dinitrophenylhydrazin). Die Stufe II wird im Verlauf der weiteren Reaktion an der Hydroxylgruppe protonisiert und spaltet anschließend Wasser unter Bildung eines Carboniumions ab, das sich durch Abgabe eines Protons

Tabelle 4.2

Nukleophile Reaktionen der Aldehyde und Ketone

Teil A

$>C{=}O + H-\overline{O}-H \rightleftharpoons >C(OH)_2$	Hydrat
$>C{=}O + R-\overline{O}-H \rightleftharpoons >C(OR)(OH) \xrightleftharpoons[-H_2O]{+ROH} >C(OR)_2$	Acetal Ketal
$>C{=}O + H_2\overline{N}-R \longrightarrow >C{=}\overline{N}R + H_2O$	Schiffsche Base
$>C{=}O + H_2N-OH \longrightarrow >C{=}\overline{N}-OH + H_2O$	Oxim
$>C{=}O + H_2\overline{N}-\overline{N}H-R \longrightarrow >C{=}\overline{N}-\overline{N}H-R + H_2O$	Hydrazon
$>C{=}O + H_2\overline{N}-\overline{N}H-C(=O)-NH_2 \longrightarrow >C{=}\overline{N}-\overline{N}H-C(=O)-NH_2 + H_2O$	Semicarbazon
$>C{=}O + \lvert S(OH)(=O)(O-Na) \rightleftharpoons >C(OH)(SO_3Na)$	Bisulfitaddukt

Teil B

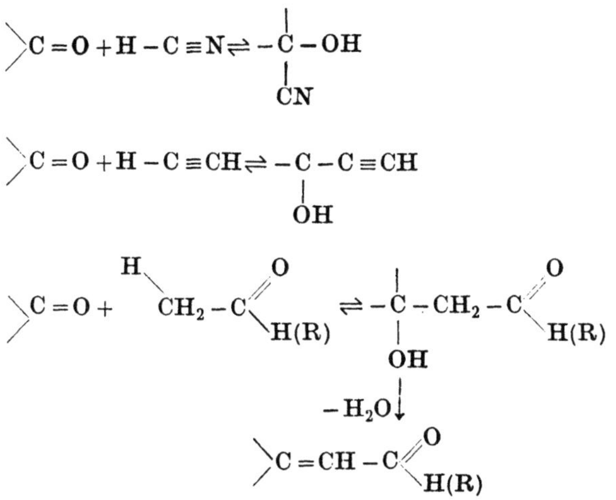

Cyanhydrin

Äthinylierung

Aldoladdition

Aldolkondensation

(z. B. Bildung Schiffscher Basen) oder Aufnahme einer Base (z. B. Acetalbildung) stabilisiert. Dieser Kondensationsschritt schließt sich z. B. bei der Umsetzung von Aldehyden und Ketonen mit primären Aminen, Hydroxylamin oder Phenylhydrazin an.

In Tabelle 4.2 sind die wichtigsten nukleophilen Reaktionen der Aldehyde und Ketone aufgeführt. Die im Teil B der Tabelle aufgeführten Reaktionspartner besitzen keine nukleophilen Eigenschaften. Sie nehmen diese erst in Gegenwart starker Basen an:

I

I reagiert dann analog HB in den oben formulierten Gleichungen.

Eine der wichtigsten Reaktionen in der Substanzklasse der Kohlenhydrate, die funktionell als Polyhydroxyaldehyde (Aldosen) und Polyhydroxyketone (Ketosen) aufzufassen sind, ist die Umsetzung mit Phenylhydrazin. Dabei entsteht primär ein Phenylhydrazon, das im weiteren Reaktionsverlauf nach der Oxydation des der Carbonylgruppe benachbarten C-Atoms in des Osazon übergeht:

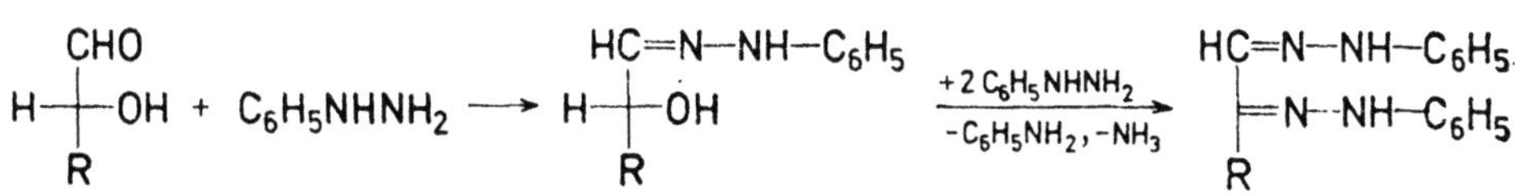

Monosaccharide, die in der Konfiguration der asymmetrischen C-Atome 3, 4 und 5 übereinstimmen, bilden dabei das gleiche Osazon.

4.8.2. Arbeitsvorschriften

Ü44 4.8.2.1. Acetessigsäureäthylester-äthylenketal

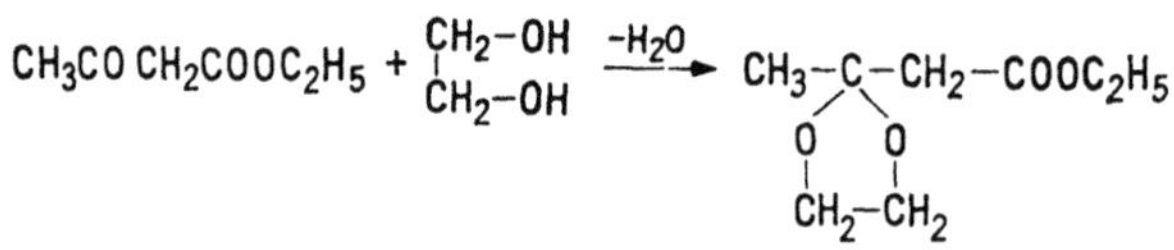

In einem 100-ml-Rundkolben mit Wasserabscheider und Rückflußkühler hält man 0,1 mol Acetessigsäureäthylester mit 0,1 mol Äthylenglykol in 55 ml Benzol unter Zugabe einer kleinen Spatelspitze p-Toluolsulfonsäure eine Stunde auf Siedetemperatur (s. Abb. 1.12, Standardapparatur 5). In dieser Zeit scheidet sich die berechnete Wassermenge ab. Nach beendeter Reaktion alkalisiert man mit 15 ml 1 N NaOH und wäscht noch zweimal mit Wasser. Die organische Phase wird mit Natriumsulfat getrocknet und im Vakuum destilliert. Der Vorlauf besteht aus Benzol; *Kp.*$_{17}$ 100 °C.

Überprüfen Sie durch Zugabe einiger Tropfen $FeCl_3$ zum Acetessigsäureäthylester-äthylenketal qualitativ die Reinheit des erhaltenen Ketals!

Berechnen Sie die Ausbeute!

Ü45 4.8.2.2. Cyclohexanonoxim

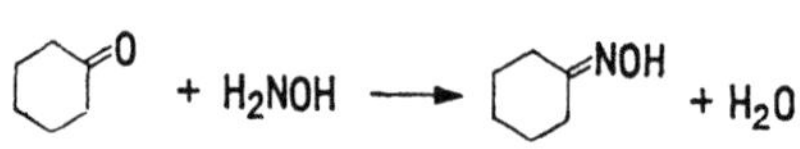

In einem 100-ml-Dreihalskolben mit Rührer, Tropftrichter und Thermometer werden 0,15 mol Hydroxylaminhydrochlorid und 0,12 mol kristallisiertes Natriumacetat in 60 ml Wasser gelöst und auf 60 °C erwärmt. Unter Rühren tropft man 0,1 mol Cyclohexanon ein und rührt noch eine halbe Stunde bei dieser Temperatur. Dann wird mit einer Eis/Kochsalz-Mischung auf 0 °C abgekühlt und das ausgefallene Oxim abgesaugt. Das rohe Oxim wird aus Methanol/Wasser (1 : 1) umkristallisiert.

F. 90 °C; Ausbeute etwa 70% d. Th.

Ü46 4.8.2.3. Dibenzalaceton

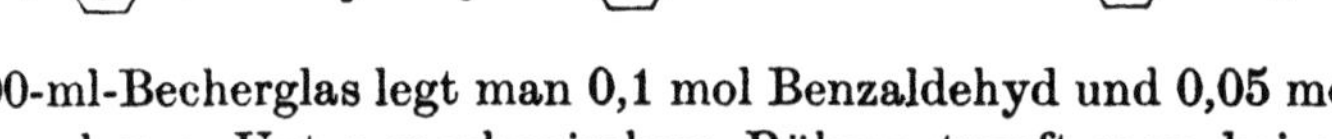

In einem 100-ml-Becherglas legt man 0,1 mol Benzaldehyd und 0,05 mol Aceton in 30 ml Methanol vor. Unter mechanischem Rühren tropft man bei einer Innentemperatur von 20 bis 27 °C 10 ml einer 15%igen KOH-Lösung zu. Steigt die Temperatur höher, muß mit kaltem Wasser gekühlt werden. Zur Vervollständigung der Reaktion rührt man noch 45 Minuten nach. Das rohe Dibenzalaceton wird abgesaugt, mit Wasser dreimal gewaschen und aus Methanol umkristallisiert.

F. 111 °C; Ausbeute etwa 75% d. Th.

4.8.2.4. Cyclohexanonäthylenketal Ü47

0,1 mol Cyclohexanon, 0,1 mol Äthylenglykol, 50 ml Benzol und eine Spatelspitze p-Toluolsulfonsäure werden in einem 100-ml-Rundkolben mit Wasserabscheider und Rückflußkühler (s. Abb. 1.12, Standardapparatur 5) eine Stunde zum Sieden erhitzt, wobei sich die berechnete Menge Wasser abscheidet. Nach beendeter Reaktion läßt man abkühlen, alkalisiert mit 2 ml 1N Natronlauge, wäscht zweimal mit je 20 ml Wasser und trocknet die organische Phase mit Natriumsulfat. Nach dem Abfiltrieren des Natriumsulfats destilliert man das Cyclohexanonäthylenketal im Vakuum. Der Vorlauf besteht aus Benzol.

Kp.$_{13}$ 73 °C; Ausbeute etwa 85% d. Th.

4.8.2.5. Osazone der D-Glucose und D-Mannose Ü48

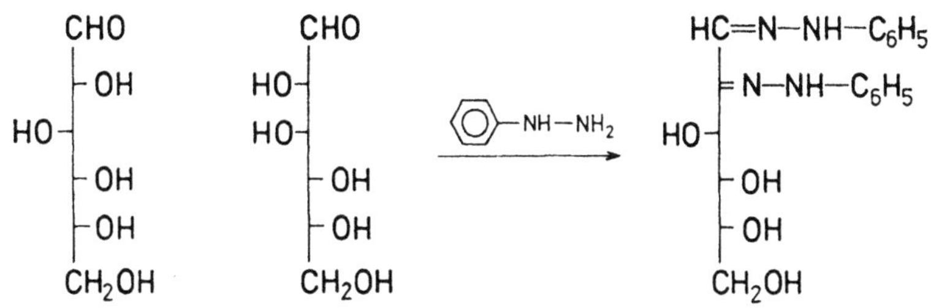

In einem 50 ml Rundkolben werden 0,05 mol Phenylhydrazin in 10 ml Eisessig und 20 ml Wasser gelöst, mit einer Lösung von 0,005 mol D-Mannose in 10 ml Wasser versetzt und 30 Minuten unter Rückfluß auf dem Wasserbad erhitzt. Bereits nach kurzer Zeit fällt das gebildete Osazon aus, das mit Wasser gewaschen wird und aus Wasser/Alkohol (5 : 1) umkristallisiert wird; *F.* 205 °C.

Nach der gleichen Vorschrift stellt man aus D-Glucose das entsprechende Osazon her und kristallisiert ebenfalls um *F.* 205 °C.

Nach der Bestimmung des Schmelzpunktes des D-Mannose- und des D-Glucose-Osazons wird der Mischschmelzpunkt bestimmt, der keine Depression zeigen darf. Warum?

4.8.3. Kontrollfragen

1. Erläutern Sie die Begriffe Polarität und Polarisierbarkeit an zwei Beispielen!
2. Nennen Sie je zwei organische Reste, die einen +I- und einen —I-Effekt ausüben! Stufen Sie die Reaktivität einer damit verbundenen Carbonylgruppe ab!
3. Wiederholen Sie die Säure-Basen-Theorie nach Lewis und nennen Sie vier Lewis-Säuren und vier Lewis-Basen!

4. Formulieren Sie folgende Umsetzungen:
   a) p-Methoxybenzaldehyd und Anilin
   b) Methyläthylketon und Äthanol
   c) Pinakolon und Hydroxylamin!
5. Formulieren Sie die Aldolreaktion zweier Moleküle n-Butyraldehyd!
6. Warum bilden D-Glucose, D-Mannose und D-Fructose das gleiche Osazon?

Ü49— Ü52

4.9. Nukleophile Reaktionen an Carbonsäuren und ihren Derivaten

4.9.1. Theoretische Grundlagen

Die Reaktivität von Carbonsäuren und ihren Derivaten ist analog Abschnitt 4.8.1. zu erklären.

Jedoch läßt sich das bei der Reaktion von Aldehyden und Ketonen formulierte Additionsprodukt (vgl. Abschn. 4.8.1.) bei den Reaktionen der Carboxylderivate nicht fassen, da sich stets ein Kondensationsschritt zu einem energieärmeren Säurederivat anschließt:

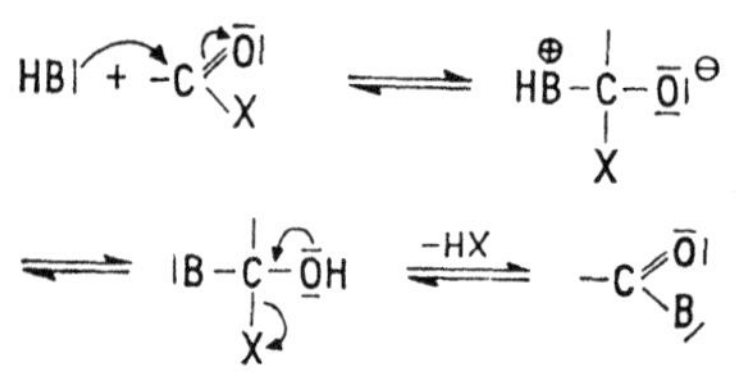

Die einzelnen Säurederivate lassen sich wie folgt mit zunehmender Reaktivität anordnen:

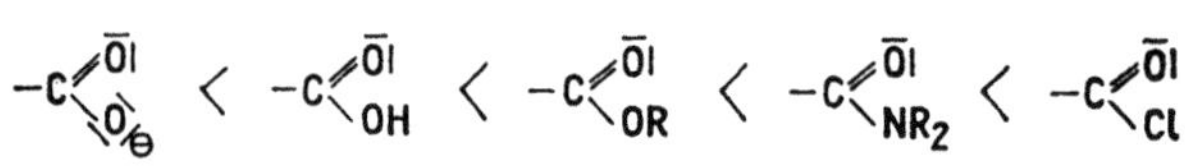

Es läßt sich stets aus einem rechts in der Reihe stehenden Säurederivat ein weiter links stehendes Derivat herstellen. Der umgekehrte Weg ist nur bei eng benachbarten, sich in ihrer Reaktivität wenig unterscheidenden Ausgangsprodukten zu realisieren.

Einige wichtige Reaktionen der Carbonsäuren und ihrer Derivate sind schematisch in Tabelle 4.3 zusammengestellt. Die Friedel-Crafts-Acylierung mit Säurechloriden wurde bereits in Abschnitt 4.6.1. behandelt.

4.9.2. Arbeitsvorschriften

Ü49

4.9.2.1. Benzoesäureäthylester

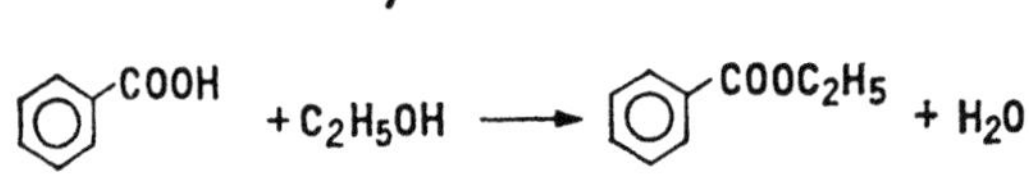

Tabelle 4.3

Nukleophile Reaktionen der Carbonsäuren und Derivate

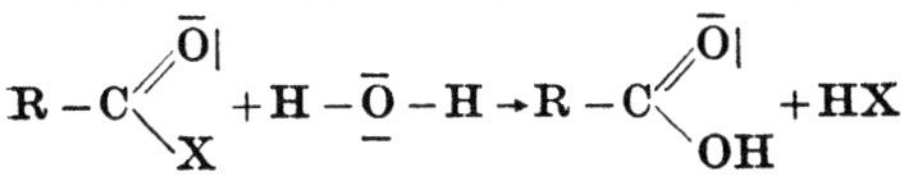 (X = Halogen, Acyloxy-)	Hydrolyse von Säurehalogeniden und Anhydriden
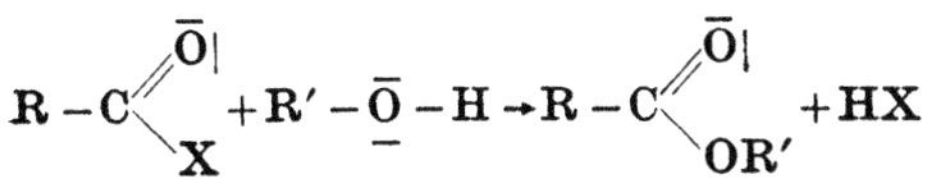	Ester
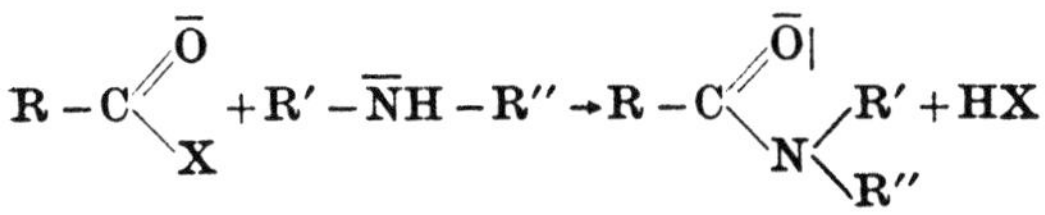 (R' auch H)	Amide
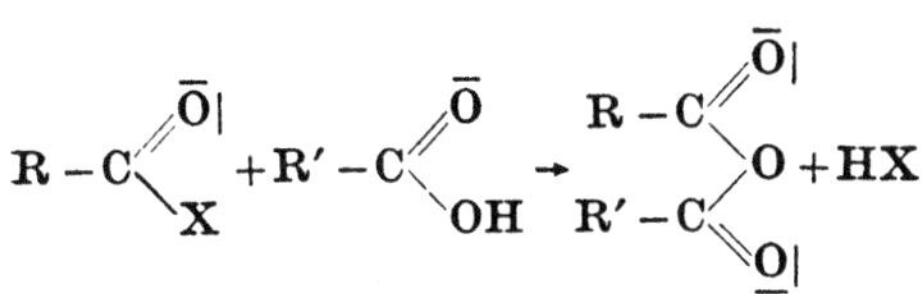	gemischte Anhydride
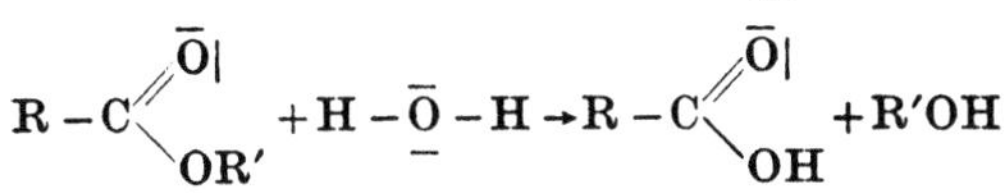	Hydrolyse von Estern
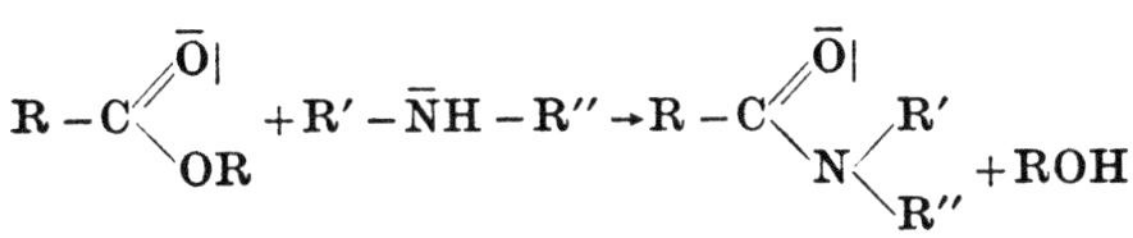 (R' auch H)	Amide
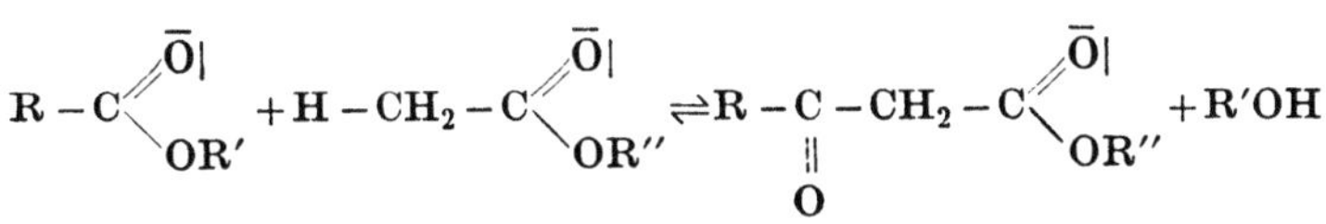	Esterkondensation
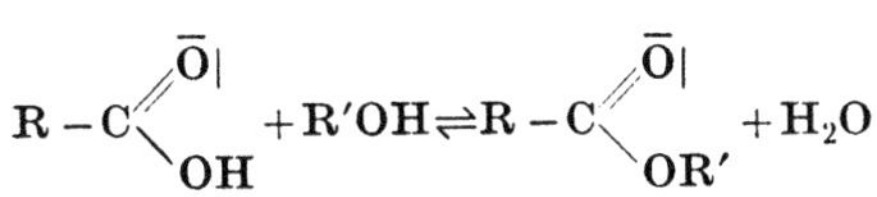	Veresterung von Säuren
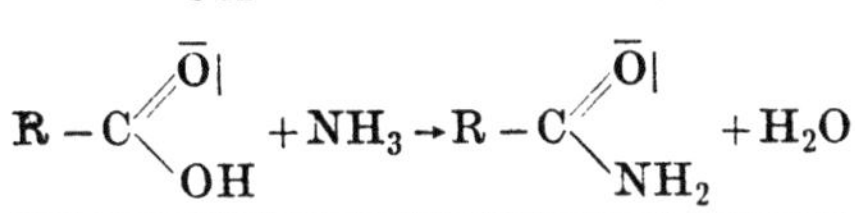	Amide

In einem 50-ml-Rundkolben werden 0,1 mol Benzoesäure und 0,5 mol absoluter Alkohol mit 0,02 mol konz. Schefelsäure versetzt und eine Stunde unter Rückfluß und Feuchtigkeitsausschluß (s. Abb. 1.8) erhitzt. Nach dem Abkühlen auf Zimmertemperatur wird die 1,5fache Menge Wasser zugegeben und mit 25 ml Chloroform geschüttelt. Die organische Phase wird abgetrennt, mit konzentrierter Sodalösung entsäuert, zweimal mit Wasser gewaschen und über Calciumchlorid getrocknet. Man destilliert das Chloroform ab, der Rückstand wird destilliert.

Kp. 212 °C; Ausbeute 85 % d. Th.

Ü50 4.9.2.2. Cyanacetamid

$$NC{-}CH_2{-}COOC_2H_5 + NH_3 \longrightarrow NC{-}CH_2{-}CONH_2 + C_2H_5OH$$

Dieser Versuch ist unter dem Abzug durchzuführen!

In einem 250-ml-Becherglas wird 0,1 mol Cyanessigsäureäthylester unter mechanischem Rühren langsam mit 40 ml konz. Ammoniak versetzt. Dann wird noch 40 Minuten gerührt und anschließend auf 0 °C abgekühlt. Das sich abscheidende Amid wird abgesaugt und aus wenig Äthanol umkristallisiert.

F. 120 °C; Ausbeute 80 % d. Th.

Ü51 4.9.2.3. Phenylessigsäure

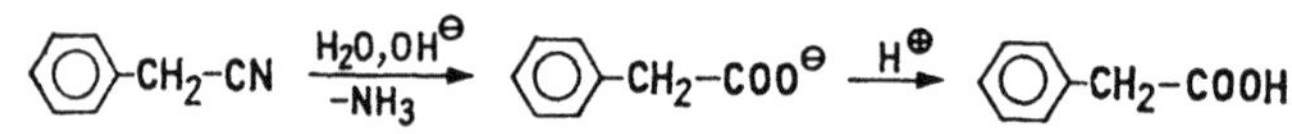

Dieser Versuch ist unter dem Abzug durchzuführen!

0,05 mol Benzylcyanid wird mit 0,1 mol 25 %iger wäßriger Natronlauge 75 Minuten in einem 50-ml-Rundkolben unter Rückfluß gekocht. Mit fortschreitender Reaktion verschwindet die organische Phase. Die erkaltete Lösung extrahiert man zweimal mit 25 ml Chloroform zur Entfernung unumgesetzten Benzylcyanids, säuert die wäßrige Phase mit 20 %iger Schwefelsäure an und saugt die ausgefallene Carbonsäure ab. Man kristallisiert aus Wasser unter Zugabe weniger Milliliter Äthanol um.

F. 78 °C; Ausbeute 75 % d. Th.

Ü52 4.9.2.4. Essigsäure-n-propylester

$$CH_3COOH + C_2H_5{-}CH_2OH \longrightarrow CH_3{-}C\begin{matrix}{\nearrow}O \\ {\searrow}OC_3H_7\end{matrix} + H_2O$$

In einen 100-ml-Rundkolben, der mit einem Wasserabscheider und Rückflußkühler (s. Abb. 1.12, Standardapparatur 5) versehen ist, gibt man 0,1 mol Essigsäure, 0,2 mol n-Propanol, eine Spatelspitze p-Toluolsulfonsäure als Katalysator und 60 ml Benzol als Schleppmittel. Der Wasserabscheider wird vor Beginn der Reaktion mit Benzol gefüllt. Man erhitzt eine Stunde unter Rückfluß, wobei sich die berechnete Menge Wasser (wieviel?) abscheidet. Nach beendeter Reaktion läßt man abkühlen, wäscht mit Wasser, mit 5 %iger Hydrogencarbonatlösung säurefrei und anschließend nochmals mit Wasser. Der erhaltene Rohester wird unter Normaldruck über eine Kolonne destilliert, wobei zuerst das Benzol azeotrop mit noch vorhandenen Wasserresten übergeht.

Kp. 101 °C; Ausbeute 70 % d. Th.

Eine azeotrope Veresterung läßt sich auch mit Chloroform oder Tetrachlorkohlenstoff als Schleppmittel durchführen, wobei aber ein anderer Wasserabscheider verwendet werden muß.

4.9.3. Kontrollfragen

1. Ordnen Sie in die Reaktivitätsreihe der Säurederivate auch die Ketone und die Aldehyde ein und begründen Sie die Reihenfolge!
2. Warum kann die Friedel-Crafts-Acylierung sowohl im Abschnitt 4.6. als auch im Abschnitt 4.9. behandelt werden?
3. Überlegen Sie sich, aus welchen Lösungsmitteln Cyanacetamid (s. $Ü_{50}$, Abschnitt 4.9.2.2.) noch umkristallisiert werden kann!
4. Warum verläuft die Ammonolyse von Cyanessigsäureäthylester leichter als die von Essigsäureäthylester?
5. Warum ist Phenylessigsäure im Gegensatz zu Benzylcyanid in NaOH löslich?
6. Begründen Sie, weshalb Acetylchlorid nicht durch Einwirkung von Salzsäure auf Essigsäure hergestellt werden kann!
7. Vergleichen Sie die Siedepunkte von Essigsäure und Essigsäure-n-propylester (s. $Ü_{52}$) und begründen Sie den qualitativen Unterschied!
8. Was versteht man unter Polyestern bzw. Polyamiden? Geben Sie für jeweils einen Vertreter Darstellung und Verwendung an!

4.10. Umlagerungen

$Ü_{53}$—$Ü_{54}$

4.10.1. Theoretische Grundlagen

Umlagerungen (Symbol: R, von engl. rearrangement) sind Reaktionen, bei denen ein Substituent innerhalb eines Moleküls unter Lösung und Neuknüpfung von Bindungen wandert.

Ist der wandernde Rest ein Anion (bzw. Kation, beispielsweise Proton, bzw. Radikal), so wird die Umlagerung als *Anionotropie* oder *nukleophile Umlagerung* R_N (bzw. *Kationotropie*, beispielsweise *Prototropie*, R_E, bzw. *radikalische Umlagerung* R_R) bezeichnet. Zahlreiche nukleophile Umlagerungen verlaufen über eine Zwischenstufe, in der ein Kohlenstoff- oder ein Heteroatom X lediglich ein Elektronensextett (*Sextettumlagerungen*) besitzt, das durch das freie Elektronenpaar des wandernden Anions zum stabileren Oktett aufgefüllt wird:

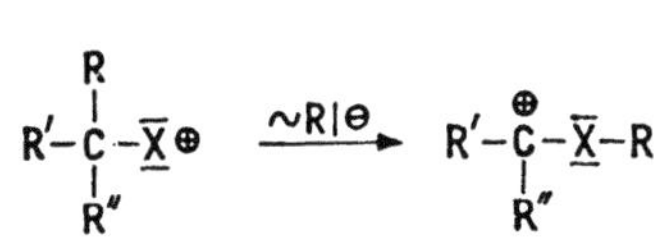

Das entstandene Carboniumion kann sich durch eine Folgereaktion (z. B. nukleophile Substitution, Eliminierung) stabilisieren. Für X = CH_2 gilt:

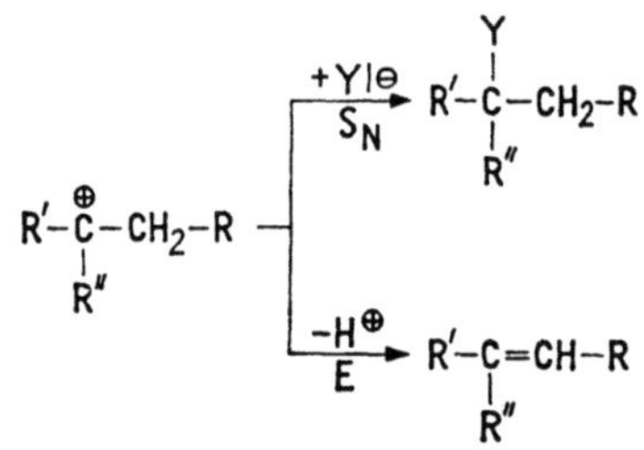

Wichtige Beispiele für Sextettumlagerungen:

X = C Pinakolon-, Wagner-Meerwein-Umlagerung
X = N Säureabbaureaktionen nach HOFMANN, CURTIUS und SCHMIDT; Beckmann-Umlagerung von Oximen
X = O Hock-Phenolsynthese

Die Indolsynthese nach E. FISCHER ist eine *Mehrzentrenreaktion*, bei der die N – N-Bindung eines Phenylhydrazons gelöst, eine C – C-Bindung neu geknüpft und Ammoniak abgespalten wird:

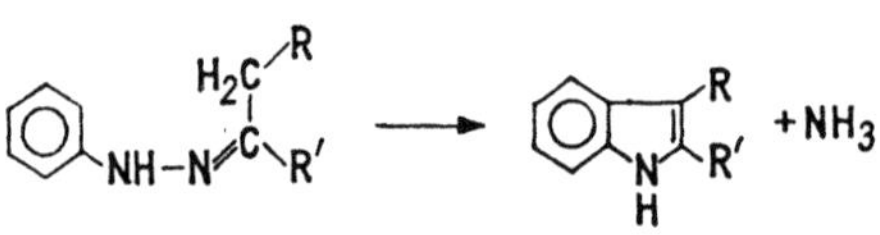

4.10.2. Arbeitsvorschriften

Ü53 4.10.2.1. ε-Caprolactam

In einem 100-ml-Kolben werden 0,05 mol Cyclohexanonoxim (s. Ü45, Abschn. 4.8.2.2.) mit 60 g Polyphosphorsäure gemischt. In einem bereits vorher auf 130 °C aufgeheizten Ölbad wird die Mischung 20 Minuten gerührt. Dann gießt man sie in etwa 200 g Eiswasser, wobei man mit einem Glasstab so lange rührt, bis sich die Säure gelöst hat. Unter Außenkühlung des Gefäßes mit Eis wird mit 25 %igem Ammoniak bis zur schwach alkalischen Reaktion neutralisiert und die Lösung mit dreimal 30 ml Chloroform extrahiert. Die vereinigten Extrakte werden mit Natriumsulfat getrocknet. Die Lösung wird filtriert und das Chloroform unter Verwendung eines Wasserbades im leichten Vakuum abdestilliert. Der sirupöse Rückstand, der kein Chloroform mehr enthalten darf, wird mit wenig Cyclohexan (etwa 10 ml) zur Kristallisation gebracht. Das Lactam wird abgesaugt und an der Luft getrocknet.

F. 67 ... 68 °C; Ausbeute etwa 70 % d. Th.

4.10.2.2. Tetrahydrocarbazol

Ü54

In einen Erlenmeyer-Kolben gibt man zu 0,025 mol Cyclohexanonphenylhydrazon (s. $Ü_{66}$, Abschn. 4.13.2.2.) 10 g Polyphosphorsäure und verrührt beide Stoffe mit Hilfe eines Thermometers unter gleichzeitiger Beobachtung der Temperatur. Setzt die Reaktion ein – erkennbar durch plötzliche, starke Erwärmung – kühlt man den Kolben in einem vorher aufgeheizten, siedenden Wasserbad, so daß die Temperatur 190 °C nicht übersteigt. Setzt die Reaktion nicht von selbst ein, so erwärmt man das Gemisch im Wasserbad. Nach dem Abklingen der Reaktion versetzt man die Mischung mit etwa 25 ml Wasser, saugt das abgeschiedene Tetrahydrocarbazol ab, wäscht mit Wasser und wenig kaltem Alkohol und kristallisiert aus Alkohol um.

F. 119 °C; Ausbeute etwa 80 % d. Th.

4.10.3. Kontrollfragen

1. Formulieren Sie den Hofmannschen Abbau der Säureamide!
2. Beurteilen Sie die Wanderungstendenzen des Methyl- und Phenylrestes sowie unterschiedlich monosubstituierter Phenylreste bei Sextettumlagerungen!

4.11. Polymerisation

Ü55—Ü61

4.11.1. Theoretische Grundlagen

Die Polymerisation ist eine Synthesereaktion für Makromoleküle, die in mechanistischer Hinsicht als *Kettenwachstumsreaktion* zu bezeichnen ist. Die Ausgangsstoffe der Reaktion nennt man *Monomere,* die Endprodukte *Polymere.* Monomere können heterocyclische Verbindungen wie z. B. ε-Aminocaprolactam oder Moleküle mit Mehrfachbindungen wie z. B. Vinylchlorid, Äthen, Acrylnitril sein.

Die Startreaktion besteht in der Anlagerung eines Initiatorfragmentes, das ein Radikal, Anion oder Kation sein kann, an ein Monomeres.

Dieses aktivierte Gebilde ist in der Lage, in einer Wachstumsreaktion mit weiteren Monomeren zu reagieren, wobei Molekülmassen vom 10^5- bis 10^7fachen des Ausgangsmoleküls auftreten können.

Je nach Art der Initiierung unterscheidet man radikalische, kationische oder anionische Polymerisation.

Die *radikalische Polymerisation* wird durch Initiatoren wie Dibenzoylperoxid, Cyclohexanonperoxid, Diacetylperoxid, Azo-bis-isobutyronitril, die leicht in reaktionsfähige Radikale zerfallen können, gestartet:

$$R'-O-O-R' \longrightarrow 2\,R'-\underline{\overline{O}}\cdot$$

In der Startreaktion lagert sich das gebildete Radikal an die Doppelbindung an, und es bildet sich ein neues Radikal:

$$R'\text{-}\overline{\underline{O}}\cdot + H_2C{=}CH\text{-}R \longrightarrow R'\text{-}O\text{-}CH_2\text{-}\dot{C}H\text{-}R$$

Dieses Radikal kann mit weiteren Olefinmolekülen reagieren:

$$R'\text{-}O\text{-}CH_2\text{-}\underset{R}{\overset{H}{C}}\cdot + CH_2{=}CH\text{-}R \longrightarrow R'\text{-}O\text{-}CH_2\text{-}\underset{R}{\overset{H}{C}}\text{-}CH_2\text{-}\underset{R}{\overset{H}{C}}\cdot \longrightarrow \text{usw.}$$

Durch diese Wachstumsreaktion bilden sich Makroradikale. Der Kettenabbruch kann dadurch erfolgen, daß die Makroradikale disproportionieren

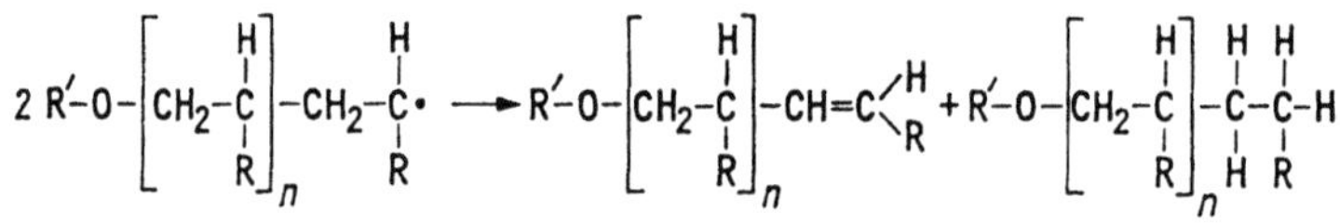

oder kombinieren

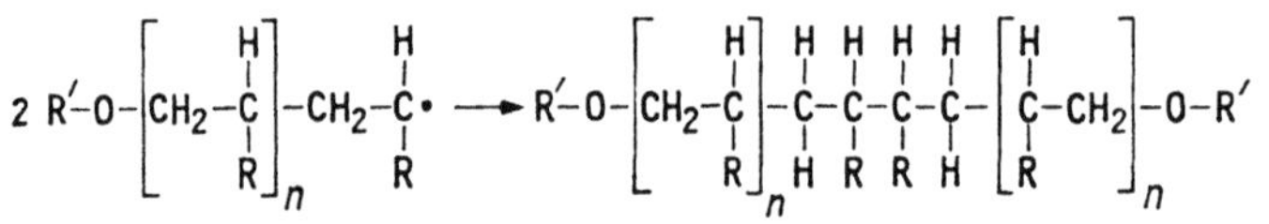

oder durch Fremdradikale, die aus dem Lösungsmittel oder dem zugesetzten Initiator stammen, abgesättigt werden.

Die radikalische Polymerisation läßt sich durch Inhibitoren (Radikalfänger) verhindern. Derartige Stoffe reagieren mit den Initiator- bzw. Polymerradikalen und machen damit die Polymerisation unmöglich bzw. brechen sie ab.

Nitroverbindungen und Chinone sind für viele Monomere als besonders gute Inhibitoren bekannt:

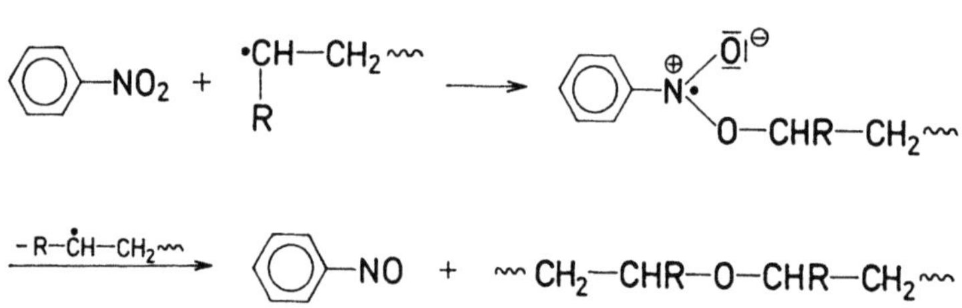

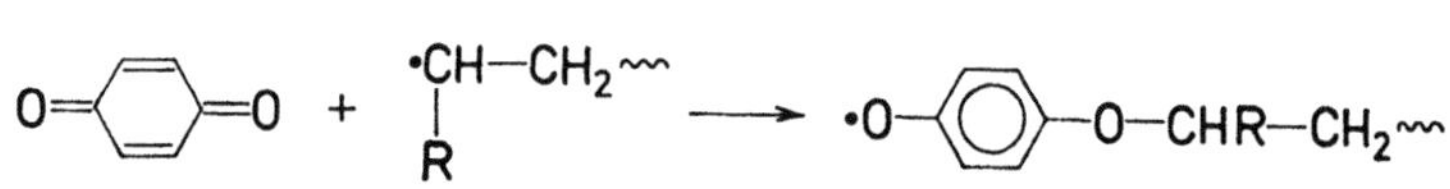

Das mit Benzochinon entstehende Radikal ist zu reaktionsträge, um die Polymerisation fortzusetzen.

Käufliches Styrol enthält als Stabilisator geringe Mengen Hydrochinon, da es sonst schon unter der Einwirkung von Luftsauerstoff polymerisieren würde. Hydrochinon oxydiert in Gegenwart von Sauerstoff zu Benzochinon. Den weiteren Schutz des Styrols übernimmt dann der Inhibitor Benzochinon.

Die Polymerisation ist eine Hauptreaktion der Olefine und ihrer Derivate. Sie bildet die Grundlage der Erzeugung von Plasten (Kunststoffen), Elasten (synthetischer Kautschuk) und synthetischen Fasern. Wichtige Produkte sind z. B. Polyvinylchlorid, Polyäthylen, Polybutadien, Polyacrylnitril und Polyvinylacetat.

4.11.2. Arbeitsvorschriften

Die Versuche $Ü_{55}$ bis $Ü_{61}$ sind nach Erfordernis und Möglichkeit zu einer Praktikumsaufgabe zu kombinieren. Die Synthesevorschriften für die Polymere sind als Reagenzglasversuche angegeben, da eine Reinigung von Kolben sehr aufwendig werden würde.

4.11.2.1. Polyacrylnitril $Ü_{55}$

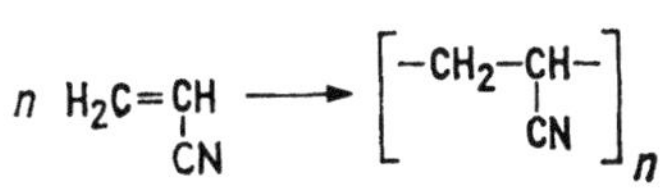

Vorsicht! Acrylnitril ist ein starkes Gift! Die Reaktion ist unter dem Abzug auszuführen!

In einem Reagenzglas gibt man zu 1 g frisch destilliertem Acrylnitril (*Kp.*: 78 bis 79 °C) 7 ml Wasser und einen Tropfen konz. Schwefelsäure. Nach dem Umschütteln setzt man je eine Spatelspitze Kaliumdisulfit und Kaliumperoxydisulfat hinzu. Man schüttelt erneut um und erwärmt über der Flamme des Bunsenbrenners. Nach einiger Zeit erstarrt das Polyacrylnitril. Es wird abgesaugt, mit etwa 5 ml Methanol gewaschen und auf der Tonplatte bzw. zwischen Filterpapier getrocknet. Man bestimme die Ausbeute!

Ausbeute 75% d. Th.

4.11.2.2. Polystyrol $Ü_{56}$

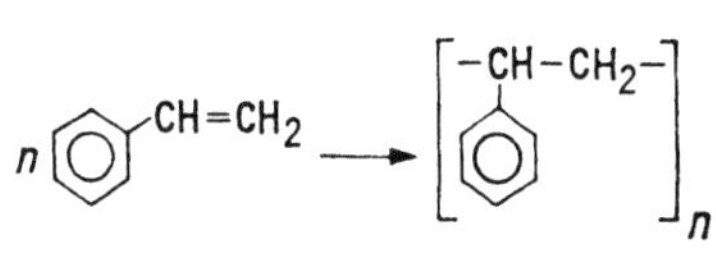

5 ml frisch destilliertes Styrol ($Kp._{20}$ 46 °C) werden in einem Reagenzglas mit einer Spatelspitze Dibenzoylperoxid versetzt. Mit einem Glasstab wird der Initiator verteilt. Danach wird das Reagenzglas für eine Stunde in ein siedendes Wasserbad gestellt. Der Fortgang der Polymerisation kann am viskosen Verhalten der Flüssigkeit verfolgt werden.

Ü57 4.11.2.3. Polyvinylacetat

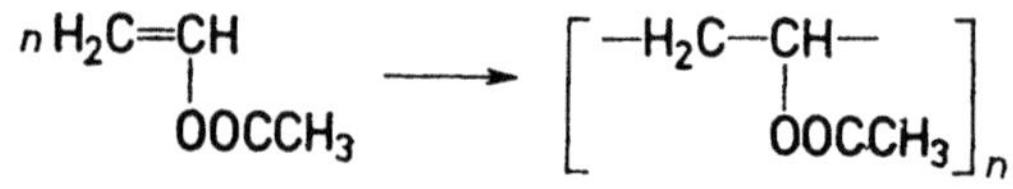

0,1 mol frisch destilliertes Vinylacetat (*Kp.*$_{728}$ 72 °C) werden in einem Reagenzglas mit etwa 50 mg Dibenzoylperoxid versetzt und auf dem Wasserbad (etwa 80 °C) erwärmt. Sollte die Reaktion zu heftig werden, entferne man das Reagenzglas aus dem Bad. Danach läßt man noch 30 Minuten im siedenden Wasserbad stehen. In 10 ml Methanol löst man einen Teil des Polymeren und fällt das Polyvinylacetat durch Eingießen in 50 ml Wasser aus.

Ü58 4.11.2.4. Polymethacrylsäuremethylester (Piacryl)

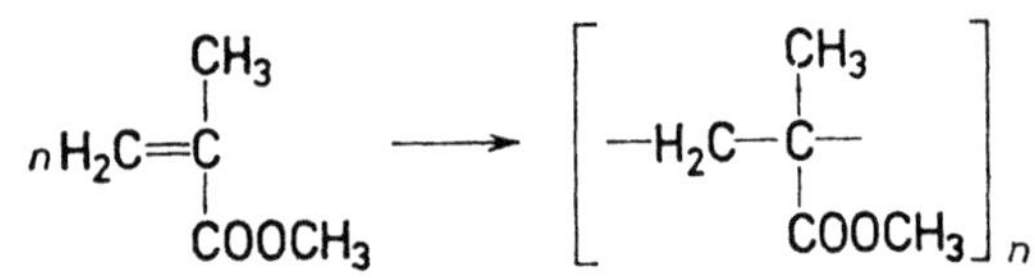

In einem Reagenzglas werden 4 ml frisch destillierter Methacrylsäuremethylester (*Kp.* 100 °C) mit einer Spatelspitze trockenem Dibenzoylperoxid versetzt und auf dem Wasserbad bis etwa 60 °C erhitzt. Nach einiger Zeit entsteht ein festes, durchsichtiges Polymerisat.

Ü59 4.11.2.5. Vernetzung eines ungesättigten Polyesters

In dieser Übung wird Polyester G (Buna), eine Lösung von (monomerem) Styrol in einem ungesättigten Polyester, verwendet. Der eingesetzte Redox-Initiator (Dibenzoylperoxid in Gegenwart von N.N-Dimethylanilin) erlaubt die Polymerisation bereits bei relativ niedriger Temperatur:

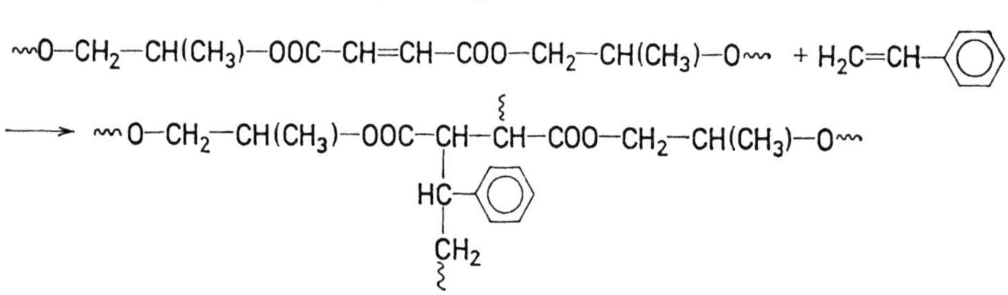

Achtung! Vorsicht! Dibenzoylperoxid und Dimethylanilin dürfen als reine Substanzen nicht miteinander in Berührung gebracht werden. Sie reagieren explosionsartig.

Auf einem Uhrglas werden 10 ml Polyester G mit einer Spatelspitze trockenem Dibenzoylperoxid verrührt. Danach erfolgt Zugabe von 1 bis 2 Tropfen N.N-Dimethylanilin. Wenn das Reaktionsgemisch geliert, setzt die vernetzende Pfropfpolymerisation ein. Nach einer Stunde etwa ist das Produkt ausgehärtet.

4.11.2.6. Verzweigter Polymethacrylsäuremethylester Ü60

Bei Polymerisationen kann die Radikalstelle vom wachsenden Polymeren oder vom Initiator an mögliche im System vorhandene Moleküle übertragen werden. In der vorliegenden Übung findet die Übertragungsreaktion mit dem im Monomeren gelösten Polymeren statt.

Es wird der käufliche kalthärtende Dentalplast Kallocryl – C eingesetzt. Er besteht aus Pulver (Polymethacrylsäuremethylester und Initiator) und der Flüssigkeit (Methacrylsäuremethylester):

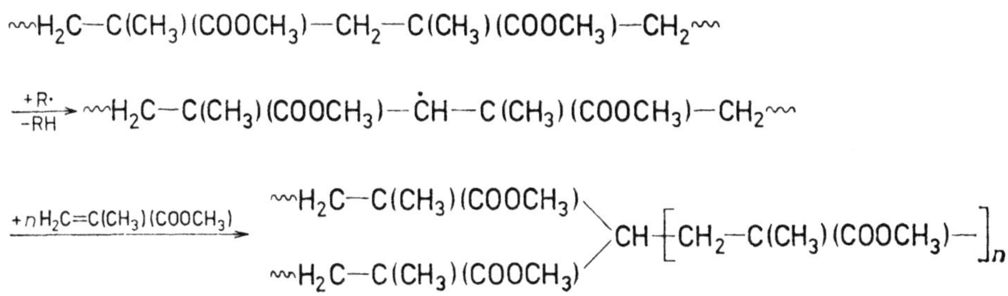

3 g Kallocryl-Pulver werden auf dem Uhrglas mit 3 g Kallocryl-Flüssigkeit mit einem Glasstab rasch und gut verrührt. Anschließend preßt man die Masse mit den Fingern in die gewünschte Form. Dabei härtet das Produkt unter merklicher Wärmeentwicklung aus. Diese ist nach etwa 10 Minuten beendet.

4.11.2.7. Styrol durch Depolymerisation von Polystyrol Ü61

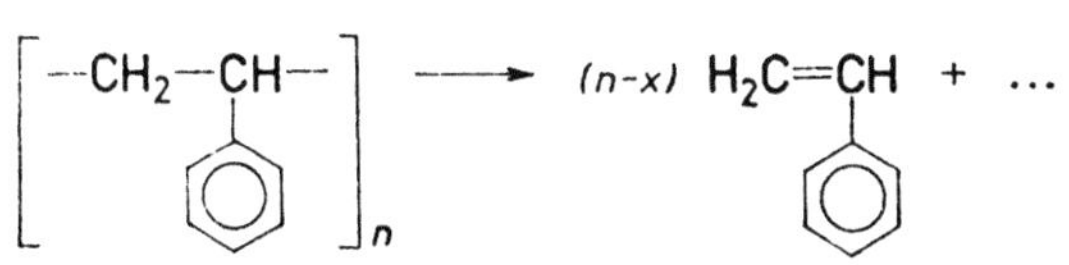

20 g zerkleinertes Polystyrol werden in einem 100-ml-Rundkolben eingewogen. Am absteigenden Kühler wird bei 15 bis 20 Torr mit einem Metallbad auf 200 bis 250 °C erhitzt. Das dabei übergehende Depolymerisationsprodukt besteht zum größten Teil aus den Monomeren und wird nach Zusatz einer Spatelspitze Schwefel erneut im Vakuum destilliert und die Ausbeute bestimmt.

Styrol: *Kp.*$_{20}$ 46 °C; n_D^{20} 1,5472; Ausbeute 20% d. Th.

Bei einer Abweichung des Brechungsindex um mehr als 0,2% wird erneut unter Zusatz von Schwefel destilliert. Der zur thermischen Zersetzung des Polystyrols verwandte Kolben kann mit siedendem Benzol gereinigt werden.

4.11.3. Kontrollfragen

1. Formulieren Sie die mechanistischen Schritte (Start, Wachstum, Abbruch) der
   a) anionischen Polymerisation von Acrylnitril mit $R-O^{\ominus}$ als Initiator
   b) kationischen Polymerisation von Isobuten mit $H^{\oplus}$ als Initiator!
2. Geben Sie die Zahl der wachsenden Ketten an, die der Inhibitor Trinitrobenzol stoppen könnte!
3. Nennen Sie Säure und Alkohol, aus denen der ungesättigte Ester in $Ü_{59}$, Abschn. 4.11.2.5. aufgebaut ist!
4. Geben Sie Synthesen für die Monomere Vinylchlorid, Styrol, Vinylacetat, Acrylnitril an!
5. Warum wird handelsübliches Acrylnitril in $Ü_{55}$, Abschn. 4.11.2.1. vor der Polymerisation destilliert?

$Ü_{62}$— $Ü_{64}$

4.12. Hydrierung

4.12.1. Theoretische Grundlagen

Eine Vielzahl organischer Verbindungen, die Kohlenstoffmehrfachbindungen oder funktionelle Gruppen (z. B. Carbonyl-, Nitro-, Nitroso-, Nitril-, Azomethingruppe) besitzen, lassen sich bei unterschiedlichen Reaktionsbedingungen unter Verwendung von Katalysatoren mit *molekularem Wasserstoff* hydrieren.

Die *katalytische Hydrierung* spielt neben anderen Hydrierungsmethoden in der Technik eine große Rolle. Der Mechanismus der Hydrierung ist noch nicht vollständig geklärt; verschiedenen Untersuchungen zufolge kann sowohl ein radikalischer als auch ein ionischer Reaktionsmechanismus angenommen werden. Hydrierungen verlaufen in der Regel exotherm. Als Katalysatoren kommen neben den teuren Edelmetallkatalysatoren, wie Platin und Palladium, auch Eisen, Kupfer, Nickel und andere Metalle und einige Metalloxide bzw. -sulfide zur Anwendung. Die Wahl des Katalysators hängt von der Art der zu hydrierenden Substanz und den Reaktionsbedingungen ab. Einige Katalysatoren ermöglichen ein selektives Arbeiten.

Während feste Substanzen in geeigneten Lösungsmitteln, wie z. B. Wasser, Alkoholen, Estern, Säuren und Äthern, hydriert werden, können flüssige Stoffe auch ohne Lösungsmittel eingesetzt werden. Für Hydrierungen unter Normaldruck und bei Raumtemperatur verwendet man die in Abbildung **4.3** gezeigte Hydrierungsapparatur (*a* = Niveaugefäß, *b* = Gasometer, *c* = Dreiwegehahn, *d* = Trockenrohr mit $CaCl_2$, *e* = Hydriergefäß, z. B. Erlenmeyer-Kolben mit ebenem Boden, mit Außenkühlung und Magnetrührer). Hydrierungen unter Druck und bei erhöhten Temperaturen werden dagegen in einem Autoklaven unter Beachtung spezieller Sicherheitsvorschriften durchgeführt.

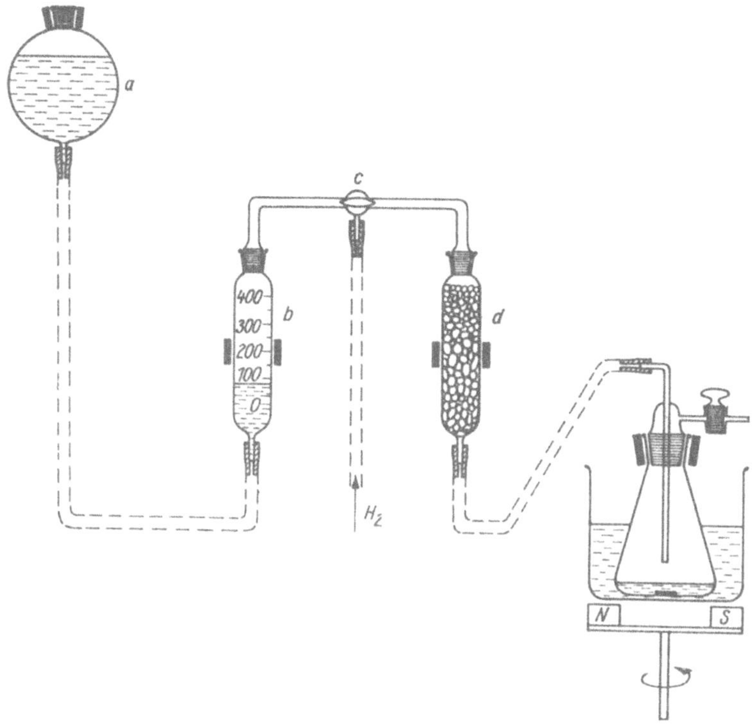

Abb. 4.3 Hydrierungsapparatur

Als besonders elegante Methode hat die ***katalytische Hydrierung mit gebundenem Wasserstoff*** zunehmende Bedeutung erlangt. Anstelle des molekularen Wasserstoffs werden hierbei Verbindungen eingesetzt, die in Gegenwart von Metallkatalysatoren Wasserstoff abspalten können. In $Ü_{63}$, Abschn. 4.12.2.2. dient Hydrazin als Wasserstoffquelle.

4.12.2. Arbeitsvorschriften

4.12.2.1. Anilin $Ü_{62}$

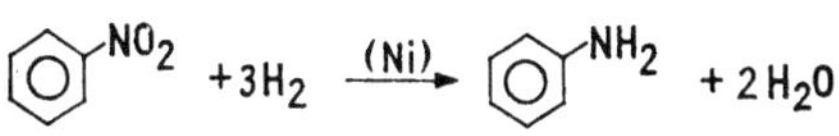

Raney-Nickel

Raney-Nickel ist eine Legierung, die neben Aluminium 30 bis 50% Nickel enthält und aus der zur Darstellung des Raney-Nickel-Katalysators das Aluminium mit Natronlauge herausgelöst wird.

In einem 400 ml Becherglas werden 3 g Raney-Nickel-Legierung mit 100 ml Wasser versetzt. Unter Umrühren mit einem Thermometer fügt man 2 g Natriumhydroxid **(Schutzbrille!)** hinzu. Nach kurzer Zeit schäumt die Mischung auf. Nach

Abklingen der Reaktion gibt man noch 4 g Natriumhydroxid portionsweise hinzu und erwärmt zur Vervollständigung der Reaktion noch 30 Minuten auf dem Wasserbad auf 70 °C. Das Nickel setzt sich schwammig zu Boden. Die wäßrige Schicht wird langsam dekantiert. Man wäscht den Katalysator mehrmals mit 150-ml-Portionen warmen Wassers bis zur neutralen Reaktion und schließlich zweimal mit Äthanol oder Methanol.

Zur Aktivitätsprüfung des Katalysators wird eine Spatelspitze auf eine Tonplatte gebracht: Der Katalysator muß sich selbst entzünden.

Der Katalysator muß unter dem zur Verwendung kommenden Lösungsmittel aufbewahrt werden. Rückstände dürfen nicht in Abfallbehälter gegeben werden, sondern sind durch Verbrennen zu vernichten!

Anilin

Die katalytische Hydrierung wird bei Raumtemperatur unter Normaldruck in einer Abbildung 4.3 entsprechenden Apparatur unter Außenkühlung durchgeführt.

Im Hydriergefäß wird der hergestellte Katalysator mit 0,01 mol der zu hydrierenden Nitroverbindung versetzt und mit 50 ml Äthanol überschichtet. Man spült die Apparatur bis zur negativen Knallgasprobe mit Wasserstoff aus der Bombe, verschließt das Hydriergefäß und setzt den Magnetrührer in Gang. Der Wasserstoffverbrauch wird in Abhängigkeit von der Zeit (15-Minuten-Intervalle) graphisch ausgewertet. Die Hydrierung ist beendet, wenn die theoretisch errechnete Wasserstoffmenge aufgenommen wurde. Man filtriert vom Katalysator ab, destilliert das Lösungsmittel ab und weist das gebildete Amin als Acylierungsprodukt nach (s. Abschn. 6.1.4.4.1.).

Ü63 4.12.2.2. Dihydrozimtsäure

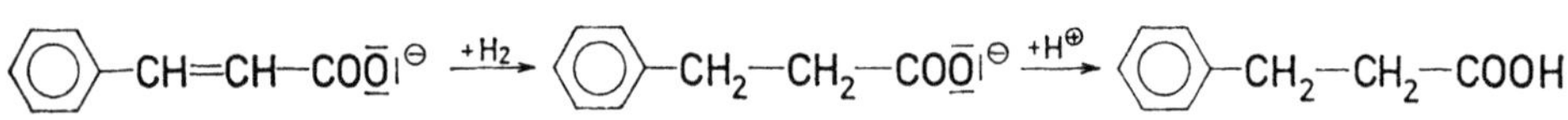

Im Hydriergefäß (s. Abb. 4.3) wird 0,1 mol Zimtsäure durch Zugabe zu einer Lösung von 0,1 mol Natriumhydroxid in 30 ml Wasser in das Natriumsalz umgewandelt. Man fügt den aus 3 g Raney-Nickel-Legierung nach Abschnitt 4.12.2.1. hergestellten Katalysator so hinzu, daß er vollständig von der Flüssigkeit bedeckt ist. Nachdem die Apparatur (s. Abb. 4.3) bis zur negativen Knallgasprobe mit Wasserstoff aus der Bombe gespült ist, verschließt man das Hydriergefäß und setzt den Magnetrührer in Gang. Wenn das berechnete Volumen Wasserstoff aufgenommen worden ist, saugt man den Katalysator ab und säuert die Lösung vorsichtig mit konzentrierter Salzsäure an. Durch Abkühlung auf etwa 0 °C scheiden sich farblose Kristalle von Dihydrozimtsäure ab, die abgesaugt, aus verdünnter Salzsäure umkristallisiert und mit wenig eiskaltem Wasser gewaschen werden.

F. 47 °C; Ausbeute etwa 90% d. Th.

4.12.2.3. 4.4'-Dichlorazoxybenzol Ü64

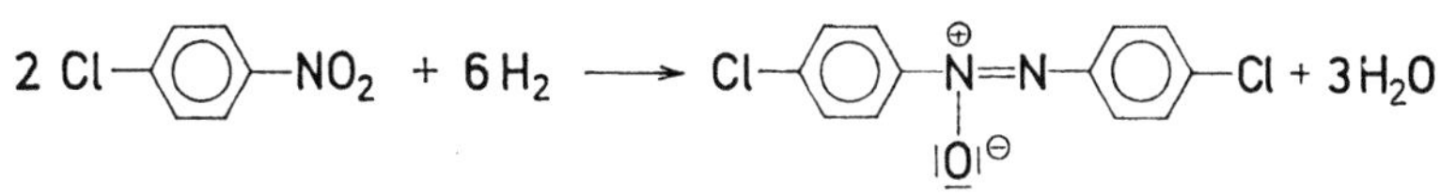

In einem 250-ml-Rundkolben werden 0,6 mol p-Chloranilin in 100 ml Äthanol unter gelindem Erwärmen gelöst und mit 7 ml 72%igem Hydrazinhydrat versetzt. Bei etwa 40 °C fügt man den aus 3 g Raney-Nickel-Legierung nach Abschnitt 4.12.2.1. hergestellten Katalysator hinzu. Die Zugabe erfolgt in kleinen Portionen, wobei jeweils das Abklingen der lebhaften Gasentwicklung abzuwarten ist. Nach Zugabe der gesamten Katalysatormenge erhitzt man noch 45 Minuten auf dem siedenden Wasserbad am Rückfluß. Der Katalysator wird heiß abfiltriert, und beim Abkühlen beginnt die Abscheidung des Produkts, die durch langsame Zugabe von 250 ml Wasser vervollständigt wird. Das Rohprodukt wird abgesaugt und aus etwa der 10fachen Masse Äthanol umkristallisiert.

F. 154 ... 156 °C; Ausbeute etwa 40% d. Th.

4.12.3. Kontrollfragen

1. Welche Produkte erhält man bei der Hydrierung folgender funktioneller Gruppen: Carbonyl-, Nitro-, Nitroso-, Nitril-, Azomethin-Gruppe?
2. Welche Reaktionsprodukte entstehen bei der Hydrierung von Nitroverbindungen in Eisessig?
3. Welche Faktoren sind bei der Auswertung einer quantitativen Hydrierung zu berücksichtigen?
4. Geben Sie an, ob sich Aromaten oder Olefine leichter hydrieren lassen (vgl. Abschn. 4.12.2.2.!)!
5. Formulieren Sie die Darstellung von Fettalkoholen bzw. von Hexamethylendiamin durch katalytische Hydrierung!

4.13. Oxydation und Dehydrierung Ü65—Ü69

4.13.1. Theoretische Grundlagen

Oxydation bedeutet Entzug von Elektronen, z. B.:

$$Fe^{2\oplus} \longrightarrow Fe^{3\oplus} + e$$

Verbindungen werden daher um so leichter oxydiert, je höher ihre Tendenz zur Elektronenabgabe ist. Dabei ergeben sich folgende Reihenfolgen:

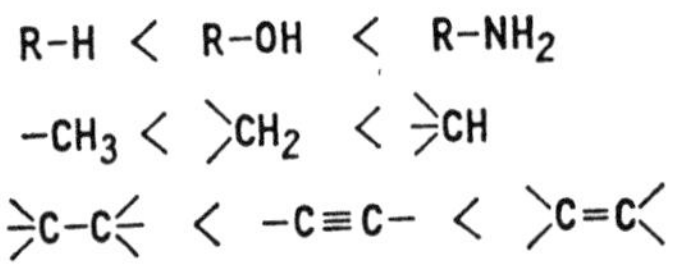

Als *Oxydationsmittel* dienen Stoffe hoher Elektronenaffinität, z. B. Sauerstoff Wasserstoffperoxid, Salpetersäure, Schwefel, Selendioxid, Halogene und Metallverbindungen höherer Wertigkeitsstufen (Eisen(III)-verbindungen, Mangandioxid, Kaliumpermanganat, Chromsäure, Chromsäureanhydrid, Bleidioxid, Bleitetraacetat).

Die Oxydation organischer Verbindungen geht im allgemeinen mit einer Abgabe von Wasserstoff („Dehydrierung“) oder mit einer Aufnahme von Sauerstoff einher und ist meist an ein verfügbares Wasserstoffatom gebunden. Folgende Übersicht gibt die Oxydation am primären, sekundären und tertiären C-Atom an:

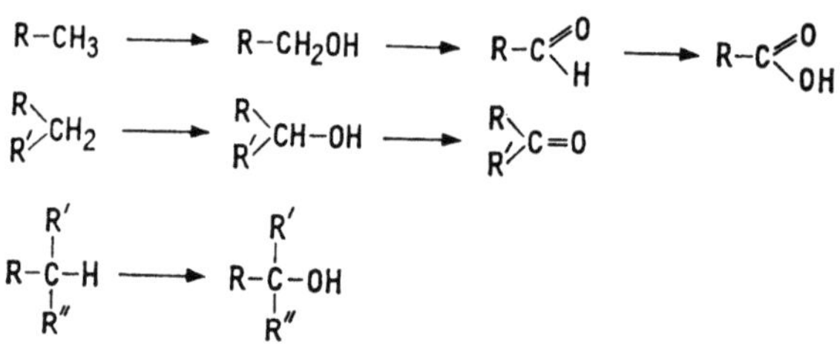

Die weitere Oxydation der angegebenen Endstufen ist nur unter Abbau des Moleküls möglich.

4.13.1.1. Oxydation von Kohlenwasserstoffen

Unverzweigte gesättigte Kohlenwasserstoffe lassen sich nur sehr schwierig oxydieren; jedoch wird die Oxydierbarkeit einer Alkylgruppe wesentlich erleichtert, wenn sie an einen aromatischen Kern gebunden ist.

Die Oxydation von Alkylaromaten verläuft normalerweise bis zur Endstufe, da die entstehenden Alkohole bzw. Aldehyde leichter oxydierbar sind als die Alkylgruppen. Nur unter bestimmten Bedingungen (z. B. Einsatz von SeO_2 als selektives Oxydationsmittel, Abfangen der Aldehydstufe als Diacetat) lassen sich Aldehyde und unter bestimmten Bedingungen auch Alkohole darstellen.

In $Ü_{65}$, Abschn. 4.13.2.1. wird die Oxydation eines Alkylaromaten zur aromatischen Carbonsäure durchgeführt.

4.13.1.2. Oxydation von Alkoholen und Aldehyden

Die Oxydationsprodukte von Alkoholen und Aldehyden sind in Abschnitt 4.13.1. angegeben. Da primäre und sekundäre Alkohole leichter zu oxydieren sind als die entsprechenden Kohlenwasserstoffe, gelingt die Reaktion hier bereits unter milderen Bedingungen als in Abschnitt 4.13.1.1.

Die Aldehydgruppe ist leichter oxydierbar als die primäre bzw. sekundäre Hydroxylgruppe, z. B.:

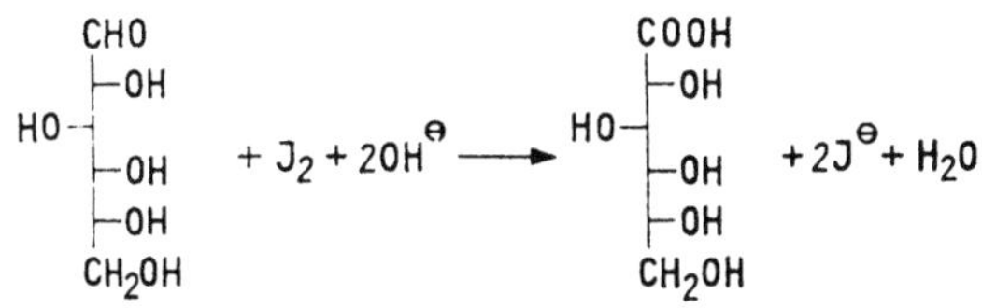

Deshalb muß bei der Darstellung von Aldehyden durch Oxydation primärer Alkohole der entstehende Aldehyd vor der Weiteroxydation zur Carbonsäure geschützt werden. Man kann ihn z. B. laufend destillativ aus dem Reaktionsgemisch entfernen, was wegen des niedrigeren Siedepunktes des Aldehyds gegenüber dem des Alkohols oft möglich ist.

In $Ü_{66}$, Abschn. 4.13.2.2. wird die Oxydation eines sekundären Alkohols zum Keton durchgeführt. Die Leichtigkeit der Oxydation eines Aldehyds zur Carbonsäure belegt $Ü_{67}$, Abschn. 4.13.2.3.; in der radikalisch ablaufenden Reaktion (vgl. Abschn. 4.1.1.!) dient Luftsauerstoff als Oxydationsmittel.

4.13.1.3. Oxydation von Aromaten zu Chinonen

Durch Oxydation von Aromaten können unter gewissen Bedingungen Chinone erhalten werden. Die Bildung von Chinonen ist dann begünstigt, wenn die C=C-Doppelbindung des chinoiden Systems Bestandteil eines ankondensierten Aromaten ist. Deshalb steigt die Leichtigkeit der Chinonbildung aus den Aromaten in folgender Reihenfolge an:

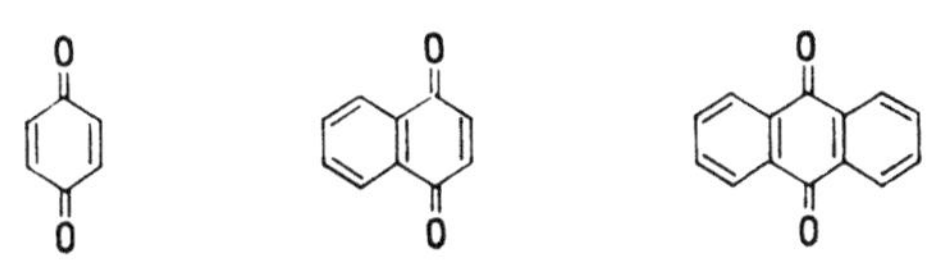

p-Benzochinon *Naphthochinon* *Anthrachinon*

Als Oxydationsmittel dienen Chromsäure, Wasserstoffperoxid oder Luftsauerstoff in Gegenwart von V_2O_5.

In $Ü_{68}$, Abschn. 4.13.2.4. wird die Oxydation von Anthracen zu Anthrachinon durchgeführt.

4.13.1.4. Dehydrierung

Der Entzug von Wasserstoff (Dehydrierung) kann prinzipiell nach zwei Methoden erfolgen. Bei der *katalytischen Dehydrierung* (Katalysatoren: z. B. Nickel, Platin, Palladium)

$$R{-}CH_2{-}CH_2{-}R' \rightleftharpoons R{-}CH{=}CH{-}R' + H_2$$

wird das Gleichgewicht mit steigender Temperatur nach rechts verschoben. Bei der *oxydativen Dehydrierung* werden geeignete Oxydationsmittel (z. B. Schwefel, Selen, Chinone, Nitrobenzol) eingesetzt, die im Verlauf der Reaktion selbst reduziert werden. Die Leichtigkeit der Dehydrierung von Kohlenwasserstoffen steigt in der Reihenfolge: Alkane < Alkene < Cycloalkane < Cycloalkene.

In $Ü_{69}$, Abschn. 4.13.2.5. wird die oxydative Dehydrierung eines Tetrahydroaromaten durchgeführt.

4.13.2. Arbeitsvorschriften

$Ü_{65}$ 4.13.2.1. Aromatische Carbonsäuren

Ein Methylaromat ist nach der folgenden Arbeitsvorschrift zu oxydieren. An Hand des Schmelzpunktes der entstandenen Säure wird der eingesetzte Methylaromat bestimmt (Tab. 4.4).

Man erhitzt eine Mischung von 3 g Kaliumpermanganat, 1 g Soda, 75 ml Wasser und 1 g eines Methylaromaten zwei Stunden unter Rückfluß (Siedesteine!). Zur

Tabelle 4.4
Schmelzpunkte aromatischer Carbonsäuren

Säure	*F.* in °C
Benzoesäure	122
o-Chlorbenzoesäure	141 ... 142
o-Nitrobenzoesäure	147,5
α-Naphthoesäure	160 ... 161
β-Naphthoesäure	184
Phthalsäure	191
p-Chlorbenzoesäure	242 ... 243
p-Brombenzoesäure	251 ... 253
Terephthalsäure	300

Beseitigung restlichen Permanganats versetzt man tropfenweise mit Alkohol und erhitzt noch kurze Zeit. Die heiße Lösung wird vom Braunstein abgesaugt und mit halbkonzentrierter Schwefelsäure angesäuert. Nach dem Abkühlen saugt man die ausgefallene Säure ab und kristallisiert aus Wasser oder Alkohol um.

4.13.2.2. Cyclohexanon-phenylhydrazon Ü66

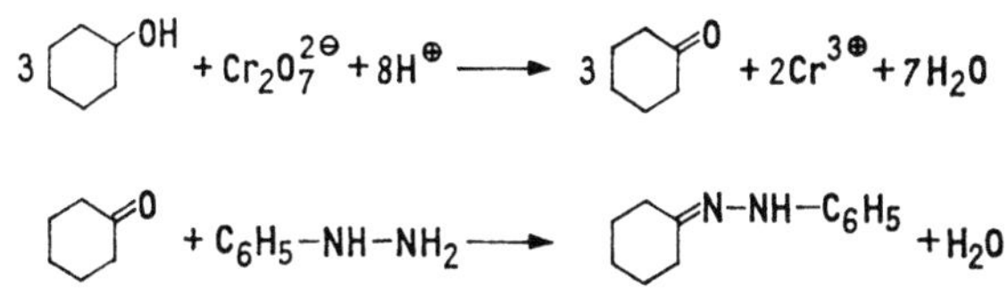

Man bereitet sich die Oxydationslösung aus 0,02 mol Natrium- oder Kaliumdichromat, 5 ml konz. Schwefelsäure und 30 ml Wasser unter gelindem Erwärmen.

In einem 250-ml-Rundkolben löst man 0,06 mol Cyclohexanol (falls erforderlich, unter heißem Wasser auftauen) in 30 ml Äther. Im Verlaufe von 10 Minuten gibt man die kalte Oxydationslösung portionsweise zum Cyclohexanol. Zwischen den einzelnen Zugaben schüttelt man mit aufgesetztem Rückflußkühler. Die Temperatur soll 25 °C betragen; beginnt der Äther zu sieden, kühlt man von außen mit kaltem Wasser. Das Schütteln wird weitere 20 Minuten fortgesetzt. Anschließend gießt man die Reaktionsmischung in einen Scheidetrichter und trennt die wäßrige Phase ab. Die Ätherphase läßt man in den gereinigten Rundkolben ab und entfernt den Äther durch vorsichtiges Anlegen von Vakuum und gelinde Erwärmung im Wasserbad. Das Reaktionsprodukt wird in 15 ml 20%igem Äthanol gelöst und zu einer Lösung aus 0,05 mol Phenylhydrazin in 30 ml 50%iger Essigsäure in einem 100-ml-Becherglas gegeben. Nach 10 Minuten wird der entstandene Niederschlag abgesaugt und aus 60%igem Äthanol umkristallisiert. Nach dem Trocknen im Vakuumexsikkator wird der Schmelzpunkt bestimmt und die Ausbeute ermittelt.

F. 81 °C; Ausbeute 50% d. Th.

Das Präparat wird für $Ü_{54}$, Abschn. 4.10.2.2. benötigt.

4.13.2.3. Benzoesäure Ü67

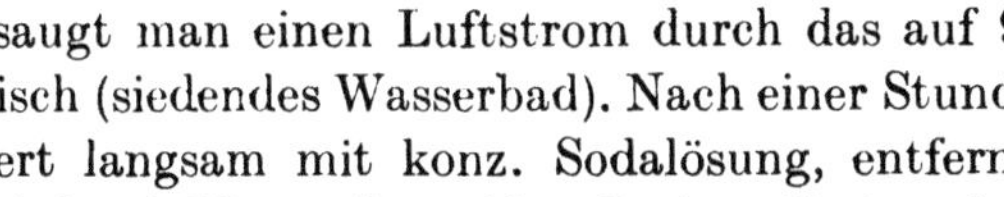

Man gibt 0,2 mol destillierten Benzaldehyd und eine Spatelspitze Eisen(II)-sulfat in einen 100-ml-Zweihalskolben, den man mit einem fast bis zum Boden reichenden Einleitungsrohr und einem ausreichend langen Rückflußkühler versieht. Mit Hilfe einer Wasserstrahlpumpe, die man über die Woulfesche Flasche mit dem Kühler verbindet, saugt man einen Luftstrom durch das auf 90 bis 100 °C erhitzte Reaktionsgemisch (siedendes Wasserbad). Nach einer Stunde bricht man die Reaktion ab, alkalisiert langsam mit konz. Sodalösung, entfernt den noch vorhandenen Benzaldehyd durch Wasserdampfdestillation, filtriert den Rückstand nach Zugabe von etwas Aktivkohle heiß in ein Becherglas und säuert mit verd. Salzsäure an. Die in der Kälte anfallende Benzoesäure wird abgesaugt und zur weiteren Reinigung aus etwa 150 ml Wasser umkristallisiert.

F. 122 °C; Ausbeute ca. 40% d. Th.

Den im Wasserdampfdestillat vorliegenden Benzaldehyd trennt man im Scheidetrichter ab und gibt ihn in eine Sammelflasche.

Ü₆₈ 4.13.2.4. Anthrachinon

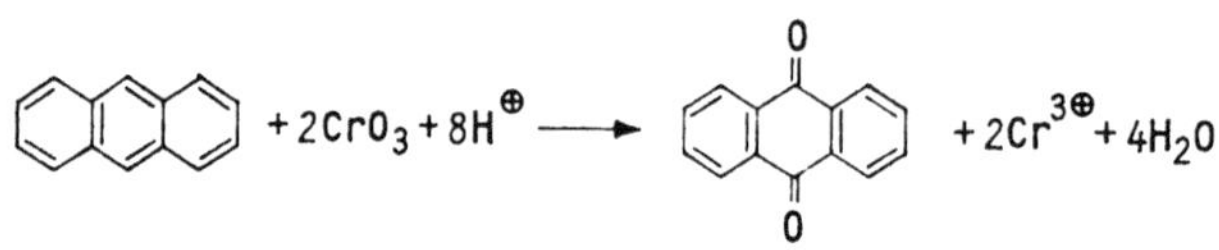

Man löst 0,005 mol techn. Anthracen in 50 ml siedendem Eisessig und filtriert die Lösung in einen Rundkolben. Zu der heißen Lösung gibt man vorsichtig 0,025 mol Chromsäureanhydrid, gelöst in 10 ml 60%iger Essigsäure. Nach zweistündigem Rückflußkochen läßt man abkühlen, versetzt allmählich mit der gleichen Menge Wasser, saugt das Chinon ab und wäscht zweimal mit Wasser.

F. 285 °C; Ausbeute: 80% d. Th.

Ü₆₉ 4.13.2.5. Carbazol

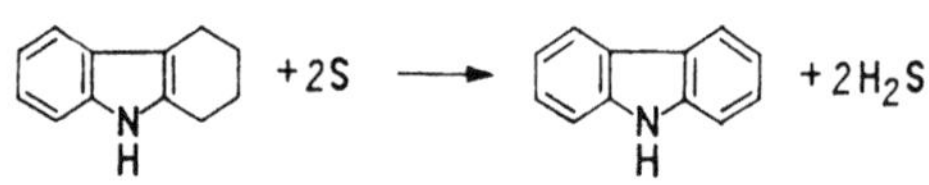

Die Dehydrierung ist unter dem Abzug durchzuführen!

0,02 mol Tetrahydrocarbazol ($Ü_{54}$), Abschn. 4.10.2.2. wird mit der berechneten Menge Schwefel vermischt und in einem großen, schräg eingespannten Reagenzglas unter Verwendung eines Heizbades erhitzt. Die Temperatur wird allmählich auf 250 °C gesteigert und bis zum Abklingen der Reaktion (Probe mit Bleiacetatpapier) dort gehalten. Entstehendes Carbazol sublimiert aus dem Reaktionsgemisch und setzt sich am ungeheizten Teil des Reagenzglases an. Nach dem Abkühlen wird das Sublimationsprodukt gesammelt und, falls erforderlich, erneut sublimiert.

F. 245 °C; Ausbeute 40% d. Th.

4.13.3. Kontrollfragen

1. o-Nitroäthylbenzol läßt sich mittels Permanganat in der Seitenkette ohne C—C-Spaltung oxydieren. Welches Produkt entsteht dabei?
2. An welchem Kohlenstoff wird Cumol oxydiert?
3. Warum färben sich Phenol und Anilin im Gegensatz zu Benzol an der Luft dunkel?
4. Woraus entsteht Terephthalsäure, und wozu wird sie verwendet?
5. Begründen Sie die Entfärbung der Permanganatlösung nach Zugabe von Alkohol in $Ü_{65}$, Abschn. 4.13.2.1.!
6. Warum wird Benzylalkohol nicht durch direkte Oxydation des Toluols dargestellt? Wie wird er gewonnen?
7. Warum ist die in Abschnitt 4.13.1.2. erwähnte Aldehyd-Darstellung aus primären Alkoholen nicht auf Kohlenwasserstoffe auszudehnen?

8. Warum liegen die Siedepunkte der Alkohole im allgemeinen höher als die der entsprechenden Aldehyde?
9. Warum reduziert Traubenzucker Fehlingsche Lösung, Rohrzucker aber nicht?
10. Warum ist Ameisensäure im Gegensatz zu anderen Carbonsäuren oxydierbar? Formulieren Sie die Reaktionsgleichung!
11. Was versteht man unter Autoxydation? Formulieren Sie den Mechanismus der Autoxydation des Benzaldehyds!
12. Formulieren Sie die Reaktionsgleichung für die katalytische Dehydrierung von n-Heptan zu Toluol!
13. Woraus wird Styrol hergestellt, wozu wird es verwendet?

4.14. Literaturhinweise

[1] Wünsch, K.-H.; Miethchen, R.; Ehlers, D.: Organische Chemie – Grundkurs. 3. Aufl. – VEB Deutscher Verlag der Wissenschaften, Berlin 1978.
[2] Fragen und Aufgaben zur organischen Chemie. Von G. Sarodnick u. a. – Pädagogische Hochschule „Karl Liebknecht“, Potsdam 1973.

Abschnitt in diesem Buch	Zugehörige Abschnitte in	
	[1]	[2]
4.1.	4.6. – 4.8., 5.12., 19.1.	11.
4.2.	2.8., 2.11., 10., 19.2., 20.1.	13.
4.3.	5., 18.	3., 14.
4.4.	5.5.	9.
4.5.	19.3.	12.
4.6.	8.5. – 8.7., 16.14., 16.17.	10., 15.
4.7.	8.8., 10.12., 12.3., 20.1.	13.
4.8.	13., 21, 25.	17., 18., 23., 24.
4.9.	14., 22.	19. – 21.
4.10.	13.8., 23.2.	
4.11.	5.11.	12.
4.12.	5.9., 8.9., 14.12., 16.5., 18.4., 20.3., 23.2.	3., 6., 18.
4.13.	3.9. – 3.11., 4.10., 8.10., 12.12., 13.10., 18.5., 18.6., 20.4., 21.1., 22.1., 22.2., 25.7.	2., 3., 6., 11., 16. – 19., 23.

Außerdem

zu Abschnitt 4.7.

Kempter, G.: Chemie organischer Pflanzenschutz- und Schädlingsbekämpfungsmittel. – VEB Deutscher Verlag der Wissenschaften, Berlin 1973. Abschn. 4.1.

zu Abschnitt 4.11.

Kasper, F.; Gärtner, K.: Synthetische Hochpolymere. – VEB Deutscher Verlag der Wissenschaften, Berlin 1976.

Ü$_{70}$ 5. Anleitung zum Literaturstudium

In einer fortgeschrittenen Phase des organisch-chemischen Praktikums werden dem Studenten nicht mehr – wie z. B. in Ü$_{14}$ bis Ü$_{69}$ – die Arbeitsvorschriften zur Verfügung gestellt, sondern es wird ihm nur der rationelle Name und die Menge der darzustellenden Substanz genannt.

Der Student hat dann die Aufgabe, in der Literatur selbständig geeignete Arbeitsvorschriften zu finden, wobei er besonders zu beachten hat, daß die benötigten Ausgangsprodukte handelsüblich sind, daß die entsprechenden apparativen Voraussetzungen in dem ihm zur Verfügung stehenden Laboratorium gegeben sind und daß im allgemeinen die Vorschrift mit der niedrigsten Zahl von Zwischenprodukten die ökonomischste ist.

Der Student fertigt eine Übersicht der von ihm vorgeschlagenen Darstellungswege an, und gemeinsam mit dem Praktikumsbetreuer wird schließlich die beste Variante ausgewählt.

5.1. Lehrbücher

Die Kenntnis des Inhalts einer organisch-chemischen Grundvorlesung sowie die Absolvierung eines organisch-chemischen Praktikums entsprechend Kapitel 4. sind selbstverständliche Voraussetzung für die Anfertigung von Literaturpräparaten.

Darüber hinaus ist es notwendig und zweckmäßig, sich vor Beginn des Literaturstudiums in Lehrbüchern darüber zu informieren, nach welchen allgemeinen Methoden das Grundgerüst der darzustellenden Substanz synthetisiert werden kann.

Die folgenden Lehrbücher werden dazu empfohlen:

WÜNSCH, K.-H.; MIETHCHEN, R.; EHLERS, D.: Organische Chemie – Grundkurs. 3. Aufl. – Deutscher Verlag der Wissenschaften, Berlin 1978.

HAUPTMANN, S.: Über den Ablauf organisch-chemischer Reaktionen. 4. Aufl. – Akademie-Verlag, Berlin 1973.

HAUPTMANN, S.; GRÄFE, J.; REMANE, H.: Lehrbuch der organischen Chemie. – Deutscher Verlag für die Grundstoffindustrie, Leipzig 1976.

Organikum. Organisch-chemisches Grundpraktikum. 15. Aufl. – Deutscher Verlag der Wissenschaften, Berlin 1978. Das „Organikum“ ist ein modernes Lehr- und

Praktikumsbuch der Organischen Chemie, in dem der Praktikant für die Darstellung einer sehr großen Zahl von organischen Substanzen die Vorschriften bzw. detaillierte Hinweise finden wird.

KEMPTER, G.: Chemie organischer Pflanzenschutz- und Schädlingsbekämpfungsmittel. – Deutscher Verlag der Wissenschaften, Berlin 1973.

5.2. Handbücher und Referateorgane

Obwohl eine systematische und vollständige Literaturrecherche nur unter Benutzung der Referateorgane sowie der Originalliteratur möglich ist, erscheint es ökonomisch und oft sehr zeitsparend, vorher in den folgenden präparativen Handbüchern und Methodensammlungen nachzuschlagen, die eine große Anzahl überprüfter und meist reproduzierbarer Darstellungsvorschriften für organische Substanzen enthalten:

WEYGAND, C.; HILGETAG, G.: Organisch-chemische Experimentierkunst. 4. Aufl. – Johann Ambrosius Barth, Leipzig 1970.

Methoden der organischen Chemie (HOUBEN-WEYL). Hrsg.: E. MÜLLER. 4. Aufl. – Georg Thieme Verlag, Stuttgart.

Dieses Werk erscheint in 16 meist mehrteiligen Bänden und ist eine Fundgrube für den experimentell arbeitenden Organiker. Seine Herausgabe ist noch nicht abgeschlossen.

Neuere Methoden der präparativen organischen Chemie. Hrsg.: W. FOERST. – Verlag Chemie, Weinheim/Bergstr.

Das Gesamtwerk besteht aus sechs Bänden, in denen jeweils mehrere Monographien über bestimmte Substanzklassen und Arbeitsmethoden mit ausführlichen Arbeitsvorschriften enthalten sind.

Organic Reactions. Hrsg.: R. ADAMS. – John Wiley & Sons, New York.

Es liegen 17 Bände vor, die kapitelweise bestimmte Arbeitsmethoden und die entsprechenden präparativen Vorschriften enthalten.

Unter verschiedenen Herausgebern erschienen die *Organic Syntheses* in bisher 54 Bänden (Bände 1 bis 39 nach Überarbeitung zusammengefaßt in den Collective Volumes I bis IV), die ebenfalls eine sehr große Anzahl von Arbeitsvorschriften enthalten.

Die von der Akademie der Wissenschaften der UdSSR herausgegebene Reihe *Sintezy organičeskich soedinenij* besteht bis jetzt aus drei Bänden, von denen die ersten beiden auch in deutscher Übersetzung vorliegen.

Die organisch-chemische Literatur bis 1949 wird in BEILSTEINS *Handbuch der organischen Chemie* umfassend referiert. Dieses mehrbändige Sammelwerk besteht aus dem Hauptwerk (die Literatur bis 1909 erfassend), dem 1. Ergänzungswerk (die Literatur von 1910 bis 1919 erfassend), dem 2. Ergänzungswerk (die Literatur von 1920 bis 1929 erfassend) und dem bis jetzt in 17 Bänden vorliegenden 3. Ergänzungswerk, das die Literatur von 1930 bis 1949 erfaßt. Das 4. Ergänzungswerk für die Literatur von 1950 bis 1959 ist in Vorbereitung. Bis jetzt liegt davon der erste

Band in vier Teilen vor, der aber nur, genauso wie das 3. Ergänzungswerk, in größeren Bibliotheken vorhanden ist.

Für alle Bände gibt es ein General-Formel- und ein General-Sachregister. Außerdem enthält jeder Band ein eigenes Register.

Obwohl das dem Handbuch zugrunde liegende System im ersten Band des Hauptwerkes (S. 1 – 46 und XXXI – XXXV) beschrieben wird, soll hier kurz auf das Wesentlichste eingegangen werden: Die organischen Verbindungen sind nach ihrem Kohlenstoffskelett und den vorhandenen funktionellen Gruppen eingeteilt. Nach dem Kohlenstoffskelett unterscheidet man drei große Abteilungen:

a) Verbindungen, die nur Kohlenstoffketten enthalten (acyclische oder aliphatische Verbindungen), Bände I – IV

b) Verbindungen, die Kohlenstoffringe enthalten (isocyclische Verbindungen), Bände V – XVI

c) Heterocyclische Verbindungen, Bände XVII – XXVII.

Jede Abteilung wird nach „funktionellen" Gruppen in 28 Hauptklassen unterteilt. Die dem Beilstein zugrunde liegenden „funktionellen" Gruppen sind, teilweise zugunsten der Systematik, hypothetischer Natur und sollen hier nicht weiter erläutert werden.

Bisher sind ein Formelregister zum Hauptwerk und zum ersten Ergänzungswerk erschienen, aufbauend auf dem *System von* M. M. Richter, nach dem die Summenformeln in verschiedene Gruppen (Gruppe I: Kohlenstoff und ein weiteres Element, z. B. Kohlenwasserstoffe; Gruppe II: Kohlenstoff und zwei weitere Elemente, z. B. Amine) aufgeteilt sind und die Elemente in der Reihenfolge C, H, O, N, Halogene, S, P erscheinen.

Im neuen Register, das auch das zweite Ergänzungswerk umfaßt, sind die einzelnen Verbindungen nach steigender C-Atomzahl, steigender H-Atomzahl und in alphabetischer Reihenfolge der übrigen Elemente angeordnet (*System von* Hill).

Folgende Anordnung wird bei der Beschreibung einer Verbindung zugrunde gelegt: Struktur, Konfiguration, Geschichtliches, Vorkommen, Darstellung, Eigenschaften (Farbe, Kristallform, physikalische Konstanten), chemische Eigenschaften, physiologische Wirkung, Verwendung, analytische Angaben, Additionsverbindungen und Salze.

Da die genannten Handbücher und Vorschriftensammlungen im allgemeinen Formelregister, alphabetische Register der Substanznamen und Methodenregister enthalten, ist ihr Studium unter dem Aspekt der Auffindung einer geeigneten Darstellungsvorschrift für eine organische Substanz nicht sehr zeitaufwendig und sollte deshalb vor dem systematischen Literaturstudium durchgeführt werden.

Der das Literaturstudium durchführende Student muß sich darüber im klaren sein, daß ihn die Benutzung sowohl des Beilsteins als auch der im folgenden beschriebenen Referateorgane in keinem Falle von einem ausführlichen Studium der dort angegebenen Quellen, d. h. der Originalliteratur, entbindet.

In den Referateorganen werden Arbeiten aus der chemischen Originalliteratur kurz referiert, meist allerdings mit einem mehr oder weniger großen Zeitverzug bezüglich des Erscheinens der Originalarbeit.

Das älteste Referateorgan ist das *Chemische Zentralblatt* (Abkürzung *C.*), das

1830 unter dem Namen „Pharmaceutisches Centralblatt" gegründet wurde. Es erschien wöchentlich und gliederte seine Referate, die aus über 3000 Zeitschriften stammten, gewöhnlich in einen theoretischen und einen Versuchsteil.

Die Übersichtlichkeit wird durch Verwendung von Abkürzungen und Fettdruck erhöht. Seit 1961 beginnen die Referate mit dem Titel, dann folgen Name des Autors, Quellenangabe, Arbeitsort und Sprache des Originals. Bei älteren Referaten ist die Reihenfolge: Autor (halbfett gedruckt), Titel (kursiv gedruckt), Referat und zum Schluß Quellenangabe und Arbeitsort.

Seit 1964 stehen vor den Referaten kursiv gedruckte Nummern, die von da an im Register zusammen mit der Heftnummer zu finden sind. Die im Chemischen Zentralblatt enthaltenen Referate sind in jährlichen Sach-, Formel-, Autoren- und Patent-Registern ausgewertet. Außer den einzelnen Jahresregistern gibt es für die Jahre 1930 bis 1934 und 1935 bis 1939 Generalregister.

Da im Sachregister nicht alle Verbindungen vollständig erfaßt sind, sucht man eine exakt definierte Substanz immer im Formelregister, das bis 1955 nach dem System von Richter und danach nach dem System von Hill aufgebaut ist.

1970 hat das Chemische Zentralblatt sein Erscheinen eingestellt.

Ein bedeutendes Referateorgan sind die 1907 gegründeten *Chemical Abstracts* (Abkürzung C. A.), die das englischsprachige Analogon zum Chemischen Zentralblatt darstellen. Sie erscheinen zweimal monatlich. Auch hier gibt es Sach-, Formel-, Autoren- und Patentregister.

Vorteilhaft aufgebaut ist das Sachregister, da es alle Verbindungen unter dem Stichwort der Grundsubstanz registriert. Das erleichtert das Aufsuchen ähnlicher Verbindungen (z. B. Cyclohexanonoxim und 2-Chlorcyclohexanonoxim). Besonders vorteilhaft sind das 25-Jahres-Register (1921 bis 1946) und die 10-Jahres-Register (1947 bis 1956 und 1957 bis 1966).

Seit 1953 gibt die Akademie der Wissenschaften der UdSSR das *Referativnyj Žurnal, Serija Chimija* heraus. Es erfaßt außer Originalzeitschriften auch Bücher sowie Dissertationen und Zeitungsartikel; die Referate werden nicht nach Seitenzahlen, sondern nach Referatenummern registriert, und Strukturformeln werden meist durch Summenformeln ersetzt. Sach- und Formelregister erscheinen jährlich.

Seit 1975 gibt das Zentralinstitut für Information und Dokumentation der DDR (ZIID) gemeinsam mit dem Allunionsinstitut für wissenschaftlich-techniche Information (VINITI) der UdSSR den *Informationsdienst Organische Chemie* heraus, der heterocyclische und ab 1976 aromatische Verbindungen referiert. Dieses gemeinsam herausgegebene Informationsmittel hat mit dem jeweiligen Heft des Referativnyj Žurnal identische Titel und Referatenummern.

Als ein weiteres Referateorgan existiert der seit 1970 vom Verlag Chemie Weinheim/Bergstr. herausgegebene *Chemische Informationsdienst* (Chem. Inform.).

5.3. Originalliteratur

Alle in der referierenden Literatur erscheinenden Zitate haben ihren Ursprung in der Originalliteratur. Man mache es sich unbedingt zur Gewohnheit, die Originalzeitschriften einzusehen; denn jedes Referat hat nur die Aufgabe, dem Benutzer eine Übersicht zu geben.

Einige der wichtigsten Zeitschriften sind anschließend aufgeführt, und in der Klammer ist die Abkürzung nach der seit 1969 für die DDR verbindlichen TGL 20969 (Zeitschriftenkurztitel) angegeben. (Früher galt dafür: Periodica chimica. Hrsg.: M. Pflücke, A. Hawelek. 2. Aufl. – Akademie-Verlag, Berlin; Verlag Chemie, Weinheim/Bergstraße 1961; es wird z. T. auch heute in der Originalliteratur noch verwendet.)

Angewandte Chemie	(Angew. Chemie)
Archiv der Pharmazie	(Arch. Pharm.)
Bulletin de la Société chimique de France	(Bull. Soc. chim. France)
Chemische Berichte, früher:	(Chem. Ber.)
Berichte der Deutschen Chemischen Gesellschaft	(Ber. dt. chem. Ges.)
Collection of Czechoslovak Chemical Communications	(Collect. czechoslov. chem. Commun.)
Helvetica chimica Acta	(Helv. chim. Acta)
Žurnal obščej chimii	(Ž. obšč. chimii)
Žurnal organičeskoj chimii	(Ž. org. chimii)
Journal of the American Chemical Society	(J. Amer. chem. Soc.)
Journal of the Chemical Society (London)	(J. chem. Soc. [London])
Journal of Heterocyclic Chemistry	(J. heterocyclic Chem.)
Journal of Organic Chemistry	(J. org. Chem.)
Journal für praktische Chemie	(J. prakt. Chemie)
Liebigs Annalen der Chemie	(Liebigs Ann. Chemie)
Tetrahedron	(Tetrahedron [London])
Tetrahedron Letters	(Tetrahedron Letters [London])
Zeitschrift für Chemie	(Z. Chemie)

Für das Protokoll des Literaturpräparats verwendet der Praktikant die wörtliche Fassung der Originalarbeit bzw. deren exakte Übersetzung. Zusammenfassende Übersichten werden von ihm in einem klaren, sachlichen und wissenschaftlich exakten Stil und in aller Kürze formuliert.

Originalarbeiten werden nach dem folgenden Schema (Namen der Autoren, Zeitschriftentitel, Band, Jahrgang, Seite) zitiert, z. B.:

Aboskalova, N. I.; Poljanskaja, A. S.; Perekalin, V. V.; Golubkova, N. K.; Paperno, T. Ja., Ž. org. chimii **2** (1966), S. 2132 bis 2137.

Friedländer, P., Ber. dt. chem. Ges. **15** (1882), S. 2572.

6. Identifizierungen

Ü71–Ü86

Die Strukturaufklärung einer organischen Verbindung ist durch die Entwicklung physikalisch-chemischer Arbeitsmethoden, z. B. der chromatographischen Trennmethoden und besonders der spektroskopischen Methoden, wie UV-, IR-, Massen- und Kernresonanzspektroskopie, heute mit relativ geringem Zeitaufwand auszuführen. Während im vorigen Jahrhundert von der Aufstellung der Summenformel des Camphers bis zur Aufklärung der Sauerstoffunktion (Darstellung eines Oxims) 50 Jahre vergehen mußten, ist durch die modernen Methoden der Strukturaufklärung diese Frage durch ein IR-Spektrum in wenigen Minuten zu beantworten.

Das Identifizierungspraktikum, das $Ü_{71} - Ü_{86}$ umfassen soll, verzichtet auf die Anwendung spektroskopischer Methoden, weil diese in der Chemielehrerausbildung erst später behandelt werden. Eine solche Verfahrensweise gibt breiten Raum zum Üben der allgemeinen Arbeitsmethoden wie Umkristallisation, Schmelzpunktbestimmung, Destillation u. a. und gestattet die Aneignung und Vertiefung synthetischer Methoden der organischen Chemie.

Die Strukturaufklärung einer für den Praktikanten unbekannten organischen Substanz erfolgt durch Vergleich mit einer ihm aus Tabellen bekannten Substanz. Für diese Identifizierung benötigt der Student einen Überblick der chemischen und physikalischen Eigenschaften der wichtigsten Stoffklassen der organischen Chemie. Ohne ein Minimum an theoretischen Kenntnissen (Stoff der Grundvorlesung Organische Chemie) sind die vorliegenden Aufgaben nicht sinnvoll durchzuführen. Der Praktikant muß ferner über bestimmte experimentelle Fertigkeiten verfügen und in der Lage sein, genau zu beobachten und Schlußfolgerungen daraus zu ziehen. Er wird dadurch befähigt, sein bisher angeeignetes theoretisches und praktisches Können zu überprüfen und, wenn notwendig, zu ergänzen.

Nach steigenden Anforderungen erhält der Student zunächst Analysensubstanzen, deren Zugehörigkeit zu einer bestimmten Stoffklasse ihm bekannt ist. Bei weiteren Analysen werden die Stoffklassen und damit besondere Strukturmerkmale wie funktionelle Gruppen unbekannt sein. Gegen Ende dieses Teils der Ausbildung werden Substanzgemische ausgegeben, deren Komponenten er meistens abtrennen und dann identifizieren muß.

Um die Identifizierungen erfolgreich durchzuführen, benötigt man das unter Abschnitt 6.6. angegebene Platzinventar.

Für ein Identifizierungspraktikum mit 16 je vierstündigen Einzelpraktika wird die folgende Versuchsaufteilung vorgeschlagen:

Ü$_{71}$ bis Ü$_{75}$: Der Student erhält je eine reine Substanz zur Charakterisierung und Identifizierung aus den Stoffklassen:

- Alkohole und Phenole (Ü$_{71}$)
- Aldehyde und Ketone (Ü$_{72}$)
- Carbonsäuren und Derivate (Ü$_{73}$)
- Amine und Nitroverbindungen (Ü$_{74}$)
- Kohlenwasserstoffe und Halogenkohlenwasserstoffe (Ü$_{75}$).

Ü$_{76}$ bis Ü$_{77}$: Es sind zwei weitere Substanzen, von denen nur bekannt ist, daß sie zu einer der unter Ü$_{71}$ bis Ü$_{75}$ behandelten Stoffklassen gehören, zu identifizieren.
Ü$_{78}$ bis Ü$_{81}$: Es sind Gemische aus zwei Komponenten zu trennen; die Bestandteile sind zu identifizieren.
Ü$_{82}$ bis Ü$_{86}$: Es sind Gemische aus drei Komponenten zu trennen; die Bestandteile sind zu identifizieren.

Da es – in Abhängigkeit von der zur Verfügung stehenden Praktikumszeit – auch zahlreiche andere Varianten zur Zusammenstellung eines Identifizierungspraktikums gibt, wird das Kapitel 6. ohne Unterteilung in einzelne Übungen behandelt.

6.1. Identifizierung von Einzelsubstanzen

Zur Identifizierung einer Substanz, deren Zugehörigkeit zu einer der unter Ü$_{71}$ bis Ü$_{75}$ genannten Stoffklassen nicht bekannt ist, müssen zunächst *Vorproben* (s. Abschn. 6.1.1.) durchgeführt werden. Die Aussage dieser Reaktionen gestattet eine weitgehende Einschränkung der in Frage kommenden Substanzen oder gibt schon wichtige Anhaltspunkte zur Auffindung der gesuchten Stoffklasse. Der Student ist manchmal schon nach Durchführung der Vorproben in der Lage, Vermutungen über die Verbindungsklasse, der die zu identifizierende Substanz angehören kann, anzustellen.

Die Zuordnung zu einer bestimmten Verbindungsklasse wird durch die entsprechende Charakterisierungsreaktion getroffen. Falls die Vorproben keine Hinweise ergeben haben, sind alle *Charakterisierungsreaktionen* (s. Abschn. 6.1.2.) in der angegebenen Reihenfolge abzuarbeiten.

Zur Erhärtung des erhaltenen Ergebnisses, in Zweifelsfällen oder zur weiteren Eingrenzung der Substanzklasse (z. B. primärer, sekundärer oder tertiärer Alkohol) sollten *Hinweisreaktionen* (s. Abschn. 6.1.3.) angestellt werden.

Sowohl die Vorproben als auch die Charakterisierungs- und Hinweisreaktionen sind auch dann angebracht und notwendig, wenn nur die Stoffklasse, z. B. Alkohole/Phenole, bekannt ist. Mit ausgewählten Reaktionen wird dann die Zuordnung Alkohol oder Phenol getroffen.

Bei Kenntnis der Stoffklasse wird ein Derivat synthetisiert. Man berücksichtige bei der Auswahl des Derivates, ob in den entsprechenden Tabellen Schmelzpunkte angegeben sind bzw. diese höher als etwa 50 °C liegen. Durch Vergleich des Schmelzpunktes eines Derivates der gesuchten Substanz mit einem tabellierten Schmelzpunkt wird diese identifiziert.

Liegt z. B. ein bei Zimmertemperatur flüssiges primäres bzw. sekundäres Amin vor und wird für das synthetisierte Benzamid ein Schmelzpunkt von 82 °C gefunden, so folgt aus Tabelle 6.8 (s. Abschn. 6.1.5.), daß n-Propylamin (Benzamid *F.* 84 °C) die gesuchte Substanz ist. Kann durch einen gefundenen Schmelzpunkt eines Derivates keine eindeutige Zuordnung getroffen werden, so sind ein oder eventuell zwei weitere Derivate zu synthetisieren.

Bei der Durchführung von Identifizierungen organischer Substanzen wird man nach kurzer Übung feststellen, daß fast alle Reaktionen ohne Zuhilfenahme einer Waage durchzuführen sind. Trotzdem muß man sich bemühen, besonders bei der Herstellung fester Derivate, mit etwa äquivalenten Mengen zu arbeiten. Das setzt voraus, daß man sich darüber Klarheit verschafft, welche Substanzmengen etwa mit einer Spatelspitze oder mit zehn Tropfen aus einer Pipette erfaßt werden.

Wenn man sich bei der Herstellung eines Derivats anfänglich erfolglos bemüht, eine kristalline Fällung zu erhalten, führe man den Versuch ein zweites Mal durch, jedoch mit veränderten Konzentrationsverhältnissen. Es ist gleichfalls empfehlenswert, mit einem bekannten Vertreter einer Substanzklasse übungsweise ein Derivat herzustellen, um eventuell auftretende Schwierigkeiten dabei kennenzulernen.

Bevor man kristalline Fällungen sauber auf einem kleinen Büchner-Trichter absaugt und trocknet, presse man eine Spatelspitze davon auf eine Tonplatte und wasche mit 1 bis 2 Tropfen Lösungsmittel nach. Die Schmelzpunktbestimmung kann so schon nach wenigen Minuten erfolgen, während sie sonst nach Trocknen der Substanz im Exsikkator u. U. erst nach Stunden möglich wäre.

Sehr viele Reaktionen werden im Reagenzglas auszuführen sein.

Für Extraktionen wird möglichst kein Scheidetrichter verwendet. Man arbeitet mit einem Reagenzglas und einer Pipette schneller und sauberer.

Man mache es sich unbedingt zur Angewohnheit, feste Reagenzien aus den Vorratsflaschen stets mit einem sauberen Spatel zu entnehmen. Bei flüssigen Reagenzien sind die Vorratsflaschen so bemessen, daß man die etwa erforderliche Menge ausgießen kann, um sie dann mit einer Pipette aufzunehmen und dem Reaktionsgemisch dosiert zuzugeben. Auf keinen Fall entnehme man das flüssige Reagens mit einer Pipette direkt aus der Vorratsflasche.

6.1.1. Vorproben

Physikalische Konstanten, Farbe, Geruch, Löslichkeit usw. der zu untersuchenden Verbindung sollten für den Praktikanten zu wichtigen Anhaltspunkten werden, auch dann, wenn er noch nicht über eine große Stoffkenntnis verfügt.

6.1.1.1. Schmelzpunkt

Die Bestimmung des Schmelzpunktes erfolgt entweder auf dem Mikroheiztisch nach Boetius, in der Apparatur nach Thiele oder im Aluminiumheizblock (s. Abschn. 3.6., $Ü_{12}$). Obwohl die Bestimmung mit dem Aluminiumblock nicht die exaktesten Werte liefert, ist diese Art für das analytische Praktikum wegen der

Ungefährlichkeit und Billigkeit vorzuziehen. Bei allen Schmelzpunktbestimmungen ist darauf zu achten, daß keine verfälschenden Faktoren wirksam werden können (z. B. zu schnelles Aufheizen, fehlende Beobachtungsfenster im Aluminiumblock, zu dicke Kapillaren u. a. m.).

Häufig müssen feste Analysensubstanzen umkristallisiert werden, u. U. sogar mehrmals und aus verschiedenen Lösungsmitteln, um für den Schmelzpunkt den Literaturwert bestimmen zu können, da die zu untersuchenden Substanzen nicht immer den Reinheitsgrad p. A. aufweisen. Schwierigkeiten treten bei der Reinigung fester Substanzen immer dann auf, wenn deren Schmelzpunkt in der Nähe der Zimmertemperatur oder wenig höher liegt. Nach Lösen der Substanz in einem Lösungsmittel sind keine Kristalle mehr zu erhalten, da der Zusatz von Lösungsmittel zu einer starken Schmelzpunktdepression führt. Oft ist es dann günstiger, die Substanz nicht umzukristallisieren, sondern zu destillieren (eventuell im Vakuum). Der Schmelzpunkt des (kristallin gewordenen) Destillats liegt dann meist höher als der der Ausgangssubstanz.

Die Schmelzpunktbestimmung einer niedrig schmelzenden Substanz führt den Anfänger häufig zu falschen Werten, wenn die allgemein üblichen Methoden verwendet werden. Zu besseren Ergebnissen kommt man, wenn man die gesamte Substanz im Reagenzglas vorsichtig aufschmilzt (Wasserbad) und dabei die Temperatur der Substanz beim Aufschmelzen und beim Auskristallisieren kontrolliert. Der Schmelzpunkt der Substanz liegt in der Nähe der Temperatur, die dann gemessen wird, wenn die letzten Kristalle geschmolzen sind. Zur Übung kann die Bestimmung mit einer Testsubstanz, z. B. Phenol, durchgeführt werden.

Bei Substanzen, die unterhalb des Schmelzpunktes beträchtlich sublimieren, ist die Bestimmung in einer beidseitig zugeschmolzenen Kapillare vorzunehmen.

6.1.1.2. Siedepunkt

Zur Bestimmung des Siedepunktes einer Einzelsubstanz (Gemische s. Abschnitt 6.2.) verwendet man bei einer Menge von 5 bis 10 ml eine Standardapparatur NS 14,5 (s. Abschn. 3.1.1., $Ü_3$).

Es ist vorteilhaft, die gesamte Analysensubstanz auf einmal zu destillieren und mit dem Destillat alle weiteren Untersuchungen vorzunehmen. Für die Destillation sind alle Hinweise aus $Ü_3$ (Abschn. 3.1.1.) zu beachten. Wichtig ist die richtige Lage des Thermometers (Quecksilberkugel knapp unterhalb der Anschmelzstelle des Kühlers). Zweckmäßig arbeitet man mit Drahtnetz und Brenner (Kolben aufsetzen, Siedestein!). Man achte darauf, daß die heißen Brennergase das Thermometer nicht direkt aufheizen können (dadurch wird ein zu hoher Siedepunkt vorgetäuscht). Bei höher siedenden Substanzen (*Kp.* $>$120 ... 150 °C) darf nicht mit Wasser gekühlt werden (s. Abschn. 3.1.1., $Ü_3$), der Destillieraufsatz sollte dann jedoch mit Isoliermaterial (Asbestschnur, Glasgewebe) umwickelt werden. Häufig enthalten höher siedende Substanzen als Verunreinigung Wasser, so daß bei etwa 100 °C eine geringe Menge Vorlauf aufgefangen wird. Bei Temperaturen von mehr als 100 bis 150 °C macht sich die Wärmekapazität des Thermometers bemerkbar, so daß sich die exakte Siedetemperatur erst einstellt, nachdem bereits 1 bis 3 ml

Tabelle 6.1

Abhängigkeit der Siedepunkte von der Anzahl der Kohlenstoffatome verschiedener Verbindungen; qualitative Angabe der Löslichkeit in Wasser[1])

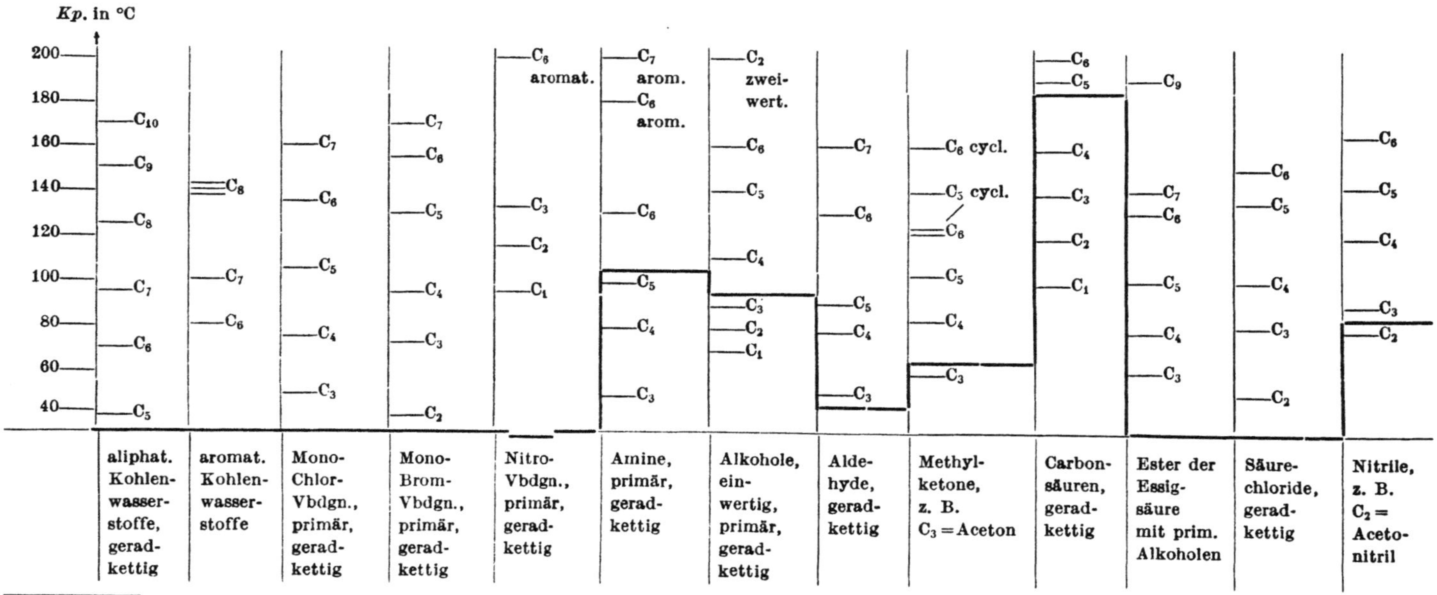

1) Verbindungen unterhalb der stark ausgezogenen Linie sind in Wasser vollständig in allen Mischungsverhältnissen löslich, Verbindungen darüber sind nur z. T. löslich bzw. unlöslich in Wasser (s. Tabellen 6.2–6.10).

Substanz überdestilliert worden sind. Aus diesem Grunde ist die Destillation auch nicht zu langsam durchzuführen. Stellt man fest, daß eine Probe in einem Intervall von mehr als 5 °C überdestilliert, so liegen entweder ein Gemisch oder wesentliche Mengen Verunreinigung vor. Es ist dann mit einer kleinen Kolonne zu arbeiten (s. Abschn. 3.1.2., $Ü_4$).

Zur Siedepunktbestimmung kleiner Mengen ist die folgende Mikromethode anwendbar: 5 bis 10 Tropfen der zu untersuchenden Flüssigkeit werden in ein kleines Reagenzglas (Glühröhrchen 5 × 75 mm) gefüllt, in das dann noch eine kleine Schmelzpunktkapillare gesteckt wird, die 4 bis 5 mm vom unteren Ende entfernt zugeschmolzen ist. Das Reagenzglas wird mit einem Gummiring am Thermometer so befestigt, daß sich die Substanzprobe in der Nähe der Quecksilberkugel befindet. Das Thermometer mit Probenglas wird nun in einem großen Reagenzglas (30 × 200 mm) mit Heizflüssigkeit (Siliconöl, Glycerin oder konz. Schwefelsäure) unter Rühren erhitzt. Zunächst entweichen aus der Kapillare einzelne Gasbläschen. Wenn sich ein kontinuierlicher Blasenstrom eingestellt hat, entfernt man die Flamme und läßt das Bad unter Rühren abkühlen. Die Temperatur, bei der die letzte Blase entweicht und die Flüssigkeit in die Kapillare steigt, ist die Siedetemperatur. Die Methode liefert nur dann verläßliche Resultate, wenn mit sehr sauberen Flüssigkeiten gearbeitet wird. Beim Vorhandensein von niedrig siedenden Verunreinigungen (Wasser, Alkohol) werden die Siedepunkte stets zu niedrig bestimmt. Man kann dann nur versuchen, durch stärkeres Erhitzen des Heizbades die Verunreinigungen zu verdampfen. Die Fehlergrenze liegt bei etwa ± 5 °C.

Wenn der Siedepunkt ermittelt und Löslichkeitsuntersuchungen (s. Abschn. 6.1.1.5.) angestellt worden sind, können mit Hilfe von Tabelle 6.1 bereits gezielte Vermutungen über die unbekannte Substanz angestellt bzw. bestimmte Verbindungen ausgeschlossen werden (z. B. kann eine bei ca. 100 °C siedende, wasserunlösliche Verbindung kein Amin, kein Alkohol und keine Carbonsäure sein oder eine bei 70 °C siedende, in Wasser unendlich lösliche Verbindung kann kein Kohlenwasserstoff, kein Halogenkohlenwasserstoff, kein Aldehyd oder kein Ester sein.

6.1.1.3. Farbe, Geruch und Dichte

Die Farbe kann ebenfalls gewisse Anhaltspunkte für das Vorliegen einer bestimmten Substanz bzw. Substanzklasse geben. Einige Stoffe sind häufig durch Oxydationsprodukte (Luftsauerstoff) dunkel gefärbt, nach Destillation sind sie jedoch fast farblos. Bei derartigen Stoffen kann es sich um aromatische Amine, um Phenole oder andere leicht oxydierbare Stoffe (z. B. Furfural) handeln. Bei farblosen Substanzen kann man das Vorliegen von mehreren chromophoren Gruppen bzw. von ausgedehnten chromophoren Systemen ausschließen.

Der Student sollte in der Lage sein, einen charakteristischen Geruch zu erkennen und zuzuordnen. Ein niederes aliphatisches Amin ist z. B. von einem Alkohol sofort zu unterscheiden, wenn man ein solches Amin einmal gerochen hat. Obwohl Gerüche selten eindeutig zu beschreiben sind, geben sie oft wichtige Hinweise. Äthanol ist z. B. von Methanol aufgrund des Geruches unterscheidbar. Aliphatische Ketone haben ebenfalls einen charakteristischen Geruch (z. B. „nach Nagellackentferner", der meist Aceton enthält). Niedere aliphatische Ester riechen fruchtartig – ätherisch. Charakteristisch riechen auch einwertige Phenole, Benzoesäureester und Acetophenon. Nach bitteren Mandeln riechen Benzaldehyd und Nitrobenzol.

Die Untersuchung der Dichte einer organischen Substanz beschränkt sich im Rahmen der Identifizierungen im wesentlichen auf den Vergleich mit der Dichte des Wassers bei wasserunlöslichen flüssigen Verbindungen. Durch Zusammengeben gleicher Teile Wasser und Substanz ist leicht feststellbar, ob die Dichte größer oder kleiner als 1 g · ml^{-1} ist. Flüssigkeiten mit der Dichte kleiner als 1 g · ml^{-1} befinden sich oberhalb, solche mit der Dichte größer als 1 g · ml^{-1} unterhalb der wäßrigen Phase.

Leichter als Wasser sind: Kohlenwasserstoffe (Aromaten, Aliphaten, Cycloaliphaten), aliphatische und cycloaliphatische Monochlorkohlenwasserstoffe, Carbonsäureester, sofern sie nur aliphatische Reste enthalten, aliphatische Alkohole, Aldehyde, Ketone und Carbonsäuren.

Schwerer als Wasser sind: Aromatische Halogenkohlenwasserstoffe, mehrfach halogenierte Kohlenwasserstoffe, aliphatische Monobrom- und -jodkohlenwasserstoffe, Nitromethan und -äthan, alle aromatischen Nitroverbindungen, Phenole, aromatische Aldehyde und Ketone, alle Ester mit wenigstens einem aromatischen Rest, aromatische Amine, Säurechloride und -anhydride.

6.1.1.4. Verhalten in der Flamme

Diese Probe ist unter einem Abzug durchzuführen!

Das Verhalten in der Flamme wird mit einigen Kristallen bzw. einigen Tropfen der zu untersuchenden Substanz auf einem Metallöffel oder in einer Porzellanschale untersucht. Brennt eine Substanz bereits, wenn man sie in die Nähe einer Flamme bringt, so ist sie entflammbar. Brennt sie allein weiter, wenn die Flamme wieder entfernt wird, so ist die Substanz auch brennbar. Die meisten organischen Stoffe sind brennbar, ihr Flammpunkt (Temperatur der Entflammbarkeit) liegt u. U. jedoch oberhalb der Zimmertemperatur, so daß man sie eventuell erst erhitzen muß, ehe sie entzündet werden können.

Aus der Art der Flamme kann man Rückschlüsse auf den Kohlenstoffgehalt ziehen, so verbrennen Aromaten meist rußend, gesättigte Aliphaten mit hell leuchtender Flamme bei geringer Rußbildung, Verbindungen mit hohem Sauerstoffgehalt mit fahl leuchtender oder nicht leuchtender Flamme. Auf das Vorliegen einer funktionellen Gruppe kann man aus dem Verhalten in der Flamme nicht schließen. Benzol, Phenol, Benzylalkohol brennen alle mit rußender Flamme. Nicht brennbar sind stark halogenhaltige Verbindungen wie Chloroform, Tetrachlorkohlenstoff, Hexachloräthan. Schwefelhaltige Substanzen sind beim Verbrennen am Geruch von Schwefeldioxid erkennbar. Ein Glührückstand läßt auf ein Alkali- oder Erdalkalimetalloxid (weißer Rückstand) oder auf ein Schwermetalloxid (dunkler Rückstand) schließen und damit darauf, daß ursprünglich eine organische Metallverbindung (z. B. Natriumacetat) vorgelegen hat.

6.1.1.5. Löslichkeit

Die Löslichkeit einer Substanz in einem bestimmten Lösungsmittel gibt oft wichtige Aufschlüsse über die Zugehörigkeit zu einer bestimmten Stoffklasse. Einen niedrig siedenden Alkohol kann man von einem Kohlenwasserstoff gleichen Siedepunktes sofort auf Grund der Löslichkeit (Alkohol wasserlöslich, Kohlenwasserstoff wasserunlöslich) unterscheiden.

Die Löslichkeit ist keine absolute Größe. Manche Substanzen lösen sich mit Wasser bei jeder Temperatur und in allen Mischungsverhältnissen vollständig. Andere Substanzen sind nur zum Teil löslich (s. Tabellen 6.2 bis 6.9 am Ende von Kapitel 6). Vermischt man gleiche Mengen Phenol und Wasser miteinander, so bilden sich zwei Phasen. Phenol erscheint als wenig löslich, vielleicht sogar als unlöslich. Tatsächlich enthält bei 20 °C die obere Phase Phenol in Wasser (8,4 g Phenol in 100 g Wasser), die untere Phase Wasser in Phenol (38,5 g Wasser in 100 g Phenol). Andere Substanzen lösen sich in Wasser noch schlechter, z. B. aromatische Kohlenwasserstoffe, aber auch sie sind nicht völlig unlöslich.

Bei der Untersuchung der Löslichkeit einer organischen Substanz sind folgende Lösungsmittel von Bedeutung:
Äther, Wasser, 5%ige Natronlauge, 5%ige Natriumhydrogencarbonatlösung, 5%ige Salzsäure, konzentrierte Schwefelsäure.

Wasser ist ein stark polares Lösungsmittel, das zur Ausbildung von Wasserstoffbrücken befähigt ist. Es ist deshalb in der Lage, andere genügend polare Substanzen zu lösen, die entweder selbst Wasserstoffbrückenbindungen ausbilden oder aber als Protonenakzeptoren wirken können.

Kohlenwasserstoffe als fast unpolare Stoffe sind deshalb ausnahmslos in Wasser unlöslich. Niedere Alkohole, wie Methanol oder Äthanol sind sehr gut wasserlöslich, da sie einen kleinen unpolaren Rest (1 bis 2 C-Atome) mit einem stark polaren Rest im Molekül vereinigen. Ebenso gut lösen sich niedere Ketone, Aldehyde, Amine und Carbonsäuren (s. Tabellen 6.2 bis 6.9 am Ende von Kapitel 6.). Nimmt im Molekül jedoch der unpolare Rest zu, so sinkt mit steigender Kohlenstoffzahl die Wasserlöslichkeit. Aldehyde mit mehr als sechs Kohlenstoffatomen sind bei qualitativer Untersuchung auf Grund der Wasserlöslichkeit nicht mehr von Kohlenwasserstoffen zu unterscheiden. Sind an eine längere Kohlenstoffkette von sechs und mehr Kohlenstoffatomen jedoch mehrere stark polare Gruppen gebunden, kann die Verbindung wieder wasserlöslich sein.

Die meisten organischen Substanzen sind ätherlöslich, so daß Diäthyläther als ausgezeichnetes Extraktionsmittel wirkt, wenn man Spuren organischer Stoffe aus Wasser extrahieren will. Sind jedoch in einem Molekül keine unpolaren Gruppen oder sehr viele polare Reste enthalten, dann kann die Substanz ätherunlöslich sein wie z. B. Wasser, Glykol, Glycerin, Zucker, Polycarbonsäuren.

Nach ihrer Löslichkeit bzw. Unlöslichkeit in Wasser und/oder Äther kann man die organischen Verbindungen in vier Gruppen einteilen:

Gruppe I (in Äther löslich, in Wasser schwer- bzw. unlöslich): Kohlenwasserstoffe, halogensubstituierte Kohlenwasserstoffe, höhermolekulare Alkohole, Carbonylverbindungen, Amine und Carbonsäuren bzw. Derivate, Phenole, Ester, Äther.

Gruppe II (in Wasser löslich, in Äther schwer- bzw. unlöslich): Polyole, Säureamide, Salze, Hydroxycarbonsäuren, Di- und Tricarbonsäuren.

Gruppe III (in Wasser und Äther löslich): Niedermolekulare aliphatische Vertreter (2 – 6 Kohlenstoffatome, s. Tab. 6.1 bzw. Tab. 6.2 – 6.9) der folgenden Substanzklassen: Alkohole, Amine, Aldehyde, Ketone, Carbonsäuren, Hydroxysäuren, Ketosäuren, Carbonsäureamide und -nitrile, außerdem mehrwertige Phenole, Aminophenole, sowie Pyridin und dessen Homologe.

Gruppe IV (in Wasser und Äther schwer- bzw. unlöslich): Makromolekulare Verbindungen, hochkondensierte Kohlenwasserstoffe, höhere Säureamide, Anthrachinone.

Von weiterem Interesse ist die Untersuchung der wasserunlöslichen Verbindungen (hauptsächlich Gruppe I). Von diesen Verbindungen sind

– *in 5%iger Salzsäure löslich:* höhere primäre, sekundäre und tertiäre aliphatische Amine, primäre aromatische Amine (z. B. Anilin), sekundäre und tertiäre Alkyl-arylamine mit nur einer Arylgruppe am Stickstoff (z. B. N.N – Dimethylanilin); sauerstoffhaltige Verbindungen mit mittlerer Kohlenstoffzahl (Alkohole, Ester, Aldehyde, Ketone, Säureamide). Wird an Stelle verdünnter Salzsäure konzentrierte Säure eingesetzt, steigt die Löslichkeit noch weiter an;

– *in konzentrierter Schwefelsäure löslich* (meist unter Dunkelfärbung): alle salzsäurelöslichen (und wasserlöslichen) Verbindungen, fast alle sauerstoff- und stickstoffhaltigen Verbindungen (z. B. Alkohole, Äther, Carbonylverbindungen, Nitroverbindungen, Di- und Triarylamine), Olefine, Cycloolefine, Polyalkylbenzole (Xylol, Mesitylen, Durol);

– *in konzentrierter Schwefelsäure unlöslich:* praktisch nur Alkane und Cycloalkane sowie deren Halogenderivate, außerdem Benzol und Toluol (letzteres nur in der Kälte), sowie aromatische Halogenkohlenwasserstoffe;

– *in 5%iger Natriumhydrogencarbonatlösung löslich:* Mono-, Di- und Polycarbonsäuren sowie durch elektronenziehende Gruppen aktivierte Phenole (Nitrophenol); unlöslich sind dagegen nicht aktivierte Phenole (wie Phenol, Kresole, Halogenphenole);

– *in 5%iger Natronlauge löslich:* alle in Wasser und Hydrogencarbonat löslichen Stoffe, Phenole, Enole, primäre und sekundäre Nitroverbindungen, Imide, Oxime, Arylsulfonsäurederivate primärer Amine.

Die Bestimmung der Löslichkeit sollte halbquantitativ vorgenommen werden. Man versetzt 0,1 g bzw. 0,2 ml der Substanz in einem kleinen Reagenzglas portionsweise und unter Schütteln und dauernder Beobachtung mit 3 ml Lösungsmittel. Um die Lösegeschwindigkeit und die Löslichkeit zu erhöhen, kann vorsichtig erwärmt werden. Eine Substanz erscheint bei diesem Test als löslich, wenn mindestens 5 bis 10 g Substanz in 100 ml Lösungsmittel löslich sind (Wasserlöslichkeit verschiedener Substanzen s. Tabellen 6.2 – 6.10). Man beginne mit den Lösungsmitteln Wasser und Äther. Bei Wasserunlöslichkeit prüfe man die Löslichkeit in folgenden Lösungsmitteln: 5%ige Salzsäure, eventuell konz. Salzsäure, konz. Schwefelsäure, 5%ige Natriumhydrogencarbonatlösung, 5%ige Natronlauge.

Bei Substanzen, die in Wasser unlöslich, jedoch in Säuren oder Basen löslich sind, versuche man durch anschließende Neutralisation der Lösung den Ausgangsstoff wieder in Freiheit zu setzen. Von ausgeschiedenen Festsubstanzen ist anschließend der Schmelzpunkt zu bestimmen, um festzustellen, ob beim Lösen u. U. Hydrolyse eingetreten ist. Bei Flüssigkeiten empfiehlt es sich, den Siedepunkt zu bestimmen. Dazu ist jedoch mit einer entsprechend größeren Substanzmenge zu arbeiten.

Folgende Fehler treten häufig auf:

– Um das Lösen zu beschleunigen, wird das Gemisch erwärmt. Dabei wird der Siedepunkt einer Komponente überschritten, so daß sie abdestilliert und sich verflüchtigt. Die an sich unlösliche Substanz scheint sich zu lösen (Beispiel Cyclohexan in Wasser).
– Zwei Flüssigkeiten haben ähnliche Brechungsindizes, so daß die Phasengrenze schwer erkennbar ist. Falsche Schlußfolgerung: die Flüssigkeiten lösen sich ineinander! Unter Umständen sollte das Reagenzglas deshalb mit einer Lupe betrachtet werden (Brechungsindex von Wasser: n_D^{20} 1,3298).
– Eine geringe Menge eines festen, wasserunlöslichen Stoffes, dessen Schmelzpunkt unter 100 °C oder etwas darüber liegt, wird mit Wasser erwärmt und schmilzt dabei. Dieser Vorgang wird irrtümlich oft mit Lösen gleichgesetzt. Tatsächlich sind beim exakten Beobachten noch zwei Phasen erkennbar: Wasser und wasserunlösliches „Öl".

6.1.1.6. Nachweis von Halogen, Stickstoff, Schwefel

6.1.1.6.1. Beilstein-Probe

Ein ausgeglühter Kupferdraht, der aus mehreren zusammengedrehten einzelnen Drähten besteht, wird in die unbekannte Probe getaucht und dann in der nichtleuchtenden Flamme des Bunsenbrenners kräftig erhitzt. Wichtig ist, daß der Draht beim Eintauchen in die Substanz auch gut benetzt wird. Das ist nur der Fall wenn er nicht zu heiß ist.

Beim Verbrennen der halogenhaltigen Substanz in Gegenwart von Kupfer entsteht leicht flüchtiges Kupferhalogenid, das die Flamme grün färbt. Diese Grünfärbung weist deshalb auf Halogen (Cl, Br, J) hin. Aromatisch gebundenes Halogen (z. B. in Brombenzol) scheint gelegentlich schwerer nachweisbar zu sein.

Andererseits ist die Beilstein-Probe überempfindlich. Bereits Spuren von halogenhaltigen Verunreinigungen geben eine positive Reaktion. Liegt in einem Gemisch eine halogenhaltige Verbindung vor, dann ist dieses Halogen auch nach der Auftrennung (durch Destillation o. a.) meist auch in den anderen abgetrennten Proben nachweisbar!

6.1.1.6.2. Lassaigne-Probe

Vorsicht! Abzug, Schutzbrille!

Da Polyhalogenverbindungen, z. B. Tetrachlorkohlenstoff oder Chloroform, und einige Nitroverbindungen, z. B. Nitromethan, beim Erhitzen mit Natrium explosionsartig reagieren, muß vom Praktikumsbetreuer die Erlaubnis für die Durchführung dieser Nachweisreaktion eingeholt werden.

Ein erbsengroßes, oxidfreies Stückchen Natrium wird in einem Glühröhrchen mit einer Spatelspitze bzw. 10 Tropfen der Substanz geschmolzen und etwa drei Minuten auf Rotglut erhitzt. Das heiße Röhrchen wird in ein Becherglas mit 10 ml Wasser getaucht. Das Glührohr zerspringt, und der Inhalt löst sich zum Teil im Wasser. Die Lösung wird filtriert und für drei Nachweise verwendet:

– 3 ml werden bis zur sauren Reaktion mit Essigsäure versetzt (Indikator!). Tritt mit Bleiacetatpapier Schwarzfärbung (Bleisulfid) ein, so enthält die Substanz Schwefel.

– 3 ml der Aufschlußlösung werden mit einigen Körnchen Eisen(II)-sulfat versetzt und nach Zugabe einiger Tropfen Eisen(III)-chloridlösung mit Salzsäure angesäuert. Bei Anwesenheit von Stickstoff fällt Berliner Blau aus.

– 3 ml des Aufschlusses werden nach dem Ansäuern mit konzentrierter Salpetersäure mit einigen Tropfen Silbernitratlösung versetzt. Die charakteristische Fällung von Silberhalogenid zeigt Halogen an. Ist in der Substanz Stickstoff enthalten, so muß die im sauren Aufschluß vorhandene Blausäure vor der Zugabe von Silbernitrat verkocht werden (Vorsicht! Abzug!). Bei Vorhandensein von Halogen kann die Art der Bindung (aliphatisch oder aromatisch) nach Abschnitt 6.1.3.1. untersucht werden.

6.1.1.7. Probe auf ungesättigte Verbindungen

6.1.1.7.1. Reaktion mit Kaliumpermanganat (Baeyer-Probe)

Man versetzt 0,1 g bzw. 0,2 ml der Analysensubstanz, welche in 2 ml Wasser, Äthanol oder Aceton gelöst ist, tropfenweise und unter kräftigem Schütteln mit einer 2%igen wäßrigen Kaliumpermanganatlösung.

Der Test ist positiv, wenn in kurzer Zeit mehr als 10 Tropfen Kaliumpermanganatlösung entfärbt werden. Die Reaktion wird außer von olefinischen und acetylenischen Kohlenwasserstoffen auch von Aldehyden, Ameisensäure und deren Estern, Phenolen und von Arylaminen gegeben.

6.1.1.7.2. Reaktion mit Brom

Zu 0,2 g bzw. 0,2 ml der Analysensubstanz in 2 ml Tetrachlorkohlenstoff tropft man unter Schütteln eine ca. 4%ige Lösung von Brom in Tetrachlorkohlenstoff (vgl. Abschn. 6.4.). Verschwindet die braune Farbe des Broms schlagartig, dann liegen Verbindungen mit Doppel- oder Dreifachbindung vor (Addition). Man schätze durch Überschlagsrechnung ab, wieviel Milliliter Bromlösung etwa entfärbt werden müßten. Wenn nur sehr wenig Bromlösung entfärbt wird (<1 ml bei 0,2 g Substanz), liegen möglicherweise Verunreinigungen in der Analysensubstanz vor. Ferner ist zu beachten, daß ungesättigte Verbindungen mit $-I/-M$-Effekten auslösenden Substituenten ($-COOH$, $-NO_2$ usw.) nur langsam entfärbt werden.

Tritt neben der Entfärbung Bromwasserstoff-Entwicklung (Bromwasserstoffnebel, Gasbläschen) auf, so ist eine Substitution durch Brom eingetreten. Unter diesen Bedingungen werden u. a. Phenole, aromatische und aliphathische Amine und enolisierbare Carbonylverbindungen durch Brom angegriffen. Carbonylverbindungen, die Brom entfärben, reagieren oft nicht mit Kaliumpermanganat (Baeyer-Probe). So reagiert Aceton sehr schnell unter Entfärbung mit Brom, ist aber gegenüber Kaliumpermanganat beständig. Benzaldehyd und Formaldehyd geben eine positive Baeyer-Probe, entfärben aber nicht Bromlösung.

6.1.2. Charakterisierungsreaktionen zur Festlegung der Stoffklasse

Nach der Durchführung der Vorproben ist der Student meist in der Lage, Vermutungen darüber anzustellen, welcher Verbindungsklasse die zu identifizierende Substanz angehören könnte.

Mit dem Ziel der exakteren Zuordnung zu einer bestimmten Verbindungsklasse wird nun die entsprechende Charakterisierungsreaktion durchgeführt.

Falls die Vorproben keine eindeutigen Hinweise gegeben haben, sind alle Charakterisierungsreaktionen (Abschnitte 6.1.2.1. bis 6.1.2.13.) in der angegebenen Reihenfolge durchzuführen.

6.1.2.1. Carbonsäureanhydride und -halogenide

Man setzt drei Tropfen der unbekannten Substanz mit fünf Tropfen Anilin um. Ist die unbekannte Substanz fest, löst man 0,1 g davon in 1 ml Benzol (eventuell unter Erwärmung) und setzt der klaren Lösung Anilin zu. Erwärmt sich die Lösung nach Zugabe von Anilin, läßt man 3 bis 5 Minuten reagieren, kühlt ab und reibt mit dem Glasstab, falls nicht spontane Kristallisation einsetzt.

Säureanhydride und -halogenide reagieren mit Anilin unter Wärmeentwicklung; es wird ein festes Anilid gebildet, dessen Schmelzpunkt man bestimmt (s. Tab. 6.6). Säuren selbst reagieren mit Anilin nicht spontan unter Bildung eines kristallinen Derivats (Ausnahmen: Ameisensäure, Chloressigsäure). Bei Vermutung auf Säurehalogenide ist das Halogen unbedingt nachzuweisen.

Säureanhydride und -halogenide sind wasserunlöslich, sie reagieren jedoch u. U. mit Wasser zu einem sauer reagierenden Hydrolysat (Lackmus) und erscheinen dann wasserlöslich, wenn die entstehende Carbonsäure wasserlöslich ist.

6.1.2.2. Carbonsäuren

0,1 g oder vier Tropfen der Substanz werden in 2 ml Wasser gelöst. Die Lösung reagiert gegen Lackmus- oder *p*H-Papier sauer, auch dann noch, wenn 1 Tropfen 10%ige Natriumcarbonatlösung zugesetzt worden ist. Falls die Substanz in Wasser unlöslich ist, wird zunächst in 2 ml Äthanol gelöst und danach mit 2 ml Wasser versetzt.

Bei festen, wasserunlöslichen Säuren kann die Reaktion auch so ausgeführt werden, daß man einen Tropfen Phenolphthaleinlösung und zwei Tropfen verd. Natronlauge in 1 ml Wasser löst. Zu der roten Lösung gibt man eine kleine Spatelspitze der Substanz. Beim Schütteln muß sich die Lösung entfärben. Erneute Zugabe von 1 bis 2 Tropfen Natronlauge darf jeweils nur zu kurzer Rotfärbung mit anschließender Entfärbung führen. Auch Säureanhydride und -halogenide sowie einige Ester (vor allem Ameisensäureester) hydrolysieren auch in der Kälte merklich, können also zu Verwechslungen führen.

Alle wasserunlöslichen Säuren lösen sich in verd. Natronlauge sowie in Natriumhydrogencarbonatlösung, in letzterer unter Kohlendioxidentwicklung.

6.1.2.3. Alkalisalze von Carbonsäuren

Derartige Substanzen sind fest und meist gut wasserlöslich. Aus den konzentrierten wäßrigen Lösungen der Alkalisalze von Säuren mit mehr als 5 bis 6 Kohlenstoffatomen scheiden sich beim Ansäuern mit Salzsäure die freien, u. U. festen Carbonsäuren aus. Beim Verbrennen der Alkalisalze hinterbleibt ein wasserlöslicher Glührückstand (Alkalicarbonat-Lackmus!).

6.1.2.4. Amine

Der in Aminen enthaltene Stickstoff ist meist gut nachweisbar (Lassaigne-Reaktion – s. Abschn. 6.1.1.6.2.). Amine sind auf Grund des 3-bindigen Stickstoffs mehr oder weniger stark basisch und dadurch nachweisbar.

a) Wasserlösliche Amine erkennt man an der basischen Reaktion der wäßrigen Lösung (vier Tropfen der Substanz in 2 ml Wasser gelöst) gegen Lackmus. Die basische Reaktion bleibt auch dann noch bestehen, wenn ein Tropfen Eisessig zugesetzt wird.

b) Wasserunlösliche Amine mit 6 bis 10 Kohlenstoffatomen können an ihrer Löslichkeit in 5%iger wäßriger Salzsäure erkannt werden (vier Tropfen oder 0,1 g Substanz in 2 ml Salzsäure).

c) Wasserunlösliche Amine mit mehr als zehn Kohlenstoffatomen werden mit 5%iger wäßriger Salzsäure geschüttelt (0,1 g in 2 ml Salzsäure) und filtriert. Zum klaren Filtrat gibt man das gleiche Volumen 10%iger Sodalösung. Die Entstehung eines Niederschlages oder eine starke Trübung zeigt Amin an.

d) Aromatische Amine mit einem Arylrest, die einen oder mehrere stark negativierende Substituenten am Phenylrest tragen (z. B. $-NO_2$), sowie sekundäre und tertiäre Amine mit mehr als einem Arylrest am Stickstoff sind so schwach basisch, daß sie in Salzsäure nicht mehr löslich sind.

Zur Unterscheidung von primären, sekundären und tertiären Aminen versetzt man 0,5 ml (oder 0,5 g) der als Amin erkannten Substanz tropfenweise mit etwa der gleichen Menge Acetanhydrid. Eine Temperaturerhöhung von mehr als 15 °C weist auf primäres oder sekundäres Amin hin; tertiäre Amine reagieren mit Acetanhydrid nicht.

Man kann auch nach Hinsberg das Amin mit Benzol- oder p-Toluolsulfochlorid umsetzen (s. Abschn. 6.1.3.4.1.). Nur die Reaktionsprodukte primärer Amine sind in Alkali löslich; die Umsetzungsprodukte sekundärer Amine sind alkaliunlöslich; tertiäre Amine reagieren mit Sulfochlorid überhaupt nicht und sind deshalb noch salzsäurelöslich.

Weitere Hinweisreaktionen siehe Abschnitt 6.1.3.2.

6.1.2.5. Phenole, Enole

Man löst einen Tropfen oder 0,02 g der zu untersuchenden Substanz in 1 ml Äthanol, versetzt mit 1 ml Wasser und fügt anschließend einen Tropfen 5%ige Eisen(III)-chloridlösung zu. Phenol oder Enol wird durch eine grüne, violette oder rote Farbe angezeigt. Um auch geringe Farbunterschiede wahrnehmen zu können, kann man sich eine Lösung aus Eisen(III)-chlorid, Wasser und Äthanol herstellen, die man anschließend in zwei gleiche Teile teilt. Man versetzt nun nur den einen Teil mit der zu testenden Substanz. Durch Vergleich beider Lösungen sind auch geringfügige Farbunterschiede noch erkennbar. Bei Thymol, Hydrochinon, 4-Hydroxydiphenyl, o-Nitrophenol und Pikrinsäure versagt der Test. Einige Amine und Natriumacetat geben rötliche Färbungen.

Phenole sind in Wasser meist wenig löslich (s. Tab. 6.3), jedoch löslich in Natronlauge (s. Abschn. 6.1.1.5.), darüber hinaus wirken mehrwertige Phenole reduzierend (s. Abschn. 6.1.3.4.; Tollens-Reaktion).

Weitere Hinweisreaktionen siehe Abschnitt 6.1.3.3.

6.1.2.6. Alkohole

0,5 ml unbekannter Substanz werden in ein trockenes Reagenzglas gegeben. Gleichzeitig mißt man die Temperatur.

Unter Rühren mit dem Thermometer versetzt man dann mit fünf Tropfen Acetylchlorid. Tritt heftige Reaktion ein (Erwärmung), dann liegt ein primärer oder sekundärer Alkohol vor. Bleibt eine Reaktion aus, setzt man weitere fünf Tropfen Acetylchlorid zu. Man rührt mit dem Thermometer und achtet auf die Temperatur. Eine Temperaturerhöhung von mehr als 10 °C deutet auf einen tertiären Alkohol hin.

Ist die unbekannte Substanz fest, löst man davon 0,5 g in 1 ml warmem Benzol, kühlt auf etwa 20 °C ab, stellt die Temperatur fest und setzt unter Rühren sieben Tropfen Acetylchlorid zu. Eine Temperaturerhöhung von mehr als 5 °C gilt als positiver Nachweis für einen Alkohol.

Phenole und Amine geben den Test ebenfalls; sie sind auf alle Fälle vorher auszuschließen. Da der Test auch mit Wasser positiv verläuft, muß peinlich wasserfrei gearbeitet werden.

Weitere Hinweisreaktionen auf Alkohole siehe Abschnitt 6.1.3.3.

6.1.2.7. Aldehyde

1 ml Schiffsches Reagens werden mit einem Tropfen der zu untersuchenden Substanz versetzt. Aldehyde geben sofort eine intensiv violette Färbung.

Wasserunlösliche Verbindungen (zwei Tropfen oder 0,05 g) werden in 1 ml Äthanol gelöst und mit 1 ml Schiffschem Reagens versetzt. Der Test ist negativ, wenn die Violettfärbung nicht nach 15 Sekunden eintritt. Nach längerer Zeit bewirkt auch Luftsauerstoff eine violette Färbung. Ist man im Zweifel, weil die Färbung sehr langsam erscheint, verteilt man das Reagens auf zwei Reagenzgläser und versetzt nur eines mit der Testsubstanz.

Der Test ist nicht spezifisch für Aldehyde, er wird von allen Substanzen gegeben, die stark reduzierend wirken oder die solche Substanzen als Verunreinigungen enthalten, wie Amine, die oft mit N-Arylhydroxylamin verunreinigt sind, oder primäre Alkohole, die oft Spuren von Aldehyd enthalten.

Weitere Hinweisreaktionen siehe Abschnitt 6.1.3.4.

6.1.2.8. Carbonsäureester

Man kann einen Ester dadurch charakterisieren, daß man 2 Tropfen oder eine Spatelspitze der Analysensubstanz mit 2 ml Äthanol und 3 Tropfen Phenolphthaleinlösung versetzt. Taucht man in diese Lösung einen mit Natronlauge benetzten Glasstab, so tritt eine rote Färbung auf, die beim Erhitzen verschwindet, da bei der Hydrolyse des Esters Alkali verbraucht wird. Bei erneuter Zugabe von Lauge mittels Glasstab tritt wieder Rotfärbung auf, die beim Erhitzen wiederum verschwindet. Läßt sich dieser Vorgang mehrmals wiederholen, liegt ein Ester vor.

Die Reaktion wird auch von anderen Säurederivaten (Anhydride, Halogenide, Lactone, Amide, Nitrile) gegeben, ebenfalls von Aldehyden, die am α-ständigen Kohlenstoffatom nicht über Wasserstoff verfügen (Cannizaro-Reaktion verbraucht Alkali), weiter von geminalen Trihalogenverbindungen (Chloroform, Benzotrichlorid) und anderen leicht hydrolysierbaren Halogenkohlenwasserstoffen. Niedrig siedende Ester können sich beim Erwärmen verflüchtigen, Arylreste enthaltende Ester hydrolysieren oft schwer; in beiden Fällen wird ein negativer Test vorgetäuscht.

Weitere Hinweisreaktionen siehe Abschnitt 6.1.3.5.

6.1.2.9. Ketone

Man versucht, ein Semicarbazon oder ein 2.4-Dinitrophenylhydrazon (s. Abschn. 6.1.4.2.) darzustellen.

Hinweis auf Methylketone siehe Abschnitt 6.1.3.3., Jodoform-Reaktion.

6.1.2.10. Carbonsäurenitrile und -amide

Beim Erhitzen mit wäßriger Kalilauge erfolgt Hydrolyse und Abspaltung von Ammoniak oder Amin.

Man löst fünf Plätzchen Kaliumhydroxid in fünf Tropfen Wasser, fügt 2 ml Diäthylenglykol und acht Tropfen oder 0,2 g der unbekannten Substanz hinzu. Es wird vorsichtig bis zum Sieden erhitzt und der Dampf von Zeit zu Zeit mit feuchtem, rotem Lackmuspapier geprüft. Entsteht Ammoniak oder ein aliphatisches Amin, wird das Lackmuspapier gebläut. Spritzt Kaliumhydroxidlösung an das Papier, werden falsche Resultate erhalten.

Ist die zu untersuchende Substanz ein Salz eines aliphatischen Amins, so wird der Test ebenfalls gegeben.

6.1.2.11. Nitroverbindungen

0,3 g bzw. 10 Tropfen der Substanz werden in 10 ml 50%igem Äthanol gelöst und 0,5 g Ammoniumchlorid, sowie 0,5 g Zinkstaub zugesetzt. Die Mischung wird geschüttelt und zwei Minuten auf Siedetemperatur gehalten. Nach dem Abkühlen filtriert man und gibt Tollens-Reagens zu (s. Abschn. 6.1.3.4.).

Aliphatische und aromatische Nitro- und Nitrosoverbindungen werden unter den angegebenen Bedingungen zu entsprechenden Hydroxylaminen, Hydrazinen oder Aminophenolen reduziert, diese geben dann mit Tollens-Reagens (s. Abschn. 6.4.) eine Abscheidung von metallischem Silber (grauer, flockiger Niederschlag). Die Reaktion ist nicht aussagefähig, wenn bereits die Analysensubstanz Tollens-Reagens reduziert.

6.1.2.12. Halogenkohlenwasserstoffe

Enthält die Substanz keinerlei funktionelle Gruppen, ist aber Halogen nachgewiesen worden, dann liegt ein Halogenkohlenwasserstoff vor. Die Substanz ist völlig unlöslich in Wasser und in konzentrierter Salzsäure. In konzentrierter Schwefelsäure unlöslich sind gesättigte aliphatische und cycloaliphatische Halogenkohlenwasserstoffe, ebenfalls aromatische Halogenkohlenwasserstoffe, falls sie keine reaktionserleichternden Substituenten enthalten.

Die Art der Bindung des Halogens (aliphatisch, aromatisch) siehe Abschnitt 6.1.3.1.

6.1.2.13. Kohlenwasserstoffe

Ein Kohlenwasserstoff liegt meist dann vor, wenn die zu identifizierende Substanz keiner der Gruppen in den Abschnitten 6.1.2.1. bis 6.1.2.12. zugeordnet werden kann.

a) Gesättigte aliphatische Kohlenwasserstoffe sind in Wasser und in konzentrierter Schwefelsäure auch in der Hitze unlöslich.

b) Ungesättigte (olefinische Kohlenwasserstoffe) lösen sich in konzentrierter Schwefelsäure, addieren Brom (s. Abschn. 6.1.1.7.2.) und entfärben Kaliumpermanganatlösung (s. Abschn. 6.1.1.7.1.).

c) Aromatische Kohlenwasserstoffe sind in konzentrierter Schwefelsäure nur dann löslich, wenn Alkyl- oder andere Reste substitutionserleichternd wirken (Benzol ist unlöslich, Toluol ist in der Kälte unlöslich – in der Hitze jedoch löslich, Xylole und Polyalkylbenzole sind auch in der Kälte löslich).

Weitere Hinweise siehe Abschnitt 6.1.3.6.

6.1.3. Hinweisreaktionen

6.1.3.1. Hinweis auf hydrolysierbares Halogen

Reaktion mit äthanolischer Silbernitratlösung

Zu 2 ml einer 2%igen äthanolischen Silbernitratlösung fügt man einige Tropfen der Analysensubstanz, die man in Wasser oder Äthanol gelöst hat. Wenn nach drei Minuten keine Fällung beobachtet wird, erhitzt man die Lösung kurz zum Sieden. Bei Bildung eines Niederschlages von Silberhalogenid muß dieser auch nach Zugabe einiger Tropfen konzentrierter Salpetersäure unlöslich sein.

In der Kälte ausgeschiedenes Silberhalogenid weist auf Säurehalogenide, tert. Alkylhalogenide, Alkyljodide und Allylhalogenide hin. Tritt eine Fällung bei erhöhter Temperatur ein, so sind primäre und sekundäre Alkylchloride, Dinitrochlorbenzole und vicinale Dibromide zu vermuten. Arylhalogenide, Vinylhalogenide, Tetrachlorkohlenstoff u. a. geben unter den angegebenen Bedingungen keine Reaktion.

Reaktion mit Natriumjodid in Aceton

Beachte: Die Lösung von Natriumjodid in Aceton ist unbrauchbar, sobald sie eine rotbraune Farbe angenommen hat.

Zu 1 ml einer Lösung von Natriumjodid in Aceton (vgl. Abschn. 6.4.) gibt man 2 Tropfen bzw. 0,1 g, in möglichst wenig Aceton gelöst, der Analysensubstanz, schüttelt kräftig und läßt einige Minuten stehen. Sollte kein Niederschlag von Natriumchlorid oder -bromid auftreten, so wird 5 bis 10 Minuten auf dem Wasserbad erwärmt, ohne daß Aceton verdampft.

Ein auftretender Niederschlag zeigt die Anwesenheit von aliphatisch gebundenem Chlor oder Brom an. Der Test wird auch von Säurechlorid bzw. -bromid gegeben. Aromatisch gebundenes Halogen ist unter diesen Bedingungen nicht abspaltbar. Bei einigen Verbindungen geht mit der Niederschlagsbildung eine Farbänderung nach Braun (Jodfreisetzung) einher.

6.1.3.2. Hinweis auf Amine

Reaktion mit Chloroform und Natronlauge (Isonitrilreaktion)

Vorsicht! Stark giftig! Abzug!

Unter einem gut ziehenden Abzug versetzt man ein Gemisch aus 0,1 ml bzw. 0,1 g der Analysensubstanz und 2 ml Äthanol mit 2 ml 10%iger Natronlauge und einigen Tropfen Chloroform und erhitzt zum Sieden.

Das Auftreten des widerwärtigen Isonitril-Geruches (eventuell Blindprobe mit einem bekannten primären Amin!) deutet auf ein primäres Amin. Die Reaktion ist zum Teil überempfindlich und spricht bereits auf Spuren primären Amins an, das in anderen Aminen technischer Reinheit enthalten sein kann. Andererseits können hochsiedende Isonitrile auf Grund ihres geringen Dampfdruckes gar nicht oder nur schwer wahrnehmbar sein.

Achtung! Nach Beendigung des Versuches wird die Reaktionsmischung mit konz. Salzsäure versetzt, um entstandenes Isonitril zu zerstören. Erst danach darf der Inhalt des Reagenzglases verworfen werden (**Abzug!**).

Reaktion mit salpetriger Säure

Liegt ein primäres Amin vor (Isonitrilreaktion!), so löst man 0,5 ml bzw. 0,5 g der Analysensubstanz in 2 ml konz. Salzsäure, verdünnt mit 3 ml Wasser und kühlt die Reaktionsmischung in einem Eisbad auf 0 °C ab. Unter Schütteln gibt man solange tropfenweise eine Lösung von 0,5 g Natriumnitrit in 3 ml Wasser zu, bis ein Tropfen der Reaktionsmischung auf Jodidstärkepapier eine Blaufärbung durch überschüssige salpetrige Säure hervorruft. Man beobachte, ob schon während der Darstellung des Diazoniumsalzes eine starke Gasentwicklung auftritt!

4 ml der Diazoniumsalzlösung werden zu 2 ml β-Naphthol-Natronlauge-Lösung (vgl. Abschn. 6.4.) gegeben.

Die Bildung eines orangeroten Farbstoffes läßt auf ein primäres aromatisches Amin schließen. Eine starke Stickstoffentwicklung bei der Zugabe der Natriumnitritlösung deutet auf die Anwesenheit eines aliphatischen primären Amins hin. Sekundäre aliphatische und aromatische Amine bilden mit salpetriger Säure Nitrosamine, welche sich meist als gelbliches Öl abscheiden. Niedere aliphatische Nitrosamine sind in Wasser allerdings gut löslich.

Ein eventuell gebildetes Nitrosamin wird in der fünf- bis zehnfachen Menge Diäthyläther aufgenommen, dieser mit 5%iger Natronlauge gewaschen und anschließend abdestilliert. Der Rückstand wird in der 2fachen Menge geschmolzenen Phenols gelöst und mit einigen Tropfen konz. Schwefelsäure angesäuert. Es tritt eine rote Färbung auf, die nach Zusatz von 10%iger Natronlauge in Blau umschlägt.

Die Nitrosogruppe des Nitrosamins führt zur Bildung eines Indophenols:

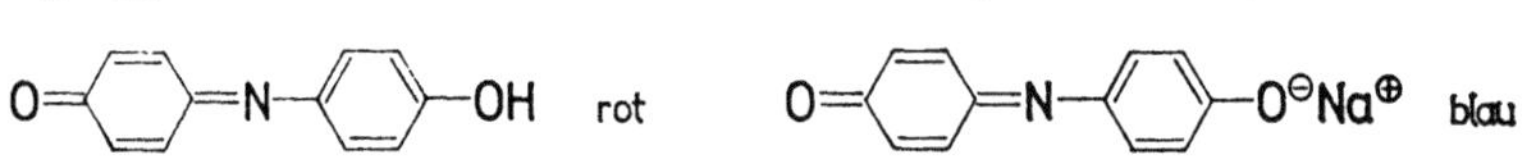

Tertiäre Amine reagieren unter den angeführten Bedingungen nicht.

6.1.3.3. Hinweis auf Phenole, Alkohole

Reaktion mit Cerammonnitrat

Achtung! Dioxan ist hochtoxisch! Abzug!

Fünf Tropfen der in Wasser gelösten Analysensubstanz werden zu einer Lösung von 0,5 ml Cerammonnitrat-Reagens (vgl. Abschn. 6.4.) in 3 ml Wasser gegeben.

Eine wasserunlösliche Analysensubstanz wird in Dioxan gelöst. Davon werden fünf Tropfen zu einer Lösung von 0,5 ml Cerammonnitrat-Reagens in 3 ml Dioxan gegeben. Nach dem jeweiligen Umschütteln wird eine eventuelle Farbänderung festgestellt.

Alkohole geben sich durch eine Farbänderung von gelb nach rot zu erkennen. Bei Anwesenheit von Phenolen entsteht in wäßriger Lösung eine braune Fällung, in Dioxan tritt eine rote bis braune Färbung auf. Die Farbreaktionen sind bei Alkoholen und Phenolen, die nicht mehr als 10 C-Atome enthalten, eindeutig. Die Gegenwart weiterer funktioneller Gruppen wie z. B. $-COOH$, $-CHO$ stört nicht. Aromatische Amine und Verbindungen, die leicht mitunter auch zu farbigen Substanzen oxydiert werden können, stören die Reaktion.

Reaktion mit salpetriger Säure

(Liebermann-Nitroso-Reaktion)

Zu 2 ml konz. Schwefelsäure, in der man eine Spatelspitze Natriumnitrit gelöst hat, werden 0,1 g der Analysensubstanz gegeben. Dieses Gemisch wird in 25 ml Eiswasser gegossen und anschließend mit Natronlauge alkalisiert.

Gebildetes Indophenol – im sauren Milieu rot, im alkalischen Milieu blau – zeigt an, daß ein in o- und p-Stellung nicht substituiertes Phenol vorgelegen hat.

Reaktion mit Kupfersulfat

Einige Tropfen der Analysensubstanz werden in 5 %iger Natronlauge gelöst und mit einigen Tropfen einer stark verdünnten wäßrigen Kupfersulfatlösung (vgl. Abschn. 6.4.) versetzt.

Bei Anwesenheit mehrwertiger Alkohole wird das Kupferhydroxid komplex in Lösung gehalten und fällt nicht wie üblich im alkalischen Milieu aus.

Reaktion mit Natriumhypojodit

(Jodoform-Reaktion)

Achtung! Dioxan ist hochtoxisch! Abzug!

Zu 5 ml Dioxan werden 0,1 g oder 0,1 ml der zu prüfenden Substanz gegeben. Anschließend versetzt man die Lösung mit ca. 1 ml 10 %iger Natronlauge und tropft nun Jod-Kaliumjodid-Lösung (vgl. Abschn. 6.4.) hinzu, bis die dunkle Jodfarbe auch nach dem Schütteln nicht mehr verschwindet. Danach erwärmt man ca. zwei Minuten auf einem etwa 60 °C warmen Wasserbad. Verschwindet die Jodfarbe, so wird erneut mit Jod-Kaliumjodid-Lösung versetzt und wiederum kurz erwärmt. Am Ende wird überschüssiges Jod durch Zugabe einiger Tropfen 10 %iger Natronlauge beseitigt. Man versetzt nun mit ca. 5 bis 10 ml Wasser und läßt

15 Minuten stehen. Ausgeschiedenes gelbes Jodoform hat einen Schmelzpunkt von 119 bis 121 °C.

Folgende Verbindungen geben den Test: CH_3-CO-R und $CH_3-CH(OH)-R$ für $R=H$, Alkyl, Aryl. Andere Verbindungen wie zum Beispiel Acetessigester ($CH_3-CO-CH_2-COOC_2H_5$), Cyanoaceton ($CH_3-CO-CH_2-CN$) und Nitroaceton ($CH_3-CO-CH_2-NO_2$) geben die Jodoform-Reaktion nicht.

Reaktion mit Zinkchlorid (Lukas-Reaktion)

Zu 1 ml der zu untersuchenden Substanz werden auf einmal 8 ml Lukas-Reagens (vgl. Abschn. 6.4.) gegeben; man schüttelt das Reagenzglas kräftig durch und beobachtet danach das Verhalten der Flüssigkeit.

Bei tertiären Alkoholen bilden sich alsbald zwei Phasen, von denen die eine das Alkylchlorid ist. Sekundäre Alkohole lösen sich zunächst klar, die Lösung trübt sich jedoch bald; nach einiger Zeit scheidet sich das Alkylchlorid tropfenförmig ab. Primäre Alkohole bis etwa 5 C-Atome werden gelöst, ohne daß eine Trübung eintritt. Der Test ist nur dann sinnvoll, wenn der zu untersuchende Alkohol im Reagens klar löslich ist.

Reaktion mit Quecksilbersulfat (Denigès-Reaktion)

Zu 2 ml Denigès-Reagens (vgl. Abschn. 6.4.) gibt man einige Tropfen der Analysensubstanz und erhitzt zum Sieden.

Tertiäre Alkohole werden durch die im Reagens enthaltene Schwefelsäure dehydratisiert. Die gebildeten Olefine geben mit Quecksilberionen gelbe bis rote Niederschläge. Die mit primären und sekundären Alkoholen erhaltenen Niederschläge sind meist farblos.

6.1.3.4. Hinweis auf Aldehyde und reduzierende Substanzen

Reaktion mit Benedict-Reagens

Zu 5 ml Benedict-Reagens (vgl. Abschn. 6.4.) wird eine Lösung bzw. Suspension von 0,2 g bzw. 0,2 ml der Analysensubstanz in ca. 5 ml Wasser gegeben.

Ein sofort oder nach dem Erhitzen anfallender roter, gelber oder gelbgrüner Niederschlag von Kupfer(I)-oxid zeigt die Anwesenheit von α-Hydroxyaldehyden (z. B. Aldosen), α-Hydroxyketonen (z. B. Ketosen, Benzoin) oder α-Ketoaldehyden an. Einfache aliphatische und aromatische Aldehyde (z. B. n-Butyraldehyd, Benzaldehyd) werden im Gegensatz zur Reaktion mit Fehling-Reagens nicht oxydiert.

Reaktion mit Fehling-Reagens

Unmittelbar vor dem Versuch werden je 2 ml Fehling I (vgl. Abschn. 6.4.) und Fehling II (vgl. Abschn. 6.4.) vermischt und mit etwa 0,2 g bzw. 0,2 ml der Analysensubstanz versetzt. Anschließend erhitzt man die Mischung einige Minuten zum Sieden.

Das Verschwinden der tiefblauen Farbe und die Bildung eines roten bzw. gelbroten Niederschlages zeigt die Anwesenheit von aliphatischen Aldehyden, Polyolen, reduzierenden Zuckern, Hydrazinen oder Hydroxylaminen an. Aromatische Aldehyde wie z. B. Benzaldehyd geben diese Reaktion nicht.

Reaktion mit Tollens-Reagens

Zu 2 ml frisch bereitetem Tollens-Reagens (vgl. Abschn. 6.4.) gibt man 0,2 g bzw. 0,2 ml der Analysensubstanz. Erfolgt in der Kälte keine Abscheidung von metallischem Silber, so erwärmt man einige Zeit im Wasserbad.

Die Abscheidung eines Silberniederschlags oder die Bildung eines Silberspiegels verursachen aliphatische und aromatische Aldehyde, reduzierende Zucker, α-Diketone, α-Hydroxyketone, mehrwertige Phenole, α-Naphthole, Aminophenole, Hydrazine, Hydroxylamine, Phenylendiamine. Leicht hydrolysierbares Halogen kann zu einem weißen Niederschlag von Silberhalogenid führen.

6.1.3.5. Hinweis auf Carbonsäureester

Reaktion mit Hydroxylamin/Eisen(III)-chlorid

(Hydroxamsäuretest)

2 Tropfen bzw. eine Spatelspitze der Analysensubstanz werden zu 1 ml äthanolischer Hydroxylaminhydrochloridlösung (vgl. Abschn. 6.4.) und 8 Tropfen 6 N Natronlauge gegeben. Das Gemisch wird zum Sieden erhitzt und nach dem Abkühlen mit 2 ml 1 N Salzsäure versetzt. Eine eventuelle Trübung beseitigt man durch Zugabe von 2 ml 96%igen Äthanols. Nun gibt man einen Tropfen 5%ige Eisen(III)-chloridlösung zu und beobachte die Farbänderung! Sollte die Farbe nicht bestehen bleiben, so setze man weitere Tropfen Eisen(III)-chloridlösung zu.

Eine rote oder purpurne Farbe wird außer von Carbonsäureestern auch von Lactonen, Säurechloriden, Säureanhydriden, Trihalogenverbindungen wie Chloroform und Benzotrichlorid gegeben. Von den Carbonsäuren gibt nur die Ameisensäure eine rote Färbung. Phthalsäure, die gewöhnlich Phthalsäureanhydrid enthält, gibt ebenfalls einen positiven Test.

Primäre und sekundäre Nitroverbindungen, die unter den entsprechenden Bedingungen die aci-Form bilden, reagieren mit Eisen(III)-chlorid unter Rotfärbung. Aldehyde, die kein α-ständiges Wasserstoffatom besitzen, wie Formaldehyd und Benzaldehyd geben eine schwache Rotfärbung.

6.1.3.6. Hinweis auf aromatische Kohlenwasserstoffe

Reaktion mit Aluminiumchlorid und Chloroform

Achtung! Aluminiumchlorid verätzt die Haut. Es ist sehr feuchtigkeitsempfindlich und reagiert in trockenem Zustand mit Wasser explosionsartig; unter dem Abzug arbeiten!

Bei dieser Reaktion ist unbedingt mit wasserfreien Substanzen und Lösungsmitteln zu arbeiten. Eine eventuell flüssig vorliegende Analysensubstanz wird vor dem Versuch mit wasserfreiem Natriumsulfat getrocknet. Das verwendete Chloroform ist über Natriumsulfat (vgl. Abschn. 6.4.) zu trocknen!

In einem trockenen Reagenzglas gibt man zu 2 ml Chloroform 0,1 ml bzw. 0,1 g der Analysensubstanz und versetzt mit 1 g gepulvertem Aluminiumchlorid.

Aromatische Kohlenwasserstoffe und Halogenkohlenwasserstoffe geben dabei charakteristisch gefärbte Lösungen: Benzol und Derivate – rot bis orange, Naphthalin – blau, Phenanthren und Diphenyl – purpur, Anthracen – grün. Die Reaktion ist nur sinnvoll, wenn die Analysensubstanz in konzentrierter Schwefelsäure in der Kälte unlöslich ist. Aliphatische Kohlenwasserstoffe, die ebenfalls in konz. Schwefelsäure unlöslich sind, geben nur eine leicht gelbliche oder keine Färbung.

6.1.4. Darstellung von Derivaten

Nach der Durchführung der Vorproben (s. Abschn. 6.1.1.), der Charakterisierungsreaktionen (s. Abschn. 6.1.2.) und gegebenenfalls der Hinweisreaktionen (s. Abschn. 6.1.3.) hat der Praktikant schließlich die Aufgabe, seine unbekannte Substanz durch Überführung in ein festes, kristallisiertes Derivat mit einem scharfen, konstanten Schmelzpunkt zu identifizieren.

In den Tabellen 6.2 bis 6.15 (s. Abschn. 6.1.5.) sind die Schmelzpunkte jeweils mehrerer Derivate zahlreicher Vertreter der wichtigsten Verbindungsklassen übersichtlich zusammengestellt.

Es ist notwendig, vor Beginn des Versuches in der entsprechenden Tabelle (z. B. Tab. 6.2 für Alkohole) nachzuschlagen und festzustellen, welches Derivat am günstigsten hergestellt werden sollte. Als solches kommt in Frage:

– ein Derivat mit einem möglichst hohen Schmelzpunkt und
– ein Derivat, bei dem die Abweichung des Schmelzpunktes zu benachbarten Verbindungen der gleichen (senkrechten) Spalte möglichst groß ist.

Bei fast allen Umsetzungen können drastischere Bedingungen gewählt werden, als in den Vorschriften beschrieben (anstelle von Erhitzen im siedenden Wasserbad kann auch über freier Flamme erwärmt werden); in jedem Falle ist jedoch darauf zu achten, daß bei der Reaktion keine Zersetzungserscheinungen auftreten (starke Dunkelfärbung), da Zersetzungsprodukte die Kristallisation der Derivate meist unmöglich machen.

Ferner ist stets so zu arbeiten, daß sich niedrig siedende Substanzen (*Kp.* der Analysensubstanz beachten!) beim Erhitzen nicht verflüchtigen und sich dadurch dem Nachweis entziehen.

Falls ein Derivat nicht kristallin erhalten werden kann, versucht man zunächst durch Anreiben mit einem Glasstab an der Wand des Glasgefäßes die Kristallisation einzuleiten. Eventuell ist dabei noch zusätzlich zu kühlen. Zu konzentrierte Lösungen (hoher Viskosität) sind gegebenenfalls durch ein Lösungsmittel zu verdünnen. Zu verdünnte Lösungen (falls das Derivat in einem Lösungsmittel gelöst ist) sind einzuengen.

Ferner verschaffe man sich Klarheit über die Art möglicher, die Kristallisation des Derivates hemmender Verunreinigungen (z. B. überschüssige Ausgangsstoffe,

Nebenprodukte u. ä. m.) und versuche diese durch schonende Extraktion zu entfernen.

Falls auch nach längerem Stehen (eventuell über Nacht unter Kühlung) ein Derivat nicht kristallin erhalten wird, wiederhole man die Herstellung des Derivates mit einem bekannten Vertreter der gleichen Substanzklasse. Falls dann ebenfalls kein Kristallisat erhalten werden kann, hat man entweder die Reaktionsbedingungen nicht eingehalten, oder die verwendeten Reagenzien waren nicht einwandfrei.

6.1.4.1. Hydroxyverbindungen

6.1.4.1.1. Alkohole

Benzoesäure-, p-Nitrobenzoesäure- oder *3.5-Dinitrobenzoesäureester*

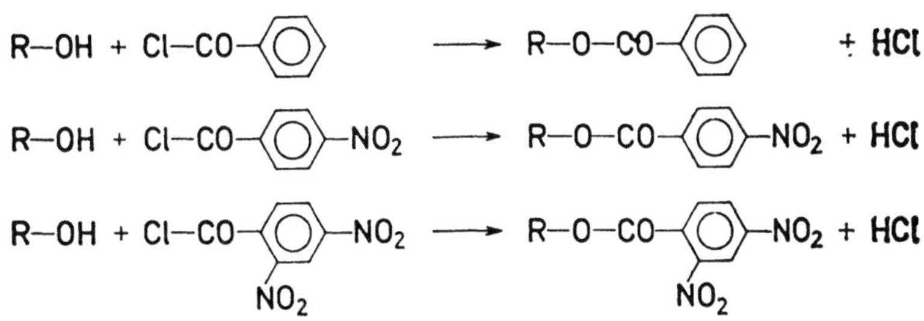

Vorsicht! Abzug!

Man versetzt 0,5 g (oder 20 Tropfen) des Alkohols oder Phenols in einem Reagenzglas mit 20 Tropfen Benzoylchlorid oder 0,5 g p-Nitro- bzw. 3.5-Dinitrobenzoylchlorid. Unter Schütteln wird das Gemisch auf dem siedenden Wasserbad für drei bis fünf Minuten erhitzt, danach abgekühlt und mit 10 ml 5%iger Sodalösung durchgeschüttelt. Man filtriert den festen Rückstand ab und wäscht mit Wasser. Es wird aus Äthanol-Wasser umkristallisiert. Bei säureempfindlichen (tertiären) Alkoholen wird der Alkohol zunächst in 1 ml Pyridin gelöst und danach das Säurechlorid zugesetzt.

Beim Nachweis von Alkoholen ist das Säurechlorid u. U. im Überschuß einzusetzen. Beim Nachweis von Phenolen kann überschüssiges Phenol eventuell mit kalter verdünnter Natronlauge entfernt werden.

Wird nicht exakt nach Vorschrift gearbeitet, ist es möglich, daß freie Benzoesäure, p-Nitrobenzoesäure bzw. 3.5-Dinitrobenzoesäure als Derivat erhalten wird. 3.5-Dinitrobenzoylchlorid kann man aus der freien Säure wie folgt herstellen (**Achtung! Unter dem Abzug arbeiten!**): Man erhitzt 3.5-Dinitrobenzoesäure mit etwas mehr als der äquivalenten Menge Phosphorpentachlorid in einem Reagenzglas bis zur Verflüssigung der Mischung. Nach Eintritt der Reaktion wird noch fünf Minuten weiter erwärmt (schwaches Sieden), dann auf ein Uhrglas gegossen und, nachdem die Kristallisation eingetreten ist, auf eine poröse Tonplatte gepreßt. Dadurch wird das entstandene Phosphoroxychlorid eingesaugt. Das zurückbleibende 3.5-Dinitrobenzoylchlorid kann ohne weitere Reinigung für die Herstellung eines Derivates verwendet werden.

Phenyl- oder α-Naphthylurethane

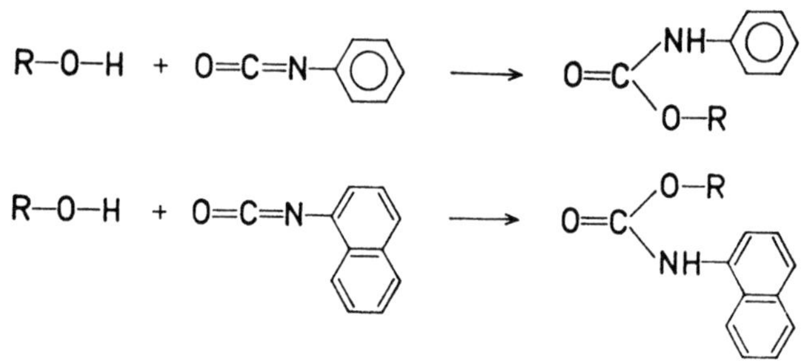

Vorsicht! Isocyanate sind tränenreizend! Abzug! Absolut wasserfrei arbeiten!

10 bis 15 Tropfen Phenyl- oder α-Naphthylisocyanat werden in 0,5 ml Chloroform, Tetrachlorkohlenstoff oder Ligroin mit 0,5 ml oder 0,5 g des vorher getrockneten Alkohols oder Phenols versetzt und einige Minuten gelinde erwärmt.

Fällt nach Beendigung der Reaktion das Urethan nicht kristallin aus, wird das Lösungsmittel vorsichtig verdampft. Es kann auch ohne Lösungsmittel gearbeitet werden. Zur Reinigung kristallisiert man aus einem indifferenten Lösungsmittel um. Wurde nicht wasserfrei gearbeitet, können als Reaktionsprodukt N.N'-Diphenylharnstoff (*F.* 239 °C) bzw. N.N'-Di-α-naphthylharnstoff (*F.* 284 °C) entstehen.

3-Nitrohydrogenphthalate

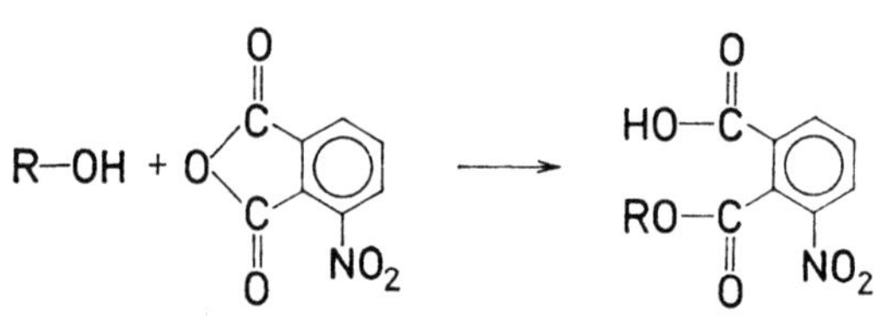

In einem Reagenzglas erhitzt man vorsichtig ein Gemisch aus dem zu untersuchenden Alkohol (0,5 bis 1 ml) und 0,5 g 3-Nitrophthalsäureanhydrid bis zum Sieden. Bei niedrigsiedenden Alkoholen sind dabei Siedeverluste zu vermeiden. Nach fünf- bis zehnminütigem Erhitzen läßt man auf Zimmertemperatur abkühlen und verdünnt mit wenig Wasser (bei Alkoholen bis 4 C-Atome) oder verdünnter Salzsäure. Das erhaltene Produkt wird aus wenig Wasser umkristallisiert, um das mitentstandene Isomere zu entfernen. Gelegentlich wird das hergestellte 3-Nitrohydrogenphthalat nicht sofort kristallin erhalten. In diesem Falle muß man die Lösung längere Zeit stehenlassen.

Acetate

siehe Abschnitt 6.1.4.1.2.

6.1.4.1.2. Phenole

Benzoesäure-, *p-Nitrobenzoesäure-* und *3.5-Dinitrobenzoesäureester* sowie *Phenyl-* und *α-Naphthylurethane*
siehe Abschnitt 6.1.4.1.1.

Bromderivate

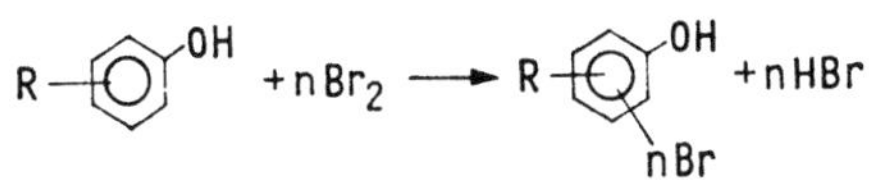

Vorsicht! Abzug!

Man löst eine geringe Menge des Phenols in Wasser oder Aceton und versetzt unter kräftigem Schütteln tropfenweise mit so viel Brom-Kaliumbromid-Lösung in Wasser, bis die gelbe Farbe nicht mehr verschwindet. Der erhaltene Niederschlag wird abgesaugt und kräftig mit Wasser gewaschen. Man kristallisiert aus 96%igem oder 50%igem Äthanol um.

Phenoxyessigsäuren

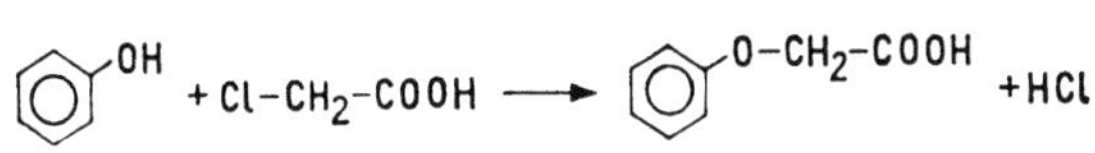

Vorsicht! Chloressigsäure ist stark hautreizend!

Zu einer Lösung von etwa 1 g Chloressigsäure und 0,6 g des Phenols in 2 ml Wasser gibt man 1,5 bis 2 g Natriumhydroxid, in 3 ml Wasser gelöst. Man verdünnt bei Bedarf mit mehr Wasser, um eine vollständige Lösung zu erreichen. Anschließend wird 30 bis 60 Minuten auf 80 bis 100 °C erhitzt. Man läßt danach abkühlen und neutralisiert mit verdünnter Salzsäure gegen Kongorot oder Methylorange und extrahiert die Phenoxyessigsäure mit Äther. Die Ätherschicht wird mit Wasser gewaschen und anschließend mit verdünnter Sodalösung durchgeschüttelt. Aus der entstandenen wäßrigen Lösung des Natriumsalzes wird die Säure durch Zugabe von Salzsäure freigesetzt. Man saugt ab und kristallisiert aus Wasser um.

Acetate

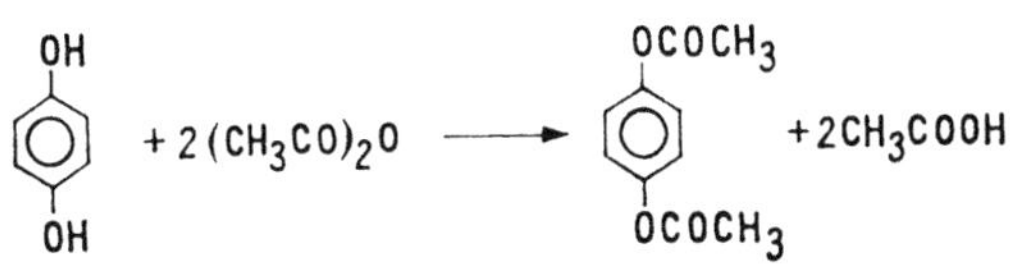

Die Reaktion ist für einige mehrwertige Alkohole und Phenole besonders geeignet (s. Tab. 6.2. u. 6.3.).

Man erhitzt die zu untersuchende Substanz mit wenig mehr als der äquivalenten Menge Acetanhydrid und einer Spur eines der nachfolgenden Katalysatoren (Natriumacetat, Schwefelsäure, Zinkchlorid, Bortrifluoridätherat) bis zum Sieden (etwa fünf Minuten). Es kann auch mit einer Mischung aus Acetanhydrid-Pyridin gearbeitet werden. Nach Abkühlen gießt man die Reaktionslösung in wenig Wasser. Die erhaltenen Kristalle werden abgesaugt und aus wenig Alkohol umkristallisiert.

6.1.4.2. Aldehyde und Ketone

p-Nitrophenylhydrazone und 2.4-Dinitrophenylhydrazone

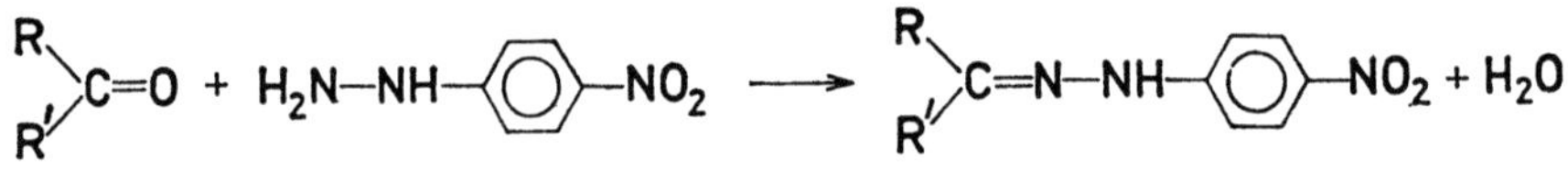

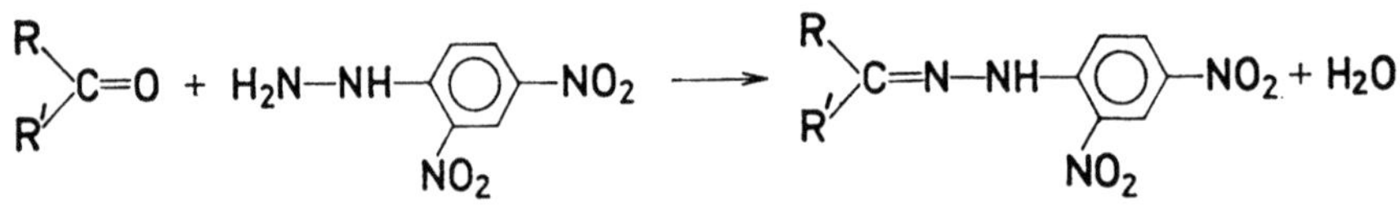

1 g oder 1 ml der Carbonylverbindung werden im Rundkolben mit 0,7 g des Hydrazins und 25 ml Äthanol bis zum Sieden erhitzt. Als Katalysator wird noch 1 ml konzentrierte Salzsäure durch den Rückflußkühler zugegeben. Der zur Reaktion verwendete Alkohol muß frei von Aldehyd sein!

Das Derivat soll nach 15 Minuten Sieden aus der kalten Lösung auskristallisieren. Es wird aus Äthanol umkristallisiert.

Semicarbazone

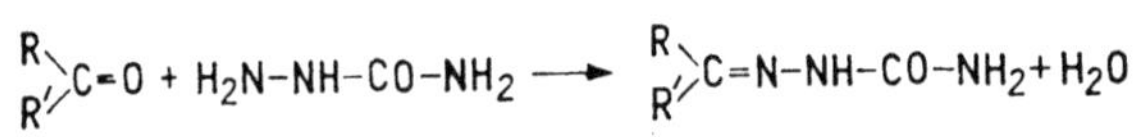

Es werden 0,5 g Semicarbazidhydrochlorid und 1 g Natriumacetat in 3 ml Wasser im Reagenzglas gelöst. Dazu gibt man 20 Tropfen oder 0,5 g Carbonylverbindung sowie eine genügende Menge Äthanol, um eine homogene Lösung herzustellen. Man erhitzt anschließend 10 Minuten auf dem siedenden Wasserbad, kühlt, filtriert den entstandenen Niederschlag ab und kristallisiert aus wäßrigem Äthanol um.

Oxime

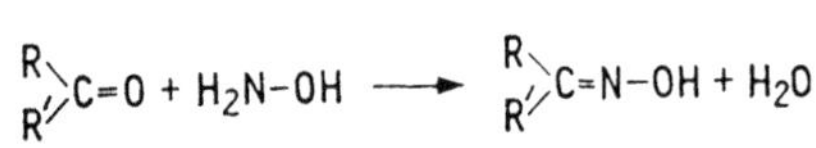

Man versetzt eine Lösung von 0,5 g Hydroxylaminhydrochlorid und 0,5 g Natriumacetat in 3 bis 5 ml Wasser mit 0,5 ml oder 0,5 g der zu prüfenden Carbonylverbindung. Ist letztere wasserunlöslich, so wird eine geringe Menge Äthanol hinzugefügt. Dann erhitzt man 30 Minuten lang unter Rückfluß und läßt anschließend im Eisbad auskristallisieren. Mitunter ist längeres Stehen erforderlich.

Es ist auch möglich, gleiche Mengen Carbonylverbindung und Hydroxylaminhydrochlorid (etwa 0,5 g) mit 5 ml einer Mischung aus gleichen Teilen Pyridin und absolutem Alkohol ein bis zwei Stunden unter Rückfluß zu erhitzen. Danach vertreibt man die Lösungsmittel (**Abzug!**), verreibt den entstandenen Rückstand mit wenig eiskaltem Wasser und filtriert das Oxim von der Lösung des Pyridiniumchlorids ab. Das Oxim wird aus Äthanol umkristallisiert.

6.1.4.3. Carbonsäuren und Derivate

6.1.4.3.1. Carbonsäuren

Phenacyl- oder p-Bromphenacylester

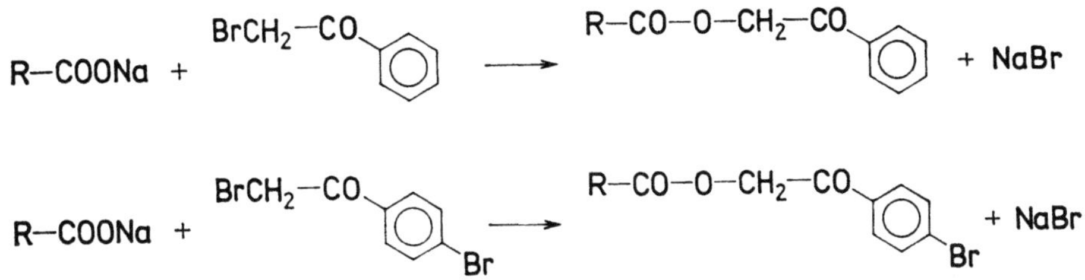

Man löst 1 g oder 1 ml der Säure in sehr wenig Alkohol (oder Wasser, bei wasserlöslichen Säuren) in einem Rundkolben. Dann versetzt man mit wenig Phenolphthalein und setzt anschließend soviel verd. Natronlauge zu, daß gerade noch keine Rotfärbung auftritt (eventuell mit 1 bis 2 Tropfen verdünnter Salzsäure zurücktitrieren). Dazu gibt man 1 g Phenacyl- oder p-Bromphenacylbromid und erhitzt bis zum Sieden. Durch den Rückflußkühler setzt man genügend Alkohol zu, um eine homogene Lösung zu erhalten. Nach einer Stunde Reaktionszeit verdünnt man mit 10 bis 15 ml Wasser, filtriert den Niederschlag ab, wäscht mit Wasser und kristallisiert aus Äthanol um. Bei mehrbasigen Säuren ist die Reaktionszeit auf zwei bis drei Stunden auszudehnen. Bei dieser Vorschrift ist ein Überschuß an p-Bromphenacylbromid (*F.* 109 °C) zu vermeiden, da das Derivat sonst damit verunreinigt anfallen kann.

Carbonsäureamide und -anilide

$$R{-}COOH + PCl_5 \longrightarrow R{-}CO{-}Cl + POCl_3 + HCl$$

$$R{-}COOH + SOCl_2 \longrightarrow R{-}CO{-}Cl + SO_2 + HCl$$

$$R{-}CO{-}Cl + H_2N{-}R' \longrightarrow R{-}CO{-}HN{-}R' + HCl$$

$$R' = H,\ C_6H_5$$

Vorsicht! Abzug!

Nach der folgenden Vorschrift ist die Darstellung von Säureamiden nur bei Säuren mit mindestens sechs Kohlenstoffatomen möglich.

– Man erwärmt etwa 0,2 g bis 0,3 g der wasserfreien (!) Säure mit einem geringen Überschuß an Phosphorpentachlorid mehrere Minuten im heißen Wasserbad (Abzug!). Die abgekühlte Mischung wird in wenigen Millilitern Petroläther aufgenommen. Um die Phosphorhalogenide zu beseitigen, muß die organische Phase mit einigen Tropfen Wasser durchgeschüttelt werden. Die erhaltene Lösung des Säurehalogenids wird sofort weiterverarbeitet.

Zur Darstellung des Amids schüttelt man die Lösung mit etwa 6 ml kaltem konzentrierten Ammoniak durch. Die erhaltenen Kristalle werden abgesaugt und aus Äthanol umkristallisiert.

Zur Darstellung des Anilids versetzt man die Lösung des Säurechlorids in Petroläther unter Schütteln mit etwa 20 Tropfen Anilin. Anschließend schüttelt man mit wenigen Millilitern verd. Natronlauge. Das erhaltene Produkt wird filtriert und je einmal mit wenig verdünnter Salzsäure und verdünnter Bicarbonatlösung gewaschen. Man kristallisiert aus wenig Äthanol um.

– 1 g der Säure wird mit 5 ml Thionylchlorid 15 Minuten unter Rückfluß erhitzt. Die abgekühlte Lösung wird vorsichtig in 15 ml eiskalten Ammoniak eingetropft. Man saugt das erhaltene Säureamid ab und kristallisiert aus Wasser oder Äthanol um.

– Man erhitzt 1 g der Säure oder ihres Natriumsalzes mit 2 ml Thionylchlorid 30 Minuten lang unter Rückfluß (**Abzug!**). Danach wird gekühlt und eine Lösung von 1 bis 2 ml Anilin in 30 ml Benzol hinzugefügt. Man erwärmt einige Minuten. Die Benzollösung wird abgegossen und nacheinander mit wenig Wasser, 5%iger Salzsäure, 5%iger Sodalösung und zuletzt mit Wasser gewaschen. Man vertreibt das Benzol und kristallisiert aus Wasser oder Äthanol um.

6.1.4.3.2. Carbonsäureanhydride und -chloride

Carbonsäureanilide

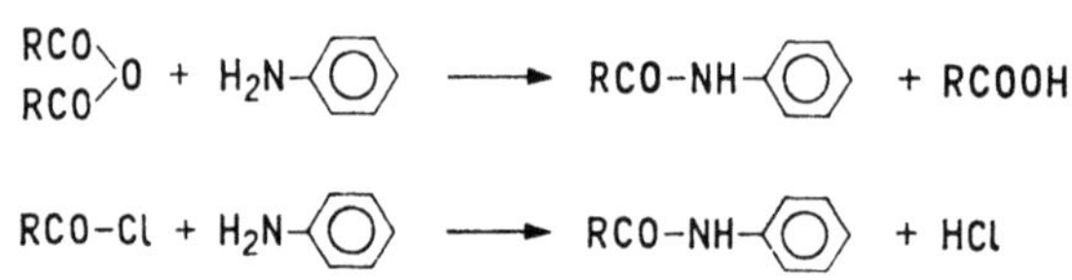

Man versetzt vorsichtig 20 Tropfen oder 0,5 g der zu untersuchenden Substanz mit 20 Tropfen Anilin und 5 ml 10%iger Natronlauge. Man rührt, erhitzt eine Minute im siedenden Wasserbad und kühlt ab. Das Anilid kristallisiert gut aus, wenn kein Überschuß an Amin eingesetzt wurde. Setzt keine Kristallisation ein, dann trennt man das Öl ab und wäscht es mit verdünnter Salzsäure aus. Das erhaltene Kristallisat ist aus Äthanol oder Äthanol-Wasser umzukristallisieren.

Aus Säureanhydriden und Säurehalogeniden lassen sich nach Überführen in die entsprechenden Säuren auch die Phenacyl- oder p-Bromphenacylester (s. Abschn. 6.1.4.3.1.) darstellen.

6.1.4.3.3. Alkalisalze von Carbonsäuren

Phenacyl- oder p-Bromphenacylester

Es wird sinngemäß nach der unter Abschnitt 6.1.4.3.1. angegebenen Vorschrift gearbeitet, indem die wäßrige Lösung des Salzes mit Phenacyl- oder p-Bromphenacylbromid umgesetzt wird.

Säureamide und -anilide

Diese Derivate werden unter sinngemäßer Anwendung der unter Abschnitt 6.1.4.3.1. angegebenen Vorschrift hergestellt (d. h. u. U. nach Überführung des Natriumsalzes der Säure in die freie Säure).

6.1.4.3.4. Carbonsäureester

3.5-Dinitrobenzoesäureester der Alkoholkomponente

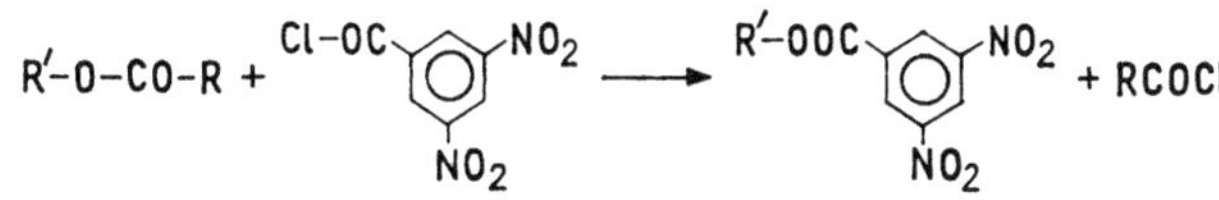

Vorsicht! Abzug!

Man versetzt 1 ml oder 1 g des Esters in einem Rundkolben mit 1 g 3.5-Dinitrobenzoylchlorid und 1 ml konzentrierter Schwefelsäure. Es wird unter Rückfluß 20 Minuten auf dem Wasserbad erhitzt. Der Kolben wird dabei von Zeit zu Zeit geschüttelt, um eine gute Durchmischung zu erreichen. Falls nicht die gesamte Substanz in Lösung geht, ist das ohne negative Auswirkung. Nach Abkühlen setzt man 25 ml Wasser zu, überführt in einen Scheidetrichter und extrahiert mit 25 ml Äther. Die Ätherschicht wird abgetrennt und nacheinander mit Wasser, verdünnter Sodalösung und erneut mit Wasser gewaschen. Man engt die Ätherlösung ein und nimmt den Rückstand in 3 bis 5 ml Äthanol auf. Durch Eiskühlung bewirkt man die Kristallisation, u. U. durch Anreiben mit einem Glasstab.

p-Bromphenacylester der Säurekomponente

$$R'{-}O{-}CO{-}R + NaOH \longrightarrow R'{-}OH + NaOCO{-}R$$

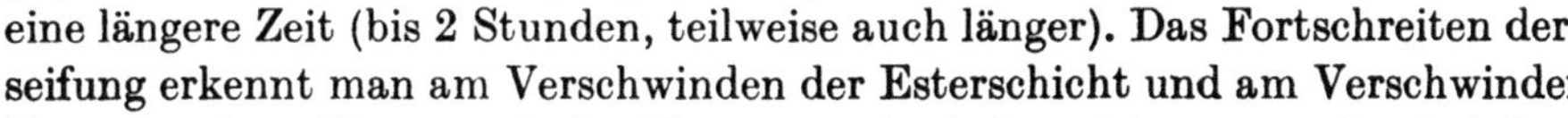

Man erhitzt in einem Kolben mit aufgesetztem Rückflußkühler eine Mischung aus 1 bis 2 ml des zu untersuchenden Esters mit 10 ml 20 %iger Natronlauge zum Sieden. Niedrig siedende Ester (*Kp.* ≦ 120 °C) sind nach etwa 30 Minuten unter den angegebenen Reaktionsbedingungen völlig verseift. Höher siedende Ester erfordern eine längere Zeit (bis 2 Stunden, teilweise auch länger). Das Fortschreiten der Verseifung erkennt man am Verschwinden der Esterschicht und am Verschwinden des Estergeruches. Die organische Phase verschwindet nicht, wenn der bei der Verseifung entstandene Alkohol schlecht in Wasser löslich ist.

Nach Verseifung des Esters wird die erhaltene Lösung des Natriumsalzes der Carbonsäure gegen Phenolphthalein mit verdünnter Salzsäure neutralisiert und mit 1 g Phenacyl- oder p-Bromphenacylbromid umgesetzt, entsprechend der Vorschrift zur Herstellung von Phenacyl- bzw. p-Bromphenacylestern (s. Abschn. 6.1.4.3.1.).

N-Benzylamide der Säurekomponente

$$R{-}CO{-}O{-}R' + H_2N{-}CH_2{-}C_6H_5 \longrightarrow R{-}CO{-}NH{-}CH_2{-}C_6H_5 + R'{-}OH$$

Die Arbeitsvorschrift ist nur mit Methyl- oder Äthylestern durchführbar. Ester höherer Alkohole müssen vorher umgeestert werden. Dazu erhitzt man 1 g des Esters mit 5 ml absolutem Methanol unter Zusatz eines kleinen Stückchens Natrium 30 Minuten lang unter Rückfluß.

Eine Mischung aus 1 g Ester, 3 ml Benzylamin und 0,1 g Ammoniumchlorid wird eine Stunde unter Rückfluß erhitzt. Nach Kühlung wäscht man den Überschuß an Amin mit wenig Wasser, dem eine geringe Menge Salzsäure zugesetzt worden ist, aus (ein Überschuß an Salzsäure löst das Amid!). Nichtumgesetzter Ester wird gegebenenfalls durch Aufkochen mit wenig Wasser verdampft. Das erhaltene feste Amid saugt man ab, wäscht mit wenig Ligroin und kristallisiert aus wäßrigem Äthanol um.

6.1.4.3.5. Carbonsäureamide und -nitrile

Phenacyl- und p-Bromphenacylester

$$RCO{-}NHR' + NaOH \longrightarrow RCOONa + H_2NR'$$

$$RCN + H_2O + NaOH \longrightarrow RCOONa + NH_3$$

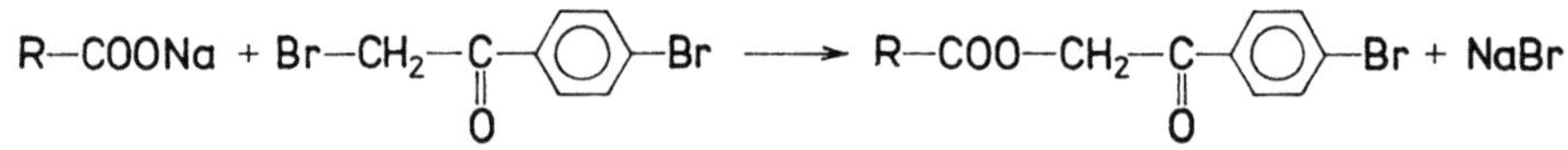

Man versetzt 1 g oder 1 ml der zu untersuchenden Substanz mit überschüssiger 5 N Natronlauge und erhitzt unter Rückfluß. Nach 30 Minuten wird abgekühlt und gegen Phenolphthalein mit verdünnter Salzsäure möglichst genau neutralisiert. Aus der wäßrigen Lösung des Natriumsalzes der Säure kann der Phenacyl- oder p-Bromphenacylester direkt hergestellt werden (s. Abschn. 6.1.4.3.1.).

6.1.4.4. Amine und Nitroverbindungen

6.1.4.4.1. Primäre und sekundäre Amine

Acetamide (aus Aminen mit mehr als fünf Kohlenstoffatomen)

$$R{-}NH_2 + O(OC{-}CH_3)_2 \longrightarrow R{-}NH{-}CO{-}CH_3 + HOOC{-}CH_3$$

Man versetzt 20 Tropfen oder 0,5 g des Amins mit 20 Tropfen Essigsäureanhydrid in einem Reagenzglas und erhitzt auf dem Wasserbad (80 bis 90 °C) wenige Minuten. Nach Abkühlen gießt man in wenig Wasser. Das Derivat wird durch Anreiben zur Kristallisation gebracht. Man wäscht mit Wasser nach und kristallisiert aus Äthanol, Äthanol/Wasser oder aus Cyclohexan um. Falls das Reaktionsprodukt nicht kristallisiert, ist mit verdünnter Salzsäure zu schütteln, um eventuell vorhandenes überschüssiges Amin auszuwaschen.

Wird bei der Reaktion der Ausgangsstoff zurückerhalten (salzsäurelöslich), lag ein tertiäres Amin vor.

Benzamide

$$2\,R\text{-}NH_2 + Cl\text{-}CO\text{-}C_6H_5 \longrightarrow R\text{-}NH\text{-}CO\text{-}C_6H_5 + [R\text{-}NH_3^{\oplus}]Cl^{\ominus}$$

Zu 0,5 g des Amins wird die gleiche Menge Benzoylchlorid dazugegeben. Unter Schütteln erhitzt man auf dem siedenden Wasserbad wenige Minuten. Nach Abkühlung wird mit 8 bis 10 ml 5%iger Sodalösung durchgeschüttelt. Der feste Rückstand ist abzufiltrieren, mit Wasser zu waschen und aus Äthanol-Wasser umzukristallisieren.

Bei der Umsetzung kann auch mit einem Pyridinzusatz von 1 ml gearbeitet werden.

Benzolsulfonamide und p-Toluolsulfonamide (Hinsberg-Reaktion)

$$2\,R\text{-}NH_2 + Cl\text{-}SO_2\text{-}C_6H_5 \longrightarrow R\text{-}NH\text{-}SO_2\text{-}C_6H_5 + [R\text{-}NH_3^{\oplus}]\,Cl^{\ominus}$$

Vorsicht! Schutzbrille!

Man versetzt 0,15 g oder 5 bis 10 Tropfen des Amins bzw. des Aminsalzes und 15 bis 20 Tropfen Benzolsulfochlorid bzw. 0,3 bis 0,5 g p-Toluolsulfochlorid im Reagenzglas mit 5 ml 10%iger Natronlauge. Das Gemisch wird auf dem Wasserbad (75 bis 80 °C) 5 Minuten mit einem Glasstab gerührt. Die Sulfonamide sekundärer Amine fallen z. T. als Öl an. Man reibt bis zur Kristallisation, saugt ab und kristallisiert aus Äthanol um.

Bei primären Aminen wird das Reaktionsgemisch mit 1,5 ml konzentrierter Salzsäure versetzt und so lange gerieben, bis Kristallisation eintritt. Man filtriert und kristallisiert aus Äthanol um.

Erhält man den Ausgangsstoff zurück (*Kp.*; *F.*; salzsäurelöslich), hat ein tertiäres Amin vorgelegen.

Phenylthioharnstoffe

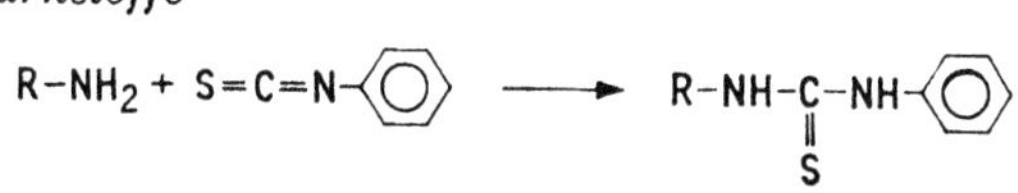

Vorsicht! Abzug!

Man löst gleiche Mengen Phenylisothiocyanat und Amin in wenig Äthanol. Falls die Reaktion nicht sofort einsetzt (Erwärmung), wird wenige Minuten über einer kleinen Flamme erhitzt. Nach erfolgter Umsetzung läßt man im Eisbad abkühlen. Fällt das Reaktionsprodukt nicht kristallin an, vertreibt man den Alkohol auf dem Wasserbad. (Aliphatische Amine reagieren langsamer und kristallisieren schlechter als aromatische.) Man kristallisiert aus Äthanol oder Äthanol-Wasser um.

Pikrate

Falls bei primären und sekundären Aminen die Darstellung anderer Derivate aus bestimmten Gründen unangebracht ist oder mißlingt, können Pikrate nach der unter Abschnitt 6.1.4.4.2. angegebenen Vorschrift hergestellt werden.

6.1.4.4.2. Tertiäre Amine

Pikrate

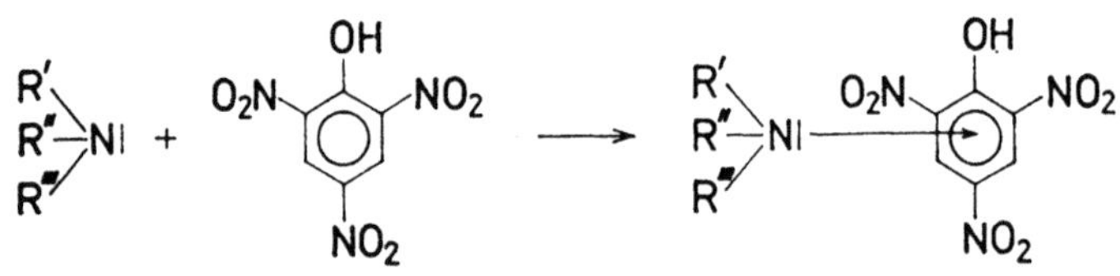

Zu 10 ml einer siedenden gesättigten alkoholischen Pikrinsäurelösung werden zehn Tropfen Amin gegeben. Nach Abkühlung fällt das Pikrat aus und kann aus Äthanol umkristallisiert werden. Falls aus Gründen der Löslichkeit Alkohol die Kristallisation stark behindert, kann das Pikrat auch nach Abschnitt 6.1.4.5.3. hergestellt werden.

Man beachte, daß Pikrinsäure selbst bei 122 °C schmilzt.

Methojodide

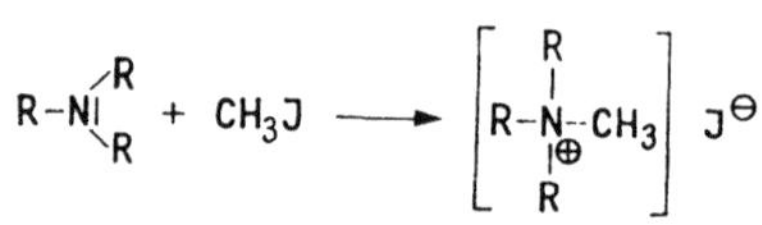

Man erwärmt ein Gemisch gleicher Teile Amin und Methyljodid über einer kleinen Flamme. Danach kühlt man im Eisbad. Das kristalline Produkt wird aus absolutem Äthanol oder Methanol umkristallisiert. Bei niedrig siedenden Aminen (mit *Kp.* < 100 °C) sind die Ausgangsstoffe vor dem Mischen gut zu kühlen!

Methotosylate

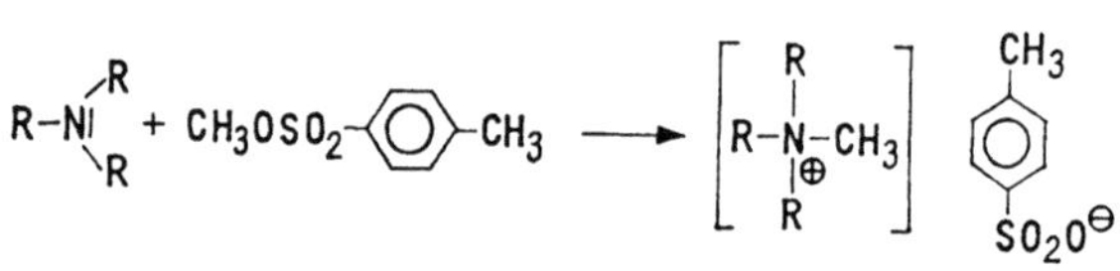

Das Amin wird mit reichlich der doppelten Menge p-Toluolsulfonsäuremethylester in wenig trockenem Benzol etwa 15 bis 20 Minuten zum Sieden erhitzt. Die erhaltenen Kristalle werden abgesaugt, in so wenig wie möglich heißem Äthanol gelöst und mit Essigsäureäthylester ausgefällt. Zur vollständigen Auskristallisation wird die Lösung in einem Eisbad gekühlt und der Schmelzpunkt möglichst sofort bestimmt.

6.1.4.4.3. Nitroverbindungen

Nitrierungsprodukt (Weiternitrierung aromatischer Nitroverbindungen)

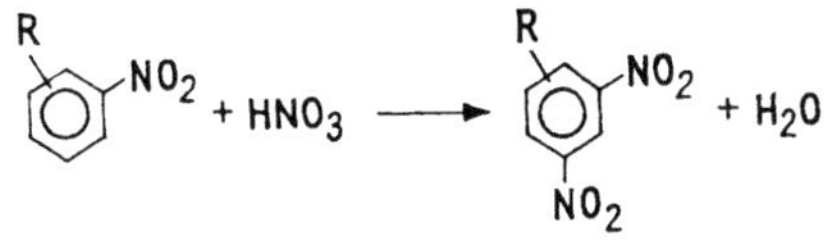

Vorsicht! Schutzbrille! Abzug!

Zur Nitrierung versetzt man 1 ml oder 1 g der Substanz in 4 ml kalter, konzentrierter Schwefelsäure unter Schütteln und Kühlung (kaltes Wasser, Eisbad oder Eis-Kochsalz-Bad, wenn die Reaktion sehr heftig sein sollte) mit 4 ml rauchender Salpetersäure ($D = 1{,}52$) vorsichtig Tropfen für Tropfen. Nachdem die Hauptreaktion abgeklungen ist (die Mischung erwärmt sich nicht mehr von allein), erwärmt man noch etwa 10 Minuten auf dem siedenden Wasserbad. (Dabei ist öfter zu rühren). Die abgekühlte Reaktionsmischung wird auf zerstoßenes Eis gegossen, das erhaltene feste Produkt abfiltriert und aus Äthanol oder Äthanol-Wasser umkristallisiert.

Sind im aromatischen Ring noch reaktionserleichternde Substituenten vorhanden (Methylgruppen), ist die rauchende Salpetersäure ($D = 1{,}52$) durch konzentrierte ($D = 1{,}40$) oder sogar durch noch weiter verdünnte zu ersetzen (z. B. bei der Nitrierung von Xylol oder Tetralin). Selbstverständlich lassen sich auch andere aromatische Verbindungen nitrieren, z. B. Phenol, Benzaldehyd, Benzylalkohol. Für deren Nachweis ist jedoch die Herstellung anderer Derivate vorteilhafter.

Primäre Amine (durch Reduktion)

$$R{-}NO_2 + 6H \longrightarrow R{-}NH_2 + 2H_2O$$

Zur Reduktion erhitzt man 0,5 bis 1 g der Nitroverbindung mit 10 bis 20 ml verdünnter Salzsäure unter Zusatz von etwa 2 g feinem Zinn 30 Minuten unter Rückfluß. Nach dem Abkühlen wird von nicht umgesetztem Zinn abgegossen, mit wenig Wasser verdünnt und ausgeäthert, um restliche Ausgangsstoffe zu entfernen. Anschließend alkalisiert man die wäßrige Phase durch Zusatz von konzentrierter Natronlauge und extrahiert das Amin mit Äther. Der Äther wird getrocknet (Zusatz von Natriumsulfat), abdestilliert und das erhaltene Amin direkt identifiziert (s. Abschn. 6.1.4.4.1.).

Bei der Reduktion saurer Nitroverbindungen (Nitrophenole oder Nitrobenzoesäuren) muß der Nachweis der Aminoverbindungen direkt aus der alkalisierten Lösung erfolgen. Sind die Ausgangsnitroverbindungen sehr wenig löslich, empfiehlt sich ein Zusatz von wenig Äthanol zur Reduktionslösung.

Die Reduktion aliphatischer Nitroverbindungen ist nur sinnvoll, wenn das zu erwartende primäre Amin nicht gasförmig ist.

Farbreaktion mit Eisen(III)-chlorid und Natronlauge (für primäre und sekundäre aliphatische Nitroverbindungen)

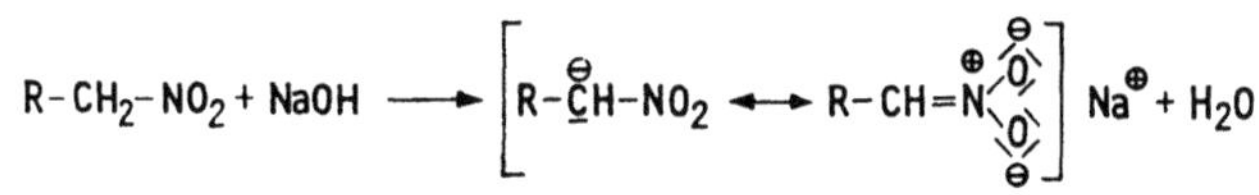

Die Nitroverbindung wird mit wenig konz. Natronlauge in das Natriumsalz überführt, das in etwas Wasser gelöst und mit 5%iger Eisen(III)-chloridlösung versetzt wird, wobei eine blutrote Färbung entsteht.

6.1.4.5. Kohlenwasserstoffe und Halogenkohlenwasserstoffe

6.1.4.5.1. Aliphatische Halogenkohlenwasserstoffe

S-Alkylisothiuroniumpikrate

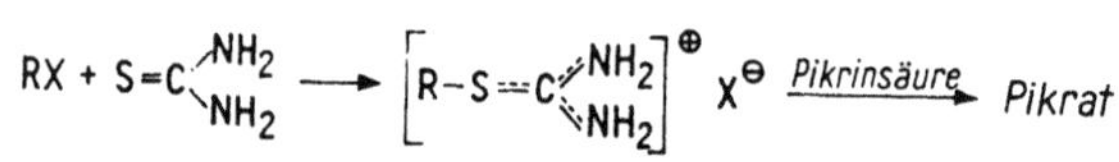

Eine Mischung aus gleichen Teilen Thioharnstoff und Alkylhalogenid wird in etwa der zehnfachen Menge Äthanol wenige Minuten auf Siedetemperatur gehalten. In einem anderen Reagenzglas erhitzt man wenig Pikrinsäure in gerade soviel Äthanol, daß eine heiß gesättigte Lösung entsteht. Beide Lösungen werden miteinander vermischt und zur Auskristallisation abgekühlt. Die S-Alkylisothiuroniumpikrate sind aus Äthanol umzukristallisieren.

Zum Nachweis von Alkylchloriden empfiehlt sich ein Zusatz von Kaliumjodid, um die Reaktion zu beschleunigen, und ein Zusatz von etwas Wasser, um anorganische Salze vollständig zu lösen.

Anilide

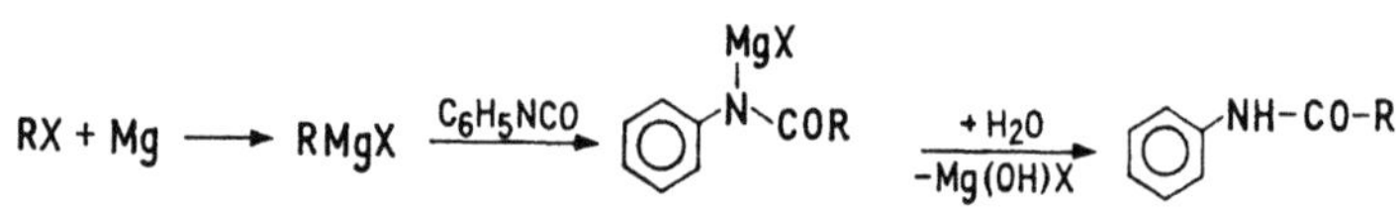

In einem kleinen Rundkolben mit aufgesetztem Rückflußkühler und Trockenrohr werden 0,3 bis 0,5 g Magnesiumspäne mit einem Körnchen Jod durch Erhitzen aktiviert. Man setzt 5 bis 10 ml trockenen Äther und 1 ml der Halogenverbindung zu. Nach Einsetzen der Reaktion erwärmt man auf dem Wasserbad 30 Minuten lang so, daß der Äther eben siedet. Sobald fast alles Magnesium in Lösung gegangen ist, wird filtriert und das Filtrat mit 0,5 ml Phenylisocyanat, gelöst in wenig Äther, versetzt. Nach kurzem Stehen gießt man die erkaltete Lösung in wenige Milliliter kaltes Wasser, dem man vorher 1 ml konzentrierte Salzsäure zugesetzt hat. Die ätherische Schicht wird abgetrennt, mit Natriumsulfat getrocknet und der Äther abdestilliert. Der Rückstand ist aus Methanol umzukristallisieren.

6.1.4.5.2. Aromatische Halogenkohlenwasserstoffe

Sulfonamide über Sulfonsäurechloride

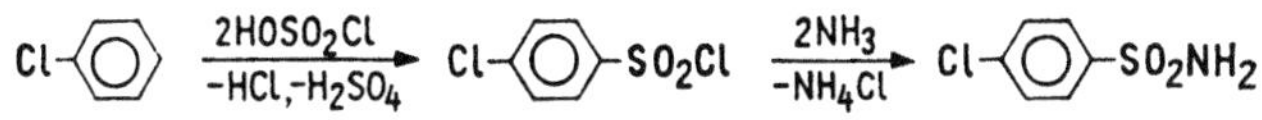

Vorsicht! Schutzbrille! Abzug!

Eine Lösung von 0,5 g der Halogenverbindung in 4 ml Chloroform wird in einem Reagenzglas gekühlt (Eisbad) und unter dem Abzug langsam und unter Schütteln mit 2 bis 3 ml Chlorsulfonsäure aus einer Pipette versetzt. Nach Reaktionsbeginn wird die Mischung aus dem Kühlbad genommen und bei Raumtemperatur 20 bis 25 Minuten stehengelassen. Danach gießt man das Ganze auf wenig Eis, trennt die Chloroformschicht ab, wäscht mit Wasser, trocknet mit Natriumsulfat und vertreibt das Lösungsmittel. Das rohe Chlorid wird mit überschüssigem Ammoniak 10 Minuten erhitzt, anschließend mit Wasser verdünnt und das erhaltene Amid schließlich filtriert. Die Reinigung erfolgt durch Auflösen des Amids in wenig verdünnter Sodalösung in der Hitze, Filtrieren und Ausfällen mit einem Überschuß an verdünnter Salzsäure. Es wird aus verdünntem Äthanol umkristallisiert.

Nitrierungsprodukte

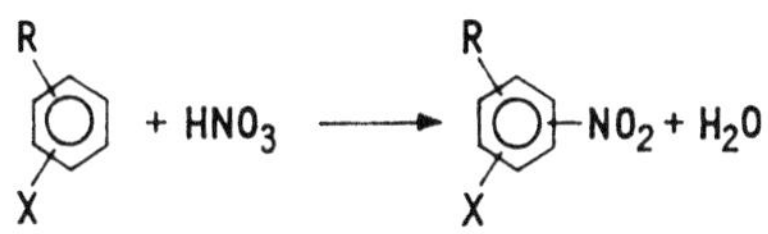

Man arbeitet analog zum ersten Beispiel in Abschnitt 6.1.4.4.3.

6.1.4.5.3. Aromatische Kohlenwasserstoffe

Sulfonamide
(analog Abschn. 6.1.4.5.2.)

Nitroverbindungen
(analog Abschn. 6.1.4.4.3.)

Die Reaktion ist zunächst mit konzentrierter Salpetersäure ($D = 1{,}40$) durchzuführen. Nur wenn dabei kein befriedigendes Resultat zu verzeichnen ist, verwende man rauchende Salpetersäure ($D = 1{,}52$).

Aroylbenzoesäuren

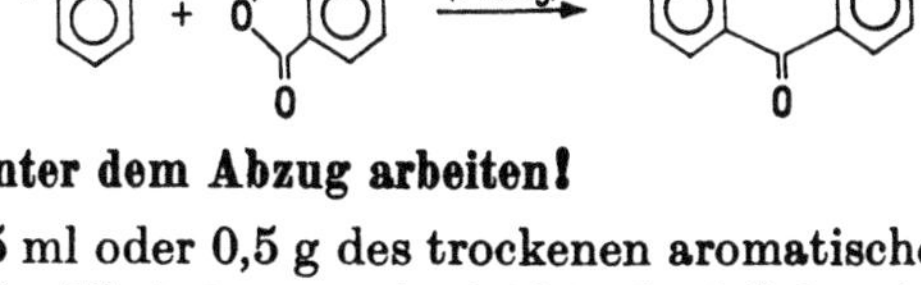

Achtung! Unter dem Abzug arbeiten!

Man löst 0,5 ml oder 0,5 g des trockenen aromatischen Kohlenwasserstoffs zusammen mit 0,5 g Phthalsäureanhydrid in 5 ml Schwefelkohlenstoff und versetzt mit

1 g Aluminiumchlorid. Das Gemisch wird 20 Minuten auf dem Wasserbad erhitzt, bis das Aluminiumchlorid in Lösung gegangen ist. Danach kühlt man ab, trennt und verwirft die Schwefelkohlenstoffschicht. Der Rückstand wird unter Kühlung und Schütteln mit halbkonz. Salzsäure versetzt. Fällt das Produkt kristallin an, saugt man ab und wäscht mit Wasser. Erhält man nur ein Öl, wäscht man mehrmals mit kaltem Wasser und dekantiert. Das Rohprodukt wird mit wenig verd. Ammoniak unter Zusatz von Aktivkohle in der Hitze gelöst und nach Filtrieren durch wenig konz. Salzsäure wieder ausgefällt. Es ist zu filtrieren und aus verd. Äthanol umzukristallisieren.

Pikrate (s. auch Abschn. 6.1.4.4.2.)

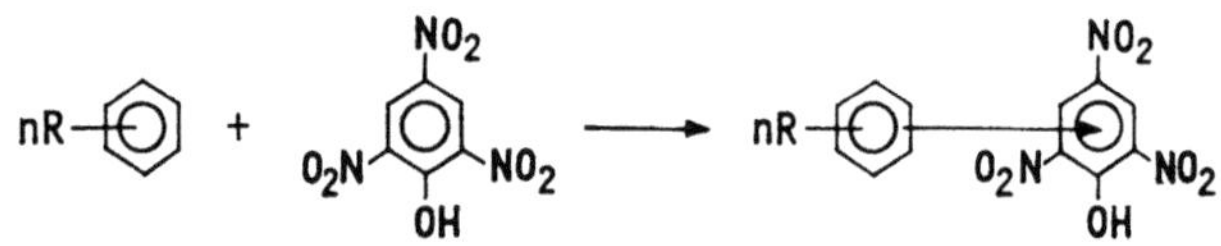

Achtung! Umsetzung ist nur auf dem Wasserbad auszuführen!

Äquivalente Mengen von Kohlenwasserstoff und Pikrinsäure werden bis zur Schmelze im Wasserbad erhitzt. Die nach dem Abkühlen erstarrte Schmelze wird gepulvert und aus Äthanol, Essigsäureäthylester oder Benzol umkristallisiert. Sollte beim Umkristallisieren Zersetzung des Pikrates eintreten, so wäscht man dieses nur mit Äther.

6.1.5. Tabellen physikalischer Daten und Derivate von Verbindungsklassen

In den Tabellen 6.2 bis 6.15 werden folgende Abkürzungen verwendet:

Lslkt.	Löslichkeit	wl.	wenig löslich
W.	Wasser	l.	löslich
Z.	Zersetzung	ll.	leicht löslich
nl.	nicht löslich	∞	in jedem Verhältnis mischbar
swl.	sehr wenig löslich	h. W.	heißes Wasser

Die Löslichkeit ist angegeben in Gramm fester oder flüssiger Substanz, die sich in 100 g Wasser lösen, bezogen auf die beigefügte Temperatur (keine Temperaturangabe bedeutet Raumtemperatur): 2,8/30 heißt, daß sich 2,8 g Substanz in 100 g Wasser bei 30 °C lösen. Die Angaben für den Schmelzpunkt (*F.*) bzw. den Siedepunkt (*Kp.*) erfolgen in °C. Der Siedepunkt bezieht sich, wenn nicht anders vermerkt, auf einen Druck von 760 Torr: Die Angabe 126/12 bedeutet, daß die Substanz bei einem Druck von 12 Torr bei 126 °C siedet.

Wenn nicht besonders gekennzeichnet, beziehen sich die Schmelzpunkte von Derivaten polyfunktioneller Analysensubstanzen auf das polyfunktionelle Reaktionsprodukt, z. B. ist *F.* 72... 75 für das Benzoat des Glycerins der Schmelzpunkt des Tribenzoats.

Tabelle 6.2

Alkohole

Alkohol	F.	Kp.	Lslkt. in g/100 g W.	p-Nitrobenzoat F.	3.5-Dinitrobenzoat F.	3-Nitrohydrogenphthalat F.	Phenylurethan F.	α-Naphthylurethan F.	Benzoat F.	Benzoat Kp.
Methyl-		65	∞	96 (180)	108	153[1]	47	124		199
Äthyl-		78	∞	57	93	158	52	79		212
Isopropyl-		82	∞	110	123	154	88	106		218,5
tert.-Butyl-	25	83	∞	116	143		136	101		94/10
n-Propyl-		97	∞	35	74	146	57	80		230
Allyl-		97	∞	29	50	124	70	109		228
sec.-Butyl-		99	12,5/15	26	76	131	64	97		235
tert.-Amyl-		102	12,5	85	117		42	72		128/22
Isobutyl-		108	10/15	69	88	180	86	104		241,5
Pentanol-3		116	5,5/30	17	98	121	48	95 (71)		
n-Butyl-		118	7,4/15	36 (70)	64	147	61	71		249
sec.-Amyl-		120	4/20	17	62	103		76		
Äthylenglykolmonomethyläther		124	∞	51		129		113		
Äthylenglykolmonoäthyläther		135	∞		75	118		67		
n-Amyl-		138	2,7/22	11	46	136	46	68		138/15
n-Hexyl-		157	0,6/20	5	61	124	42	59 (62)		272
Cyclohexyl-	25	161	3,6/20	50	113	160	82	129		193/61
Äthylenglykol		198	∞	141	169		157	176	38[2]	165/15
Butandiol-(1.3)		204	∞				123	184		
Benzyl-		205	4/17	86	113	176	78	134		190/18
						Acetat				
Butandiol-(1.4)		230	∞	175			183	199	82	
Glycerin		290	∞	188			180	192	72 ... 75	
Zimt-	33	257	w. l.	78	121		91	114	38,5	
Sorbit	98 (93)		l. l.			99			216 ... 217	
Benzoin	133	344	w. l.	123		83	165	140	125	
Mannit	166		13/14			126	303		149	
Pentaerythrit	253		5,6/15			84			99	

1) wasserfrei 2) Mono

Tabelle 6.3

Phenole

Phenol	*F.*	*Kp.*	Lslkt. in g/100 g W.	Benzoat *F.*	Phenylurethan *F.*
Resorcinmonomethyläther	−18	243	l.	111	
Eugenol	− 9	254	s. w. l.	69	96
Salicylsäureäthylester	1	234	n. l.	87	99
o-Bromphenol	5	195	s. w. l.	86	
o-Chlorphenol	7	176	2,8/20		121
m-Kresol	12	203	<2,5/20	54	122
o-Kresol	31	192	<2,5/20		143
m-Bromphenol	32	236	s. w. l.	86	
Guajakol	32	205	1,7/15	57	136
m-Chlorphenol	33	214	2,6/20	71	
p-Kresol	36	202	<2,5/20	71,5	115
Phenol	42	183	8,2/15 ∞/65,3	68	126
p-Chlorphenol	43 (37)	217	2,7/20	93	149
o-Nitrophenol	45	216	<1,5/20	59	107
p-Bromphenol	64	236	1,42/15	102	144
Vanillin	81	285	1/14	78	116
α-Naphthol	94	280	w. l. h. w.	56	178
m-Nitrophenol	97	194/70	1,3/20	95	129
Brenzcatechin	105	246	45/20	84	169
Resorcin	110	280	147/12,5 229/30	117	164
p-Nitrophenol	114		1,6/25	142	148
m-Aminophenol	122			174	
Pikrinsäure	122		1,23/20	163	
β-Naphthol	123	286	0,1/15	107	156
Pyrogallol	133	301	44/13	90	173
Hydrochinon	172	286	6,16/15	199	224
Phloroglucin	219		1/15	173	191

1) Di 2) Tri 3) Tetra

α-Naphthyl-urethan *F.*	Brom-derivat *F.*	Aryloxy-essigsäure *F.*	p-Nitro-benzoat *F.*	3.5-Dinitro-benzoat *F.*	Acetat *F.*	Acetat *Kp.*
129	104[2])	118	88			
122	118[3])	100 (80)	81	131	29	279
			108			272
129	95[2])	143				150/35
120	76[1])	145	115	143	20	103/15
128	84[2])	102	90	162		212
142	56[1])	152	94	138		208
		108				149/40
118	116[2])	121	93	141		143/50
158		110	99	156		116,5/21
146	108[3])	138	98	187		209
133	95[2])	99	127	146		195
166	90[1])	156	171	186	7...8	226
113	117[1])	158	141	155	41	253
169	95[1])	157	180	191	21,5	235...240
	160	189	189		102	
152	105[1])	192	143	217	46 (49)	
167	91[1])	155	174	159	56	
175	192[3])		169	152	65	
	116[1])	195	182	201		278
151	118 (142)	186	159	188	82	
siehe auch Tabelle 6.8					148	
Naphthalin-Additionsverbindung: 150					76	
157	84	155	169	210	72	
	158[1])	198	230	205	173	
247	186[1])	251	258	317	123	
	151[2])		283	162	104	

Tabelle 6.4

Aldehyde

Aldehyd	*F.*	*Kp.*	Lslkt. in g/100 g W.	p-Nitro-phenyl-hydrazon *F.*	2.4-Dinitro-phenylhydrazon *F.*	Semi-carbazon *F.*	Phenyl-hydrazon *F.*	Oxim *F.*
Form-		−21	∞	182	167	169	145	
Acet-		21	∞	129	168 (147) 161	162	99 (63)	47
Propion-		50	20/20	124	155	89 (154)		40
i-Butyr-		64	11/20	132	182	125		
n-Butyr-		74	4/20	92	122	106		
Chloral		98	>450/17	131	131	90		56
n-Valer-		103	s. w. l.	75	98 (107)			52
n-Capron-		128	0,5/20		104	106		51
Önanth-		156	0,02/20	73	108	109		57
Furfural		161	9,1/13	54	214 (230)	202	97	76 (92)
Succindi-		170	l.	185	280	188	127	172
Capryl-		171	s. w. l.	80	106	101		60
Benz-		179	0,3	192	237	222	158	35
Salicyl-		196	w. l.	223	248	231	142	57 (63)
Anis-		248	s. w. l.	161	254	203	121	45 (64; 133)
Zimt-		252	s. w. l.	195	255	215	68	138 (65)
o-Methoxybenz-	38	246	n. l.	205	254	215	121	92
o-Nitrobenz-	44		s. w. l.	263	250 (192)	256	156	102 (154)
Chloralhydrat	52	96 Z.	474/17	131	131	90		56
m-Nitrobenz-	58		s. w. l.	247	293 (268)	246	120 (124)	122
3.4-Dimethoxybenz-	58	285	n. l.		163 (265)	177	121	95
p-Dimethylaminobenz-	74		n. l.	182	325	222	148	185
Vanillin	80	285	1/14	229	271	230	105	122 (117)
p-Nitrobenz-	106		0,02/15	249	320	221	159	129
Terephthal-	117	245	n. l.	281	385		278 (154)	200

Tabelle 6.5

Ketone

Keton	*F.*	*Kp.*	Lslkt. in g/100 g W.	p-Nitrophenyl-hydrazon *F.*	2.4-Dinitro-phenylhydrazon *F.*	Phenyl-hydrazon *F.*	Semi-carbazon *F.*	Oxim *F.*
Aceton		56	∞	150	128	42	189	59
Methyläthyl-		80	30 . . . 37/20	129	117		146	
Diacetyl		88	25/15	230	315	134	235 [1]) 279 [2])	
Methyl-iso-propyl-		94	s. w. l.	109	120		114	
Methyl-n-propyl-		102	s. w. l.	117	144		112	
Diäthyl-		102	4	144	156		139	
Pinakolon		106	s. w. l.	139	125		158	79
Diisopropyl-		124	s. w. l.		96		160	34
Methylbutyl-		129	s. w. l.	88	108		125	49
Mesityloxid		130	3/20	134	203	142	164	49
Cyclopentanon		131	w. l.	154	146	55	203 – 10	56
Acetylaceton		139	12,5		209		122 [1]) 209 [2])	149
Di-n-propyl-		144			75		133	
Cyclohexanon		156	w. l.	147	162	81	167	91
Propiophenon	19	218		147	191	147	174	54
Butyrophenon	12	230		163	191	200	188	50
Acetophenon	20	202		185	250 (238)	105	199	60
Phenylaceton	27	216		145	156	86	199	69
Phoron	28	199			112 (118)		186 (221)	48
p-Methylacetophenon	28	226		198	260	96	205	88
p-Methoxyacetophenon	38	258		195	220 (234)	142	198	87
Benzalaceton	41	262		166	227	157	187	115
Benzophenon	49	306		155	238	137	166	143
Phenacylbromid	50			248	213	126	146	90 (97)
p-Bromacetophenon	51	256			230 (237)	126	208	129
Benzil	95	347		193	189	134	182	140
				290		225	244	237
p-Brom-phenacylbromid	109							115
Benzoin	133	344		150	245	158 (106)	206	152 (99)
D,L-Campher	178	205		217	164	233	247	118

[1]) Mono [2]) Di

Tabelle 6.6

Carbonsäuren, Carbonsäureester, -amide, -chloride, -anhydride, -nitrile (weitere Carbon-

Säure	*F.*	*Kp.*	Lslkt. in g/100 g W.	Methylester *F.*	Methylester *Kp.*	Äthylester *F.*	Äthylester *Kp.*
Kohlen-					90[5])		126[6])
Ameisen-	8	100	∞		32[7])		54[8])
Essig-	17	118	∞		57		77
Acryl-	13	140	∞		80		101
Propion-		140	∞		79		98
Isobutter-		155	20/20		92		110
n-Butter-		163	∞		102		120
Brenztrauben-	13	165	∞		136		155
n-Valerian-		186	3,3/16		128		146
Dichloressig-		194	∞		143		158
n-Capron-		205	1,1/20		151		168
D, L-Milch-	18	119[12])	∞		144		155
Öl-	14	223[10])	n. l.	−20	227[21])		207[13])
Caprin-	31	269	0,003/15		224		244
Lävulin-	34	245	l. l.		191		206
Trichloressig-	58	197	l. l.		152		167
Chloressig-	63	189	l. l.		130		145
Palmitin-	63	222[16])		29,5	196[18])	24	
Cyanessig-	66				201		207
Stearin-	70			38		33	
Phenylessig-	76		1,2/10 l. l./70		215		227
Glutar-	98	303	64/20		214		237
Phenoxyessig-	100				245		251
Zitronen-	100[1])		73/20	79			294
Oxal-	101[2])		9/20	54	163		186
o-Methoxy-benzoe-	101				245		261
Pimelin-	105	223[15])		5	182[17])		149[17])
D, L-Mandel-	118		16/20	58	250	37	255
Benzoe-	121		2,2/75		198		213
Sebacin-	133	243[15])		28	175[4]),[18]) (20 Torr)	37[3])	297[4])
Zimt-	133		n. l.	36	261		271
Malon-	133		78/25		181		198
Acetylsalicyl-	135		1,37	49			272
Malein-	132		79/25		205		225
Wein-(meso)	140		125/15	114		60	
Anthranil-	146		0,35/14	24	300	13	226
o-Nitrobenzoe-	147		0,65/20		275	30	275
Benzil-	150			73		34	

säureester s. Tab. 6.7)

Amid *F.*	Chlorid *F.*	Chlorid *Kp.*	Anhydrid *F.*	Anhydrid *Kp.*	Nitril *F.*	Nitril *Kp.*	Phenacylester *F.*	p-Bromphenacylester *F.*	Anilid *F.*	Benzylamid *F.*
132[4]		8[4]				25,7			238[4]	169
3						25		135	50	60
82		52		138		82	50	85	113	60
85		76		97[22]		78			105	68
79		80		168		97		59	105	43
129		92		182		108		77	105	87
115		100		198		117		63	96	38
124						93			104	
106		128		218		140		75	63	42
97		107		215		112		99	119	96
100		153		245		160		72	95	52
79				260		182	96	112	59	75
76		213[13]	22,2			336		40 (46)	41	226
108		114[15]	23,9			237		67	70	
108						235		84	102	
141		118		223		83			94	94
119		105	46			127	52,5	105	137	94
106	12		64		31			86	91	95
123					30	222	64		198	124
109	23		72		41			90	96	99
157		210	72			234	50	89	118	122
174		217	56	288		286	105	137	224	170
101		226	68			240	148	148	99	90
210				213			104	148	199	169
219		64				−20,7	165,5	244	149	223
418[4]									250[4]	
129		254	72		25	256		113	131	131
175[4]		137[15]	55			176[14]	72	137[4]	156[4]	154
134		116			22	170	84	113	152	98
129		197	42			190	119	119	162	105
210[4]		203[20]	80			200[15]	80	147[4]	202[4]	167
147	36	257	136		20	256	140	146	153	226
170		58[19]			30	222	106		225	142
138	49	135[12]	85			254	105		136	102
181			56	202	32		129	169	187	148
190[4]					131		130	215	194[3]	207
109					50	266	181[4]	172[4]	121	125
175	20	148[8]	135		110		125	101	161	141
155					120		125	152	175	

Fortsetzung Tabelle 6.6

Säure	*F.*	*Kp.*	Lslkt. in g/100 g W.	Methylester *F.*	Methylester *Kp.*	Äthylester *F.*	Äthylester *Kp.*
Adipin-	153		1,4/15		115[23]		245
Salicyl-	158		2,6/75		223		234
Anis-	184		0,03/19	48	256		263
Bernstein-	185	235	6,1/18	19	195		218
p-Aminobenzoe-	188			112		92	
Phthal-	200		0,54/14		283		298
3.5-Dinitrobenzoe-	207			108		95	
Wein-(rac.)	206		20,6/20	90			138[23]
p-Hydroxybenzoe-	213		2,7/55	131		116	297
p-Nitrobenzoe-	241			96		57	
Gallus-	253		w. l.	202		158	

1) Monohydrat; wasserfrei 153
2) Dihydrat; wasserfrei 190
3) Mono
4) Di
5) Lslkt. in 100 g W.: 21,2 g/20
6) Lslkt. in 100 g W.: 11,7 g/18
7) Lslkt. in 100 g W.: 24,4 g/20
8) Lslkt. in 100 g W.: 8,5 g/20
9) 9 Torr
10) 10 Torr
11) 11 Torr
12) 12 Torr
13) 13 Torr
14) 14 Torr
15) 15 Torr
16) 16 Torr
17) 18 Torr
18) 20 Torr
19) 27 Torr
20) 30 Torr
21) 31 Torr
22) 35 Torr
23) 3 Torr

Tabelle 6.7

Ameisen-, Essig- und Benzoesäureester[4]

Ester	Formiat *Kp.*	Acetat *Kp.*	Benzoat *Kp.*
n-Propyl-	81	101	231
i-Propyl-	71	91	218
i-Butyl-	98	117	241
n-Butyl-	107	126	249
Benzyl-	203	217	323[1]
n-Amyl-	132	147	267
Bornyl-		221[2]	
Phenyl-	173	196	299[3]

1) *F.* 19 °C
2) *F.* 29 °C
3) *F.* 68 °C
4) Alle Ester sind schwer- bzw. unlöslich in Wasser.

Amid *F.*	Chlorid *F.*	Chlorid *Kp.*	Anhydrid *F.*	Anhydrid *Kp.*	Nitril *F.*	Nitril *Kp.*	Phenacylester *F.*	p-Bromphenacylester *F.*	Anilid *F.*	Benzylamid
220		132	22			295	88	155	235	189
139	20	92 [15])			98		110	140	135	137
163	22	145 [15])	99		61	240	134	152	171	131
242		190	120	250	56	268	148	211	226	206
179	31				86		186 [4])	200 [4])	162	89
220		281	132		141		154	153	251	178
183	69	196 [11])	219		130			159	234	201
226 [4])								209	235 [4])	210
162					113		178	191	197	142
201	72	154 [15])						137	211	142
189					223			134	207	

Tabelle 6.8

Amine, primär und sekundär

Amin	*F.*	*Kp.*	Lslkt. in g/100 g W.	Acetamid *F.*	Benzamid *F.*	Benzolsulfonamid *F.*	p-Toluolsulfonamid *F.*	Pikrat *F.*	Phenylthioharnstoff *F.*
Methyl-		−6	∞	28	80	30	75	215 (207)	113
Dimethyl-		7	∞		41	47	79	158	135
Äthyl-		17	∞		71	58	63	165	106 (135)
i-Propyl-		33	∞			26	49		101
n-Propyl-		49	∞		84	36	52	135	63
Diäthyl-		56	∞		42	42	60	155	34
Allyl-		58	∞		17	39	64	140	98
i-Butyl-		69	∞		57	53	78	150	82
n-Butyl-		77	∞		42		48	151	65
i-Amyl-		96	∞				65	138	102
n-Amyl-		104	l.					139	69
Piperidin		106	∞	114	48	94	96	152	101
Äthylendi-		116	∞	172	249	168		233	102
1.2-Propandi-		120	∞	139	192		103	135	
Morpholin		130	∞		75	118	147	146	136
n-Hexyl-		130	s. w. l.		40	96	60	126	77
Cyclohexyl-		134	∞	104	149	89	88	158	148
Diisobutyl-		139	s. w. l.		55 (57)			121	113
Benzyl-		184	∞	65	105	88	116 (185)	194	156
Anilin		184	3,6/18	114	160	112	103	180	154
α-Phenyläthyl-		187	4,2/20	57	120		83	171	106
N-Methylanilin		196	0,01/25	102	63	79	94	145	87
β-Phenyläthyl-		198	l.	51	116	69	66	174 (167)	135
o-Toluidin		200	1,5/25	111	146	124	109	213	136
m-Toluidin		203	w. l.	65	125	95	114	200	94
N-Äthylanilin		205	n. l.	54	60	129	88	132 (138)	89
o-Chloranilin		209	n. l.	87	99	138	193 (105)	134	156
2.5-Dimethylanilin	16	215	s. w. l.	139	140	130	233 (119)	171	148
2.4-Dimethylanilin		217	s. w. l.	133	192	89	181	209	152
o-Anisidin	5	225	s. w. l.	85 (88)	60 (84)	102	127	200	136
o-Phenetidin		229	n. l.	79	104	121	164		137
m-Chloranilin		230	s. w. l.	72	119		138 (210)	177	124 (116)

Phenylhydrazin	19	242	n. l.	128	168	148	151		172
				Di-: 107	Di-: 177				
m-Phenetidin		248	n. l.	97	103		157	158	138
p-Phenetidin	2	248	n. l.	137	173	143	106	69	136
m-Anisidin		251	s. w. l.	81			68	169	
m-Bromanilin	18	251	n. l.	87	120 (136)			180	143
o-Bromanilin	32	229	n. l.	99	116		90	129	146 (161)
p-Toluidin	45	200	0,74/21	147	158	120	118	182	141
			1,1/32						
α-Naphtyl-	50	300	0,17/15	159	160	167	157 (147)	163 (181)	165
Diphenyl-	54	302	n. l.	101	180	124	141	182	152
2-Aminopyridin	56	204	l.	71	165			216	164
p-Anisidin	58	240	l./80	129	154 (157)	95	114	164,5	157 (171)
2.4-Dichloranilin	63	245	n. l.	145	117	128	126	106	157
m-Phenylendi-	63	283	l. l.	88	125	194	172	184	161
				191[4])	240[4])				
p-Bromanilin	66	245	n. l.	168	204	134	101	180	148
o-Nitranilin	71		l./80	93	98 (110)	104	142	73	142
p-Chloranilin	72	232	n. l.	179 (172)	192	122	95 (119)	178	152
o-Phenylendi-	102	257	l./80	185[4])	301[4])	185	260[4])	208	290
β-Naphthyl-	112	306	l. l./80	132	162	102	133	195	129
m-Nitranilin	114		0,11/20	155	155	136	138	143	160
m-Aminophenol	122		2,6/0	148	174		157		156
				101[4])					
Benzidin	127		l./80	199	204	232[4])	243[4])	220	
				317[4])	352[4])				
p-Phenylendi-	140	267	1/15	163	128	247[4])	266[4])		
	(147)			304[4])	300[4])				
Anthranilsäure	146			185	182		217	104	190
p-Nitranilin	147		2,2/80	215	199	139	141	100	
o-Aminophenol	174		1,7/0	209 (124[1]))	165[2])	141	146 (139)		146
p-Aminophenol	184		1,1/0	168 (150[1]))	217[3])	125			150
p-Aminobenzoesäure	187		0,3/13		278	212			

[1]) Diacetylverb.
[2]) O-Benzoylderivat: 185 °C
[3]) O-, N-Dibenzoylderivat: 234 °C
[4]) Di

Tabelle 6.9

Amine, tertiär

Amin	*F*	*Kp.*	Lslkt. in g/100 g W.	Pikrat *F*. in °C	Metho-jodid *F*. in °C	Metho-tosylat *F*. in °C
Trimethyl-		3	41/19	216	230	
Triäthyl-		89	∞/<18,7 2/65	173		
Pyridin		116	∞	167	117	139
α-Picolin		129	l. l.	169	230	150
β-Picolin		143	∞	150		
γ-Picolin		143	∞	167		
N.N-Dimethylanilin		193	w. l.	163	228	161
N.N-Diäthylanilin		218	w. l.	142	102	
Chinolin		239	w. l./15 l. l./80	203	133[1])	126
Isochinolin		240	s. w. l.	222	159	163
Chinaldin		247		194	195	162
Lepidin	10	262	w. l.	212	174	
Pyrimidin	21	124	∞	156		
8-Hydroxychinolin	75	266	s. w. l.	204	143	
Acridin	108		s. w. l.	208	224	
Urotropin	280		81,3/12	179	190	205

[1]) wasserfrei; Hydrat 72 °C.

Tabelle 6.10

Nitroverbindungen [1])

Nitroverbindung	*F.*	*Kp.*	n_D^{20}	Nitrierungsprodukt (Position) *F.* in °C
Nitromethan		101	1,3797	
Nitroäthan		114	1,3920	
Nitrobenzol		210	1,5530	90 (1.3-)
m-Dinitrobenzol	90	320		
o-Nitrotoluol		220	1,5474	70 (2.4-)
m-Nitrotoluol	15	232	1,54919	93 (3.5-)
p-Nitrotoluol	52	238		70 (2.4-)
2.4-Dinitrotoluol	70			80 (2.4.6-)
o-Nitrophenol	46	216		
m-Nitrophenol	97			
p-Nitrophenol	114			
Pikrinsäure	122			
o-Nitranilin	71			
m-Nitranilin	114	285		
p-Nitranilin	147			
p-Nitrobenzoylchlorid	75			
3.5-Dinitrobenzoylchlorid	70			
o-Nitrochlorbenzol	33	244		51 (2.4-)
p-Nitrochlorbenzol	83	242		51 (2.4-)
2.4-Dinitrochlorbenzol	51	315		
1-Nitronaphthalin	61	304		
2-Nitronaphthalin	79			
o-Nitroäthylbenzol		224	1,5407	37 (2.4.6-)
p-Nitroäthylbenzol		241	1,5458	37 (2.4.6-)

[1]) Löslichkeit in Wasser: Nitromethan 9,5/20; Nitroäthan 4,5/20; alle anderen Nitroverbindungen sind weniger löslich bis unlöslich.

Tabelle 6.11

Halogenkohlenwasserstoffe, aliphatisch

Halogenid	Chlorid *Kp.*	Bromid *Kp.*	Jodid *Kp.*	S-Alkylisothiuronium-pikrat *F.*	Anilid *F.*
Methyl-	−24	5	43	224	114
Äthyl-	12	38	72	188	104
i-Propyl-	36	60	89	196 (148)	103
n-Propyl-	46	71	102	181 (176)	92
Allyl-	46	71	103	155	114
tert.-Butyl-	51	72	98	160	128
i-Butyl-	68	91	120	174	109
n-Butyl-	77	100	130	180 (177)	63
i-Amyl-	100	118	148	179 (173)	108
n-Amyl-	107	129	156	154	96
n-Hexyl-	134	157	180	157	69
Cyclohexyl-	142	165	179		146
Benzyl-	179	198	24[1])	188	117
p-Nitrobenzyl-	71[1])	99[1])			

[1]) *F.*

Tabelle 6.12

Halogenkohlenwasserstoffe, aromatisch

Halogenid	*F.*	*Kp.*	Sulfonamid (Position) *F.*	Nitrierungsprodukt (Position) *F.*
Chlorbenzol		132	143 (4-)	51 (2,4-)
Brombenzol		156	162 (4-)	75 (2,4-)
2-Chlortoluol		159	126 (5-)	64 (3,5-)
3-Chlortoluol		162	185 (6-)	91 (4,6-)
4-Chlortoluol	7	162	143 (2-)	38 (2-)
1.2-Dichlorbenzol		180	135 (4-)	110 (4,5-)
2-Bromtoluol		181	146 (5-)	82 (3,5-)
Jodbenzol		188		174 (4-)
1.2-Dibrombenzol		219	176 (4-)	114 (4,5-)
1-Chlornaphthalin		259	186 (4-)	180 (4,5-)
1-Bromnaphthalin		281	193 (4-)	85 (4-)
4-Bromtoluol	28	185	165 (2-)	47 (2-)
1.4-Dichlorbenzol	53	174	180 (2-)	54 (2-)
2-Bromnaphthalin	59	281	208 (8-)	
2-Chlornaphthalin	61	265	126 (8-)	175 (1,8-)
1.4-Dibrombenzol	89	219	195 (2-)	84 (2,5-)

Tabelle 6.13

Halogenkohlenwasserstoffe, mehrfach halogeniert

Halogenid	*Kp.*	n_D^{20}
Dichlormethan	41	1,4237
Chloroform	61	1,4460
Tetrachlorkohlenstoff	77	1,4630
1.2-Dichloräthan	84	1,4443
Trichloräthen	87	1,4773
Tetrachloräthen	121	1,5055
1.2-Dibromäthan	132	1,5379
1.1.2.2.-Tetrachloräthan	147	1,4942
Bromoform	151	1,5890
Pentachloräthan	161	1,5040
1.3-Dibrompropan	165	1,5230
Benzalchlorid	207 (214)	1,5515
Benzotrichlorid	221	1,5573
Tetrabromkohlenstoff	92[1])	
Jodoform	120[1])	
Hexachloräthan	185[1])	

[1]) *F.*

Tabelle 6.14

Aliphaten, Cycloaliphaten und Olefine

Kohlenwasserstoff	*Kp.*	n_D^{20}	Derivate *F.*
n-Pentan	36	1,3475	
n-Hexan	69	1,3750	
Cyclohexan	80	1,4263	
Cyclohexen	84	1,4465	Adipinsäure 152
n-Heptan	98	1,3878	
n-Octan	125	1,3890	
n-Nonan	150	1,4054	
Inden	180	1,5710	Pikrat 98
trans-Dekalin	185	1,4701	
cis-Dekalin	194	1,4828	
Stilben	306		Pikrat 94; Dibrom- 237

Tabelle 6.15

Aromaten

Kohlenwasserstoff	*F.*	*Kp.*	n_D^{20}	Sulfonamid *F.*	Aroylbenzoe-säure *F.*	Pikrat *F.*	Nitroverbindung (Position) *F.*
Benzol	5	80	1,5511	148	128	84	89 (1.3-)
Toluol		110	1,4969	137	138	88	70 (2.4-)
Äthylbenzol		135	1,4959	109	122	97	37 (2.4.6-)
p-Xylol		138	1,4958	147	132	90	139 (2.3.5-)
m-Xylol	13	139	1,4972	137	126	91	183 (2.4.6-)
o-Xylol		144	1,5054	144	178	88	118 (4.5-)
Cumol		152	1,4915	107	133		109 (2.4.6-)
Mesitylen		165	1,4994	141	212	97	96 (2.4-)
Durol	79	193		155	264		205 (3.6-)
Tetralin		207			154	94	95 (5.7-)
Naphthalin	80	218			173	150	60 (1-)
1-Methylnaphthalin		244	1,6182		169	141	71 (4-)
2-Methylnaphthalin	34	241			190	116	
Diphenyl	69	255			225		233 (4.4′-)
Acenaphthen	96	278			198	162	101 (5-)
Fluoren	114	294			228	84 (79)	157 (2-)
Phenanthren	100	339				144	
Anthracen	216	351				138	

6.2. Identifizierung von Substanzen in Gemischen

Hat man durch Vorproben, Hinweis- und/oder Charakterisierungsreaktionen Anhaltspunkte über die Stoffklassen erhalten, die im Gemisch vorliegen, so erfolgt die Identifizierung durch Derivatbildung nach Abschnitt 6.1.4. direkt oder nach Trennung des Gemisches.

Die Synthese von Derivaten der Einzelkomponenten ist nur dann ohne Trennung des Gemisches möglich, wenn die Derivatbildung durch die Anwesenheit der anderen Komponente(n) nicht gestört wird. So läßt sich aus einem Gemisch von Äthanol/Butanon (die Einzelkomponenten haben fast den gleichen Siedepunkt – sind also durch Destillation nicht trennbar) sowohl das 2.4-Dinitrophenylhydrazon des Butanons (Methyläthylketons), als auch das 3.5-Dinitrobenzoat des Äthanols darstellen, ohne das Gemisch vorher zu trennen.

In vielen anderen Fällen muß das Gemisch jedoch erst getrennt werden, wenn aus den Komponenten Derivate hergestellt werden sollen.

Die Trennung organisch-chemischer Substanzgemische ist ganz im Gegensatz zum Trennungsgang der Analyse anorganischer Stoffe in verschiedener Weise möglich. So ist ein Gemisch durch einfache physikalische Methoden wie Destillation mit und ohne Kolonne unter Normaldruck und in Vakuum- und Wasserdampfdestillation zerlegbar. In einigen Fällen wird man die Destillation erst dann erfolgreich einführen können, wenn eine Komponente in ein Derivat überführt worden ist. So ist aus einem Gemisch von Cyclohexan (*Kp.* 81 °C) und Cyclohexen (*Kp.* 83 °C) das Cyclohexan erst nach Überführung des Cyclohexen in 1.2-Dibromcyclohexan (*Kp.* 222 °C) abtrennbar.

Ein weiterer möglicher Trennungsweg ist die Extraktion, bei der die unterschiedliche Löslichkeit organischer Verbindungen ausgenutzt wird.

6.2.1. Destillation

Zwei miteinander mischbare Substanzen können für analytische Zwecke (kleine Substanzmengen und kleine Apparaturen, langsame Destillation) ausreichend getrennt werden, wenn ihre Siedepunkte um wenigstens 40 °C differieren.

So lassen sich Toluol (*Kp.* 110 °C) und Tetrachlorkohlenstoff (*Kp.* 77 °C) durch Destillation unter Normaldruck trennen. Rücken die Siedepunkte näher aneinander, so muß über eine Kolonne destilliert werden.

Trennungen sind bei *azeotropen Gemischen* nicht möglich. So siedet ein Gemisch aus 47,5% Toluol (*Kp.* 110 °C) und 52,5% n-Propanol (*Kp.* 97 °C) bei 92,6 °C (760 Torr) und geht in dieser Zusammensetzung über. Unvollständig wird die Trennung auch dann, wenn die Komponenten miteinander in starke Wechselwirkung treten (Beispiel: Phenol – Pyridin).

Da organische Substanzen thermisch relativ instabil sind, ist die Destillation bei Normaldruck nicht über 140 °C durchzuführen, da andernfalls die Gefahr besteht, daß im Rückstand vorhandene Komponenten zersetzt werden. Örtliche Überhitzungen sind durch Verwendung eines Heizbades zu vermeiden.

Da ein gleichmäßiger Siedeverlauf für eine optimale Trennung erforderlich ist, vergesse man nie, zu der zu destillierenden Substanz ein Siedesteinchen hinzuzufügen.

Zunächst wird das zu trennende Substanzgemisch mittels eines *Wasserbades* erhitzt. Mit Erreichen des Siedepunktes der Badflüssigkeit (100 °C) sind alle Substanzen mit Siedepunkten < 80 °C übergegangen.

Anschließend wird das Wasserbad gegen ein *Wachsbad* ausgetauscht, und damit werden alle Substanzen mit Siedepunkten bis 130 °C überdestilliert (Badtemperatur bis etwa 150 °C!).

Der höher siedende Destillationsrückstand wird auf Raumtemperatur abgekühlt und unter *Wasserstrahlvakuum* im Wasser- bzw. Wachsbad destilliert. Dabei gehen alle Verbindungen mit Siedepunkten bis etwa 180 bzw. 230 °C über.

Einen Hinweis auf die in den einzelnen Fraktionen eventuell enthaltenen Verbindungen gibt Tabelle 6.1. Im Rückstand der Vakuumdestillation können theoretisch Vertreter aller Stoffklassen vorhanden sein.

6.2.2. Extraktion

Dieses Trennverfahren nutzt die unterschiedliche Löslichkeit der Komponenten eines Gemisches in entsprechenden Lösungsmitteln (Äther, Wasser, verdünnte Salzsäure, konzentrierte Salzsäure, Natriumhydrogencarbonatlösung, verdünnte Natronlauge) aus.

Um zu erkennen, ob eine Komponente eines Gemisches in einem Lösungsmittel löslich ist, versetzt man in einem kleinen Reagenzglas (5 × 75 mm) etwa 1 ml des Gemisches mit 1 ml Lösungsmittel. Man erkennt nach dem Schütteln unschwer am Vorhandensein bzw. Nichtvorhandensein oder der Verschiebung der Phasengrenze, ob eine vollständige oder teilweise Lösung von Substanz erfolgt ist oder nicht.

Man kann die Extraktion im Scheidetrichter (vgl. Abschn. 3.2.) durchführen, verwendet aber im analytischen Maßstab zweckmäßigerweise ein Reagenzglas und eine Pipette. Aus der unterschiedlichen Löslichkeit können bereits Hinweise auf die Substanzklassen erhalten werden (vgl. Abschn. 6.1.1.5.).

Im einfachsten Falle kann z. B. Pyridin von Chloroform durch Zusatz von Wasser getrennt werden. Chloroform löst sich praktisch nicht im Wasser, Pyridin ist damit mischbar. Ähnlich kann Glycerin von n-Propanol durch Äther getrennt werden, in dem das Glycerin praktisch unlöslich ist.

Ein Gemisch aus einer sauren oder basischen Substanz und einem Neutralstoff kann durch Ausschütteln mit 10%iger Natronlauge (Salzbildung mit der Säure) oder mit 10%iger Salzsäure (Salzbildung mit der organischen Base) getrennt werden. Hinweise für saure oder basische Stoffe erhält man aus der Reaktion mit Lackmuspapier oder aus der unterschiedlichen Löslichkeit in Wasser, Salzsäure und Natronlauge.

Liegt eine saure Substanz, z. B. Phenol, neben einem Neutralstoff, z. B. Tetralin, vor, so wird Phenol mit 10%iger Natronlauge als Natriumphenolat ausgeschüttelt.

Tetralin wird in Äther aufgenommen, die ätherische Phase von der wäßrigen (Natriumphenolat in Wasser) abgetrennt und mit Natriumsulfat getrocknet. Nach Abdestillation des Äthers kann die Identifizierung des Neutralstoffes (Tetralin) vorgenommen werden. Aus dem Alkaliextrakt wird das Phenol durch Ansäuern mit verdünnter Schwefelsäure in Freiheit gesetzt und in Äther aufgenommen. Die ätherische Lösung wird mit Natriumsulfat getrocknet, der Äther abdestilliert und der Rückstand (Phenol) identifiziert.

Die im Wasser nicht löslichen sauren Verbindungen, wie z. B. Anthranilsäure, α- und β-Naphthol, können nach der Zugabe der Schwefelsäure abfiltriert und nach eventueller Umkristallisation identifiziert werden.

Auch die Trennung einer sauren und einer basischen Verbindung voneinander ist möglich, wie das Schema in Abbildung 6.1 zeigt.

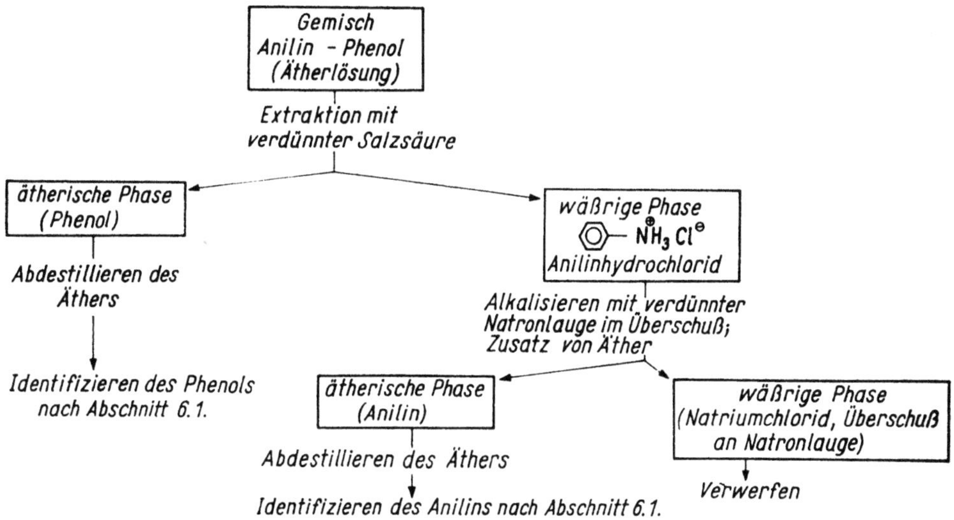

Abb. 6.1 Schema der Trennung eines Gemisches durch Extraktion

Ebenso kann ein Dreikomponentengemisch aus einem wasserunlöslichen Neutralstoff, einer wasserunlöslichen Säure und einer wasserunlöslichen Base durch Extrahieren mit verdünnter Natronlauge und anschließend mit verdünnter Salzsäure getrennt werden.

Die wasserlöslichen aliphatischen Carbonsäuren, z. B. Ameisen- und Essigsäure, erhält man durch Destillation des neutralisierten Natronlaugeauszuges. In diesem können auch die ätherunlöslichen Verbindungen, wie Oxal-, Zitronen-, Bernstein-, Wein-, Milchsäure, enthalten sein, auf die man dann speziell prüfen muß.

Bei der Trennung eines Gemisches aus einer neutralen und einer basischen Substanz (Chlorbenzol/Anilin) wird analog verfahren. Statt der Natronlauge wird 10%ige Salzsäure zum Ausschütteln verwendet. Der Salzsäureextrakt wird mit 30%iger Natronlauge neutralisiert.

Eine weitere Möglichkeit zur Extraktion besteht darin, Aldehyde und Ketone durch Natriumbisulfitlösung von einer ätherischen Phase abzutrennen.

6.2.3. Wasserdampfdestillation

Liegen Verbindungen unterschiedlicher Polarität als Gemisch vor, so ist eine Trennung durch die Wasserdampfdestillation möglich. Allgemein gilt, daß wenig polare Substanzen eher mit Wasserdampf flüchtig sind als solche hoher Polarität. Da diese Eigenschaft durch Einführung einer weiteren funktionellen Gruppe in ein Molekül zunimmt, kann folgende Regel aufgestellt werden: Monofunktionelle Substanzen sind mit Wasserdampf flüchtig, bi- und polyfunktionelle sind es nicht. So sind von den Gemischen Äthanol – Äthylenglykol, Essigsäure – Oxalsäure, Benzoesäure – Phthalsäure die zuerst genannten Verbindungen wasserdampfflüchtig.

Eine Ausnahme von dieser Regel bilden die ortho-disubstituierten Benzolderivate wie o-Nitrophenol, Salicylaldehyd. Diese sind als bifunktionelle Substanzen mit Wasserdampf flüchtig, da durch Wasserstoffbrückenbindung zwischen den orthoständigen Substituenten die Polarität vermindert wird.

6.3. Protokollführung (Musterprotokoll)

Während der Durchführung der Analyse sind alle Phänomene genau zu beobachten und zu notieren. Aus den gefundenen Sachverhalten werden Schlußfolgerungen für den weiteren Ablauf der Analyse gezogen. Aus dem Protokoll soll der logische Gang der Analyse erkennbar sein.

Als zweckmäßig wird die im folgenden Beispiel angegebene Gliederung und Form angesehen:

Name, Datum
Identifizierung Nr. . . .

– *Vorproben* nach Abschnitt 6.1.1.

Substanz: flüssig, fast farblos, nach bitteren Mandeln riechend, brennt mit stark rußender Flamme.	*F.* < 20 °C vermutlich stark ungesättigte Verbindung, Aromat?
Siedepunktbestimmung: *Kp.* 178 . . . 181 °C, ca. 0,5 ml Vorlauf bei etwa 100 °C, Destillationsrückstand ca. $10\,^0/_0$ der Ausgangsmenge.	Vorlauf eventuell Wasser, Substanz entweder verunreinigt oder thermisch nicht sehr stabil.
Löslichkeit: in Äther löslich, in Wasser unlöslich,	Substanz der Gruppe I
unlöslich in $5\,^0/_0$iger Natronlauge,	kein Phenol, keine Carbonsäure
unlöslich in $5\,^0/_0$iger Salzsäure und konz. Salzsäure, löslich in konz. Schwefelsäure.	kein gesättigter Kohlenwasserstoff oder Halogenkohlenwasserstoff, enthält vermutlich O und/oder N als Heteroatom
Beilstein-Probe negativ	kein Halogen
Lassaigne-Probe negativ	kein N und S

– *Charakterisierungsreaktionen* zur Festlegung der Stoffklasse nach Abschnitt 6.1.2. Aufgrund der Vorproben ist die Prüfung auf folgende Stoffklassen überflüssig: Carbonsäureanhydride, Carbonsäuren und Salze, Amine, Phenole, Enole, Carbonsäurenitrile, -amide, Nitroverbindungen, Halogenkohlenwasserstoffe, Paraffine, Cycloparaffine. Auch Benzol scheidet als mögliche Verbindung aufgrund der Löslichkeitsuntersuchungen in konz. Schwefelsäure aus.
Reaktion auf Alkohole mit

Acetylchlorid: negativ	kein Alkohol
Reaktion mit Schiff-Reagens: positiv	Aldehyd oder andere leicht oxydierbare bzw. reduzierend wirkende Verbindung

– *Hinweisreaktionen* nach Abschnitt 6.1.3.4.

Benedict-Reaktion: negativ	kein α-Hydroxyaldehyd oder -keton, kein α-Ketoaldehyd
Fehling-Reaktion: negativ	kein aliphatischer Aldehyd, kein Polyol
Tollens-Reaktion: positiv	Aldehyd, aufgrund vorangegangener Reaktionen ist nur noch ein aromatischer Aldehyd möglich

Nach Tabelle 6.4 (Aldehyde) sind aufgrund des Siedepunktes der Analysensubstanz von *Kp.* 179 ... 181 °C nur Benzaldehyd (*Kp.* 179 °C) und eventuell Salicylaldehyd (*Kp.* 196 °C) möglich. Bei Salicylaldehyd sollte jedoch wegen der vorhandenen Hydroxygruppe Löslichkeit in Natronlauge beobachtet worden sein. Da das nicht der Fall war, entfällt dieser.

– *Darstellung von Derivaten* nach Abschnitt 6.1.4.

Synthese eines p-Nitrophenylhydrazons, zweimalige Umkristallisation aus Äthanol: *F.* 190 ... 191 °C	Sehr gute Übereinstimmung mit dem tabellierten Schmelzpunkt des p-Nitrophenylhydrazons des Benzaldehyds, $F._{\text{Lit.}}$ 192 °C

– *Reaktionsgleichung der Derivatbildung*

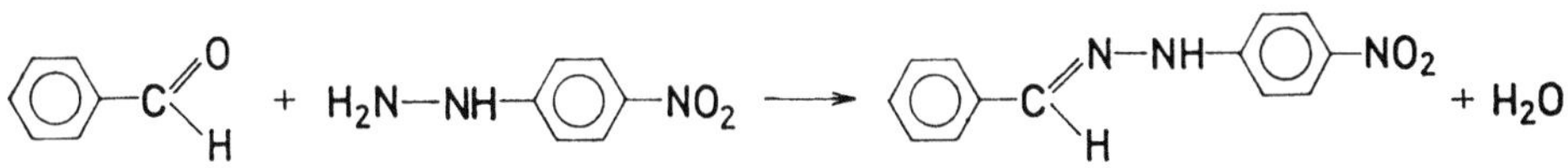

– *Name des Derivates* Benzaldehyd-p-nitrophenylhydrazon

– *Zusammenfassung*

Die Analysensubstanz Nr. ... ist Benzaldehyd.

Bei der Identifizierung von Gemischen ist nach den Vorproben das eventuell angewandte Trennungsverfahren anzugeben. Das Protokoll ist zusammen mit dem synthetisierten Derivat dem Praktikumsassistenten zu übergeben.

6.4. Chemikalien und Reagenzien

Die nachfolgend aufgeführten Reagenzien und Chemikalien sollten im Praktikumslabor ausstehen. Dabei ist es zweckmäßig, die Substanzen Nr. 88 bis 98 wegen ihrer Geruchsbelästigung und Giftigkeit unter dem Abzug, die Lösungsmittel Nr. 68 bis 87 und die Säuren, Laugen und Salzlösungen Nr. 99 bis 110, getrennt von den übrigen Chemikalien und Reagenzien zu deponieren. Die Vorschriften für die Herstellung der mit * gekennzeichneten Lösungen und Reagenzien werden unter Abschnitt 6.5. angegeben.

1. Aktivkohle
2. Ammoniumchlorid
3. Anilin
*4. Benedict-Reagens
5. Bleiacetatpapier
6. Bortrifluoriddiätherat
*7. Bromlösung in Tetrachlorkohlenstoff
*8. Brom-Kaliumbromid-Lösung in Wasser
9. p-Bromphenacylbromid
10. Calciumchlorid, wasserfrei
*11. Cerammonnitrat-Reagens
12. Chloressigsäure
*13. Denigès-Reagens
14. Diäthylenglykol
15. 3.5-Dinitrobenzoylchlorid (oder 3.5-Dinitrobenzoesäure)
16. 2.4-Dinitrophenylhydrazin
17. Eisen(III)-chlorid-Lösung, wäßrig, 5%
18. Eisen(II)-sulfat
*19. Fehling-Lösung I
*20. Fehling-Lösung II
21. Hydroxylaminhydrochlorid
22. Hydroxylaminhydrochlorid-Lösung, äthanolisch, 0,5 N
23. Jod
*24. Jod-Kaliumjodid-Lösung
25. Jodidstärkepapier
*26. Kalilauge, methanolisch, 1 N
27. Kaliumhydroxid
28. Kaliumjodid
29. Kaliumbromid
30. Kaliumpermanganat-Lösung, wäßrig, 2%
31. Kongorotpapier
32. Kupferdraht
33. Kupfersulfat-Lösung, wäßrig, 2%
34. Lackmuspapier, blau; rot

*35. Lukas-Reagens
36. Magnesiumspäne
37. Methyljodid
*38. Methylorange-Lösung
*39. β-Naphthol-Natronlauge-Lösung
40. α-Naphthylisocyanat
41. Natrium unter Toluol
42. Natriumacetat
43. Natriumhydroxid
*44. Natriumjodid in Aceton
45. Natriumnitrit
46. Natriumsulfat, wasserfrei
47. p-Nitrobenzoylchlorid
48. p-Nitrophenylhydrazin
49. 3-Nitrophthalsäureanhydrid
50. Phenacylbromid
51. Phenolphthalein-Lösung, äthanolisch, 1 %
52. Phenylisocyanat
53. Phenylisothiocyanat
54. *p*H-Papier
55. Phthalsäureanhydrid
56. Pikrinsäure
57. Pikrinsäure-Lösung, äthanolisch, gesättigt
*58. Schiff-Reagens
59. Semicarbazidhydrochlorid
60. Silbernitrat-Lösung, wäßrig, 5 %
61. Silbernitratlösung, äthanolisch, 2 %
62. Thioharnstoff
63. p-Toluolsulfochlorid
64. p-Toluolsulfonsäuremethylester
65. Zinkchlorid, wasserfrei
66. Zinkstaub
67. Zinn, grau
68. Aceton
69. Äthanol, 96 %
70. Äthanol, absolut
71. Äther
72. Äther über Natrium
73. Benzol
74. Benzol über Natrium
75. Chloroform
76. Chloroform über Natriumsulfat
77. Cyclohexan
78. Dioxan
79. Eisessig

80. Essigsäureäthylester
81. Ligroin
82. Methanol
83. Methanol, absolut
84. Methylenchlorid
85. Petroläther, *Kp.*: 30 – 50 °C
86. Schwefelkohlenstoff
87. Tetrachlorkohlenstoff
88. Acetanhydrid
89. Acetylchlorid
90. Aluminiumchlorid, wasserfrei
91. Benzolsulfochlorid
92. Benzoylchlorid
93. Benzylamin
94. Chlorsulfonsäure
95. Phosphorpentachlorid
96. Pyridin
97. Salpetersäure, rauchend, ca. 100 %, *D*: 1,52
98. Thionylchlorid
99. Ammoniak, konzentriert, ca. 25 %, *D*: 0,91
100. Ammoniak, verdünnt
101. Kalilauge, 5 N (ca. 23 %)
102. Natriumcarbonat, 10 %
103. Natriumhydrogencarbonat, 10 %
104. Natriumhydrogensulfitlösung, 40 %
105. Natronlauge, 2,5 N, 10 %
106. Salpetersäure, konzentriert, ca. 66 %, $D = 1{,}40$
107. Salzsäure, konzentriert, ca. 37 %, $D = 1{,}19$
108. Salzsäure, 2N, ca. 7,5 %, $D = 1{,}03$
109. Schwefelsäure, konzentriert, ca. 95 %, ca. 36 N, $D = 1{,}84$
110. Schwefelsäure, 2 N, ca. 17,5 %, $D = 1{,}12$

6.5. Herstellung von Reagenzien und Lösungen

Benedict-Reagens

87 g Natriumcitrat und 50 g wasserfreies Natriumcarbonat werden unter Erwärmen in 400 ml destilliertem Wasser gelöst. Dazu gibt man langsam und unter Rühren eine Lösung von 8,7 g Kupfersulfat ($CuSO_4 \cdot 5\,H_2O$) in 50 ml destilliertem Wasser. Anschließend füllt man mit destilliertem Wasser auf 500 ml auf.

Bromlösung in Tetrachlorkohlenstoff

35 ml Brom werden in 1000 ml Tetrachlorkohlenstoff gelöst.

Bromlösung in Wasser
100 g Kaliumbromid werden in 1 l Wasser gelöst und mit 40 ml Brom versetzt.

Cerammonnitrat-Reagens
40 g Cerammonnitrat $(NH_4)_2Ce(NO_3)_6$ werden in 100 ml 2N Salpetersäure unter Erwärmen gelöst.

Denigès-Reagens
Man löst 5 g Quecksilberoxid in 20 ml konzentrierter Schwefelsäure und gießt anschließend in 100 ml Wasser.

Fehling-Lösung I
Man löst 21 g Kupfersulfat ($CuSO_4 \cdot 5\,H_2O$) in 300 ml destilliertem Wasser.

Fehling-Lösung II
Man löst 104 g Kaliumnatriumtartrat und 42 g Natriumhydroxid in 300 ml destilliertem Wasser.
(Die Flasche zur Aufbewahrung von Fehling II wird mit einem Gummistopfen verschlossen!)

Jod-Kaliumjodid-Lösung
20 g Kaliumjodid und 10 g Jod werden in 80 ml destilliertem Wasser unter Rühren gelöst.

Kalilauge, methanolisch, 1 N
56 g Kaliumhydroxid werden in 20 ml destilliertem Wasser gelöst und mit Methanol auf 1 l aufgefüllt. Die Vorratsflasche ist mit einem Gummistopfen zu verschließen.

Lukas-Reagens
Unter Kühlung löst man 136 g wasserfreies Zinkchlorid in 90 ml konzentrierter Salzsäure.

Methylorange-Lösung
1 g Methylorange wird in 1 l Wasser gelöst.

β-Naphthol-Natronlauge-Lösung
50 g β-Naphthol werden in 1 l 10%iger Natronlauge gelöst.

Natriumjodid in Aceton
10 g Natriumjodid werden in 70 ml reinem Aceton gelöst. Die Lösung wird in einer braunen Flasche aufbewahrt. Das Reagens ist zu verwerfen, sobald es eine rotbraune Farbe angenommen hat.

Schiff-Reagens
Man leitet in eine 0,05%ige wäßrige Fuchsin-Lösung bis zur Entfärbung Schwefeldioxid ein. Das Reagens wird unter Luftabschluß in einer braunen Flasche aufbewahrt.

Tollens-Reagens
2 bis 3 ml einer 5%igen Silbernitratlösung werden mit 2 Tropfen einer etwa 10%igen Natriumhydroxydlösung versetzt. Unter Schütteln gibt man anschließend tropfen-

weise 2 bis 3 %ige Ammoniaklösung hinzu, bis der Niederschlag von Silberhydroxyd gerade wieder gelöst wird. Die Empfindlichkeit des Reagens hängt von der genauen Einhaltung der Arbeitsvorschrift ab. Man vermeide unbedingt einen Ammoniaküberschuß!

Die Lösung ist unmittelbar vor dem Gebrauch anzusetzen, da sie sich bei längerem Stehen unter Bildung hochexplosibler Silberverbindungen zersetzt.

6.6. Platzinventar für Identifizierungen

1 Rückflußkühler (Dimroth- oder Kugelkühler), NS 14,5
1 Liebig-Kühler mit angeschmolzenem Claisen-Aufsatz, NS 14,5
1 Thermometer, NS 14,5, zum Claisen-Aufsatz passend
1 Siedekapillare, NS 14,5
1 Vorstoß, NS 14,5
2 Rundkolben, 25 ml, NS 14,5
1 Rundkolben, 50 ml, NS 14,5
2 Glasstopfen, NS 14,5
2 Erlenmeyer-Kolben, 50 ml
1 Scheidetrichter
1 Mensur, 10 ml
1 Becherglas, 250 ml oder 400 ml
2 Bechergläser, 50 ml
1 Saugreagenzglas oder 1 Saugflasche, 50 ml
1 Büchner-Trichter, 10 – 30 mm Durchmesser
1 Glastrichter
2 Uhrgläser
1 Porzellanschale, 40 – 60 mm Durchmesser
1 Bunsen- oder Teclu-Brenner, groß
1 Mikrobrenner
2 Asbestdrahtnetze
1 Reagenzglashalter
12 Reagenzgläser, 130 × 15 mm
5 Glühröhrchen
1 Reagenzglasbürste
5 Pipetten mit Gummisauger
3 Glasstäbe
1 Metallspatel
Stativmaterial, Dreifuß
Weitere Geräte, wie z. B. Kolonnen, sind beim Praktikumsassistenten auszuleihen.

6.7. Kontrollfragen

Kontrollfragen zu Abschnitt 6.1.1.

1. Eine in Wasser unbegrenzt lösliche organische Substanz siedet bei ca. 55° bis 58 °C. Weshalb kann es sich nicht um einen Kohlenwasserstoff, einen Halogenkohlenwasserstoff oder um eine Nitroverbindung handeln? Verwenden Sie zur Beantwortung der Frage Tabelle 6.1!
2. Kann man durch Untersuchung der Löslichkeit Äthanol von Äthylacetat unterscheiden? Welches Lösungsmittel schlagen Sie vor?
3. Mit welcher der folgenden Proben (Bestimmung des Siedepunktes, Bestimmung der Dichte, Bestimmung der Wasserlöslichkeit) kann man i-Amylchlorid von n-Butylbromid unterscheiden?
4. Bei einer Substanz besteht Unklarheit, ob es sich um Anilin oder Benzylamin handelt. Wie ist in kürzester Zeit eine Unterscheidung möglich? (Verwenden Sie Tab. 6.8)
5. Schätzen Sie auf Grund Ihrer allgemeinen Kenntnisse über die Löslichkeit ab, ob und wie gut die folgenden Substanzen in den betreffenden Lösungsmitteln löslich sind!

Substanz	*Lösungsmittel*
Essigsäure	Wasser, Äther
n-Pentan	Schwefelsäure, Äther, Wasser
Glycerin	Wasser, Schwefelsäure, Äther
Cyclohexen	Schwefelsäure, Wasser, Äther
Anilin	Wasser, Natronlauge, Äther, Salzsäure
Natriumbenzoat	Salzsäure, Wasser, Äther
Acetylchlorid	Äther, Wasser, Natronlauge

Kontrollfragen zu Abschnitt 6.1.2.

6. Versuchen Sie die im Abschnitt 6.1.2. beschriebenen Charakterisierungsreaktionen, soweit es möglich ist, als chemische Gleichungen zu formulieren!
7. Eine stickstoffhaltige, flüssige organische Substanz ist zu charakterisieren, bzw. es ist zu entscheiden, ob der Stickstoff als $-NO_2$ (Nitroverbindung); $-NH_2$, $-NH-R$, $-NR_2$ (primäres, sekundäres oder tertiäres Amin); $-C\equiv N$ (Nitril) oder $-CO-NH_2$ (Amid) vorliegt. Welche Reaktionen führen Sie durch?

Kontrollfragen zu Abschnitt 6.1.3.

8. Begründen Sie die Tatsache, daß aromatische Halogenkohlenwasserstoffe, Vinylhalogenide sowie Tetrachlorkohlenstoff keine Fällung mit äthanolischer Silbernitratlösung (s. Abschn. 6.1.3.1.) geben.
9. Formulieren Sie folgende Umsetzungen als chemische Gleichungen:
   a) Anilin + Chloroform + Natronlauge
   b) Natriumjodidlösung (in Aceton) + Cyclohexylbromid

c) p-Toluidin (in Salzsäure) mit Natriumnitritlösung
d) Reaktionsprodukt von c) mit β-Naphthol
e) n-Hexylamin (in Salzsäure) mit wäßriger Natriumnitritlösung
f) sek. Butanol+Jod+Natronlauge
g) Propionsäuremethylester+Hydroxylaminlösung+Natronlauge.

Kontrollfragen zu Abschnitt 6.1.4.

10. Eine Substanz, die als Alkohol charakterisiert wurde, siedet bei 117 °C. Weshalb ist es nicht sinnvoll, als Derivat ein p-Nitrobenzoat, ein α-Naphthylurethan, ein Acetat oder ein Benzoat herzustellen? (Verwenden Sie dazu Tabelle 6.2)

11. Aus einem bei 184 °C siedenden primären Amin wurde ein Phenylthioharnstoff (*F.* 155 °C) hergestellt. Ist eine eindeutige Identifizierung des Amins durch dieses Derivat möglich?

12. Aus einem flüssigen Alkohol sollte durch Umsetzung mit Phenylisocyanat ein Derivat hergestellt werden. Es fiel ein in Chloroform auch in der Wärme nicht lösliches Produkt vom Schmelzpunkt 239 °C an; vermutlich wurde unsauber gearbeitet. Welche Verunreinigung hat die unerwünschte Reaktion verursacht? Formulieren Sie die Reaktion!

13. Zur Identifizierung eines Ketons (*Kp.* 129 ... 132 °C) sollten Derivate hergestellt werden.
    a) Weshalb ist die Herstellung eines Oxims nicht sinnvoll?
    b) Welches Keton liegt vor, wenn das 2.4-Dinitrophenylhydrazon ein Schmelzintervall von 104 bis 107 °C zeigte?

14. Für eine Substanz (*Kp.* 254 ... 256 °C) konnte die eindeutige Zuordnung zur Stoffklasse Aldehyde bzw. Ketone nicht getroffen werden. Begründen Sie nach Tabelle 6.4 bzw. 6.5, warum die Darstellung eines p-Nitrophenylhydrazons nicht sinnvoll ist. Schlagen Sie ein geeignetes Derivat für die Identifizierung vor!

15. Eine Analysensubstanz wurde als Carbonsäureester (*Kp.* 77 ... 81 °C) charakterisiert.
    a) Entnehmen Sie Tabelle 6.6 bzw. 6.7 die in Frage kommenden Ester und geben Sie deren Formeln an!
    b) Schlagen Sie eine einfache analytische Reaktion vor, mit der Sie die unter a) gefundene Zahl von Estern einschränken können!
    c) Entnehmen Sie der Tabelle 6.6 ein geeignetes Derivat zur Identifizierung des Esters!

16. Zwei flüssige Ester wurden destilliert und für beide ein Siedepunkt von 100 bis 102 °C gefunden. Bei dem einen Ester (X) blieb bei der Destillation eine größere Menge zähflüssiger Substanz zurück. Ein p-Bromphenacylester konnte nicht hergestellt werden. Vom anderen Ester (Y) wurde ein p-Bromphenacylester (*F.*: 83 ... 84 °C) hergestellt.

    Geben Sie die Formeln der beiden Ester an, und begründen Sie das Reaktionsverhalten! (Verwenden Sie Tabellen 6.6 und 6.7!)

17. Ein nicht näher untersuchtes Amin bildet ein Pikrat mit dem Schmelzpunkt von $167° \pm 2$ °C.
    a) Suchen Sie in den Tabellen 6.8 und 6.9 wenigstens sechs Amine auf, die dieses Pikrat bilden könnten!
    b) Welche Charakterisierungs- bzw. Hinweisreaktionen sollten unbedingt durchgeführt werden?

Kontrollfragen zu Abschnitt 6.2.

18. Schlagen Sie Trennungsverfahren für die folgenden Gemische vor:
    a) Chloroform—Pyridin
    b) Phenol—Pyridin
    c) Anilin—Decalin
    d) Benzylalkohol—m-Kresol
    e) Äthylenglykol—Benzylalkohol
    f) o-Nitrophenol—p-Nitrophenol
19. Welche der nachfolgenden Gemische müssen nicht aufgetrennt werden, um aus den einzelnen Komponenten Derivate herzustellen?
    a) Essigsäure—Butanon
    b) Ameisensäure—Benzol
    c) Cyclohexanol—Cyclohexanon
    d) Äthanol–Zimtsäureäthylester
    e) Furfural—Cyclohexanon
20. Formulieren Sie das Schema zur Trennung eines Gemisches von Decalin, p-Chlorphenol und o-Toluidin.

6.8. Literatur

Bauer, K. H.; Moll, H.: Die organische Analyse. 5. Aufl. – Akademische Verlagsgesellschaft Geest & Portig, Leipzig 1967.

Organikum. Organisch-chemisches Grundpraktikum. 15. Aufl. – VEB Deutscher Verlag der Wissenschaften, Berlin 1976.

Staudinger, H.; Kern, W.; Kämmerer, H.: Anleitung zur organischen qualitativen Analyse. 7. Aufl. – Springer-Verlag, Berlin/Heidelberg/New York 1968.

Utermark, W.; Schicke, W.: Schmelzpunkttabellen organischer Verbindungen. 2. Aufl. – Akademie-Verlag, Berlin 1963.

Večeřa, M.; Gasparič, J.: Detection and Identification of Organic Compounds. – Plenum Press, New York/London; SNTL-Publishers of technical literature, Prague 1971.

Ü87—Ü112

7. UVS- und IR-Spektroskopie

7.1. Theoretische Grundlagen absorptionsspektroskopischer Methoden

Die Identifizierung bereits bekannter Verbindungen wurde in Kapitel 6. beschrieben. Die Struktur neu synthetisierter organischer Substanzen, die z. B. unter Benutzung der in den Abschnitten 3.1. bis 3.7. beschriebenen Methoden isoliert, gereinigt und charakterisiert worden sind, wird mit Hilfe zahlreicher moderner physikalisch-chemischer Arbeitsmethoden aufgeklärt, z. B. der Elektronenspektroskopie (UVS-Spektroskopie, d. h. Spektroskopie mit ultraviolettem und sichtbarem Licht) und der Infrarotspektroskopie (IR-Spektroskopie).

Wenn ein Lichtstrahl oder allgemeiner eine elektromagnetische Strahlung geeigneter Wellenlänge λ bzw. Wellenzahl $\bar{\nu} = \frac{1}{\lambda}$ mit der Lichtgeschwindigkeit c auf die Moleküle einer Verbindung auftrifft, ist es möglich, daß der Strahl teilweise oder vollständig absorbiert wird.

Die durch das Licht repräsentierte Energiemenge überführt die Moleküle aus dem normalerweise eingenommenen *Grundzustand* (mit der Energie E_1) in einen *Anregungszustand* (mit der Energie E_2). Die von den Molekülen aufgenommene Energiemenge:

$$E = E_2 - E_1 = \underline{h} \cdot c \cdot \bar{\nu} = \frac{\underline{h} \cdot c}{\lambda} \tag{7.1}$$

$\underline{h}$ = Plancksche Konstante

dient zur Anregung von Rotationen der Moleküle, von *Schwingungen* der Atome und Atomgruppen im Molekül sowie zur *Elektronenanregung*.

In Abhängigkeit von Energiegehalt E bzw. Wellenlänge λ bzw. Wellenzahl $\bar{\nu}$ der Strahlung (s. Gl. (7.1)) werden diese drei Anregungsarten, die bestimmte Rückschlüsse auf die Struktur der Moleküle erlauben, ermöglicht.

Abbildung 7.1 zeigt den Zusammenhang zwischen einigen Strahlungsarten und den dazu gehörigen Anregungen in den Molekülen.

Zeichnet man die Lichtintensität, die von der bestrahlten Substanz durchgelassen wird, als Funktion der Wellenzahl $\bar{\nu}$ oder der Wellenlänge λ auf, so erhält man ein *Absorptionsspektrum*.

Die Aufnahme der Spektren erfolgt heute mit Hilfe vollautomatischer Spektrometer, die meist den in Abbildung 7.2 gezeigten schematischen Aufbau besitzen. Die von der Lichtquelle L ausgehende kontinuierliche Strahlung gelangt in den

Spektralbereich	Ultraviolett (UV)	sichtbar (S)	Infrarot- oder Ultrarot (IR oder UR)		
λ/nm	200 400	800	(2500	50000)	
$\tilde{\nu}$/cm^{-1}			4000	200	
Anregung von	σ-Elektronen	π-Elektronen, freie Elektronenpaare	Oberschwingungen	Molekülschwingungen	Molekülrotationen
Spektrum	Elektronenspektren		Rotations-Schwingungsspektren		Rotationsspektren

Abb. 7.1 Übersicht UVS- und IR-Spektroskopie

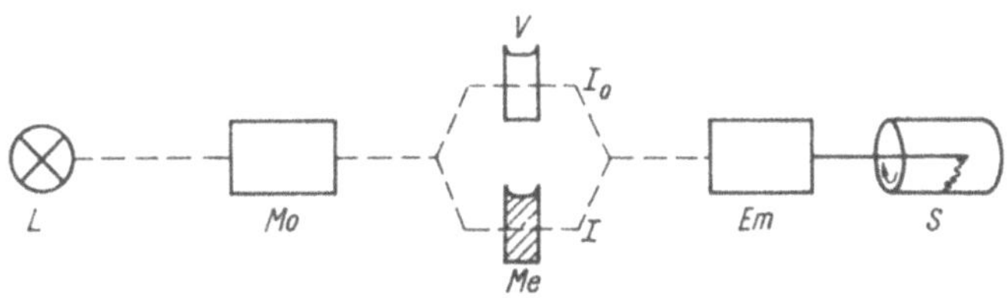

Abb. 7.2 Schema eines Spektrometers

Monochromator *Mo*, in dem sie durch Prismen oder Gitter zerlegt wird. Aus dem Monochromator treten nacheinander in bestimmter zeitlicher Folge die einzelnen Wellenlängen des ursprünglich kontinuierlichen „Strahlengemisches“ aus und können anschließend als Meßstrahl *Me* im Meßgefäß bei Erfüllung der Gleichung (7.1) mit den Substanzmolekülen in Wechselwirkung treten. Der das Meßgefäß verlassende Strahl, der nur noch die Intensität I besitzt, wird mit dem Vergleichsstrahl V der Intensität I_0 (der Vergleichsstrahl durchläuft entweder ein leeres Meßgefäß ohne Substanz oder eine Küvette mit reinem Lösungsmittel, das bei der entsprechenden Wellenlänge wenig oder gar nicht absorbiert) in einem geeigneten Empfängersystem *Em* verglichen.

Durch automatische Division von I_0 durch I ermittelt das Spektrometer einen Wert für die Absorptionsintensität bei der jeweiligen Wellenlänge, der durch den Schreiber S als Absorptionsspektrum registriert wird.

Der dekadische Logarithmus dieses Quotienten $\frac{I_0}{I}$ wird als *Extinktion E* bezeichnet und ist nach Lambert und Beer durch Gleichung (7.2) gegeben:

$$E = \lg\frac{I_0}{I} = \varepsilon \cdot c \cdot l \qquad (7.2)$$

ε = molarer Extinktionskoeffizient (Stoffkonstante), c = Konzentration in mol · l^{-1}, l = Schichtdicke der Substanz bzw. des Meßgefäßes in cm

7.2. UVS-Spektroskopie

7.2.1. Theoretische Grundlagen

Wie aus Abbildung 7.1 zu erkennen ist, werden durch Lichtstrahlen des Wellenlängenbereiches 200 bis 800 nm, d. h. durch Strahlung des sichtbaren Lichtes und des längerwelligen, energieärmeren UV-Bereiches nur die lockeren π-Elektronen und die sogenannten freien Elektronenpaare angeregt, und man erhält ein Elektronenspektrum, das anstelle der erwarteten scharfen Absorptionslinien aus breiten Absorptionsbanden (Abbildung 7.3) besteht. Das ist so zu erklären, daß sich gleich-

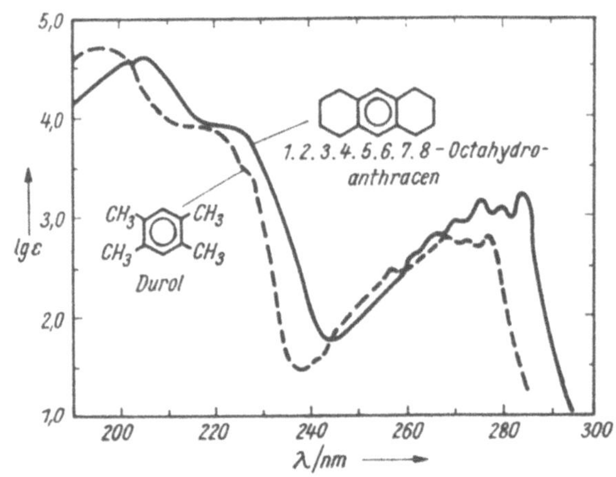

Abb. 7.3 UV-Spektren zweier Substanzen mit gleichem aromatischem Grundgerüst

zetig mit der Elektronenanregung auch Schwingungs- und Rotationszustände des Moleküls verändern.

Man bezeichnet Atomgruppen im Molekül, die π-Elektronen oder freie Elektronenpaare besitzen und deshalb im sichtbaren und nahen UV-Bereich des Spektrums anregbar sind, als *Chromophore*. Diese aus der Farbenchemie stammende Bezeichnung besagt, daß solche Atomgruppen die Farbigkeit einer Substanz (d. h. die Absorption eines Teils des sichtbaren Lichtes und das Auftreten der Komplementärfarbe) verursachen können. In Tabelle 7.1 sind einige häufig auftretende Chromophore zusammengestellt.

Die genaue Lage des Absorptionsmaximums λ_{max} ist jeweils noch von der Umgebung des Chromophors im Molekül abhängig. So verschieben z. B. die Alkylgruppen R, die der chromophoren Gruppe benachbart sind, die Absorption *bathochrom*, d. h. etwas nach längeren Wellen (s. Tabelle 7.2).

Häufig befinden sich im gleichen Molekül mehrere chromophore Gruppen. Sind zwei Chromophore durch mindestens zwei Einfachbindungen getrennt (z. B. die isolierten Doppelbindungen im Pentadien-(1.4) $CH_2=CH-CH_2-CH=CH_2$), so

Tabelle 7.1
Häufig auftretende chromophore Gruppen

Chromophor	Qualitat. Angabe der Intensität	λ_{max} in nm	Anregung von
$>C=C<$	eine starke Bande	etwa 175 ... 200 (vgl. Tab. 7.2)	π-Elektronen
$>C=O>$	eine starke Bande	etwa 180 ... 195	π-Elektronen
	eine schwache Bande	etwa 270 ... 295	freie Elektronenpaare am Sauerstoff
$-\bar{N}=\bar{N}-$	eine schwache Bande[1]	etwa 340 ... 370	freie Elektronenpaare am Stickstoff
$-\underline{\bar{O}}-H$	eine mittelstarke Bande	etwa 185	freie Elektronenpaare am Sauerstoff
$-\bar{N}H_2$	eine mittelstarke Bande	etwa 215	freies Elektronenpaar am Stickstoff

[1]) Beim $-N=N$-Chromophor existiert daneben auch die bei kürzeren Wellenlängen liegende Absorption durch Anregung der π-Elektronen

Tabelle 7.2
Bathochromer Effekt von Alkylgruppen

Substituiertes Olefin	λ_{max} in nm
$R_2C=CH_2$	185 ... 189
$R_2C=CHR$	192 ... 195
$R_2C=CR_2$	196

bleibt die Absorptionswellenlänge gegenüber der eines einzelnen Chromophors unverändert, aber die Extinktion wird vervielfacht.

Sind mehrere, mindestens aber zwei Chromophore, nur durch je eine Einfachbindung voneinander getrennt (z. B. die Doppelbindungen in den konjugierten Systemen Butadien-(1.3) $CH_2=CH-CH=CH_2$ oder dem α,β-ungesättigten Keton $CH_3=CH-\underset{\underset{CH_3}{|}}{C}=O$), so können die Elektronen in Wechselwirkung treten, und dies bewirkt eine bathochrome Verschiebung der Absorptionsbanden:

	λ_{max} (in nm)
$CH_2{=}CH{-}CH{=}CH_2$	217
$CH_2{=}CH{-}C(CH_3){=}O$	219, 320

Viele Aromaten (z. B. Benzol, Naphthalin) und Heteroaromaten (z. B. Pyridin, Chinolin) besitzen, in Abhängigkeit von Ausdehnung und Anordnung des jeweiligen π-Elektronensystems, UV-Spektren mit einem für den entsprechenden Grundkörper charakteristischen Gesamtbild. Dadurch ist es z. B. möglich, verschiedene Vertreter des gleichen aromatischen Grundgerüstes (s. Abb. 7.3), d. h. der gleichen Chromophoranordnung, an Hand ihrer annähernd identischen UV-Spektren (Bandenlage, -intensität) zu erkennen und damit Strukturzuordnungen durchzuführen.

Die Aufnahme der UVS-Spektren von festen oder flüssigen organischen Substanzen erfolgt im allgemeinen an 10^{-2} bis 10^{-6}-molaren Lösungen, und als ideale Lösungsmittel bieten sich die Kohlenwasserstoffe Hexan, Heptan und Cyclohexan an, die selbst erst unterhalb ca. 150 nm absorbieren.

7.2.2. Auswertung von UVS-Spektren

Bei der Aufnahme des Spektrums ermittelt das Spektrometer den Wert des Quotienten I_0/I. Moderne Geräte nehmen außerdem die Logarithmierung dieses Quotienten vor, d. h., sie zeichnen Spektren auf, in denen die Extinktion E linear gegen die Wellenlänge λ bzw. die Wellenzahl $\tilde{\nu}$ aufgetragen ist (Abbildung 7.4a). Um ein von der molaren Konzentration c der im Spektrometer vermessenen Substanzlösung unabhängiges, d. h. bezüglich der Absorptionsintensität *substanz-*

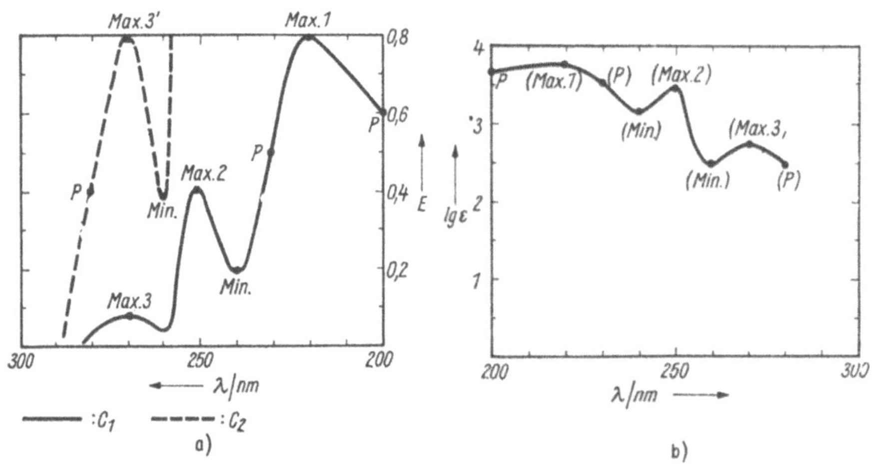

Abb. 7.4 Umzeichnung eines UV-Spektrums

spezifisches Spektrum zu erhalten, muß es mit Hilfe des Lambert-Beerschen Gesetzes (Gl. (7.2)) punktweise so umgezeichnet werden, daß lg ε bzw. ε als Funktion von λ oder $\bar{\nu}$ (siehe Kontrollfrage 2) dargestellt sind (Abbildung 7.4b).

Es soll unseren Genauigkeitsanforderungen genügen, wenn als Umzeichnungspunkte die Maxima und Minima des Spektrums (Abb. 7.4a und b) herangezogen werden. Nur wenn diese Punkte sehr weit voneinander entfernt sind, wählt man einen oder zwei weitere Umrechnungspunkte P (Abb. 7.4a und b). Für jeden gewählten Punkt werden E und λ abgelesen, E wird in lg ε umgerechnet, und dann wird lg ε gegen λ aufgetragen. Durch Verbinden der einzelnen Umrechnungspunkte entsteht dann das *umgezeichnete Spektrum* (Abb. 7.4b).

Oft unterscheiden sich die Absorptionsintensitäten verschiedener Banden des gleichen Spektrums um Größenordnungen voneinander. Um aber alle Banden des Spektrums (z. B. die schwache Bande Max. 3 in Abbildung 7.4a) genügend genau zu erfassen, ist es unumgänglich, für eine Substanz mehrere Extinktionskurven verschiedener molarer Konzentrationen (z. B. Abbildung 7.4a, Bande Max. 3' mit zehnfacher molarer Konzentration) aufzunehmen.

Wenn demnach das für die Umzeichnung vorgesehene Originalspektrum mehrere übereinanderliegende, verschiedenen Konzentrationen entsprechende Kurvenzüge aufweist, sind die Umrechnungspunkte so auszuwählen, daß sie nicht bei Extinktionswerten von $E < 0{,}1$ liegen. In Abbildung 7.4a würde man also zur Berechnung des lg ε-Wertes der längstwelligen Absorption den Punkt Max. 3' (Konzentration C_2, gestrichelte Kurve) und nicht Max. 3 (Konzentration C_1, durchgezogene Kurve) heranziehen.

Nach der Umzeichnung des UVS-Spektrums kann die eigentliche Auswertung beginnen. Es sei aber an dieser Stelle ausdrücklich betont, daß die Diskussion beliebiger UVS-Spektren umfangreiche theoretische Kenntnisse und praktische Erfahrungen voraussetzt.

Die folgenden einfachen Übungen Ü$_{87}$ – Ü$_{94}$ basieren deshalb nur auf den Kenntnissen, die in Abschnitt 7.2.1. vermittelt wurden und sollten an der jeweiligen Ausbildungseinrichtung durch andere, auf die Forschungsthematik bezogene Beispiele ergänzt oder ersetzt werden.

7.2.3. Übungen zur UVS-Spektroskopie

Ü$_{87}$—Ü$_{94}$

Ü$_{87}$

Ü$_{87}$ Im Anilin fungiert neben dem Benzolring mit seinen π-Elektronen auch das freie Elektronenpaar des Stickstoffs als Chromophor. Beide Chromophore stehen außerdem in Konjugation zueinander. Durch Salzbildung in verdünnter Schwefelsäure wird das UV-Spektrum des Anilins verändert.

Aufgaben

1. Das Originalspektrum des Anilins (Abbildung 7.5) ist umzuzeichnen in lg $\varepsilon = f(\lambda)$.
2. Anschließend ist das umgezeichnete Anilinspektrum mit dem Spektrum des Aniliniumions (Abbildung 7.6) zu vergleichen.
3. Die Unterschiede in der Lage der Hauptbanden sind zu deuten.

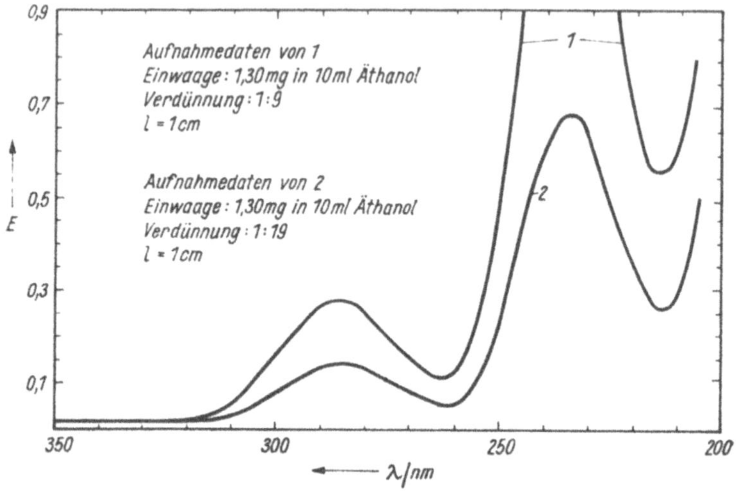

Abb. 7.5 UV-Spektrum von Anilin

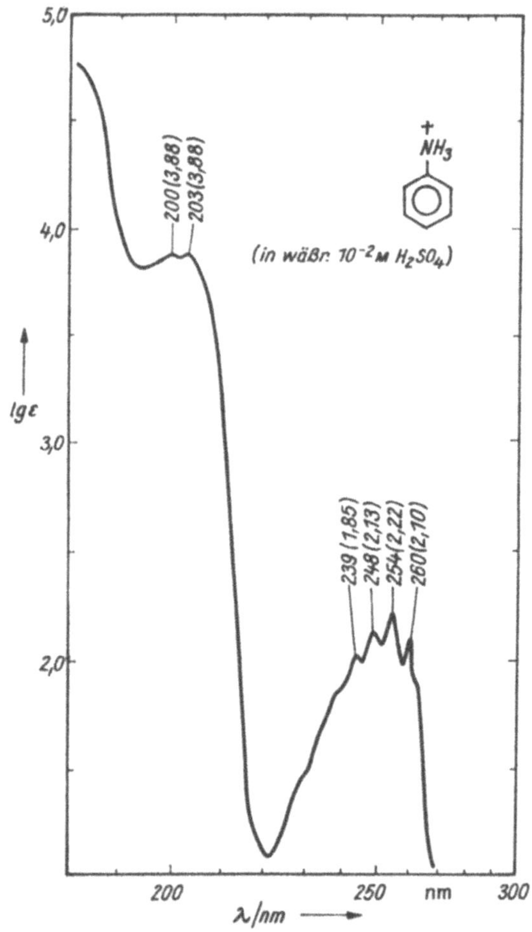

Abb. 7.6 UV-Spektrum des Aniliniumions

$\ddot{U}_{88}$. Wie in Abschnitt 7.2.1. ausgeführt wurde, ist die C = C-Doppelbindung einer der wichtigsten Chromophore. $\ddot{U}_{88}$

Ein kompliziertes Abwandlungsprodukt *A* (UV-Spektrum in Abbildung 7.7)

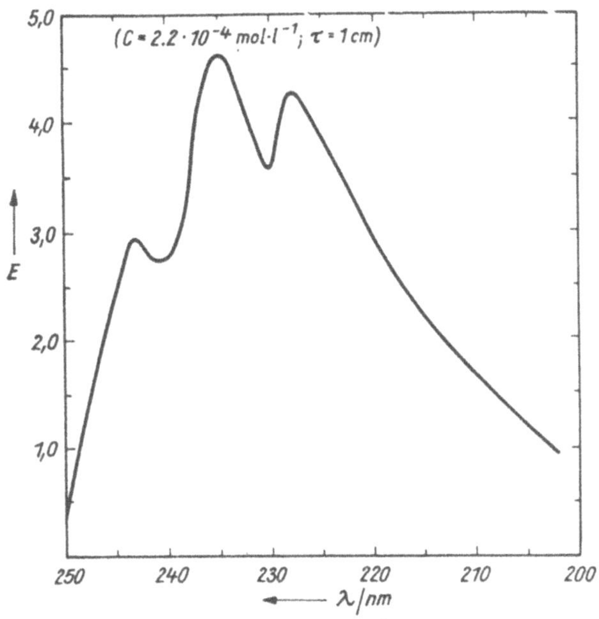

Abb. 7.7 UV-Spektrum von *A* (in Äthanol)

eines Naturstoffes aus der Klasse der Steroide, das zwei derartige Doppelbindungen besitzt, soll strukturell endgültig aufgeklärt werden. Zur Diskussion stehen die Strukturen *I* und *II*.

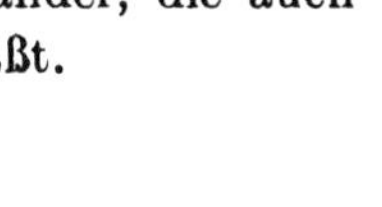

I

II

III

In beiden Verbindungen haben die Doppelbindungen eine charakteristische Stellung zueinander, die auch entsprechend unterschiedliches Absorptionsverhalten erwarten läßt.

Aufgaben

1. Das Elektronenspektrum der Verbindung *A* ist umzuzeichnen auf $\lg \varepsilon = f(\lambda)$.
2. Es ist zu überlegen, bei welcher Wellenlänge im Spektrum der Struktur *I* die intensivste Absorption liegen müßte. Für die Abschätzung des Spektrums von *II* ist zum Vergleich die Absorptionskurve einer hinsichtlich der C = C-Chromophore ähnlichen Verbindung, des Bis-(cyclohexenyls-1) (*III*) angegeben (allerdings wellenzahlenlinear!). (Abbildung 7.8)

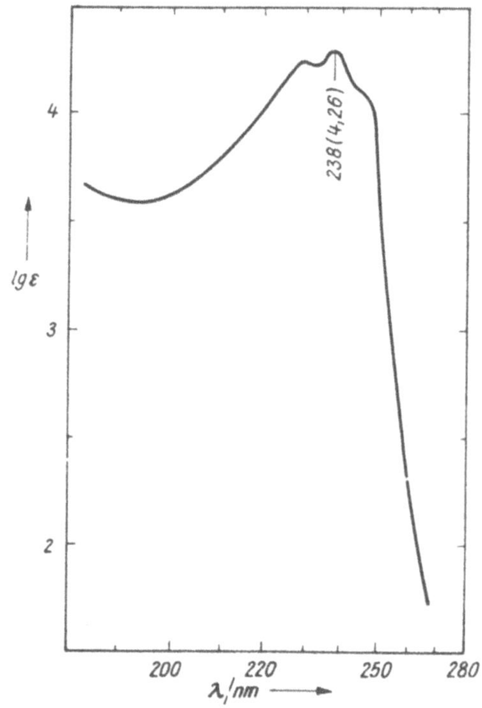

Abb. 7.8 UV-Spektrum von *III* (in Heptan)

Weitere Beispiele für die Lage der intensivsten Absorptionsbande (λ_{max}) von Verbindungen, die mit *II* und *III* hinsichtlich der Lage der Doppelbindungen verwandt sind:

	λ_{max} in nm
$CH_2=C(CH_3)-CH=CH_2$	220
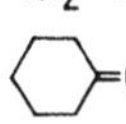 =CH–CH=CH_2	236
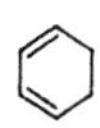	256
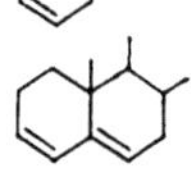	234

3. Durch Vergleich des umgezeichneten Spektrums von *A* mit den für *I* bzw. *II* zu erwartenden Absorptionen ist zu entscheiden, ob *A* die Struktur *I* oder *II* besitzt.

Ü89 *Ü*89. Zwei Kohlenstoffdoppelbindungen sind auch in dem Abwandlungsprodukt *B* (UV-Spektrum in Abbildung 7.9) eines Naturstoffes als Chromophore vorhanden.

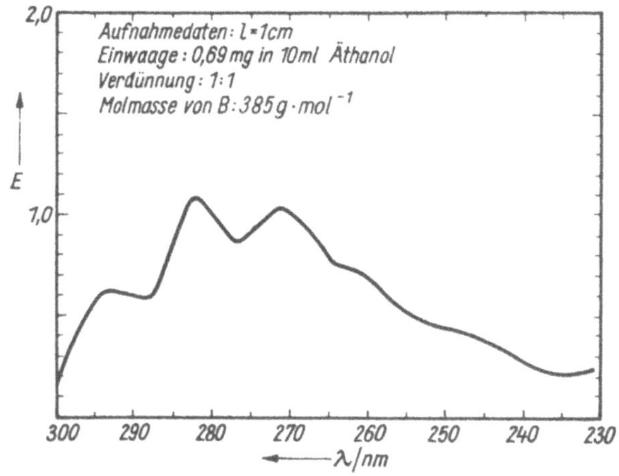

Abb. 7.9 UV-Spektrum von *B* (in Äthanol)

Für *B* stehen die Strukturen *I* und *II* zur Diskussion:

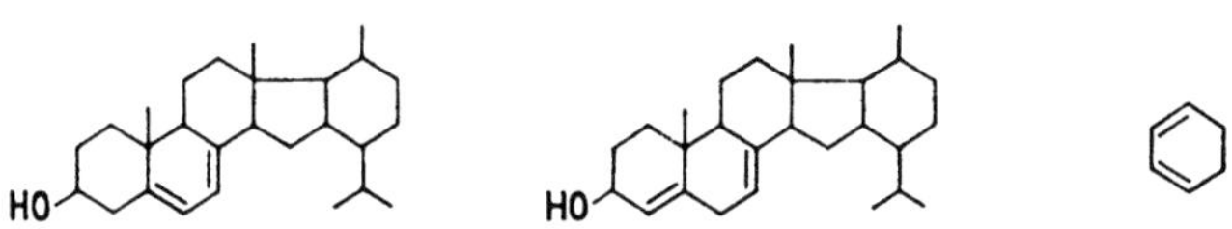

I *II* *III*

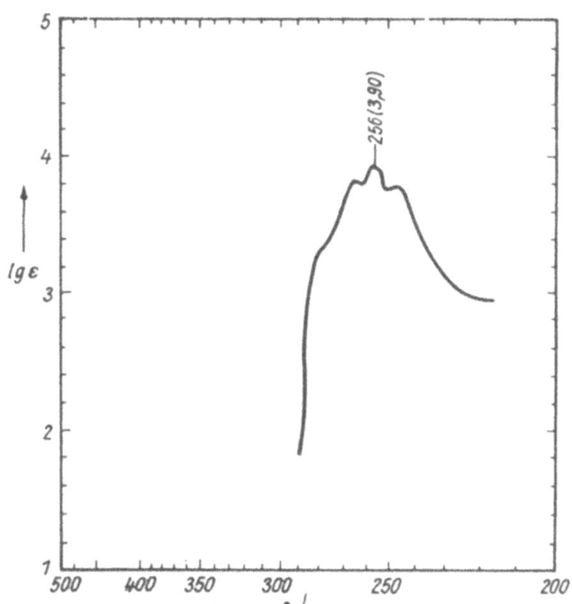

Abb. 7.10 UV-Spektrum von *III* (in Hexan)

Die Doppelbindungen in *I* und *II* haben charakteristische Stellungen zueinander, die auch ein entsprechend unterschiedliches Absorptionsverhalten erwarten lassen. Die Hydroxylgruppen werden bei diesen Betrachtungen nicht berücksichtigt. Für die Abschätzung des Spektrums von *I* ist zum Vergleich die Absorptionskurve einer hinsichtlich der C=C-Chromophore ähnlichen Verbindung, des Cyclohexadiens-(1.3) (*III*) angegeben (allerdings wellenzahlenlinear!). (Abbildung 7.10)

Weitere Beispiele für die Lage der intensivsten Absorptionsbande (λ_{max}) von Verbindungen, die mit *I* bzw. *III* hinsichtlich der Lage der Doppelbindungen verwandt sind:

	λ_{max} in nm		λ_{max} in nm
$CH_2=C(CH_3)-CH=CH_2$	220	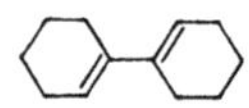	238
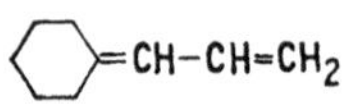	236	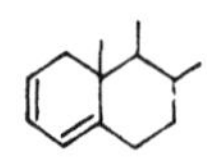	275

Aufgaben

1. Das Elektronenspektrum der Verbindung *B* ist umzuzeichnen in $\lg \varepsilon = f(\lambda)$.
2. Es ist zu überlegen, bei welcher Wellenlänge im Spektrum der Struktur *II* die intensivste Absorption liegen müßte.
3. Durch Vergleich des umgezeichneten Spektrums von *B* mit den für *I* bzw. *II* zu erwartenden Absorptionen ist zu entscheiden, ob *B* die Struktur *I* oder *II* besitzt.

Ü90 *Ü*$_{90}$. In einem cyclischen, einfach ungesättigten Keton *C* soll die genaue Lage der Doppelbindung festgestellt werden. Als mögliche Strukturen stehen *I* und *II* zur Diskussion, die jeweils eine charakteristische Lage der beiden für das UV-Spektrum wichtigen Chromophore ($-C=C-$ und $>C=O$) zueinander ausweisen.

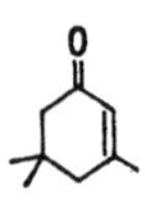

I

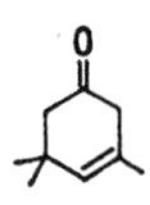

II

$(CH_3)_2C=CH-CO-CH_3$

III

Zur endgültigen Aufklärung liegt neben dem ***bereits umgezeichneten Spektrum*** von *C* (allerdings wellenzahlenlinear, (Abbildung 7.11) das von einem Spektrometer aufgenommene Originalspektrum von 4-Methyl-penten-(3)-on-(2) (Mesityloxid, *III*, Abbildung 7.12) vor, das in der Anordnung der Chromophore der Struktur *I* entspricht.

Aufgaben

1. Das UV-Spektrum von *III* ist umzuzeichnen in $\lg \varepsilon = f(\lambda)$.
2. Die für die Strukturen *I* bzw. *II* zu erwartenden Absorptionen sind zu überlegen. Als Vergleichsbasis für das Absorptionsverhalten von *I* dient das nach Aufgabe 1. umgezeichnete Spektrum von *III*.

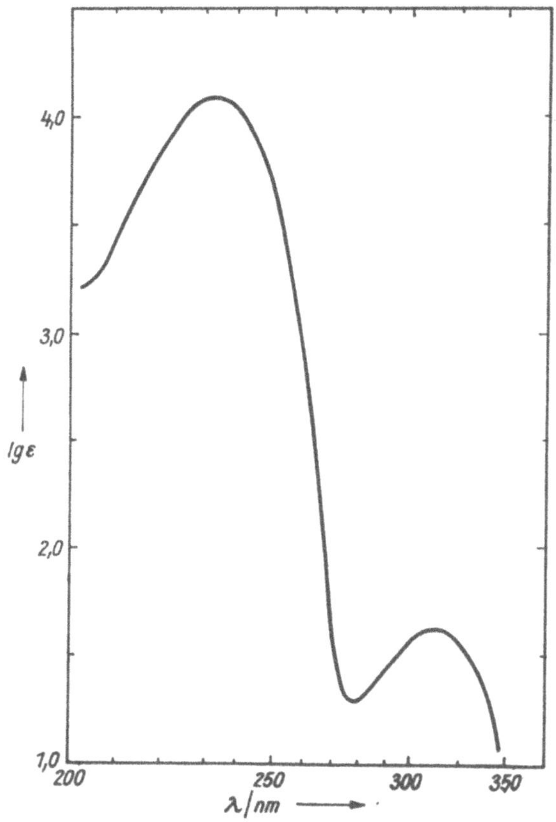

Abb. 7.11 UV-Spektrum von *C* (in Äthanol)

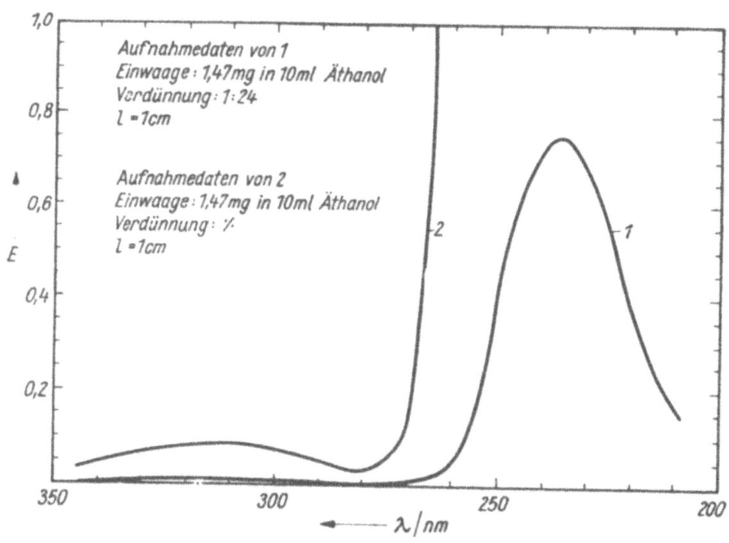

Abb. 7.12 UV-Spektrum von Mesityloxid (*III*)

3. Durch Vergleich des vorliegenden Spektrums von *C* mit den für *I* bzw. *II* zu erwartenden Absorptionen ist zu entscheiden, ob *C* die Struktur *I* oder *II* besitzt.

Ü$_{91}$ *Ü*$_{91}$. Von einer heterocyclischen Verbindung *D* ist bekannt, daß sie entweder ein substituiertes Acridin oder Phenanthridin darstellt. Da die Stammverbindungen der beiden heterocyclischen Substanzklassen jeweils charakteristische Bandenstrukturen aufweisen, sollte die Zugehörigkeit von *D* zu einer der beiden Reihen durch Spektrenvergleiche ermittelbar sein.

Aufgaben

1. Das Originalspektrum von *D* (Abbildung 7.13) ist umzuzeichnen in lg $\varepsilon = f(\lambda)$.

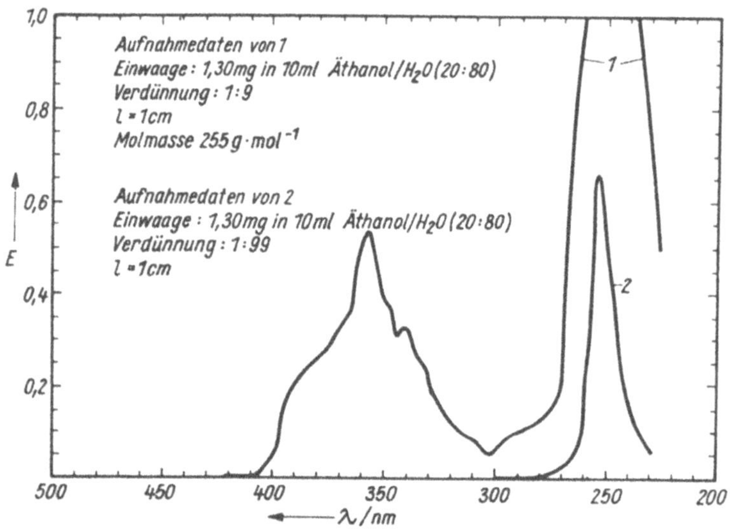

Abb. 7.13 UV-Spektrum von *D*

2. Durch Vergleich des Spektrums von *D* (hinsichtlich Lage und Intensität der Absorptionsbanden) mit den vorliegenden, *wellenzahlenlinearen* Spektren des Acridins (Abbildung 7.14) und des Phenanthridins (Abbildung 7.15) soll entschieden werden, zu welchem der beiden Heterocyclentypen die unbekannte Verbindung *D* gehört.

Ü$_{92}$ *Ü*$_{92}$. Eine heterocyclische Verbindung *E* besitzt laut elementaranalytischer und Molmassebestimmung die Summenformel $C_8H_5ClN_2$. Als Grundgerüst liegt ihr eines der vier folgenden Diazanaphthaline zugrunde:

Cinnolin *Phthalazin* *Chinazolin* *Chinoxalin*

Da die Stammverbindungen der vier Substanzklassen jeweils charakteristische Bandenstrukturen aufweisen, sollte die Zugehörigkeit von *E* zu einer der vier Reihen durch Spektrenvergleiche ermittelbar sein.

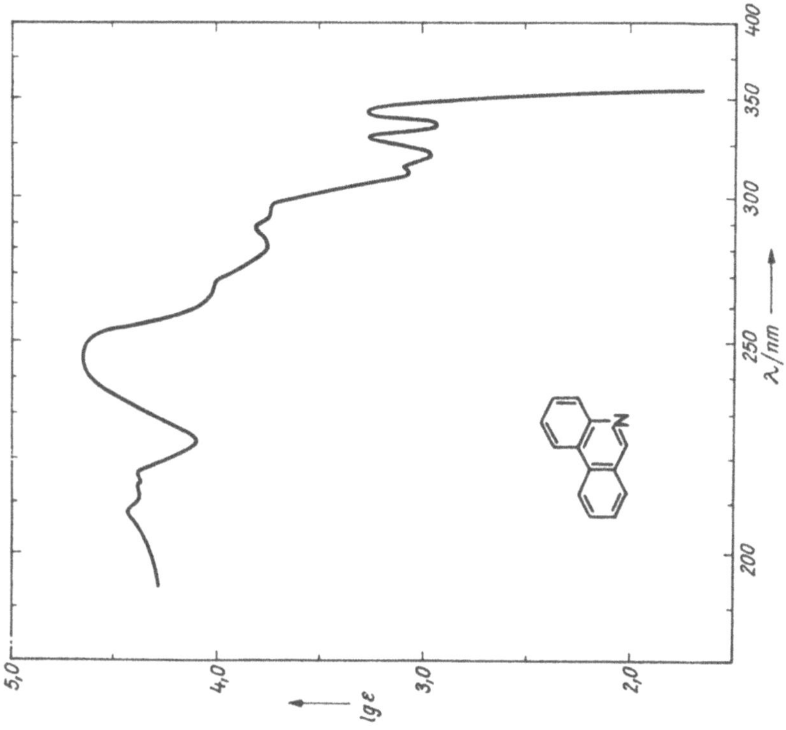

Abb. 7.1 V-Spektru5 Um von Phen anthridin (in Äthanol)

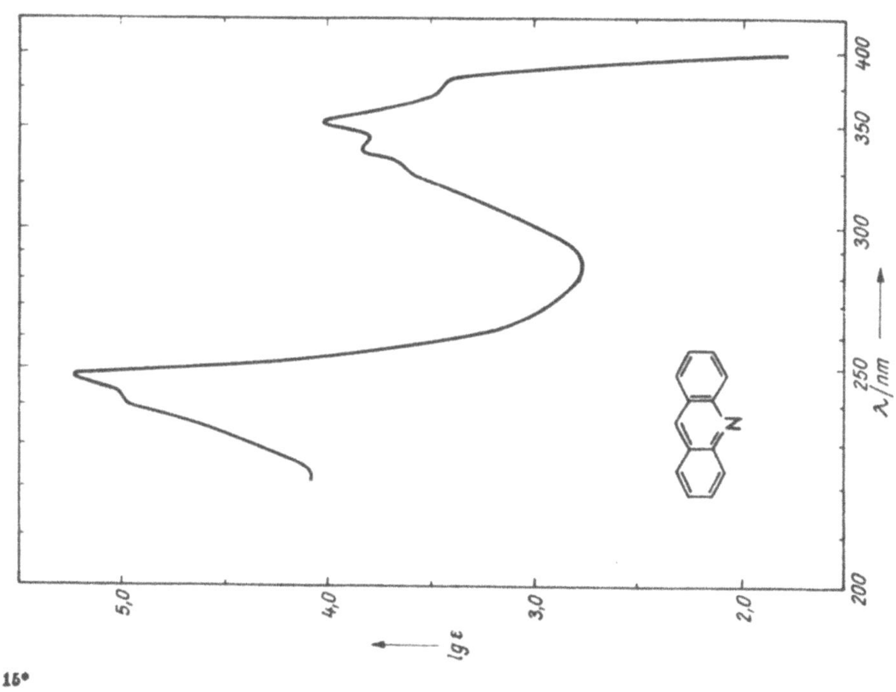

Abb. 7.14 UV-Spektrum von Acridin (in Äthanol)

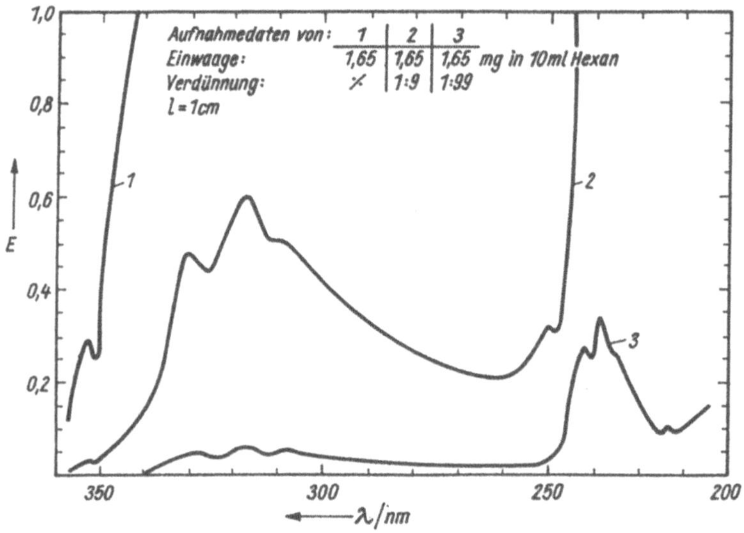

Abb. 7.16 UV-Spektrum von *E*

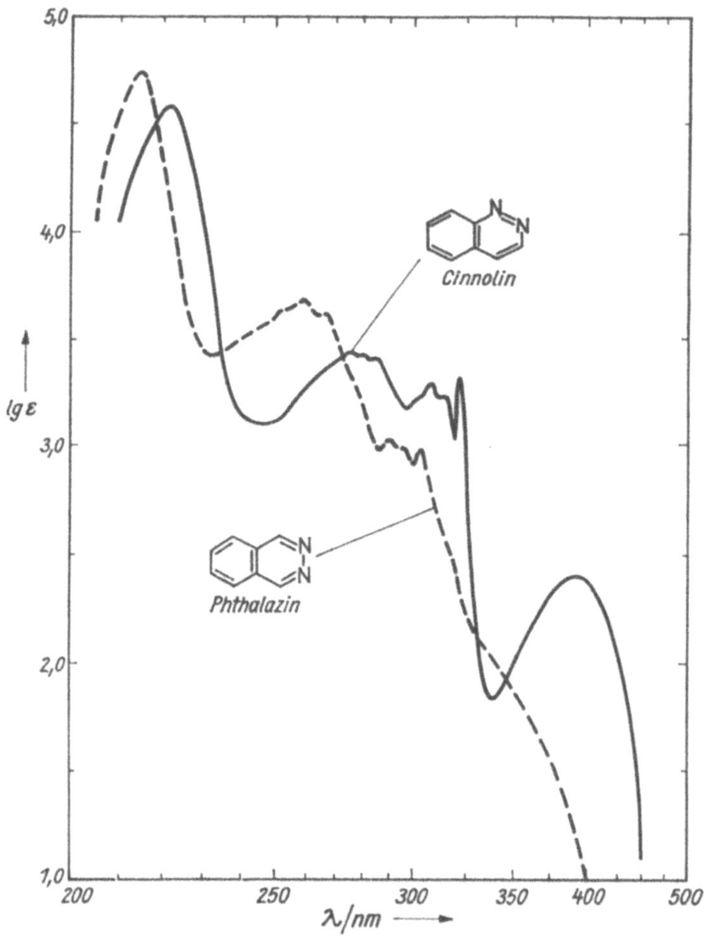

Abb. 7.17 UV-Spektren von Cinnolin und Phthalazin

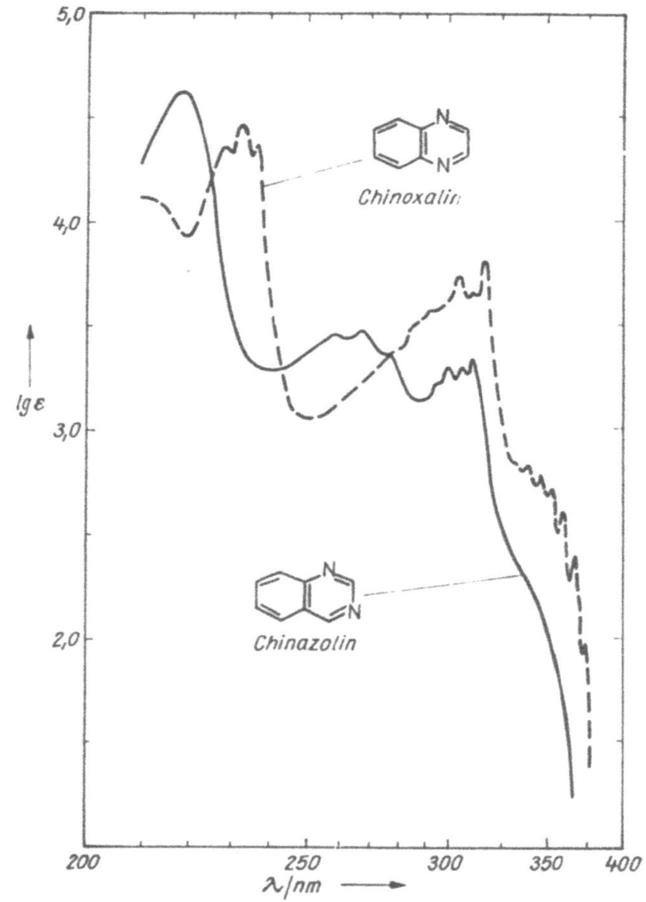

Abb. 7.18 UV-Spektren von Chinazolin und Chinoxalin

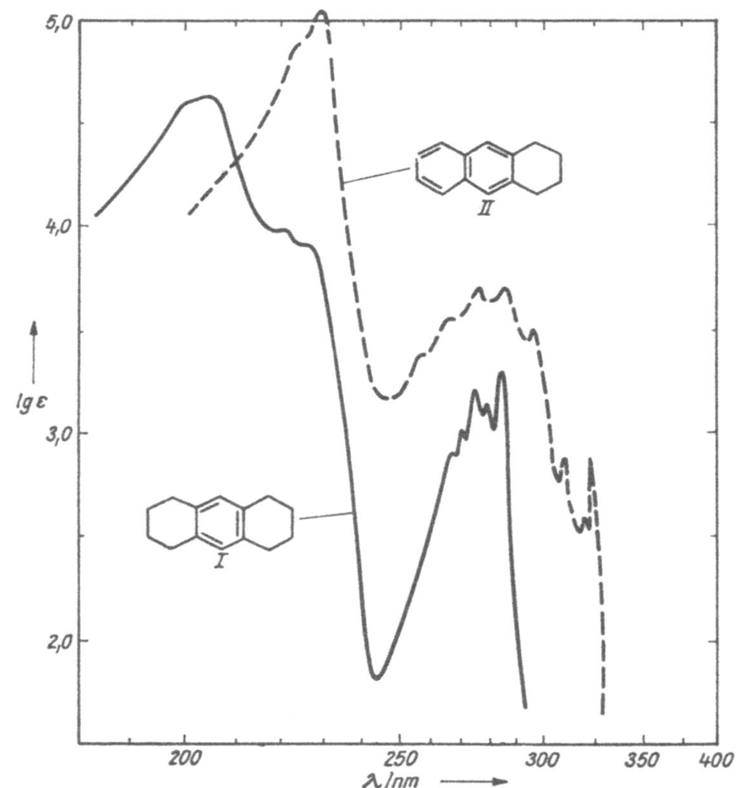

Abb. 7.19 UV-Spektren von *I* und *II*

Aufgaben

1. Das Originalspektrum von *E* (Abbildung 7.16) ist umzuzeichnen in lg $\varepsilon = f(\lambda)$.
2. Durch Vergleich des Spektrums von *E* (hinsichtlich Lage und Intensität der Absorptionsbanden) mit den wellenzahlenlinearen Spektren der vier Diazanaphthaline (Abbildungen 7.17 und 7.18) ist zu entscheiden, welchem Heterocyclentyp die unbekannte Verbindung *E* angehört.

Ü93 *Ü*93. Drei linear anellierte tricyclische Systeme sind durch die Formeln *I*, *II* und *III* dargestellt. Sie unterscheiden sich in ihren chromophoren Eigenschaften dadurch, daß in *I* das Benzolsystem, in *II* das Naphthalinsystem und in *III* das Anthracensystem die für das Elektronenspektrum maßgeblichen „Bausteine" sind. Wie aus den Spektren (Abbildungen 7.19 und 7.20) ersichtlich, nimmt die Wellenlänge der

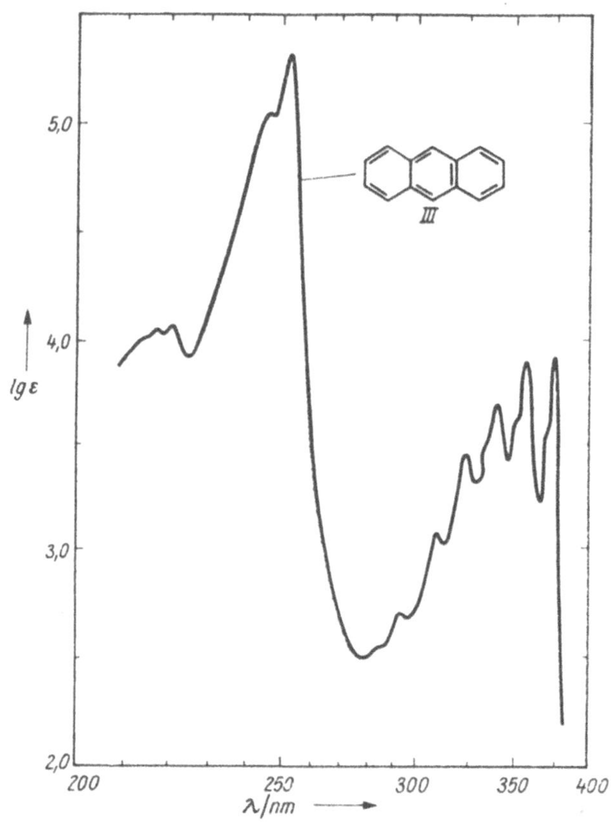

Abb. 7.20 UV-Spektrum von *III*

längstwelligen Bande mit zunehmender Größe der Konjugation zu (bathochrome Verschiebung der längstwelligen Absorption von *I* zu *III*).

Außerdem bestehen gewisse Unterschiede im Gesamtbild der jeweiligen Spektren. Die Lage der längstwelligen Absorption gestattet unter Berücksichtigung des

Gesamtbildes des Spektrums in vielen Fällen die Klärung, ob ein Benzol-, Naphthalin- oder Anthracensystem vorliegt.

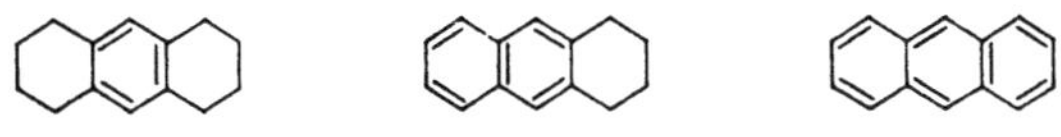

I II III

In einen Vertreter der Struktur *I* (ein substituiertes *I*) sollten durch Dehydrierung weitere Doppelbindungen eingeführt werden. Durch Diskussion des Elektronenspektrums des entsprechenden Reaktionsproduktes *F* soll festgestellt werden, wie weit die Dehydrierung vorangeschritten ist oder ob der Versuch erfolglos war:

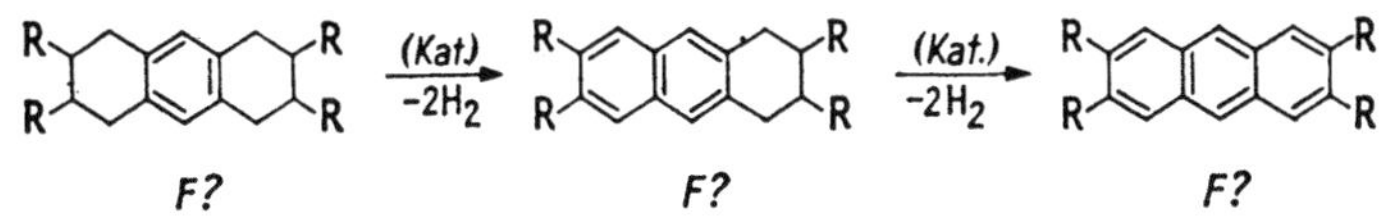

Aufgaben

1. Das Originalspektrum von *F* (Abbildung 7.21) ist umzuzeichnen in lg $\varepsilon = f(\lambda)$!

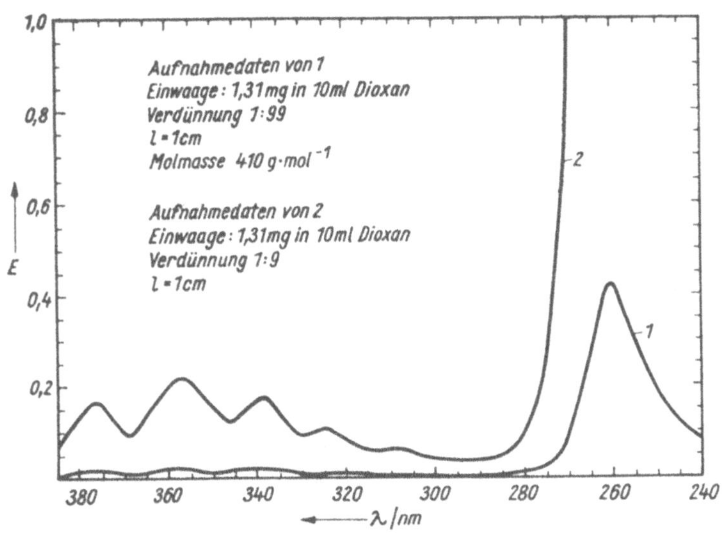

Abb. 7.21 UV-Spektrum von *F*

2. Durch Vergleich des umgezeichneten Spektrums von *F* mit den Spektren von *I*, *II* und *III*, die wieder wellenzahlenlinear sind, ist zu entscheiden, ob und wie weit die Dehydrierung abgelaufen ist.

$\ddot{U}_{94}$. Die Formel *I* stellt den tetracyclischen, vollkommen ungesättigten Kohlenwasserstoff Chrysen, die Formeln *II* bis *IV* teilweise hydrierte Chrysene dar. Alle Systeme unterscheiden sich charakteristisch in ihren für das Elektronenspektrum entscheidenden Chromophoren; es liegen verschiedene Konjugationssysteme von C=C-Doppelbindungen vor. In *IV* ist z. B. das Naphthalinsystem zu erkennen. **$\ddot{U}_{94}$**

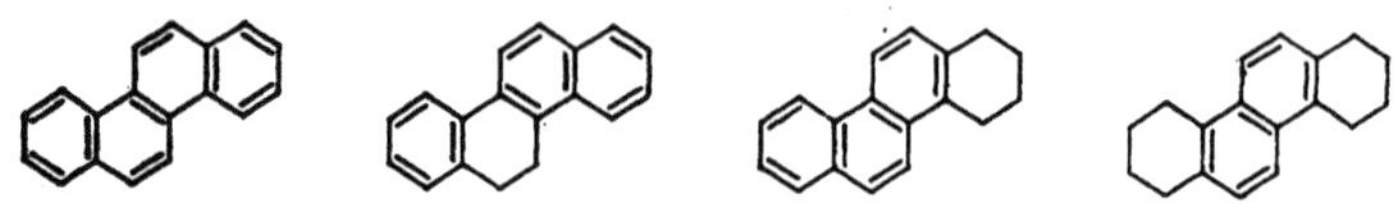

I *II* *III* *IV*

Es ist ersichtlich, daß je nach Ausmaß der Konjugation die längstwellige Absorption, aber auch in gewissem Maße das Gesamtbild des Spektrums, unterschiedlich sind. Für eine unbekannte Substanz *G* soll die Zugehörigkeit zu einer der vier Typen und damit die Struktur des in ihr enthaltenen cyclischen Systems festgestellt werden.

Aufgaben

1. Das Originalspektrum von *G* (Abbildung 7.22) ist umzuzeichnen in lg $\varepsilon = f(\lambda)$.

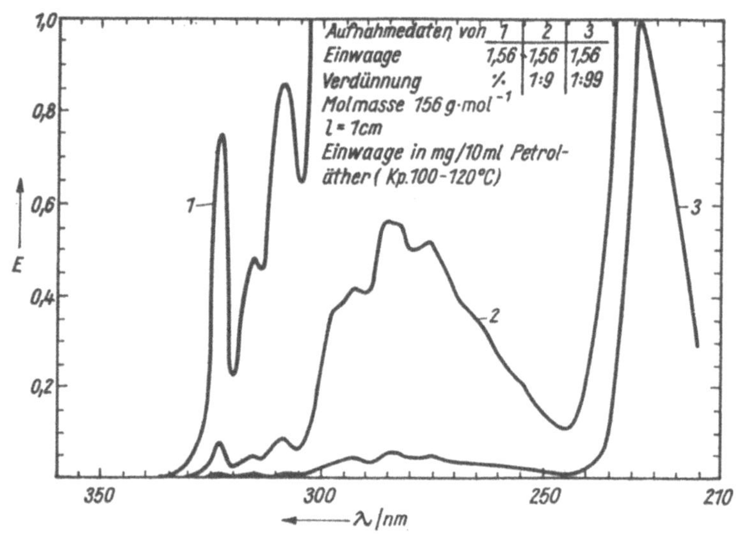

Abb. 7.22 UV-Spektrum von *G*

2. Durch Vergleich des umgezeichneten Spektrums von *G* mit den Spektren von *I* bis *IV* (Abbildungen 7.23 bis 7.26, wellenzahlenlineare Darstellung) ist zu entscheiden, welchem der vier Typen die Verbindung *G* angehört.

7.2.4. Lösungen

$Ü_{87}$. Für die Umzeichnung der Kurven in Abbildung 7.5 werden folgende molare Konzentrationen errechnet:

Kurve 1: $1{,}4 \cdot 10^{-4}$ mol · l^{-1}
Kurve 2: $0{,}7 \cdot 10^{-4}$ mol · l^{-1}

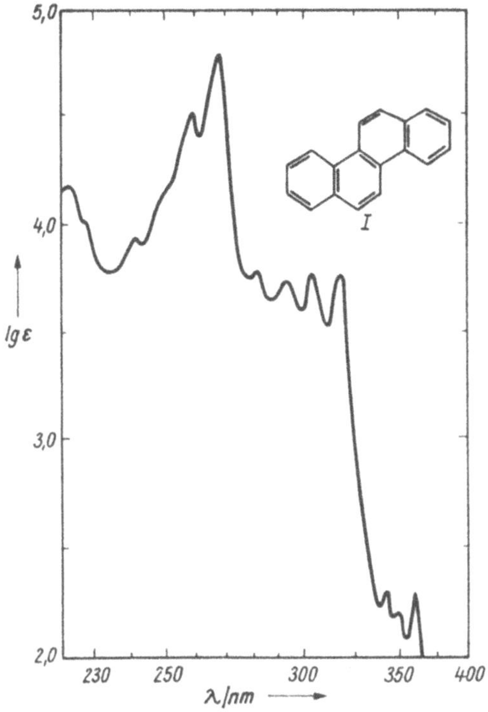

Abb. 7.23 UV-Spektrum von *I*

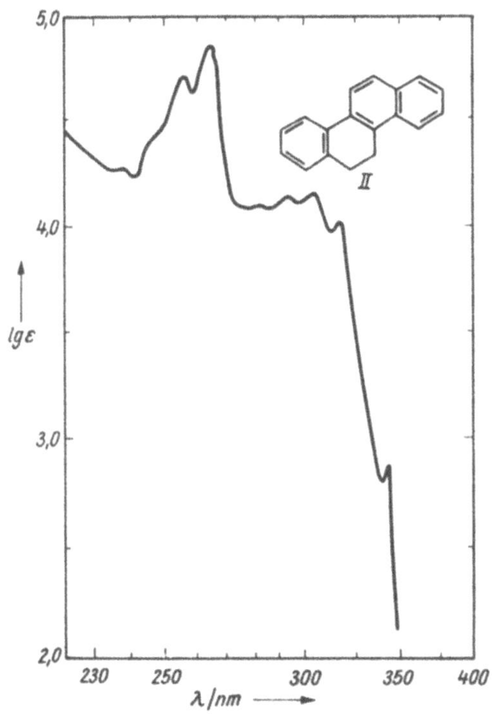

Abb. 7.24 UV-Spektrum von *II*

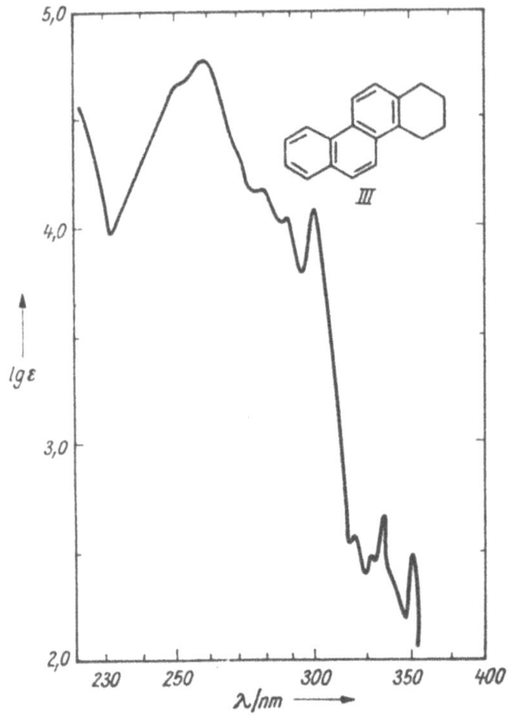

Abb. 7:25 UV-Spektrum von *III*

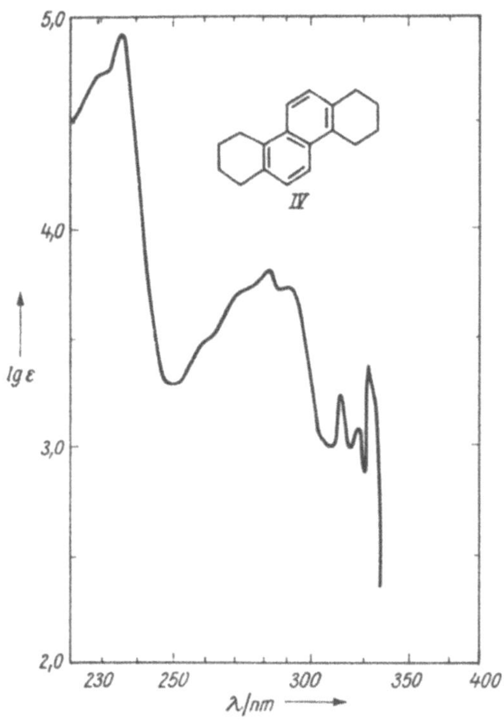

Abb. 7.26 UV-Spektrum von *IV*

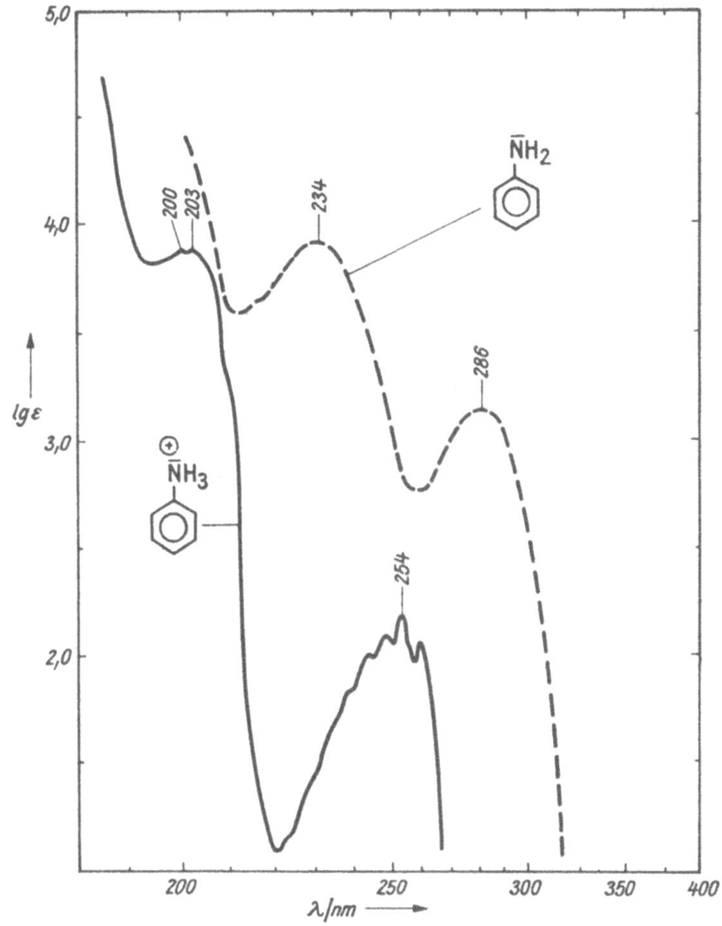

Abb. 7.27 UV-Spektren des Anilins und des Anilinium-Ions

Die lg $\varepsilon = f(\lambda)$-Kurve des Anilins wird in Abbildung 7.6 eingezeichnet, und es ergibt sich Abbildung 7.27. Es ist zu erkennen, daß durch die Salzbildung am freien Elektronenpaar des Anilinstickstoffs die Gesamtkonjugation im Molekül verringert und dadurch eine hypsochrome Verschiebung der längstwelligen und auch der nächsten Benzolbande bewirkt wird.

$\ddot{U}_{88}$. Die Umzeichnung des Spektrums aus Abbildung 7.7 ergibt eine Kurve, die der in der Abbildung 7.28 gezeigten Kurve der Verbindung *III* (mit zwei konjugierten Doppelbindungen) weitgehend analog ist; demnach ist der Verbindung *A* (Cholesta-dien-(3.5)) die Struktur *II* zuzuordnen. Die Struktur *I* müßte bei 180 bis 190 nm mit erhöhter Extinktion (zwei *isolierte* Doppelbindungen) absorbieren.

$\ddot{U}_{89}$. Für die Umzeichnung der Kurve in Abbildung 7.9 wird die folgende molare Konzentration errechnet:

$$c = 9 \cdot 10^{-5}\ \mathrm{mol} \cdot \mathrm{l}^{-1}$$

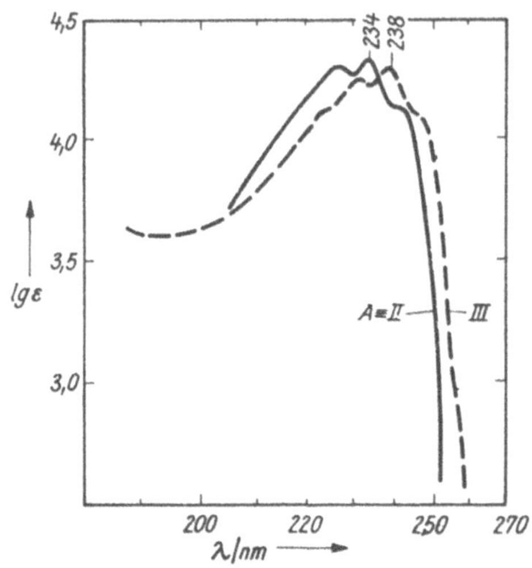

Abb. 7.28 UV-Spektrum von *A* ≡ *II*

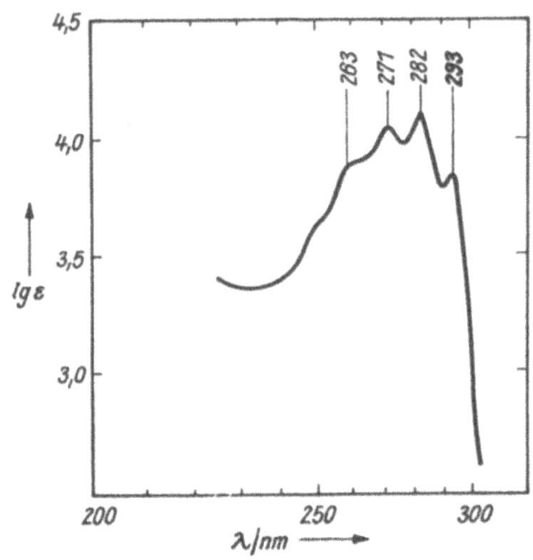

Abb. 7.29 UV-Spektrum von *B* ≡ *I*

Es ergibt sich Abbildung 7.29, und da eine weitgehende Analogie zu *III* sowie den zahlenmäßig angegebenen weiteren Beispielen für konjugierte Diene festzustellen ist, kann der Verbindung *B* die Struktur *I* zugeordnet werden. Struktur *II* müßte eine Absorption bei etwa 180 bis 190 nm mit erhöhter Extinktion (zwei *isolierte* Doppelbindungen) zeigen.

$Ü_{90}$. Für die Umzeichnung der Kurven in Abbildung 7.12 werden folgende molare Konzentrationen errechnet:

Kurve 1: $1{,}5 \cdot 10^{-3}$ mol · l^{-1}

Kurve 2: $6{,}0 \cdot 10^{-5}$ mol · l^{-1}

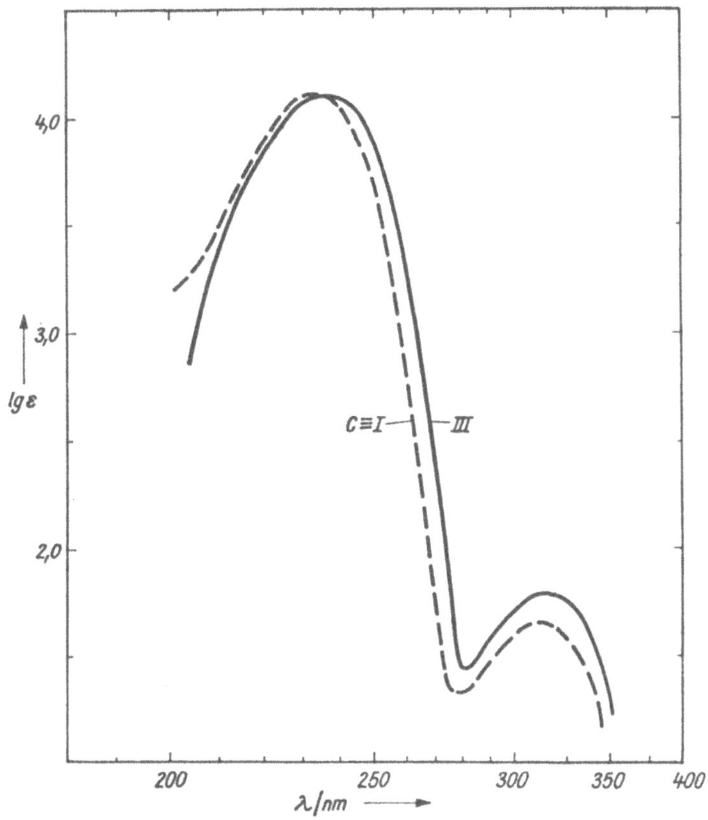

Abb. 7.30 UV-Spektren von *III* und $C \equiv I$

Abbildung 7.30 zeigt diese umgezeichneten Kurven des Mesityloxids (*III*) und der Verbindung *C*, die offensichtlich beide eine α,β-ungesättigte Carbonylgruppe enthalten. *C* ist demnach identisch mit *I* (Isophoron).

Struktur *II* müßte durch folgende Banden charakterisiert sein:

- 175 bis 195 nm, intensiv; Anregung der π-Elektronen der Doppelbindung und der Carbonylgruppe;
- 270 bis 290 nm, schwach; Anregung der freien Elektronenpaare des Carbonylsauerstoffes.

$\ddot{U}_{91}$. Für die Umzeichnung der Kurven in Abbildung 7.30 werden folgende molare Konzentrationen errechnet:

Kurve 1: $5{,}1 \cdot 10^{-5}$ mol · l^{-1}
Kurve 2: $5{,}1 \cdot 10^{-6}$ mol · l^{-1}

Abbildung 7.31 zeigt das Spektrum der Verbindung *D*, und die Übereinstimmung mit der Kurve in Abbildung 7.14 läßt *D* als Acridinabkömmling erkennen.

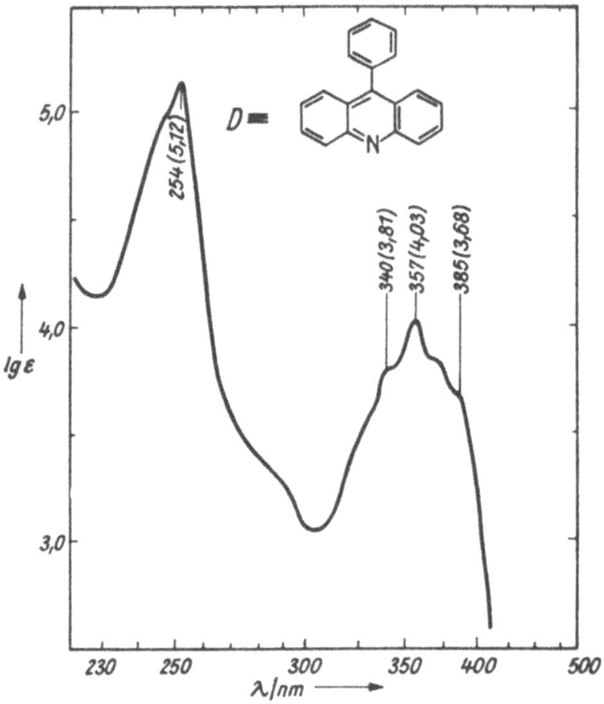

Abb. 7.31 UV-Spektrum von *D*

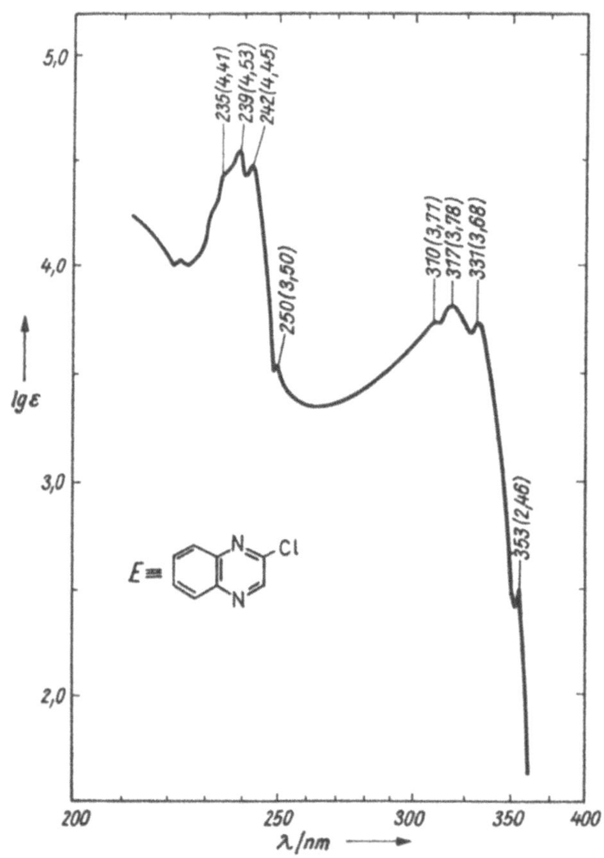

Abb. 7.32 UV-Spektrum von *E*

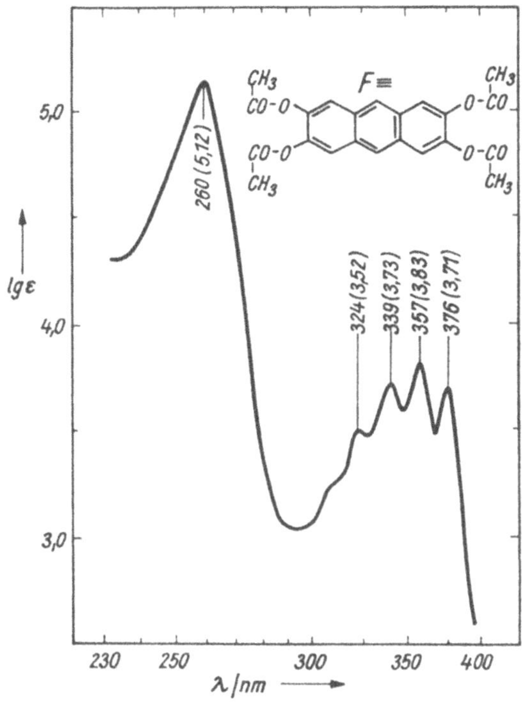

Abb. 7.33 UV-Spektrum von *F*

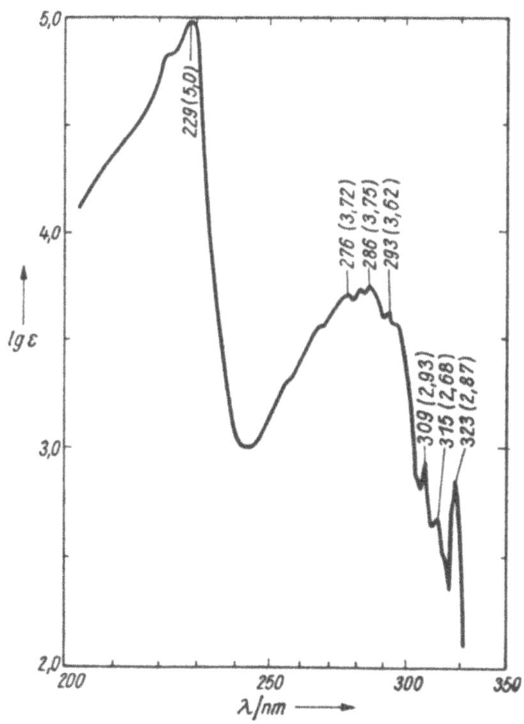

Abb. 7.34 UV-Spektrum von *G*

$\ddot{U}_{92}$. Für die Umzeichnung der Kurven in Abbildung 7.16 werden folgende molare Konzentrationen errechnet:

Kurve 1: 10^{-3} mol · l^{-1}
Kurve 2: 10^{-4} mol · l^{-1}
Kurve 3: 10^{-5} mol · l^{-1}

Da die in Abbildung 7.32 dargestellte Kurve für *E* hinsichtlich Bandenlage und Intensität eine weitgehende Analogie zur Kurve des Chinoxalins in Abbildung 7.18 aufweist, ist das heterocyclische Grundgerüst zugeordnet.

$\ddot{U}_{93}$. Für die Umzeichnung der Kurven in Abbildung 7.21 werden folgende molare Konzentrationen errechnet:

Kurve 1: 3,2 · 10^{-6} mol · l^{-1}
Kurve 2: 3,2 · 10^{-5} mol · l^{-1}

Vergleicht man die Kurve in Abbildung 7.33 mit denen der Abbildungen 7.19 und 7.20, so ist leicht zu erkennen, daß die Dehydrierung vollständig verlaufen ist, d. h., daß *F* ein Anthracenderivat (Typ *III* in Abbildung 7.20) ist.

$\ddot{U}_{94}$. Für die Umzeichnung der Kurven in Abbildung 7.22 werden folgende molare Konzentrationen errechnet:

Kurve 1: 10^{-3} mol · l^{-1}
Kurve 2: 10^{-4} mol · l^{-1}
Kurve 3: 10^{-5} mol · l^{-1}

Auch hier kann durch Vergleich der Kurve in Abbildung 7.34 mit denen der Abbildungen 7.23 bis 7.26 das Grundgerüst zugeordnet werden. Die Verbindung *G* gehört demnach zur Klasse der Naphthaline (Typ *IV*, Abbildung 7.26).

7.3. IR-Spektroskopie

7.3.1. Theoretische Grundlagen

Mit Hilfe der Infrarotspektroskopie werden im allgemeinen die Absorptionseigenschaften von Substanzen untersucht, die mit Licht der Wellenzahlen 400 bis 4000 cm^{-1} (d. h. der Wellenlänge 25 bis 2,5 μm) bestrahlt werden.

Abbildung 7.1, Abschnitt 7.1., ist zu entnehmen, daß der Gesamtbereich der infraroten Strahlung wesentlich umfangreicher ist und daß in dem oben genannten Frequenzbereich die Energie des absorbierten Lichtes zur Anregung von Molekülschwingungen dient.

Die Schwingungen in einem beliebigen Molekül werden eingeteilt in *Valenzschwingungen* (die eine Bindung begrenzenden Atome bewegen sich unter periodischer Änderung ihrer Atomabstände) und *Deformationsschwingungen* (unter periodischer Änderung der Valenzwinkel), die man am Beispiel des Wassermoleküls folgendermaßen erläutern kann (Abbildung 7.35):

Die von einem Spektrometer registrierten IR-Spektren weisen mehr oder weniger

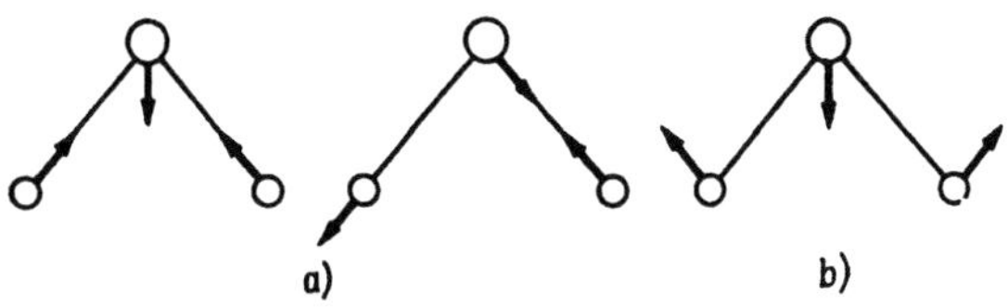

Abb. 7.35 Schematische Darstellung der durch IR-Strahlung angeregten Schwingungen des Wassermoleküls
a) zwei Valenzschwingungen
b) eine Deformationsschwingung

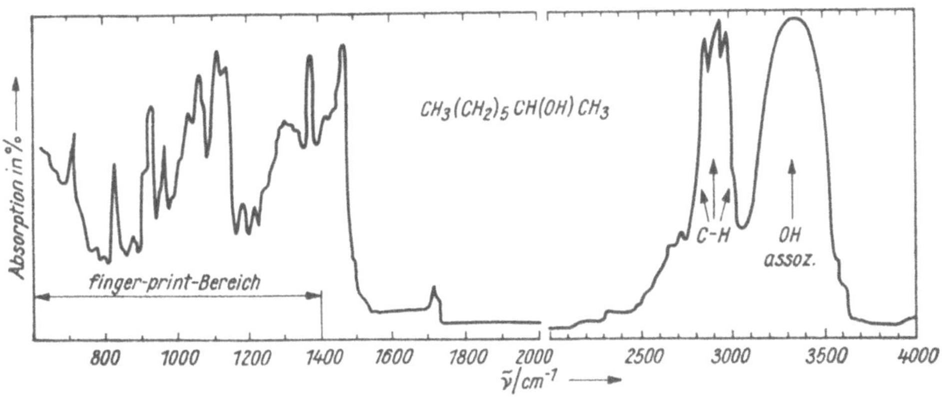

Abb. 7.36 IR-Spektrum von Octanol-(2)

verbreiterte Absorptionsbanden auf – wie dies in allerdings wesentlich stärkerem Umfang bei der UVS-Spektroskopie beobachtet wird –, da die Schwingungen durch Rotationen überlagert sind („*Rotations-Schwingungs-Spektren*"). Abbildung 7.36 zeigt als Beispiel das IR-Spektrum von Octanol-(2).

Die große praktische Bedeutung der IR-Spektroskopie ergibt sich u. a. aus der Tatsache, daß bestimmte funktionelle Gruppen organischer Substanzen von ganz bestimmten, annähernd gleichbleibenden Frequenzen des eingestrahlten infraroten Lichtes zur Schwingung angeregt werden. In Tabelle 7.3 ist die Lage einiger dieser *charakteristischen Gruppenfrequenzen* angegeben.

7.3.2. Einfache Anwendungen der IR-Spektroskopie

Als Teil der Strukturaufklärung einer unbekannten organischen Substanz kann man mit Hilfe der im IR-Spektrum nachgewiesenen charakteristischen Gruppenfrequenzen mit weitgehender Sicherheit auf vorhandene funktionelle Gruppen und Strukturelemente (s. Tab. 7.3) schließen.

Im IR-Spektrum von Octanol-(2) (Abbildung 7.36) erkennt man bei etwa 3350 cm^{-1} eine sehr breite, intensive Bande, die der über Wasserstoffbrücken assoziierten Hydroxylgruppe entspricht. Die Banden zwischen 2860 und 2970 cm^{-1}

Tabelle 7.3

Charakteristische Gruppenschwingungen im IR-Bereich

Gruppe	Schwingungstyp	Wellenzahl in cm^{-1}	Intensität	Form der Bande
—O—H (in Alkoholen, Phenolen, Carbonsäuren) frei	Valenz	3500 ... 3650	variabel	scharf
assoziiert (intermolekular, polymer)	Valenz	3200 ... 3400	variabel	breit
$—NH_2$ (in primären Aminen) frei	Valenz	ca. 3400 und ca. 3500	mittel	2 scharfe Banden
>NH (in sek. Aminen) frei	Valenz	3300 ... 3500	mittel	scharf
$—NH_2$, >NH assoz.	Valenz	3100 ... 3400	mittel	breit
≡C—H (in Alkinen)	Valenz	3280 ... 3340	stark	scharf
=C—H (in Alkenen u. Aromaten)	Valenz	3000 ... 3100	variabel	scharf
⋗C—H (in Alkanen, Alkylgruppen)	Valenz	2700 ... 3000	variabel, oft stark	scharf
$—CH_2—$ u. $—CH_3$				2 Banden
—C≡N (in Nitrilen)	Valenz	2210 ... 2260	variabel	scharf
—C≡C— (in Alkinen)	Valenz	2100 ... 2260	variabel	scharf
>C=O (in Aldehyden, Ketonen, Säuren, Säurederivaten)	Valenz	1630 ... 1800	stark	scharf
>C=C< (in Alkenen u. Aromaten)	Valenz	1590 ... 1680	stark	scharf
$—NO_2$ (in Nitroverbindungen)	Valenz	1500 ... 1600	stark	scharf
⋗C—Cl (organ. Chlor- u. Bromverbindungen)	Valenz	600 ... 780	stark	scharf
⋗C—Br	Valenz	< 750	stark	scharf
Substituierte Benzolringe [1]):				
mono-	Deformation	730 ... 770 690 ... 710	stark stark	2 scharfe Banden
ortho-di-	Deformation	735 ... 770	stark	scharf
meta-di-	Deformation	860 ... 900 750 ... 810 680 ... 725	mittel stark mittel	3 scharfe Banden
para-di-	Deformation	800 ... 860	stark	scharf
1.2.3-tri-	Deformation	750 ... 810 680 ... 725	stark mittel	2 scharfe Banden
1.2.4-tri-	Deformation	860 ... 900 800 ... 860	mittel stark	2 scharfe Banden
1.3.5-tri-	Deformation	810 ... 865 690 ... 730	stark stark	2 scharfe Banden

sind durch die CH-Valenzschwingung der $-CH_3$-, $>CH_2$- und $\rangle CH$-Gruppen entstanden.

Zahlreiche andere Absorptionsbanden des Spektrums lassen sich mit Hilfe ausführlicher Tabellen- und Nachschlagewerke, die dem forschenden Chemiker zur Verfügung stehen, ebenfalls zuordnen. Außer bei sehr einfachen Molekülen bleibt aber meist eine große Zahl von Banden des Spektrums ungedeutet.

Neben der Feststellung bestimmter Atomgruppen anhand der charakteristischen Gruppenfrequenzen ermöglicht das IR-Spektrum eine *exakte Identitätsprüfung* zweier Substanzen. Zwei organische Substanzen sind identisch, wenn ihre IR-Spektren völlig übereinstimmen. Besonders ist dabei auf die Übereinstimmung im bandenreichen Gebiet von 700 bis 1400 cm^{-1}, dem „*fingerprint*"-Bereich, zu achten!

Bei der Lösung eines Strukturproblems mit Hilfe eines IR-Spektrums kommt es meist lediglich auf die Lage der charakteristischen Banden und ihre qualitativ ermittelte Intensität (schwach, mittel, stark) an. Es erübrigt sich dann – im Gegensatz zur UVS-Spektroskopie –, die genaue molare Konzentration und die Schichtdicke der untersuchten Probe zu bestimmen.

Mit Hilfe der Infrarotspektroskopie lassen sich feste Substanzen (als KBr-Preßlinge oder in Lösung), Flüssigkeiten (in geeigneten Küvetten) und Gase vermessen.

7.3.3. Übungen zur IR-Spektroskopie

Ü95–Ü112

*Ü*95. Von einer organischen Verbindung mit der Summenformel $C_{12}H_{11}N$ soll die Struktur festgelegt werden. Folgende Möglichkeiten sind in Betracht zu ziehen: Ü95

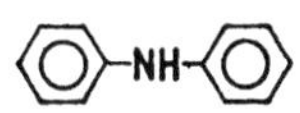

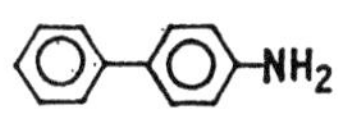

Mit Hilfe des IR-Spektrums (Abbildung 7.37) der Verbindung und unter Verwendung der Tabelle der charakteristischen Gruppenfrequenzen (Tabelle 7.3) ist

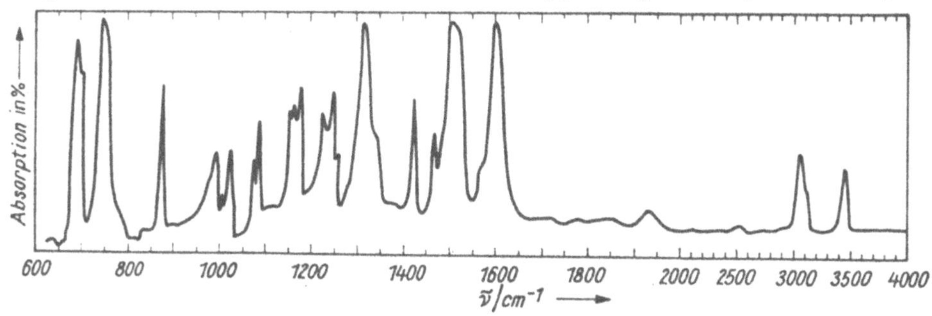

Abb. 7.37 IR-Spektrum für Ü95

---

[1]) Neben den hier angeführten Banden gibt es weitere, vom Substitutionstyp des Benzolrings abhängige Absorptionen im IR-Bereich. Erst die gemeinsame Betrachtung aller dieser Absorptionen läßt genaue Aussagen über die Anzahl und Stellung der Substituenten zu. (Fußnote zu Tab. 7.3)

zwischen den beiden Alternativstrukturen zu unterscheiden. Darüber hinaus notiert man sich alle Banden des Spektrums, die sich mit Hilfe der Tabelle 7.3 deuten lassen, und zwar hinsichtlich Lage der Bande (in cm^{-1}), Intensität (stark, mittel, schwach) und Form (scharf; breit durch Assoziation). Die rationellen Namen (Genfer Nomenklatur) der beiden oben formulierten Substanzen sind aufzuschreiben.

Ü96 *Ü*96. Eine organische Verbindung besitzt die Summenformel $C_6H_4BrNO_2$. Für ihre Strukturformel kommen drei Möglichkeiten in Betracht:

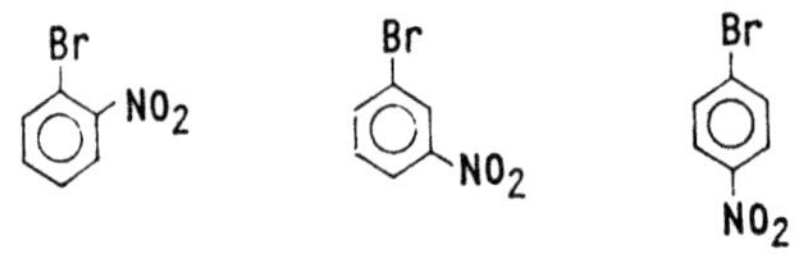

Unter Verwendung der Tabelle 7.3 sind möglichst viele Banden des IR-Spektrums (Abbildung 7.38) zu deuten. Man notiere sich neben der charakteristischen Gruppe die Bandenlage (in cm^{-1}), Intensität (stark, mittel, schwach) und Form (scharf,

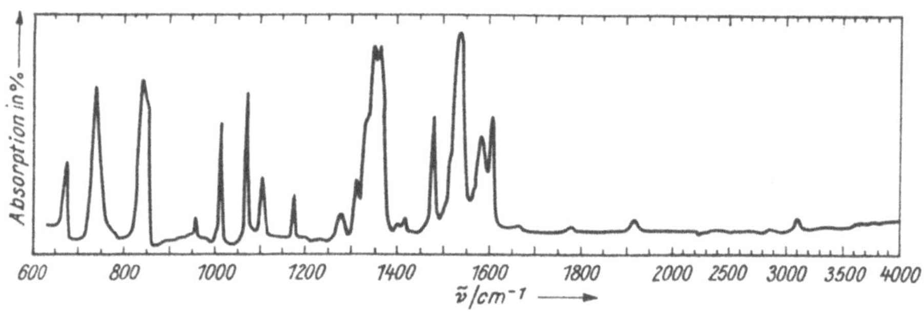

Abb. 7.38 IR-Spektrum für Ü96

unscharf, breit). Eine der drei formulierten Substanzen ist auf Grund des IR-Spektrums auszuwählen und nach der Genfer Nomenklatur zu bezeichnen.

Ü97 *Ü*97. Durch Kolbesche Nitrilsynthese wurde versucht, folgende Reaktion zu realisieren:

$$Cl-CH_2-COOC_2H_5 + NaCN \longrightarrow CN-CH_2-COOC_2H_5 + NaCl$$

Anhand des IR-Spektrums (Abbildung 7.39) des Reaktionsproduktes soll kontrolliert werden, ob die Synthese erfolgreich verlief.

Das IR-Spektrum des isolierten Produktes ist unter Verwendung der Tabelle 7.3 mit dem Ziel zu analysieren, eine Entscheidung zwischen Gelingen oder Nichtgelingen der Reaktion (Vorliegen der organischen Ausgangsverbindung) herbeizuführen. Gleichzeitig sollen möglichst viele Banden des Spektrums gedeutet werden. Man notiere neben chemischer Gruppe die Bandenlage (in cm^{-1}), Intensität (stark, mittel, schwach) und Form (scharf, unscharf, breit). Die Struktur, die dem Spektrum entspricht, ist zu bezeichnen (Genfer Nomenklatur oder Trivialname).

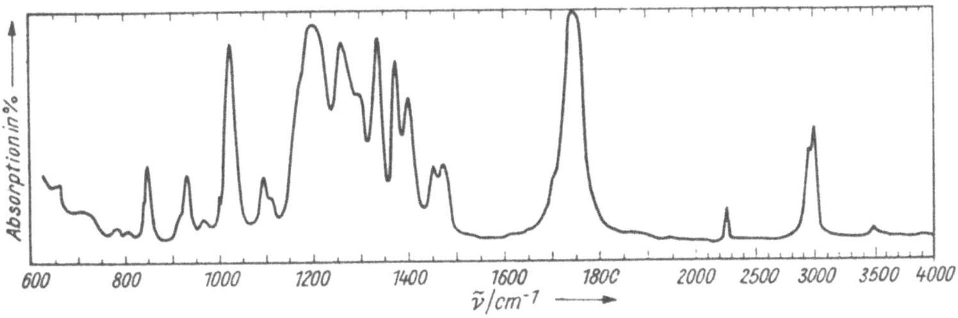

Abb. 7.39 IR-Spektrum für Ü$_{97}$

Ü$_{98}$. Furfurylalkohol (*A*) wurde der katalytischen Hydrierung unterworfen. Nach folgender Gleichung sollte Tetrahydrofurfurylalkohol (*B*) entstehen: Ü$_{98}$

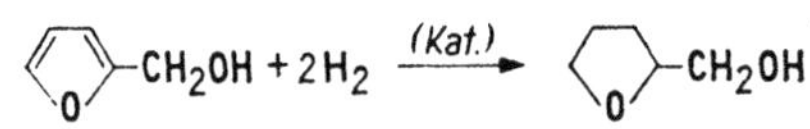

A *B*

Das IR-Spektrum (Abbildung 7.40) des isolierten Produktes ist unter Verwendung der Tabelle 7.3 mit dem Ziel zu sichten, eine Entscheidung zwischen Gelingen oder Nichtgelingen der Reaktion herbeizuführen.

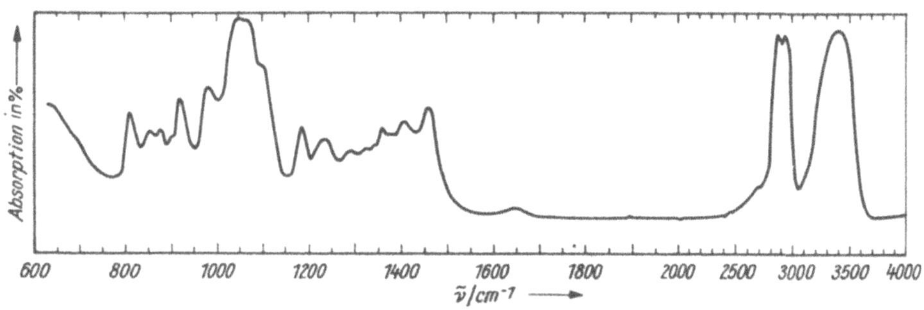

Abb. 7.40 IR-Spektrum für Ü$_{98}$

Gleichzeitig sollen möglichst viele Banden des Spektrums gedeutet werden. Man notiere neben chemischer Gruppe jeweils Bandenlage (in cm^{-1}), Intensität (stark, mittel, schwach) und Form (scharf, unscharf, breit).

Ü$_{99}$. m-Nitrobenzoesäure wird mit Äthanol zum entsprechenden Ester umgesetzt. Auf spektroskopischem Wege soll nun das Ergebnis der Reaktion gesichert werden. Die Reaktionsgleichung für die Veresterung von m-Nitrobenzoesäure mit Äthanol ist zu formulieren! Ü$_{99}$

Das IR-Spektrum (Abbildung 7.41) des nach der Reaktion isolierten Produktes ist unter Verwendung der Tabelle 7.3 mit dem Ziel zu sichten, eine Entscheidung zwischen Gelingen oder Nichtgelingen der Reaktion herbeizuführen.

Gleichzeitig notiere man sich sämtliche Banden des Spektrums, die gedeutet werden können, hinsichtlich chemischer Gruppe, Bandenlage (in cm^{-1}), Intensität (stark, mittel, schwach) und Form (scharf, unscharf, breit).

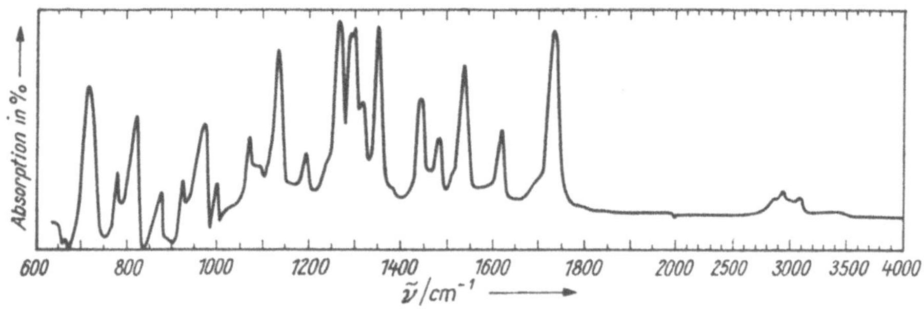

Abb. 7.41 IR-Spektrum für Ü$_{99}$

Ü$_{100}$ *Ü*$_{100}$. Nach einem bekannten Verfahren wurde versucht, das 3-Nitropyridin (*A*) zum 3-Aminopyridin (*B*) zu reduzieren. Der Erfolg der Reaktion soll auf spektroskopischem Wege geprüft werden.

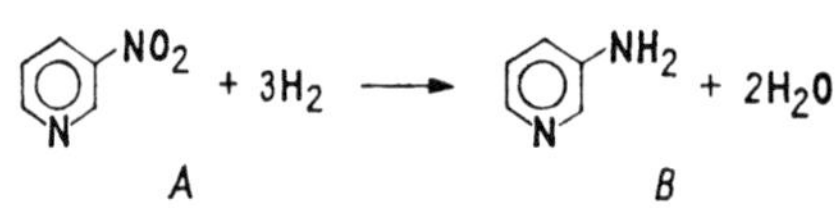

Das IR-Spektrum (Abbildung 7.42) des nach der Reaktion isolierten Produktes ist unter Verwendung der Tabelle 7.3 mit dem Ziel zu sichten, eine Entscheidung zwischen Gelingen oder Nichtgelingen der Reaktion herbeizuführen.

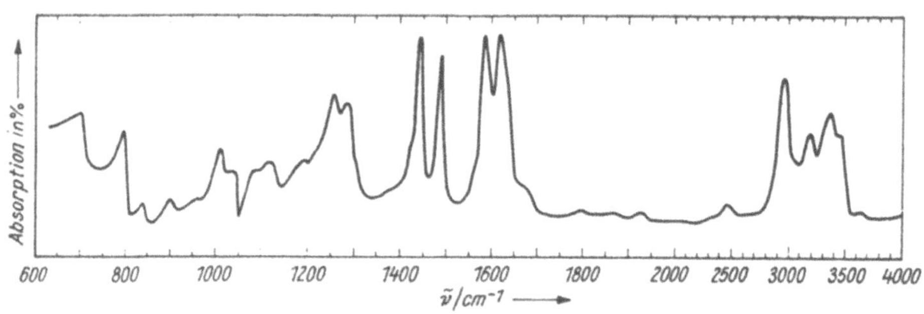

Abb. 7.42 IR-Spektrum für Ü$_{100}$

Gleichzeitig notiere man sich sämtliche Banden des Spektrums, die gedeutet werden können, hinsichtlich chemischer Gruppe, Bandenlage (in cm^{-1}), Intensität (stark, mittel, schwach) und Form (scharf, unscharf, breit).

Ü$_{101}$ *Ü*$_{101}$. Unter Verwendung der Tabelle 7.3 überlege man, durch welche charakteristischen Unterschiede sich die IR-Spektren innerhalb folgender Gruppen von Verbindungen auszeichnen werden:

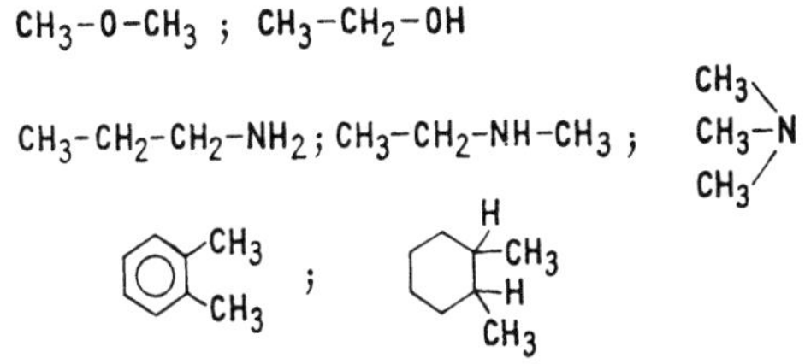

Die formulierten Strukturen sind zu bezeichnen.

Ü$_{102}$. Von einer organischen Verbindung mit der Summenformel $C_{14}H_{12}$ soll die Struktur festgelegt werden. Nach verschiedenen chemischen Vorprüfungen stehen noch folgende zwei Möglichkeiten zur Diskussion: **Ü**$_{102}$

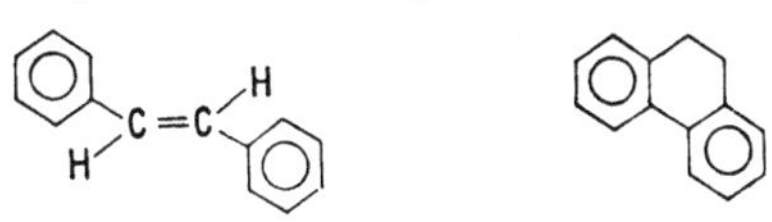

Anhand des IR-Spektrums (Abbildung 7.43) und unter Verwendung der Tabelle 7.3 ist zwischen den zwei Alternativstrukturen zu entscheiden.

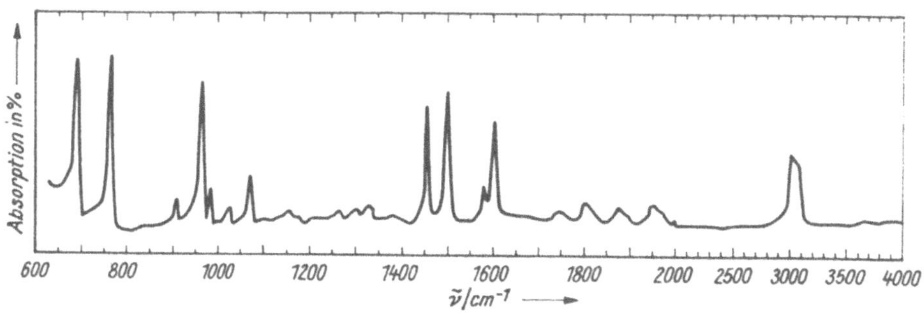

Abb. 7.43 IR-Spektrum für Ü$_{102}$

Gleichzeitig notiere man sich sämtliche Banden des Spektrums, die gedeutet werden können, hinsichtlich chemischer Gruppe, Bandenlage (in cm^{-1}), Intensität (stark, mittel, schwach) und Form (scharf, unscharf, breit).

Ü$_{103}$. Im Rahmen einer Reihe von Dehydrierungsversuchen wurde auch das Methylcyclopentan untersucht. Bei erfolgreicher Dehydrierung ist eine ganze Reihe von Reaktionsprodukten zu erwarten, z. B.: **Ü**$_{103}$

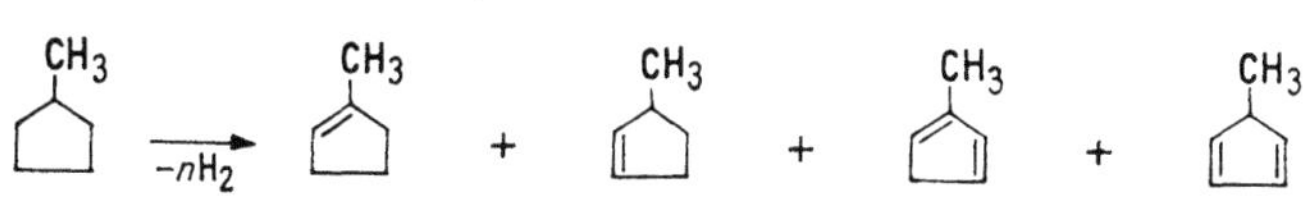

I *II* *III* *IV*

Nach der ersten Dehydrierung wurde von der isolierten organischen Substanz ein IR-Spektrum (Abbildung 7.44) angefertigt. Anhand des Spektrums und unter Verwendung der Tabelle 7.3 ist der Erfolg des Dehydrierungsversuches zu ermitteln.

Gleichzeitig notiere man sich die Bande(n) des Spektrums, die gedeutet werden

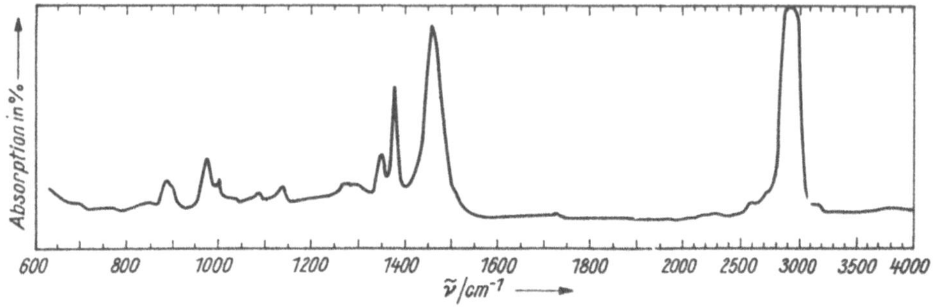

Abb. 7.44 IR-Spektrum für Ü$_{103}$

konnten, hinsichtlich chemischer Gruppe, Bandenlage (in cm^{-1}), Intensität (stark, mittel, schwach) und Form (scharf, unscharf, breit). Die möglichen Dehydrierungsprodukte *I*–*IV* sind zu bezeichnen (Genfer Nomenklatur).

Ü$_{104}$ *Ü*$_{104}$. Von einer Substanz ist bekannt, daß sie ein Acetophenonabkömmling ist. Außerdem besitzt die Substanz eine Aminogruppe. Damit ergeben sich folgende Strukturmöglichkeiten:

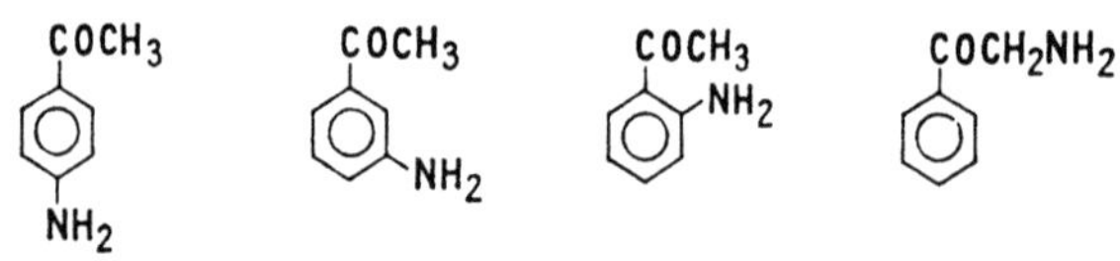

Anhand des IR-Spektrums (Abbildung 7.45) und unter Verwendung der Tabelle 7.3 ist zwischen den vier Alternativstrukturen zu entscheiden.

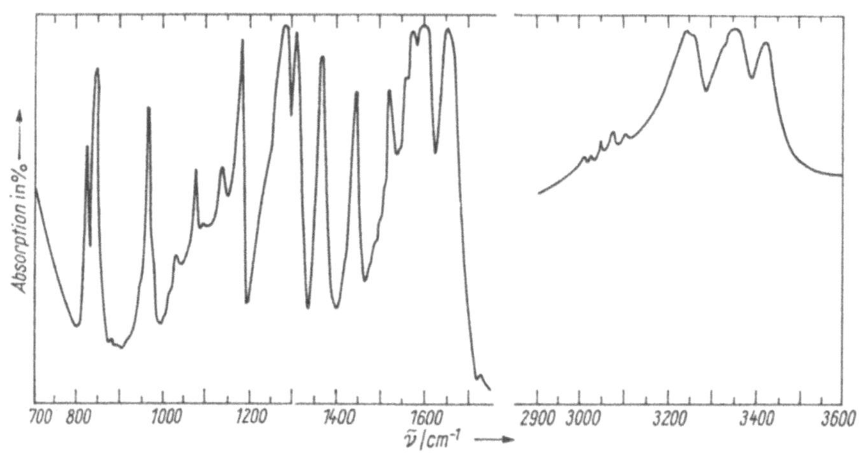

Abb. 7.45 IR-Spektrum für Ü$_{104}$

Gleichzeitig notiere man sich sämtliche Banden des Spektrums, die gedeutet werden können, hinsichtlich chemischer Gruppe, Bandenlage (in cm^{-1}), Intensität (stark, mittel, schwach) und Form (scharf, unscharf, breit).

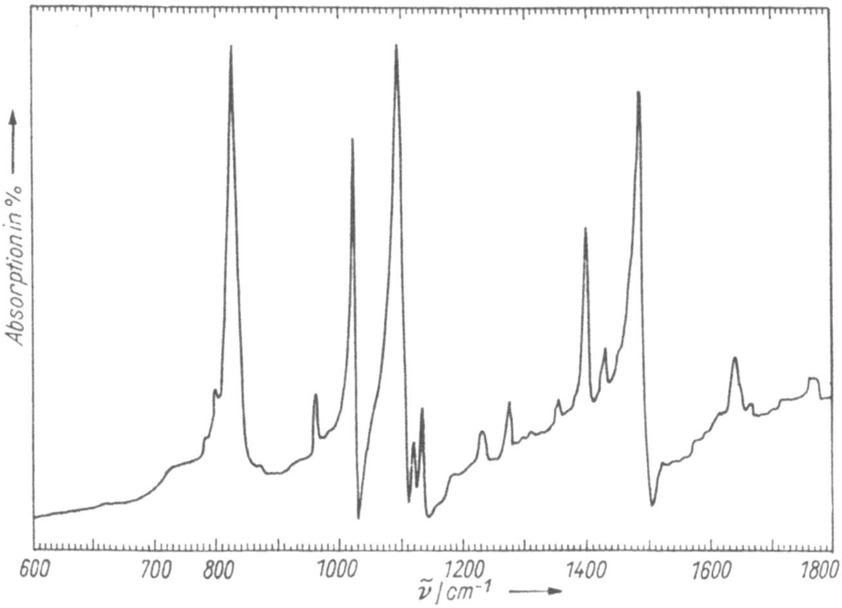

Abb. 7.46 IR-Spektrum für Ü$_{105}$

Ü$_{105}$. Anhand des IR-Spektrums (Abbildung 7.46) einer organischen Substanz und unter Verwendung der Tabelle 7.3 ist zu entscheiden, ob der Substanz die Struktur *I*, *II* oder *III* zukommt. Die Strukturen *I* bis *III* sind zu benennen. **Ü$_{105}$**

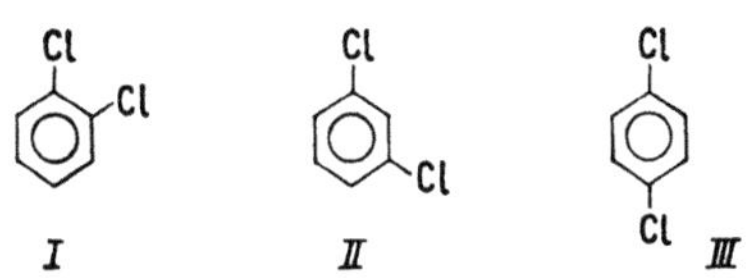

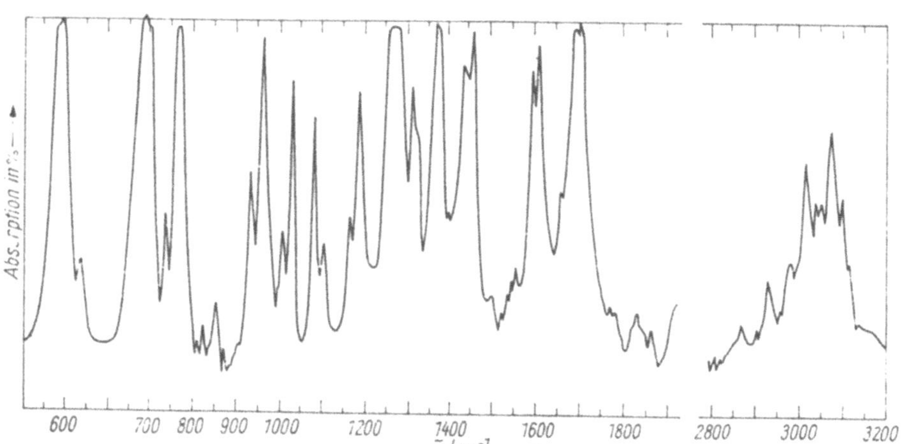

Abb. 7.47 IR-Spektrum für Ü$_{106}$

Ü$_{106}$ Ü$_{106}$. Es wurde versucht, Benzol durch Friedel-Crafts-Acylierung mit Acetylchlorid umzusetzen. Zur Kontrolle von Erfolg oder Mißerfolg der Synthese wurde ein IR-Spektrum des Endprodukts angefertigt.

Anhand des vorliegenden IR-Spektrums (Abbildung 7.47) und unter Verwendung der Tabelle 7.3 ist zu entscheiden, ob die Synthese erfolgreich verlaufen ist. Die Reaktionsgleichung der Friedel-Crafts-Acetylierung ist zu formulieren.

Gleichzeitig notiere man sich sämtliche Banden des Spektrums, die man deuten konnte, hinsichtlich chemischer Gruppe, Bandenlage (in cm^{-1}), Intensität (stark, mittel, schwach) und Form (scharf, unscharf, breit).

Ü$_{107}$ Ü$_{107}$. Äthan wurde mit Chlor im Überschuß chloriert. Von einer der chlorreichsten Fraktionen wurde ein IR-Spektrum angefertigt, das darüber Auskunft geben soll, ob die Fraktion die Struktur *I* oder *II* besitzt.

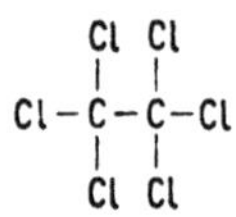

I

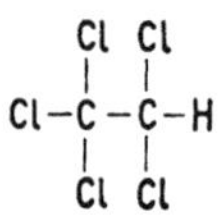

II

Anhand des vorliegenden IR-Spektrums (Abbildung 7.48) und unter Verwendung der Tabelle 7.3 ist zu entscheiden, ob die untersuchte Fraktion Struktur *I* oder *II* besitzt.

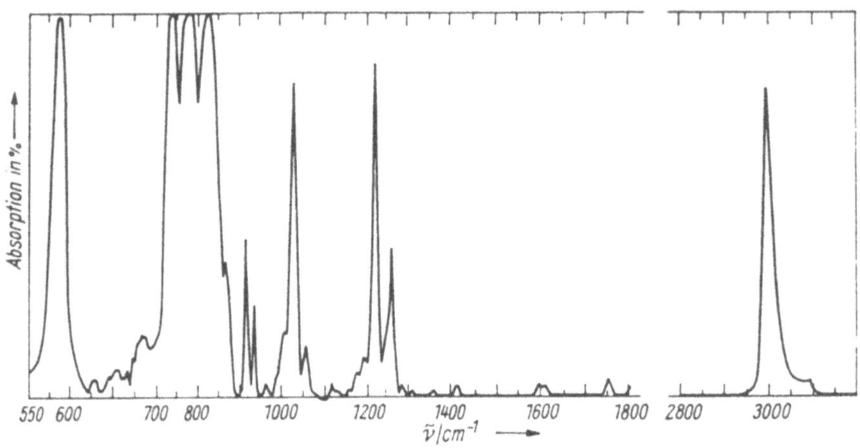

Abb. 7.48 IR-Spektrum für Ü$_{107}$

Gleichzeitig notiere man sich sämtliche Banden des Spektrums, die man deuten konnte, und zwar hinsichtlich chemischer Gruppe, Bandenlage (in cm^{-1}), Intensität (stark, mittel, schwach) und Form (scharf, unscharf, breit). Die beiden Formeln *I* und *II* sind zu benennen.

Ü$_{108}$ Ü$_{108}$. Eine Verbindung besitzt die Summenformel C_3H_6O. Für diese Summenformel ist eine Reihe von Strukturformeln denkbar:

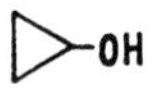

Cyclopropanol

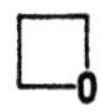

Trimethylenoxid (Oxetan)

$CH_3-CO-CH_3$

Aceton

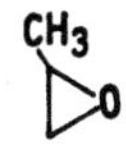

2-Methyloxiran

CH_3-CH_2-CHO

Propanal

$CH_3-O-CH=CH_2$

Methylvinyläther

$CH_2=CH-CH_2OH$

Allylalkohol

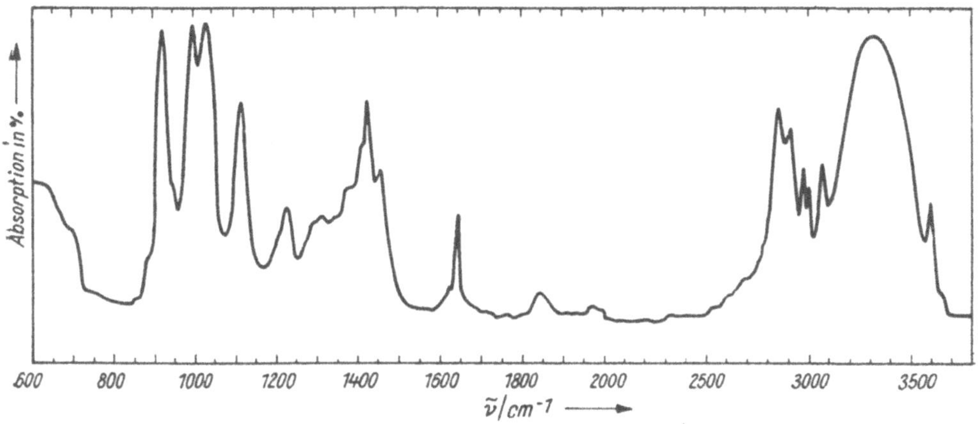

Abb. 7.49 IR-Spektrum für Ü$_{108}$

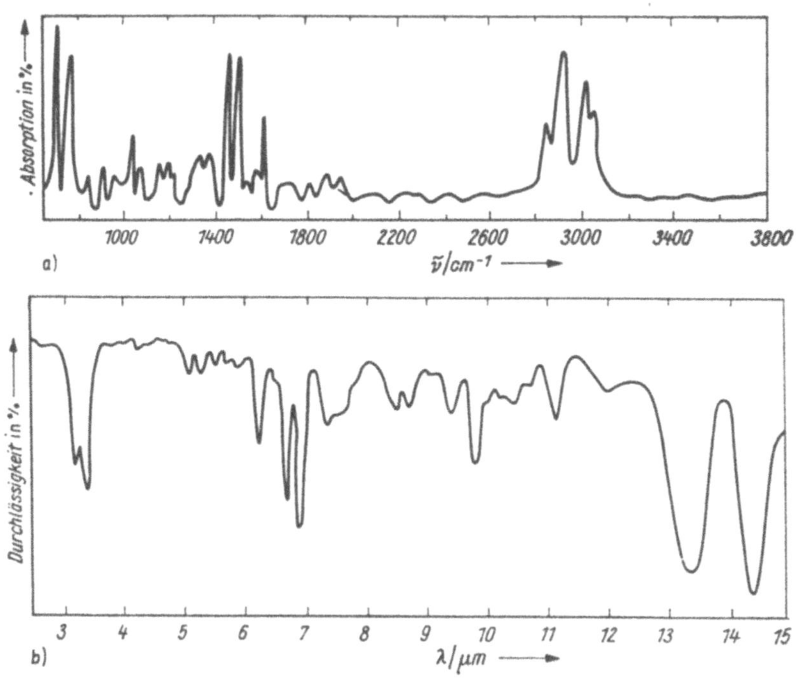

Abb. 7.50 IR-Spektrum für Ü$_{109}$

Anhand des vorliegenden IR-Spektrums (Abbildung 7.49) und unter Verwendung der Tabelle 7.3 ist zu entscheiden, welche der zahlreichen Alternativstrukturen zutrifft.

Gleichzeitig notiere man sich sämtliche Banden des Spektrums, die man deuten konnte, und zwar hinsichtlich chemischer Gruppe, Bandenlage (in cm^{-1}), Intensität (stark, mittel, schwach) und Form (scharf unscharf, breit).

Ü$_{109}$ Ü$_{109}$. Die Identität oder Nichtidentität zweier organischer Polymerer soll auf spektroskopischem Wege geprüft werden. Die vorliegenden zwei IR-Spektren (Abbildungen 7.50a und b) sind mit dem Ziel zu vergleichen, Identität oder Nichtidentität der Spektren und damit der entsprechenden Polymeren festzustellen.
Beachte: Beide IR-Spektren sind mit unterschiedlichen Spektrometern aufgezeichnet worden; Ordinaten- und Abszissenachsen haben deshalb voneinander abweichende Bedeutung (%-Durchlässigkeit und %-Absorption ergeben addiert für jede Wellenzahl bzw. Wellenlänge jeweils 100%, d. h. bei 90% Absorption beträgt die Durchlässigkeit 10%)!

Ü$_{110}$ Ü$_{110}$. Eine Verbindung besitzt die Summenformel C_4H_9N. Folgende Strukturformeln stehen für die genannte Verbindung zur Diskussion:

$CH_2{=}CH{-}(CH_2)_2{-}NH_2$

1-Aminobuten-(3)

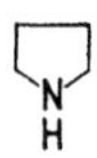

Pyrrolidin

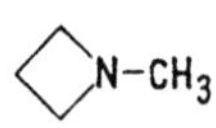

1-Methylazetidin

Anhand des vorliegenden IR-Spektrums (Abbildung 7.51) und unter Verwendung der Tabelle 7.3 ist zu entscheiden, welche der Alternativstrukturen zutrifft.

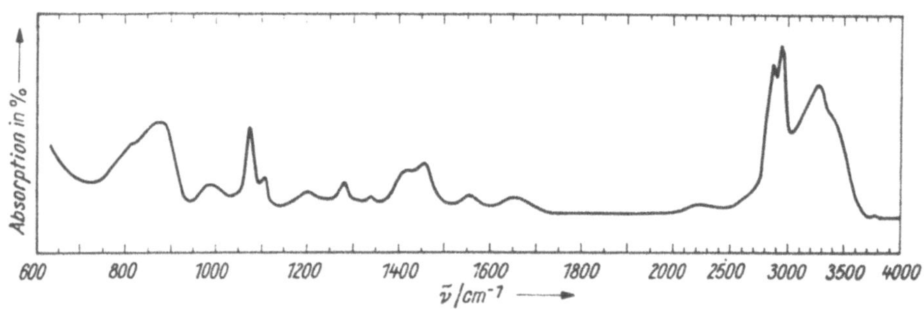

Abb. 7.51 IR-Spektrum für Ü$_{110}$

Gleichzeitig notiere man sich die Banden des Spektrums, die man deuten konnte, und zwar hinsichtlich chemischer Gruppe, Bandenlage (in cm^{-1}), Intensität (stark, mittel, schwach) und Form (scharf, unscharf, breit).

Ü$_{111}$ Ü$_{111}$. Für eine organische Substanz mit der Summenformel C_7H_9N stehen folgende Strukturformeln zur Diskussion:

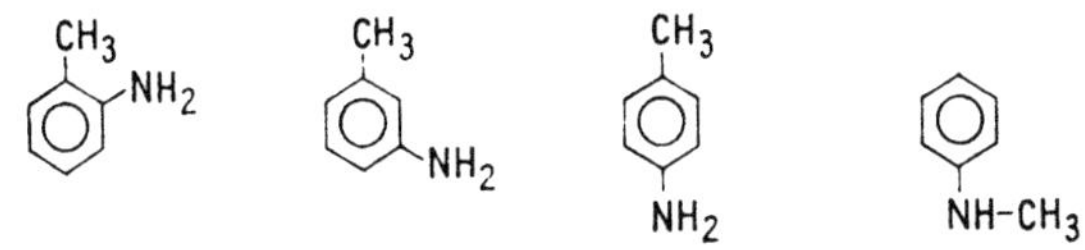

o-Toluidin *m-Toluidin* *p-Toluidin* *N-Methylanilin*

Anhand des vorliegenden IR-Spektrums (Abbildung 7.52) und unter Verwendung der Tabelle 7.3 ist zu entscheiden, welche der Alternativstrukturen zutrifft.

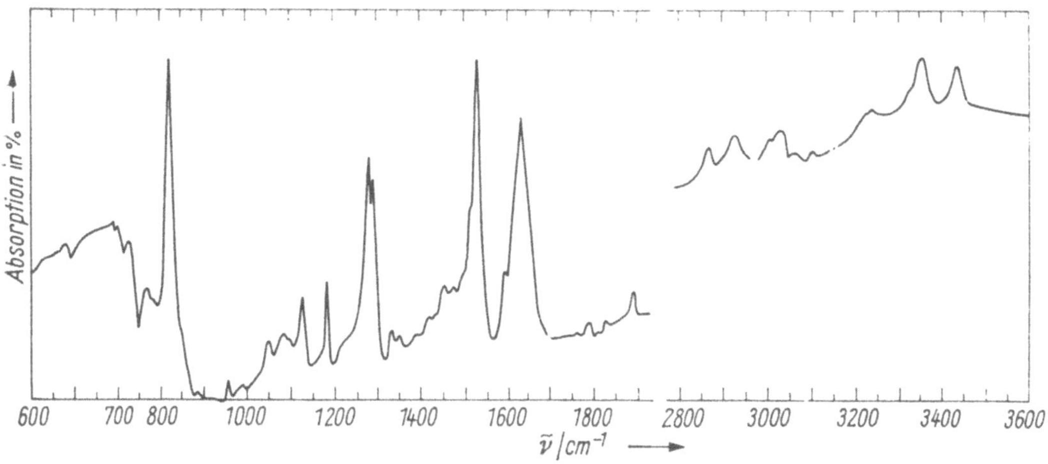

Abb. 7.52 IR-Spektrum für Ü₁₁₁

Gleichzeitig notiere man sich die Banden des Spektrums, die man deuten konnte, und zwar hinsichtlich chemischer Gruppe, Bandenlage (in cm^{-1}), Intensität (stark, mittel, schwach) und Form (scharf, unscharf, breit).

*Ü*₁₁₂. Unter Verwendung der Tabelle 7.3 überlege man, durch welche spezifischen Unterschiede sich die IR-Spektren innerhalb folgender Gruppen von Verbindungen bzw. der Ausgangs- und Endprodukte einer Reaktion auszeichnen werden. Alle auftretenden Substanzen sind rationell zu bezeichnen. **Ü₁₁₂**

$CH_3-C\equiv C-CH_2-CH_3$; $CH_2=CH-CH_2-CH=CH_2$

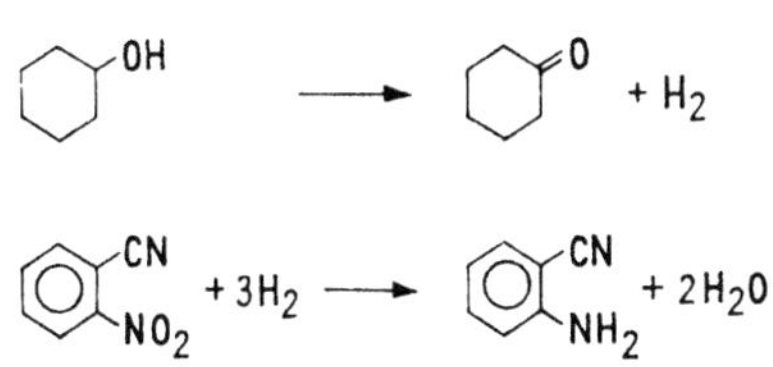

7.3.4. Lösungen

Aufgenommen wurden nur Lösungen von Aufgaben, die anhand vorliegender IR-Spektren zu erarbeiten waren, d. h. also nicht Lösungen der Übungen 101 und 112. Andere Aufgaben, wie Benennung chemischer Verbindungen oder Voraussagen über charakteristische Unterschiede in den Spektren zweier oder mehrerer Verbindungen ähnlicher Struktur oder gleicher molarer Masse, wurden hier nicht berücksichtigt!

$Ü_{95}$ Diphenylamin
$Ü_{96}$ p-Nrobrombenzol
$Ü_{97}$ Cyanessigsäureäthylester
$Ü_{98}$ Tetrahydofurfurylalkohol
$Ü_{99}$ m-Nitrobenzoesäureäthylester
$Ü_{100}$ 3-Aminopyridin
$Ü_{102}$ trans-Silben
$Ü_{103}$ Methylcyclopentan
$Ü_{104}$ p-Aminoacetophenon
$Ü_{105}$ p-Dichlorbenzol
$Ü_{106}$ Acetophenon
$Ü_{107}$ Pentachloräthan
$Ü_{108}$ Allylalkohol
$Ü_{109}$ beide Spektren sind identisch (Polystyrol)
$Ü_{110}$ Pyrrolidin
$Ü_{111}$ p-Toluidin

7.4. Kontrollfragen

1. Leiten Sie aus der Definition $E = \lg I_0/I$ die entsprechenden Werte für E ab, wenn der Meßstrahl
   a) zu 100%
   b) zu 0%
   absorbiert wird.
2. Erklären Sie dann, warum es nicht möglich ist, daß ein Spektrometer solche Banden, die sich in der Extinktion E um mehrere Größenordnungen unterscheiden, in Form einer einzigen Kurve auf Spektrenpapier des Formats A4—6 genau aufzeichnet!
3. Man mache sich klar, wie sich die Gesamtansicht eines Spektrums ändert, wenn es einmal wellenlängen- und einmal wellenzahlenlinear aufgetragen wird!
4. Unter Verwendung der Übersicht chromophorer Gruppen überlege man, ob auch Alkohole R—O—H als UVS-Lösungsmittel verwendbar sind!
5. Warum sind die Absorptionsbanden im UVS-Bereich wesentlich breiter als im IR-Bereich?

6. Was ist zu beachten, wenn das IR-Spektrum einer festen Substanz in Lösung aufgenommen werden soll?
7. Welche Bedeutung haben die charakteristischen Gruppenfrequenzen in der IR-Spektroskopie?

7.5. Literatur

BORSDORF, R.; SCHOLZ, M.: Spektroskopische Methoden in der organischen Chemie. 3. Aufl. – Akademie-Verlag, Berlin 1974.
Strukturaufklärung – Spektroskopie und Röntgenbeugung. – Deutscher Verlag für Grundstoffindustrie, Leipzig 1973. (Lehrwerk Chemie, Lehrbuch 3.)

8. Chemikalienverzeichnis

Name	Formel	*F.* in °C	*Kp.* in °C	Dichte in $g \cdot ml^{-1}$	n_D^{20}
Acetanilid	$C_6H_5NHCOCH_3$	115	305	1,211	
Acetessigsäureäthylester	$CH_3COCH_2COOC_2H_5$	− 45	180,4	1,028	1,41976
Aceton	CH_3COCH_3	− 95,6	56,2	0,7906	n_D^{15}1,36
Acetylchlorid	CH_3COCl	− 112	50,5	1,1039	1,388
Acrylnitril	$CH_2=CHCN$	− 82	78	0,811	
Adipinsäure	$HOOC(CH_2)_4COOH$	153	205,5/10	1,36	
Äthanol	CH_3CH_2OH	− 114,5	78,32	0,79367	n_D^{25}1,3595
Äthylenglykol	$HOCH_2CH_2OH$	12,4	197,4	1,11307	1,43178
Allylbromid	$CH_2=CHCH_2Br$	− 119,4	70	1,398	1,46545
Alizarin	$C_{14}H_8O_4$	290	430 Subl.		
Aluminiumchlorid	$AlCl_3$	194	182,7	2,44	
Aluminiumoxid	Al_2O_3	2050	2250	3,9	1,67
p-Aminobenzoesäure-äthylester	$p-H_2NC_6H_4COOC_2H_5$	92	310		
Ammoniak	NH_3	− 77,7	−33,4	0,817	1,325
Ammoniumchlorid	NH_4Cl	350		1,53	1,639
Anilin	$C_6H_5NH_2$	− 6,45	184,4	1,0130	1,5855
Anthracen	$C_{14}H_{10}$	218	342	1,252	
Anthranilsäure	$o-H_2NC_6H_4COOH$	146,1		1,367	
Antipyrin	$C_{11}H_{12}N_2O$	112,8	319	1,0879	
Benzaldehyd	C_6H_5CHO	− 55,6	178,1	1,0492	$n_D^{17,6}$1,5463
Benzamid	$C_6H_5CONH_2$	130	288	1,341	
Benzilsäure	$(C_6H_5)_2C(OH)COOH$	150	180 Z		
Benzoesäure	C_6H_5COOH	122,45	250	1,2659	n^{15}1,5394
Benzoesäure-m-toluidid	$m-CH_3C_6H_4NHCOC_6H_5$	125			
Benzoin	$C_6H_5CH(OH)COC_6H_5$	137		1,079	
Benzoinoxim	$C_6H_5CH(OH)C(=NOH)C_6H_5$	154			
Benzol	C_6H_6	5,49	80,2	0,8788	1,5007
Benzolsulfochlorid	$C_6H_5SO_2Cl$	14,5	251,5	1,3845	
Benzoylchlorid	C_6H_5COCl	− 0,5	197,2	1,2105	1,5538
Benzylamin	$C_6H_5CH_2NH_2$		184,5	0,9812	1,5440
Benzylcyanid	$C_6H_5CH_2CN$	− 26	233,5	1,0157	n_D^{17}1,5243
Bernsteinsäure	$(CH_2COOH)_2$	182,7	235	1,572	
Bernsteinsäureanhydrid	$C_4H_4O_3$	120	261	1,503	
Bleiacetat	$Pb(CH_3COO)_2$	280		3,251	

Bortrifluoriddiätherat	$BF_3 \cdot (C_2H_5OC_2H_5)_2$	− 60,4	125	1,13	
Brom	Br_2	− 7,3	58,78	3,12	
p-Brombenzoesäure	$p-BrC_6H_4COOH$	254,5		1,894	
Brombenzol	C_6H_5Br	− 30,6	156,15	1,5017	n_D^{15}1,56252
p-Bromphenacylbromid	$p-BrC_6H_4COCH_2Br$	− 108			
N-Bromsuccinimid	$C_4H_4BrNO_2$	178			
Bromthymolblau	$C_{27}H_{28}Br_2O_5S$				
n-Butanol	$CH_3CH_2CH_2CH_2OH$	− 89,3	117,5	0,8099	n_D^{15}1,40118
tert. Butanol	$(CH_3)_3COH$	24,3	82,55	0,7804	1,38382
tert. Butylchlorid	$(CH_3)_3CCl$	− 28,5	51	0,8511	1,3903
Calciumchlorid	$CaCl_2$	772	1600	2,512	1,52
Cerammonnitrat	$Ce(NH_4)_2(NO_3)_6$				
Chinolin	C_9H_7N	− 15,6	237,1	1,0929	$n_D^{4,9}$1,6245
p-Chinon	$C_6H_4O_2$	115,5	Subl.	1,085	
o-Chlorbenzoesäure	$o-ClC_6H_4COOH$	140,3	Subl.	1,544	
p-Chlorbenzoesäure	$p-ClC_6H_4COOH$	241,5	Subl.	1,541	
Chlorbenzol	C_6H_5Cl	− 45	132	1,1117	n_D^{15}1,52748
Chloressigsäure	$ClCH_2COOH$	62,53	189,35	1,58	n_D^{65}1,4297
Chloroform	$CHCl_3$	− 63,5	60,7	1,4817	n_D^{15}1,4486
Chlorosulfonsäure	$ClSO_3H$	− 80	151	1,79	
Chromsäureanhydrid	CrO_3	197 Z.			
Cyanessigsäureäthylester	$NCCH_2COOC_2H_5$	− 76	206	1,0562	1,41793
Cyclohexadien-(1.3)	C_6H_8	− 98	80,5	0,8405	1,4736
Cyclohexan	C_6H_{12}	6,4	80,8	0,7783	n_D^{15}1,42886
Cyclohexanol	$C_6H_{11}OH$	ca. 20	160	0,9376	n_D^{37}1,461
Cyclohexanon	$C_6H_{10}O$	ca. −28	156	0,9466	$n_D^{15,3}$1,453
Cyclohexanonoxim	$C_6H_{11}NO$	90	204		
Cyclohexanon-phenylhydrazon	$C_6H_{10}NNHC_6H_5$	81			
Cyclohexen	C_6H_{10}	− 103,7	83,3	0,810	
Decalin	$C_{10}H_{16}$	− 124	191,7	0,8865	n_D^{15}1,4783
Diäthyläther	$(C_2H_5)_2O$	− 116,4	34,6	0,71378	n_D^{15}1,355
Diäthylenglykol	$HOCH_2CH_2OCH_2CH_2OH$	− 10,5	245	1,1318	
1.2-Dibromcyclohexan	$1.2-BrC_6H_{10}Br$	− 6	223	1,7898	n_D^{16}1,554
Dichlormethan	CH_2Cl_2	− 96	40,67	1,336	
N,N-Dimethylanilin	$C_6H_5N(CH_3)_2$	2,45	194,2	0,9563	1,5587
Dimethylformamid	$(CH_3)_2NCHO$		155	0,9484	$n_D^{22,4}$1,4294
m-Dinitrobenzol	$m-O_2NC_6H_4NO_2$	90	291	1,3349	

Name	Formel	F. in °C	Kp. in °C	Dichte in g · ml⁻¹	n_D^{20}
3.5-Dinitrobenzoylchlorid	3.5-$(NO_2)_2C_6H_3COCl$	67	196/12		
2.4-Dinitrochlorbenzol	2.4-$(NO_2)_2C_6H_3Cl$	51			
2.4-Dinitrophenylhydrazin	2.4-$(NO_2)_2C_6H_3NHNH_2$	191			
1.4-Dioxan	$C_4H_8O_2$	11,8	101,3	1,0336	n_D^{15}1,4244
Eisen(III)-chlorid	$FeCl_3$	282	315	2,804	
Eisen(II)-sulfat	$FeSO_4 \cdot 7H_2O$	64	300		
Eisen	Fe	1539	2740	7,87	
Eosin	$C_{20}H_8Br_4O_5$	296		2,652	
Essigsäure	CH_3COOH	16,7	118,1	1,049	
Essigsäureäthylester	$CH_3COOC_2H_5$	− 83,57	77,06	0,9005	$n_D^{19,2}$1,37275
Essigsäureamylester	$CH_3COO(CH_2)_4CH_3$	− 70,8	148,8	0,8756	1,4031
Essigsäureanhydrid	$(CH_3CO)_2O$	− 73,1	140	1,08712	1,39006
Fluorescein	$C_{20}H_{12}O_5$	315	Subl.		
Fumarsäure	$(HOOCCH=)_2$	301	Subl.	1,625	
Galaktose	$C_6H_{12}O_6$	170			
Glycerin	$HOCH_2CH(OH)CH_2OH$	18	290	1,2613	1,4746
Harnstoff	H_2NCONH_2	132,1		1,323	
n-Hexan	$CH_3(CH_2)_4CH_3$	− 93,5	68,8	0,6638	n_D^{15}1,37787
n-Hexanol	$CH_3(CH_2)_5OH$	− 51,6	155,8	0,8152	1,4191
n-Hexyljodid	$CH_3(CH_2)_5J$		180	1,4387	1,4929
Hydrazinhydrat	$H_2NNH_2 \cdot H_2O$		118	1,03	
Hydrochinon	HOC_6H_4OH	170	285/730	1,36	
Hydroxylaminhydrochlorid	$H_2NOH \cdot HCl$	151	zers.	1,67	
Jod	J_2	113,7	184,5	4,00	
Kaliumbichromat	$K_2Cr_2O_7$	398	Z.	2,69	1,738
Kaliumbromid	KBr	730	1380	2,75	1,5594
Kaliumhydroxid	KOH	360	1320	2,044	
Kaliumjodid	KJ	723	1420	3,13	1,667
Kaliumnatriumtartrat	$C_4H_4O_6KNa$			1,767	
Kaliumnitrat	KNO_3	333	400	2,11	1,5038
Kaliumpermanganat	$KMnO_4$	240		2,703	
Kongorot	$C_{32}H_{22}N_6O_6S_2Na_2$				

Kupfer	Cu	1083	2595	8,9	
Kupfersulfat	$CuSO_4 \cdot 5H_2O$	$-4H_2O$: 110 $-5H_2O$: 250		2,286	1,5368
Magnesium	Mg	651	1110	1,74	
Malachitgrün	$C_{23}H_{26}N_2O$	110	225		
Maleinsäureanhydrid	$C_4H_2O_3$	52,6	202	1,3001	
Malonsäure	$HOOCCH_2COOH$	135		1,618	
Mandelsäure	$C_6H_5CH(OH)COOH$	120,5	Z.	1,3	
Mannose	$C_6H_{12}O_6$	131			
Methanol	CH_3OH	− 97,9	64,7	0,7952	
Methyljodid	CH_3J	− 64,4	42,3	2,279	n_D^{15}1,33057
Methylorange	$NaO_3SC_6H_4N=NC_6H_4N(CH_3)_2$				
Methylviolett B					
Naphthalin	$C_{10}H_8$	80,4	218,05	0,9757	$n_D^{99,5}$1,5829
α-Naphthoesäure	$C_{11}H_8O_2$	162			
β-Naphthoesäure	$C_{11}H_8O_2$	185,5	300		
β-Naphthol	$C_{10}H_8O$	122	294,85	1,10	
β-Naphtholorange	$NaO_3SC_6H_4N=NC_{10}H_6OH$				
α-Naphthylisocyanat	$C_{10}H_7N=CO$		270		
Natrium	Na	97,5	880	0,97	
Natriumacetat	$NaC_2H_3O_2$	324		1,528	1,464
Natriumbichromat	$Na_2Cr_2O_7 \cdot 2H_2O$	$-2H_2O$: 100 W.-frei: 320	400 Z.	2,52	1,6994
Natriumcarbonat	Na_2CO_3	851	Z.	2,533	1,535
Natriumchlorid	NaCl	800,4	1413	2,163	1,5443
Natriumhydrogencarbonat	$NaHCO_3$	$-CO_2$: 270		2,20	1,5
Natriumhydroxid	NaOH	318,4	1390	2,13	
Natriumjodid	NaJ	651	1300	3,667	1,7745
Natriumnitrat	$NaNO_3$	308	380 Z.	2,257	1,5874
Natriumnitrit	$NaNO_2$	271	320 Z.	2,168	
Natriumsulfat, wasserfrei	Na_2SO_4			2,698	1,477
Natriumcitrat	$C_6H_5O_7Na_3$			1,857	
m-Nitrobenzoesäure	m-$O_2NC_6H_4COOH$	142		1,494	
o-Nitrobenzoesäure	o-$O_2NC_6H_4COOH$	148		1,575	
Nitrobenzol	$C_6H_5NO_2$	5,69	210,85	1,2037	1,55261
p-Nitrobenzoylchlorid	p-$O_2NC_6H_4CH_2Cl$	71			
p-Nitrophenol	p-$O_2NC_6H_4OH$	114	Subl.	1,2703	
p-Nitrophenylhydrazin	p-$O_2NC_6H_4NHNH_2$	158			
3-Nitrophthalsäure-anhydrid	$C_8H_3NO_5$	164			

Name	Formel	*F*. in °C	*Kp*. in °C	Dichte in g · ml^{-1}	n_D^{20}
Oxalsäure	HOOCCOOH	189,5	Subl.	1,901	
Pentaacetylglucose	$C_{16}H_{22}O_{11}$	112			
Phenacylbromid	$C_6H_5COCH_2Br$	51	134	1,709	
Phenol	C_6H_5OH	40,8	182,2	1,0708	
Phenolphthalein	$C_{20}H_{14}O_4$	262	Subl.		
Phenylharnstoff	$C_6H_5NHCONH_2$	148	160	1,302	
Phenylhydrazin	$C_6H_5NHNH_2$	19,6	243	1,0983	
Phenylisocyanat	$C_6H_5N=C=O$		162	1,096	$n_D^{19,6}$1,5368
Phenylisothiocyanat	$C_6H_5N=C=S$	− 21	221	1,1303	$n_D^{23,4}$1,6492
Phosphor, rot	P			2,2	
Phosphor(V)-oxid	P_4O_{10}	563	347 Subl.	2,39	
Phosphorpentachlorid	PCl_5	148	160 Subl.	1,6	
Phosphorsäure	H_3PO_4	42,35 −½H_2O: 213		1,834	
o-Phthalsäure	o-$HOOCC_6H_4COOH$	191		1,59	
Phthalsäureanhydrid	$C_8H_4O_3$	130	284,5	1,527	
Pikrinsäure	$(NO_2)_3C_6H_2OH$	121,9	Subl.	1,767	
iso-Propanol	$CH_3CH(OH)CH_3$	− 89,5	82,4	0,78505	1,3771
n-Propanol	$CH_3CH_2CH_2OH$	− 126,2	97,4	0,8035	1,38533
Pyridin	C_5H_5N	− 41,8	115,5	0,9878	1,5092
Quecksilber(II)-oxid	HgO	500		11,14	2,5
Rhamnose	$C_6H_{12}O_5$				
Salicylsäure-p-bromphenacylester	o-$HOC_6H_4COOCH_2-$ $-COC_6H_4Br$(p)	140			
Salpetersäure, rauchend	HNO_3	− 42	86	1,502	
Salzsäure	HCl	− 112	110 Azeotrop	1,268	1,256
Schwefel	S	120	444,6	1,92	2,4
Schwefelkohlenstoff	CS_2	− 108,6	46,3	1,263	
Schwefelsäure, konzentriert	H_2SO_4	10,49	340	1,834	
Semicarbazidhydrochlorid	$H_2NNHCONH_2 \cdot HCl$	173			
Silbernitrat	$AgNO_3$	212	444	[illegible]	[illegible]

Styrol	$C_6H_5CH=CH_2$		145,8	0,9073	
Sulfanilsäure	$H_2NC_6H_4SO_3H$	280		1,485	
Terephthalsäure	p-$HOOCC_6H_4COOH$	300 Subl.			
Tetrachloräthan	$CHCl_2CHCl_2$	– 42,5	146,35	1,6026	n_D^{45}1,4968
Tetrachlorkohlenstoff	CCl_4	– 22,9	76,7	1,5924	n_D^{15}1,4631
Tetrahydrocarbazol	$C_{12}H_{13}N$	119	327		
Tetralin	$C_{10}H_{12}$	– 35	206,5	0,9729	1,5461
Thioharnstoff	H_2NCSNH_2	180		1,405	
Thionylchlorid	$SOCl_2$	104	76	1,638	
o-Toluidin	o-$CH_3C_6H_4NH_2$	– 27,2	200,3	0,9977	1,5722
p-Toluidin	p-$CH_3C_6H_4NH_2$	43,5	200,5	0,9659	n_D^{15}1,15534
Toluol	$C_6H_5CH_3$	– 95	110,8	0,8716	n_D^{15}1,49985
p-Toluolsulfochlorid	p-$CH_3C_6H_4SO_2Cl$	69	134/11	1,261	
p-Toluolsulfonsäure	p-$CH_3C_6H_4SO_3H$	38	146/ 0,1		
p-Toluolsulfonsäure-methylester	p-$CH_3C_6H_4SO_3CH_3$	28	160/13		
Triphenylchlormethan	$(C_6H_5)_3CCl$	112	233/20		
Wasserstoffperoxid	H_2O_2	– 0,89	151,4	1,438	1,414
o-Xylol	o-$CH_3C_6H_4CH_3$	– 25	144	0,881	
Xylose	$C_5H_{10}O_5$	143		1,535	
Zimtsäure	$C_6H_5CH=CHCOOH$	cis: 68	125	1,284	
		trans: 133	300	1,248	
Zinkchlorid	$ZnCl_2$	313	732	2,91	1,687
Zink	Zn	419,4	907	7,14	
Zinn	Sn	232	360	5,75	

Weitere Chemikalien, Reagenzien und Hilfsmittel:

Benzin
Jodstärkepapier
Lackmuspapier
Ligroin
Nickellegierung nach Raney
Petroläther
Polyäthylenoxidharz
Polyphosphorsäure
Puderzucker
Ramsey-Fett
Schiff-Reagens
Siliconöl
Spinat
Teestaub
Tollens-Reagens

Quellennachweis der Abbildungen

Abb. 3.8, 3.9, 3.12, 3.15: Organikum. Organisch-chemisches Grundpraktikum. 15. Aufl. – VEB Deutscher Verlag der Wissenschaften, Berlin 1976.

Abb. 7.37 – 7.44, 7.51: SIMON, W.; CLERC, E.: Strukturaufklärung organischer Verbindungen mit spektroskopischen Methoden. – Akademische Verlagsgesellschaft, Frankfurt/Main 1967.

Einige Abbildungen wurden gezeichnet in Anlehnung an BORSDORF, R.; SCHOLZ, M.: Spektroskopische Methoden in der organischen Chemie. 3. Aufl. – Akademie-Verlag, Berlin 1974.

Namen- und Sachverzeichnis

Abbé-Refraktometer 86
Abfälle 25
Abin 92
Absorptionsbanden 216, 214
Absorptionsintensität 215
Absorptionsmaximum 216
Absorptionsspektrum 214
Acetal 120
Acetaldehyd 27
p-Acetaminobenzolsulfochlorid 114
Acetessigsäureäthylenketal 122
Acetessigsäureäthylester 122
Acetylen 27
Acetylnitrat 27
Acrolein 27
Acrylnitril 27
Acrylsäure 27
Acrylsäureester 27
Acylierung 112
Addition
  elektrophile 103
  nukleophile 120
  radikalische 104, 109
Adsorbentien 62
Adsorption, reversible 62
Adsorptionschromatographie 57
Adsorptionsgleichgewicht 58
Adsorptionsisotherme 58
Äther 26, 27
Äthinylierung 121
Äthylbromid 25, 96
Äthylenoxid 27
Äthyljodid 97
Aldehyde 157, 163, 168, 174, 188 bis 189,
  Charakterisierungsreaktionen 163
  Derivate 174, 188–189
  Hinweisreaktionen 168
  physikalische Konstanten 188, 189
Aldoladdition 121
Aldolkondensation 121
Alkalimetalle 26, 27
Alkohole 156
  Charakterisierungsreaktionen 162
  Derivate 171, 185
  Hinweisreaktionen 167
  physikalische Konstanten 185
Alkylierung 112
Ameisensäure 27
Amide 125
  siehe Carbonsäureamide
Amine 156–157
  aliphatisch 27
  aromatisch 28
  Charakterisierungsreaktionen 161
  Hinweisreaktionen 166
  primäre 161–162, 166
    Derivate 178, 194
    physikalische Konstanten 194
  sekundäre 161–162, 166
    Derivate 178, 194
    physikalische Konstanten 194
  tertiäre 161–162, 166, 180, 196 bis 197
    Derivate 180, 196
    physikalische Daten 196
Ammoniak 28
Anhydride 125
Anilin 135
Anionotropie 127
Anregungszustand 214
Anschütz-Thiele-Vorstoß 47
Anthrachinon 142
Arbeitsschutz 24
Aromaten, aktivierte 117
Ausschütteln 52
Auswertung von UVS-Spektren 218
Avogadrosches Gesetz 49
Azeotrop 38
Azo-bis-isobutyronitril 92

Baeyer-Probe 159
Beckmann-Umlagerung 128
Beilstein-Probe 158
Benzoesäure 141
Benzoesäureäthylester 124
Benzol 28
Benzoylperoxid 28, 91
Benzylbromid 91
Bicyclo[2.2.2.]-2,3:5,6-dibenzooctadien-(2.5)-dicarbonsäure-(7.8)-anhydrid 109
Bicyclo[2.2.2.]octen-(2)-dicarbonsäure-(5.6)-anhydrid 108
Bildungsenthalpie 90
Bisulfitaddukt 120
Blattfarbstoffe, Trennung 65
Blausäure 28
Bleiverbindungen 28
Brandschutz 24, 26
Brechungsindex 63, 85
Brom 28
Bromaddition 105
Brombenzol 115
3-Bromcyclohexen 91
Bromierung 115
Bromlösung in Wasser 209
1-Brompropan 110
Büchner-Trichter 75
Butylchlorid, tert. 98, 99

ε-Caprolactam 128
Carbazol 142
Carbene 100
Carbide 28
Carboniumion 104
Carbonsäureamide 157, 164, 178, 190–193
  Charakterisierungsreaktionen 164
  Derivate 178, 190, 191, 192, 193
  physikalische Konstanten 190–193
Carbonsäureanhydride 160, 169, 176, 190–193
  Charakterisierungsreaktionen 160
  Derivate 176, 190–193
  physikalische Konstanten 190–193
Carbonsäureester 156, 163, 169, 177–178, 185, 190–193
  Charakterisierungsreaktionen 163
  Derivate 177–178, 185, 190–193
  Hinweisreaktionen 169
  physikalische Konstanten 190–193
Carbonsäurehalogenide 160, 165, 169, 176
  Charakterisierungsreaktionen 160
  Derivate 190
  physikalische Konstanten 190–193
Carbonsäuren 156, 157, 161, 176
Carbonsäuren
  aromatische 140
  Charakterisierungsreaktionen 161, 190–193
  Derivate 176
  physikalische Konstanten 161, 190 bis 193
Carbonsäurenitrile 157, 164, 178, 190–193
  Charakterisierungsreaktionen 164
  Derivate 178, 190–193
  physikalische Konstanten 190–193
Carbonylverbindungen 156 (s. auch Aldehyde, Ketone oder Carbonsäurederivate)
Cerammonnitrat-Reagens 209
Charakterisierungsreaktionen 160
Chlor 28
Chloral 28
Chlorkohlensäureester 28
Chloroform 25
Chlorsulfonierung 112
Chromatogramm 59
Chromatographie 57
Chromophore 216
  konjugierte 217
Chromsäure 28
Claisen-Aufsatz 16, 42
Clausius-Clapeyronsche Gleichung 42
Curtius, Th. 128
Cyanacetamid 126
Cyanhydrin 121
Cyanide 28
Cyclohexadien-(1.3) 102
Cyclohexanonäthylenketal 123
Cyclohexanonoxim 122
Cyclohexanon-phenylhydrazon 141
Cyclohexen 102

Dampfdruck 32–33, 37, 77
Dampfdruckkurve 33
Dampfdruck-Temperatur-Diagramm 42, 77
Dampfkanne 50
Deformationsschwingungen 240
Dehydrierung 137, 140
  oxydative 140
Denigès-Reagens 209
Depolymerisation von Polystyrol 133
Destillation 32–33
  unter Normaldruck 32, 35
Destillationsapparatur 35
Destillationsaufsatz 33
Destillationskolben 16
Destillationskolonne 36
Destillationsrückstand 35

Dewar-Gefäße 24
Diazomethan 28
Diazoverbindungen 28
Dibenzalaceton 122
1.2-Dibromäthan 105
meso-Dibrombernsteinsäure 108
1.2-trans-Dibromcyclohexan 107
1.2-Dibrom-1-phenyläthan 107
1.3-Dibrompropan 110
4.4'-Dichlorazoxybenzol 137
Dichte 154
Dielektrizitätskonstante 71
Diels-Alder-Addukt 108–109
Dien 104
Diensynthese nach DIELS-ALDER 104
Dihydrozimtsäure 136
Dimethylsulfat 28
m-Dinitrobenzol 113
2.4-Dinitrochlorbenzol 113
2.4-Dinitrophenol 118
2.4-Dinitrophenylhydrazin 118
Dioxan 26
Dipolmoment 71
Disproportionierung 90
Dissoziationsenergie 89
Dreihalsrundkolben 22
Druckminderventil 25
Dünnschichtchromatographie 57, 58, 60, 65

Elektronenanregung 214
Elektronenspektrum 216
Eliminierung 100, 128
  bimolekulare 101
  monomolekulare 101
Elution 62
Elutionsmittel 62
Empfängersystem 215
Enole 162
Entwicklungskammer 61
Erlenmeyer-Kolben 24
Erste Hilfe 27
Essigsäure-n-propylester 126
Ester 125 (s. auch Carbonsäureester)
Esterkondensation 125
eutektisches Gemisch 79
eutektische Temperatur 78
Extinktion 215
Extinktionskoeffizient 215
Extraktion 52
Extraktionsmittel 52

Farbe 154
Farbstoffe, Trennung 65
Fehling-Lösung 209
Feuerlöscher 26
Filtrieren 74
fingerprint-Bereich 243
Friedel-Crafts-Acylierung 124

Gammexan 109
Gaschromatographie 57
Gegenstromdestillation 36
Geruch 154
Gesundheitsschutz 24
Giftgesetz 25
Gitter 215
Glockenbodenkolonne 39
Grundzustand 214
Gruppenschwingungen, charakteristische 241–242

Halogenalkane 25
Halogenierung 112
Halogenkohlenwasserstoffe 28–29, 157, 164–165, 182, 198–199
  aliphatische 28
    Derivate 182, 198–199
  aromatische 29
    Derivate 183, 198
  Charakterisierungsreaktionen 164
  Hinweisreaktionen 165
  physikalische Konstanten 198–199
Halogenwasserstoffe 29
Handbücher 145
Harzbad 18
Hauptfraktion 40
Hauptlauf 35
Hebelwaagen 15
Heißwassertrichter 75
Heizbad 26
Heizen 17
Heizquelle 17
Hexachlorcyclohexan 109
n-Hexyljodid 97
Hinweisreaktionen 165
Hirsch-Trichter 75
Hock-Phenolsynthese 128
HOFMANN, A. W. 128
Holleman-Orientierungsregeln 117
Homolyse 89
Hydrat 120
Hydrazin und Derivate 29
Hydrazobenzol 29
Hydrazone 120
Hydride 29
Hydrierung 134
  katalytische 134, 140
Hydrierungsapparatur 134, 135
Hydrolyse 125

hydrophile Gruppe 71
hydrophober Alkylrest 71
Hydroxyverbindungen 171 (s. auch Alkohole, Phenole)
Derivate 171

Identifizierung 83, 149–150, 201
Identitätsprüfung 243
Impfkristall 75
Indolsynthese 128
Inhibitoren 130
Initiator 90, 129, 130
IR-Spektroskopie 240
Isocyanate 29
Isonitrile 29

Jod 29
Jod-Kaliumjodid-Lösung 209

Kalilauge, methanolische 209
Kältemischung 18
Kationotropie 127
Ketal 120
Ketone 157, 163, 174
Charakterisierungsreaktionen 163
Derivate 174, 189
physikalische Konstanten 189
Kettenabbruch 130
Kettenabbruchreaktion 89
Kettenmechanismus 90
Kettenwachstumsreaktion 129
Koffein 56, 69
Kohlenmonoxid 29
Kohlenwasserstoffe 29, 157, 164–165, 169–170, 183, 199–200
aromatische 29
Charakterisierungsreaktionen 164, 165
Derivate 183, 184, 199, 200
Hinweisreaktionen 169, 170
physikalische Konstanten 199, 200
Kolonne 39
KPG-Rührer 19
Kristallisat 75
Kristallisation 70
fraktionierte 73
Kühler 18
Kupplung 112

Lambert-Beer-Gesetz 215, 219
Lassaigne-Probe 159
Laufmittel 57–59, 61
Lehrbücher 144
Lewis-Säuren 104
Lichtbrechung 86
Lichtquelle 214
Liebig-Kühler 16, 35
Literaturstudium 144
Löslichkeit 71, 153, 156–158
Löslichkeitskurve 70
Lösungsmittel 71, 73
Lösungsmitteleinschlüsse 73
Lösungsmittelfront 59, 61
Luftbad 18
Luftkühler 35
Lukas-Reagens 209

Makromoleküle 129
Makroradikale 130
Manometer 42
Markovnikov-Regel 104, 110
Mehrzentrenreaktion 128
Meßstrahl 215
Methanol 29
Methylorange (Helianthin) 116
Methylorange-Lösung 209
Mikroheiztisch nach Boëtius 81
Mischschmelzpunkt 83
Molenbruch 37
Monochromator 215
Monomere 129
Mutterlauge 74

Nachlauf 35
β-Naphthol-Natronlauge-Lösung 209
Naphthylamin 29
Natriumamid 29
Natriumjodid in Aceton 209
Nernst-Verteilungssatz 52
Nicotin 29
Nitrierung 112, 113, 114
Nitrile s. Carbonsäurenitrile
Nitrite, anorganische 29
organische 29
Nitroglycerin 29
Nitrohexan 98
o-Nitrophenol 113
Nitrosierung 112
Nitroverbindungen 29, 157, 164, 181–182, 197
aromatische 29
Charakterisierungsreaktionen 164
Derivate 181, 182, 197
physikalische Konstanten 197
Normalschliff 16

Ölbad 18, 26
Osazone 121, 123
Oxalsäure 30
Oxime 30, 120
Oxydation 137, 138, 139
von Alkoholen und Aldehyden 139

Oxydation
von Aromaten 139
von Kohlenwasserstoffen 138
Oxydationsmittel 138

Papierchromatographie 57, 59
Paraffinbad 26
paramagnetische Radikale 89
Partialdruck 37
Perchlorsäure 30
Perforation 52
Permanganate 30
Peroxidbildung 26
Peroxid-Effekt 110
Peroxidprobe 26
Petroläther 26
Phasendiagramm 67, 78
Phenole 30, 156, 162, 167–168, 173, 186–187
Charakterisierungsreaktionen 162
Derivate 173, 186, 187
Hinweisreaktionen 167, 168
physikalische Konstanten 186, 187
1-(Phenylazo)-naphthol-(2) 116
Phenylessigsäure 126
Phenylhydrazone 121
Philodien 104
Phosgen 26, 30
Phosphor, gelber 30
Phosphorsäureester, organisch 30
Phosphorwasserstoffe 30
Photolyse 89
Pikrinsäure 119
Pinakolon-Umlagerung 128
Polarisierbarkeit 119
Polarität 119
Polyacrylnitril 131
Polyäthylenoxidharz 35
Polyester 132
Polymere 129
Polymerisation 129
radikalische 129
Polymethacrylsäuremethylester (Piacryl) 133
Polystyrol 131
Polyvinylacetat 132
Präzisionswaagen 15
Prisma 215
n-Propylbromid 96
Protonsäuren 104
Prototropie 127
Pyridin 30
π-Elektronenwolke 111–112
π-Komplex 104, 112

Quecksilber 25, 30
Verbindungen 30

Racemat 95
Radikal 89, 109
Radikalbildung 89
Radikalreaktion 90
Radiolyse 89
Ramsay-Fett 16
Raney-Nickel 25
Raoultsches Gesetz 37
Reagens, nukleophiles 94
S_N1-Reaktion 99
Reaktionen, nukleophile 124, 199
an Aldehyden und Ketonen 119
an Carbonsäuren und ihren Derivaten 124
Reaktionskette 90
Reextraktionsmittel 53
Referateorgane 145
Refraktometrie 63, 85
Reinheitsgrad 70
Reinigung der Glasgeräte 23
Rekombination 90
Rektifikation 36, 45
im Vakuum 45
unter Normaldruck 36
R_f-Wert 58
Rotationen der Moleküle 214
Rotations-Schwingungs-Spektren 241
Rotationsverdampfer 43
Rückflußkühler 20
Rühren 19
Rundkolben 20

Sättigungskonzentration 71
Säulenchromatographie 57, 62, 65
Säureabbaureaktion 128
Säurechloride 30
Salpetersäure 30
salpetrige Säure 30
Salpetrigsäurehexylester 98
Sauerstoff 30
Saugfinger 75
Saugflasche 75
Schema eines Spektrometers 214
Scheidetrichter 51, 54
Schiff-Reagens 209
Schiffsche Base 120
Schmelzdiagramm 78
Schmelzpunkt 77, 151
Schmelzpunktsapparat nach THIELE 80
Schmelzpunktbestimmung 151
Schmelztemperatur 78
SCHMIDT, K. F. 128

Schutzbrille 24
Schwefel 30
Schwefelkohlenstoff 31
Schwefelwasserstoff 31
Schwingungen 214, 240
Semicarbazone 120
Sextettumlagerung 127
Siedediagramm 38
Siedekapillare 16, 42
Siedekurve 48
Siedepunkt 33
Siedepunktsbestimmung 152–153
Siedesteine 34
Siedetemperatur 33
Siedeverlust 35, 45
Siedeverzug 34
Slotta-Apparatur 42
Snellius-Gesetz 86
Soxhlet-Extraktor 55
Soxhlet-Hülse 56
Spinne 47
Standardapparaturen 20
Startreaktion 90, 129
Steigrohr 50
Stickoxide 31
Styrol 133
Sublimation 67
Sublimationsdruckkurve 67
Sublimationsgeschwindigkeit 67
Sublimationsprodukt 68
Sublimationsraum 67
Sublimationstemperatur 67
Substituenten 112
  erster Ordnung 112
  zweiter Ordnung 112
Substitution 89
  elektrophile 111
  nukleophile 94, 100, 128
    am aktivierten Aromaten 117
  radikalische 89
Sulfanilsäure 115
Sulfonierung 112, 115
σ-Komplex 112

Tetrachlorkohlenstoff 25
Tetrahydrocarbazol 129
Tetrahydrofuran 26
Tetralöscher 26
Tetramethylbernsteinsäuredinitril 92
theoretischer Boden 39
Thermolyse 89
Thermometer 16
Tollens-Reagens 209
Toluolsulfochlorid 31
Trennverfahren 32
1.2.3-Tribrompropan 106
Tripelpunkt 67
Tropftrichter 22
Trockenmittel 20
Trockenrohr 21
Trocknen 19

Übergangszustand 95
Umkristallisation 70
Umlagerung, radikalische 127
UVS-Spektroskopie 216

Vakuumdestillation 16, 24, 41
Vakuumexsikkator 24
Vakuumsublimation 67
Valenzschwingungen 240
Veresterung 125
Vergleichsstrahl 215
Verschiebung, bathochrome 216, 218
Verseifung 99
Verteilungschromatographie 57
Verteilungsisotherme 52
Verteilungskoeffizient 52, 56
Vigreux-Kolonne 39
Vorlage 16, 33
Vorlauf 35, 40
Vorproben 151
Vorstoß 16, 33

Waage 15
Wärmetönung 90
Wagner-Meerwein-Umlagerung 128
Wanderungsgeschwindigkeit 58
Wasserabscheider 23
Wasserbad 18
Wasserdampfdestillation 49, 114
Wasserdampfflüchtigkeit 50
Wasserstoff 31
Wasserstoffbrücke 49
Wasserstoffbrückenbindung 71
Wasserstoffperoxid 31
Wasserstrahlpumpe 41
Wellenlänge 214
Wellenzahl 214
Woulfesche Flasche 43

Zonenschmelzverfahren 70
Zucker, Trennung 65
Zweitsubstitution 112
Zwischenfraktion 40
Zwischenstufen 112
Zwitterion 120

GPSR Compliance

The European Union's (EU) General Product Safety Regulation (GPSR) is a set of rules that requires consumer products to be safe and our obligations to ensure this.

If you have any concerns about our products, you can contact us on ProductSafety@springernature.com

In case Publisher is established outside the EU, the EU authorized representative is:

Springer Nature Customer Service Center GmbH
Europaplatz 3
69115 Heidelberg, Germany

Batch number: 10584556

Printed by Printforce, the Netherlands